精细化工产品生产技术丛书

# 颜料生产技术

韩长日　宋小平　主编

科学出版社

北京

## 内 容 简 介

本书系统地介绍不同颜色的有机颜料和无机颜料的性能、生产原理、工艺流程、技术配方、生产设备、生产工艺、产品标准、产品用途等，是一本内容丰富、资料翔实、技术实用、工艺具体的专业技术工具书。将对促进我国颜料化工产品的技术发展，推动颜料化工产品技术进步，加快我国颜料化工产品的技术创新和提升颜料化工产品的国际竞争力，以及满足国内生产技术的应用需求和适应消费者需要都具有重要意义。

本书对从事有机颜料和无机颜料生产与开发的科技人员以及高等院校应用化学、精细化工等专业的教师和学生具有参考价值。

**图书在版编目(CIP)数据**

颜料生产技术/韩长日，宋小平主编. —北京：科学出版社，2014. 3
(精细化工产品生产技术丛书)
ISBN 978-7-03-040104-5

Ⅰ. ①颜… Ⅱ. ①韩… ②宋… Ⅲ. ①颜料-生产技术 Ⅳ. ①TQ620. 6

中国版本图书馆 CIP 数据核字(2014)第 046489 号

责任编辑：贾　超　高　微 / 责任校对：宋玲玲
责任印制：赵德静 / 封面设计：迷底书装

科 学 出 版 社 出版
北京东黄城根北街 16 号
邮政编码：100717
http://www.sciencep.com
北京凌奇印刷有限责任公司 印刷
科学出版社发行　各地新华书店经销
*
2014 年 3 月第 一 版　开本：720×1000 1/16
2014 年 3 月第一次印刷　印张：26 3/4
字数：523 000

POD定价： 88.00元
(如有印装质量问题，我社负责调换)

# 前 言

“精细化工产品生产技术丛书”是一系列有关精细化学品的技术性图书。它包括有机化学品、无机化学品和复配型化学品。按照精细化学品应用的对象，将以《颜料生产技术》《精细无机化学品生产技术》《精细有机中间体生产技术》《染料生产技术》《药物生产技术》《食品添加剂生产技术》《橡塑材料助剂生产技术》《皮革与造纸化学助剂生产技术》《纺织印染助剂生产技术》《电子工业用化学品生产技术》《农用化学品生产技术》《胶黏剂生产技术》《洗涤剂生产技术》和《涂料生产技术》等分册出版。

本书为《颜料生产技术》分册。本书全面系统地介绍不同颜色的有机颜料和无机颜料的性能、生产原理、工艺流程、技术配方、生产设备、生产工艺、产品标准、产品用途等，是一本内容丰富、资料翔实、技术实用、工艺具体的专业技术工具书。本书在编写过程中，参阅和引用大量国内外最新专利及技术资料，每种产品都列出相应的原始研究文献(截至2013年)，以便读者进一步查阅。

应当强调的是，在进行颜料产品的开发生产时，应当遵循先小试，再中试，然后进行工业性试产的原则，以便掌握足够的生产经验和控制参数。同时，要特别注意生产过程中的防火、防爆、防毒、防腐以及生态环境保护等相关问题，并采取相应有效的防范措施，以确保安全顺利地生产。

本书由韩长日、宋小平主编，参与本书编写的还有邓鹏飞、于长江。全书由韩长日教授审定。

本书的出版得到了国家自然科学基金项目(21166009、21362009、81360478)、科学出版社、海南师范大学、上海工程技术大学和海南科技职业学院的资助和支持，在此，一并表示衷心感谢。

限于编者水平，疏漏和不妥之处在所难免，恳请广大读者和同仁提出批评与建议。

韩长日

2014.2.16

# 目　　录

# 第 1 章　黄色有机颜料

人类使用有机颜料已有很长的历史，最早是利用天然植物或动物资源如胭脂虫、苏木、茜草、靛草等的浸出液，加入黏土类物质进行吸附制成色淀(天然有机颜料)。1874 年出现第一个合成有机颜料(颜料红 1，对位红)。我国 2001 年有机颜料的总产量为 7.5 万 t，2005 年为 15.7 万 t，2010 年为 22.4 万 t。“十一五”期间，我国有机颜料产量将保持在 18～25 万 t，占同期世界总产量的 40%左右。目前世界上每年消耗有机颜料约 15 万 t，按结构分为：①偶氮颜料，占 59%；②酞菁颜料，占 24%；③三芳甲烷颜料，占 8%；④特殊颜料，占 6%；⑤多环颜料，占 3%。

消耗最多有机颜料的是油墨工业(占 45%～50%)，涂料工业使用量占 20%～25%，塑料和树脂中使用量占 10%～15%。

有机颜料品种多样，色谱广泛，色彩鲜艳，色调明亮，着色力强，无毒或低毒，高档品具有优良的耐热、耐酸碱、耐晒牢度及耐气候性，价格较无机颜料高。

按照分子结构中的发色基团或官能团划分，有机颜料分为偶氮颜料、酞菁类颜料、杂环与稠环酮类颜料以及其他类型颜料。

## 1.1　耐 晒 黄 G

耐晒黄 G(Hansa Yellow G)又称颜料黄 G、1001 汉沙黄 G、1125 耐晒黄 G，染料索引号 C. I. 颜料黄 1(11680)。分子式 $C_{17}H_{16}O_4N_4$，相对分子质量 340.33。结构式为

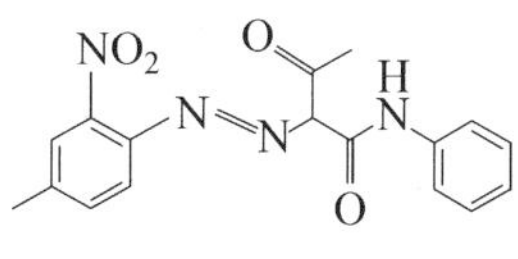

### 1. 产品性能

本品为黄色、疏松而细腻的粉末。微溶于乙醇、丙酮、苯。熔点 256℃。遇浓硫酸为金黄色，稀释后为黄色沉淀，遇浓硝酸无变化，遇盐酸为红色溶液，遇稀氢氧化钠无变化。着色力约为铬黄的 3 倍，耐光坚牢度较好，耐晒性和耐热性颇佳，对酸碱有抵抗力，不受硫化氢的影响。高温下颜色有偏红倾向，油渗性好，但耐溶剂性差，用于塑料着色力有迁移性。色泽鲜艳，着色力强。

**2. 生产原理**

红色基 GL(2-硝基-4-甲基苯胺)重氮化后，与乙酰乙酰苯胺偶合。

$$H_3C-C_6H_3(NO_2)-NH_2 + HCl + NaNO_2 \longrightarrow H_3C-C_6H_3(NO_2)-\overset{\oplus}{N}\equiv NCl^{\ominus}$$

$$H_3C-C_6H_3(NO_2)-N_2Cl + CH_3COCH_2CONHC_6H_5 \xrightarrow{CH_3COONa} H_3C-C_6H_3(NO_2)-N{=}N-CH(COCH_3)CONHC_6H_5$$

**3. 工艺流程**

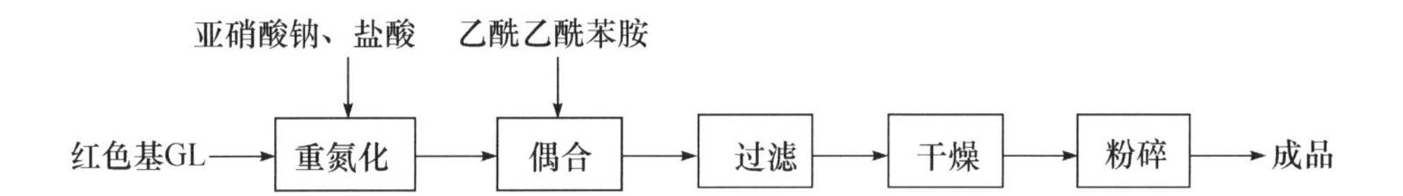


**4. 技术配方**

| | |
|---|---|
| 红色基 GL(100%计) | 450 |
| 乙酰乙酰苯胺(100%计) | 520 |
| 冰醋酸 | 300 |
| 活性炭 | 20 |
| 亚硝酸钠 | 200 |
| 碳酸钠(98%) | 309 |
| 盐酸(30%) | 825 |
| 土耳其红油 | 31 |

**5. 生产设备**

重氮化反应锅，偶合锅，打浆锅，压滤机，高位槽，干燥箱，粉碎机。

**6. 生产工艺**

1) 工艺一

(1) 重氮液的制备。在重氮化反应锅内，加入 600L 冰水和 88kg 红色基 GL，搅拌 10min，然后按计算量加入 144.5kg 30%盐酸，搅拌打浆 3h。

加冰降温到 0℃，缓缓加入 40kg 亚硝酸钠配成的 30%溶液，进行重氮化反应，约需 1h。反应过程中需不断测试反应情况，应保持亚硝酸微过量，淀粉碘化钾试纸微蓝，若试纸显深蓝，需继续搅拌或补加红色基 GL，调至微蓝。重氮化反应完成。

重氮化反应完成后，加入 5kg 活性炭，搅匀。加入 1kg 土耳其红油，搅匀后可停止搅拌，放入抽滤桶中抽滤。此时总体积 3000～3500L，温度应保持 0℃，淀粉碘化钾试纸微蓝，滤液清亮、待偶合。

(2) 偶合组分溶液的制备。偶合锅内放入水 1600L，加入 30%氢氧化钠 144kg，搅拌下加入乙酸 63.3kg，配制乙酸钠溶液，pH 控制在 6.5～7，搅拌 5min。

搅拌下，将 100.4kg 乙酰乙酰苯胺加入乙酸钠溶液中，继续搅拌，使乙酰乙酰苯胺分散均匀为浆状悬浮体，打浆搅拌时间最少保持 0.5h 以上，然后加入冰水，调整温度 14～15℃，体积 5000L，pH 为 6.5～7。持续搅拌待偶合。

(3) 偶合。将重氮盐清滤液在搅拌下慢慢加入偶合液中，加入速度以重氮组分不过量为准。此过程中不断做渗圈试验，用 H 酸检查控制重氮组分不得过量。重氮液全部加入时间 1.5～2h。重氮液全部加完后，再检查重氮组分不得过量。然后用重氮盐溶液检查偶合组分应微过量，pH 为 2～3 时偶合完毕，继续搅拌 0.5h。根据色力情况偶合完成后可升温 90℃，保温 0.5～1.5h，以保证质量要求。

(4) 后处理。用泵或压缩空气将色浆打入板框式压滤机后，母液水压滤除去后，用 80℃热水冲洗，总热水量约 7000L，然后用自来水冲洗 0.5h，用硝酸银检查氯离子，与自来水近似即冲洗完毕。

从压滤机上卸下滤饼后，装盘，在干燥箱中干燥，温度 75℃左右。根据检验色块颜色的色光与着色力，达到合格后冷却，拼混达到产品标准后，粉碎即得成品。

2) 工艺二(混合偶合工艺)

将 905kg 2-硝基-4-甲基苯胺与 10kg 间硝基对甲氧基苯胺加至 2000L 水及 3400L 5mol/L 盐酸中，搅拌过夜，加入 3000kg 冰，再由液面下加入 792L 40%亚硝酸钠进行重氮化，温度为 0℃，总体积 11 000L，加 4kg 活性炭，过滤，得重氮盐溶液。

将 1098kg 乙酰乙酰苯胺在 25℃下于 1000L 水中悬浮，加入 510kg 轻质碳酸钙，稀释至总体积为 25 000L，温度为 33℃。在偶合之前，加入 72～144L 33%氢氧化钠可改变最终产品色光。

重氮液从偶合组分液面下于 4h 内加入，偶合温度 30～33℃，搅拌 0.5h，再加入 200L 5mol/L 盐酸使反应物对刚果红试纸呈微酸性，过滤，水洗，在 65～70℃下干燥，得耐晒黄 G 2002kg，颜料中混合组成比为

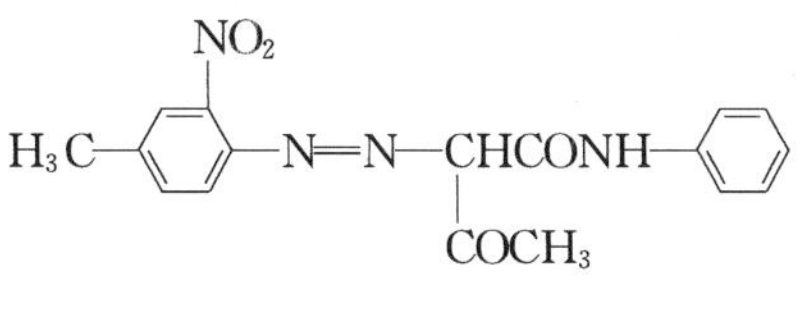

$$H_3C-C_6H_3(NO_2)-N{=}N-CH(COCH_3)CONH-C_6H_5 \qquad 99\%$$

$$H_3CO-C_6H_4-N=N-\underset{\displaystyle COCH_3}{\underset{|}{CH}}CONH-C_6H_5 \qquad 1\%$$

3）工艺三

将 608kg 2-硝基-4-甲基苯胺加至 4000L 水中搅拌过夜，再加入 2400L 5mol/L 盐酸及冰使温度降至 0℃，在 15～20min 内加入 526L 40%亚硝酸钠进行重氮化，稀释至总体积为 8000L，过滤，得重氮盐溶液。

将 732kg 乙酰乙酰苯胺溶于 390L 33%氢氧化钠与 10 000L 水中，然后加入 300L 冰醋酸使乙酰乙酰苯胺析出，并对石蕊试纸呈弱酸性，添加 1000kg 乙酸钠，再加入 6000kg 冰水混合物，使总体积为 28 000L，在 0～3℃下保存待用。

在 2～2.5h 内自偶合组分液面下加入重氮液，则立即发生偶合反应，产品过滤水洗，将滤饼悬浮在 10 000L 水中，搅拌过夜，加入冰水混合物使总体积为 30 000L。为得到高着色力的产品，需长时间搅拌后加热至 50℃保持 1h，过滤，得到含固量为 30%的 4400kg 耐晒黄 G 膏状物。

**7. 产品标准(GB 3679)**

| | |
|---|---|
| 外观 | 黄色粉末 |
| 色光 | 与标准品近似至微 |
| 着色力/% | 为标准品的 100±5 |
| 吸油量/% | 40±5 |
| 水分含量/% | ≤2.5 |
| 水溶物含量/% | ≤1.5 |
| 细度(过 80 目筛余量)/% | ≤5 |
| 耐热性/℃ | 160 |
| 耐晒性/级 | 6～7 |
| 耐油渗透性/级 | 4 |
| 耐水渗透性/级 | 4 |
| 耐酸碱性/级 | 5 |
| 耐乙醇渗透性/级 | 4～5 |

**8. 产品用途**

主要用于油漆和油墨工业，也用于涂料印花、塑料制品、橡胶、文具、彩色颜料、蜡笔和黏胶原液着色。

**9. 参考文献**

[1] 荀育军，刘又年，舒万良，等. 原位聚合法制备颜料耐晒黄-G 微胶囊的研究[J]. 涂料工业，2003，07：15-18.

[2] 熊联明,舒万良,荀育军,等. 微胶囊耐晒黄 G 的制备及其应用性能评价[J]. 染料与染色,2003,06:316-318.

## 1.2　汉沙黄 GR

汉沙黄 GR(Hansa Yellow GR)又称颜料黄 FG。染料索引号 C.I. 颜料黄 2(11730)。分子式 $C_{18}H_{17}ClN_4O_4$,相对分子质量 388.09。结构式为

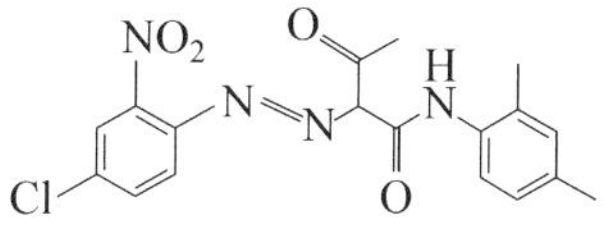

### 1. 产品性能

本品为亮黄色粉末。微溶于乙醇、丙醇。耐晒性、耐旋光性优良,耐热性、耐酸碱性较好,但耐溶剂及耐迁移性差。

### 2. 生产原理

红色基 3GL(4-氯-2-硝基苯胺)重氮化后与 2,4-二甲基乙酰乙酰苯胺偶合,经后处理得汉沙黄 GR。

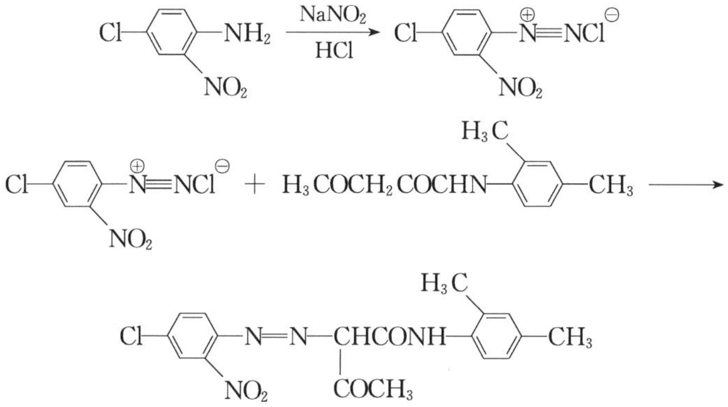

### 3. 工艺流程

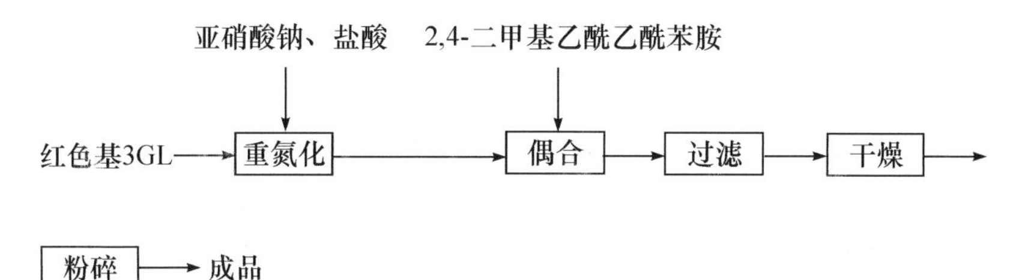

#### 4. 技术配方

| | |
|---|---|
| 红色基 3GL(100%) | 172.5 |
| 亚硝酸钠(98%) | 71.0 |
| 2,4-二甲基乙酰乙酰苯胺(100%) | 205 |
| 盐酸(31%) | 275 |
| 碳酸钙 | 115 |

#### 5. 生产工艺

1) 重氮化

将 517.5kg 红色基 3GL 加至 1000L 水中，再加入 900L 5mol/L 盐酸，搅拌过夜，次日再加入 900L 5mol/L 盐酸，冷却至 0℃，在 20min 内加入 394L 40%亚硝酸钠进行重氮化，全部过程应保持在 0℃，最终体积为 5500L，过滤，得重氮盐溶液。

2) 偶合

将 615kg 2,4-二甲基乙酰乙酰苯胺与 345kg 碳酸钙加至 10 000L 水中，温度为 28℃，总体积稀释至 25 000L，得偶合组分。

把过滤的重氮液在 2.5h 内加入偶合液中，向偶合物中加入 150L 5mol/L 盐酸使其对刚果红试纸呈弱酸性，再过滤、水洗，在 50℃下干燥，得 1133kg 汉沙黄 GR。

如果最终产品透明度不高，则应加快偶合速率，即把重氮液在 1.5h 内加完。

#### 6. 产品标准

| | |
|---|---|
| 外光 | 黄色粉末 |
| 色光 | 与标准品近似 |
| 着色力/% | 为标准品的 100±5 |
| 耐晒性/级 | 5～6 |
| 耐水渗透性/级 | 1～2 |
| 细度(过 80 目筛余量)/% | ≤5 |

#### 7. 产品用途

主要用于油漆、涂料及油墨着色。

#### 8. 参考文献

[1] 蔡李鹏，祁晓婷，曹峰，等. 有机颜料黄的合成研究现状[J]. 化学与生物工程，2013，07：10-12.

[2] 王春霞，梅广波，付少海，等. 超细颜料黄 14 水性分散体的制备及性能[J]. 印染，2008，16：1-3.

[3] 李纯清，杨嘉俊，王旗. 颜料黄 13 的合成及颜料化研究[J]. 染料工业，1996，06：22-24.

## 1.3　耐晒黄 10G

耐晒黄 10G（Hansa Yellow 10G，Segnale Light Yellow 10G），又称 1104 耐晒黄 10G、颜料黄 10G、1002 汉沙黄 10G。染料索引号 C. I. 颜料黄 3（11710）。分子式 $C_{16}H_{12}Cl_2N_4O_4$，相对分子质量 395. 20。结构式为

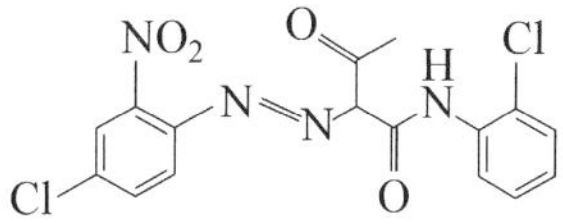

### 1. 产品性能

本品为绿光淡黄色粉末。色泽鲜艳，耐晒、耐热性好，熔点 258℃。微溶于乙醇、苯和丙酮。在浓硫酸中为黄色，稀释后为淡黄色；在浓硝酸、浓盐酸和稀氢氧化钠中均无变化。

### 2. 生产原理

红色基 3GL 重氮化后与邻氯乙酰乙酰苯胺偶合得产品。

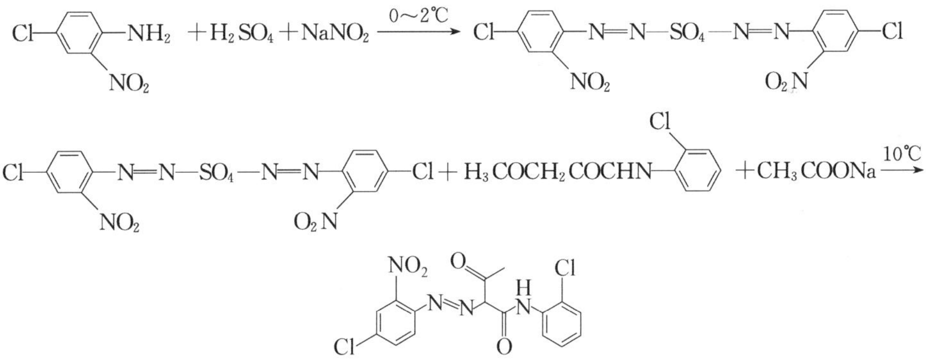

### 3. 工艺流程

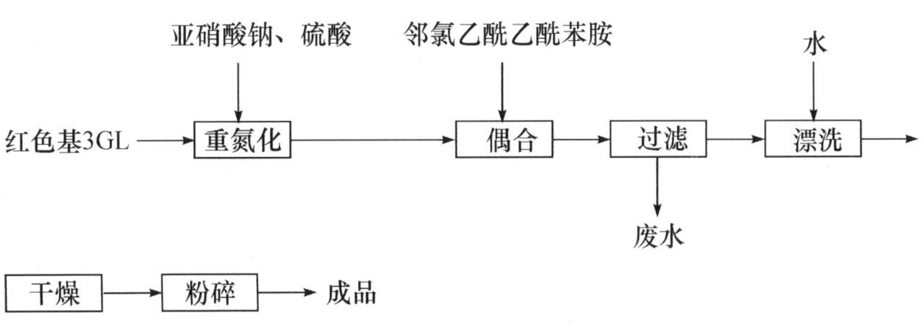

### 4. 技术配方

| | |
|---|---|
| 红色基3GL(100%) | 440 |
| 邻氯乙酰乙酰苯胺(100%) | 520 |
| 盐酸(31%) | 765 |
| 亚硝酸钠(98%) | 184 |
| 冰醋酸(工业品) | 309 |
| 活性炭(工业品) | 8 |
| 土耳其红油 | 36 |
| 碳酸钠(98%) | 285 |

### 5. 生产设备

重氮化反应锅,偶合锅,漂洗锅,储槽,干燥箱,粉碎机。

### 6. 生产工艺

1) 工艺一

在耐酸反应锅中加入98%硫酸315kg和红色基3GL 220kg,搅拌,加热溶解,制得红色基3GL硫酸盐备用。重氮化反应锅中加入水2000kg,搅拌下加入红色基3GL硫酸盐,再加入氨基三乙酸3kg,加入冰块降温,然后分批加入30%亚硝酸钠溶液307kg进行重氮化反应。亚硝酸钠溶液加料时间控制在1h,重氮化反应时间1.5h,反应温度3℃。反应结束,加入活性炭4kg、40%土耳其红油18kg,进行脱色、过滤,制得红色基3GL重氮盐溶液。在偶合反应锅中加入水3500kg,搅拌下加入30%氢氧化钠溶液390kg、邻氯乙酰乙酰苯胺260kg,经搅拌溶解后加入18%乙酸1030kg,进行酸析,使物料pH为7.5,然后加入58%乙酸钠431kg,经混合均匀后,分批加入红色基3GL重氮盐溶液进行偶合反应。重氮盐溶液加料时间控制在22h,偶合反应温度13℃,反应时间2h,物料pH为3.7。反应结束,将物料过滤,滤饼经水漂洗、烘干后研磨得耐晒黄10G。

2) 工艺二

将2000L水加入重氮化反应锅中,再加入1035kg红色基3GL(100%),搅拌数小时,再加入1800L 5mol/L盐酸,并在20min内加入788L 40%亚硝酸钠,温度为0℃,搅拌2.5h,总体积为11 000L,过滤得重氮盐溶液。

将新研磨的436kg邻氯乙酰乙酰苯胺加至25℃的10 000L水中,搅拌2h,然后加入2340kg乙酸钠和40L冰醋酸,总体积为29 000L,温度为25℃,得偶合组分溶液。

重氮液从偶合组分液面下加至偶合液中，偶合加料时间为4h，温度25℃，再搅拌0.5h，过滤水洗，在50～55℃下干燥，得2250kg耐晒黄10G。

3）工艺三

将3000L水加入重氮化反应锅中，再加入600L 5mol/L盐酸和345kg红色基3GL，搅拌过夜，次日再加600L 5mol/L盐酸及1000kg冰，温度为0℃。在20min内由液面下加入264L 40%亚硝酸钠，温度维持在0℃，且亚硝酸微过量，总体积为8000L，过滤，得重氮盐溶液。

将新研磨的436kg邻氯乙酰乙酰苯胺溶于196L 33%氢氧化钠和10 000L水中，温度为25℃，体积为27 000L，再用150L冰醋酸和800L水的乙酸溶液酸化析出沉淀，加入500kg乙酸钠，总体积为29 000L，温度为25℃，得偶合组分溶液。

在3h内由偶合组分液面下加入重氮液，偶合温度25℃，在整个偶合过程中保持偶合组分过量，完毕再搅拌0.5h，过滤、水洗，得膏状物产品3000kg。

**7. 产品标准(GB 3680)**

| | |
|---|---|
| 外观 | 黄色粉末 |
| 水分含量/% | ≤2.0 |
| 吸油量/% | 50±5 |
| 水溶物含量/% | ≤1.5 |
| 细度(过80目筛余量)/% | ≤5 |
| 着色力/% | 为标准品的100±5 |
| 色光 | 与标准品近似 |
| 耐晒性/级 | 5～6 |
| 耐热性/℃ | 180 |
| 耐酸性/级 | 4～5 |
| 耐碱性/级 | 4～5 |
| 耐水渗透性/级 | 4～5 |
| 耐油渗透性/级 | 4～5 |
| 耐石蜡渗透性/级 | 4 |
| 耐乙醇渗透性/级 | 5 |

**8. 产品用途**

主要用于涂料、涂料印花、油墨、彩色颜料、文教用品和塑料制品着色。

**9. 参考文献**

[1] 荀育军. 微胶囊化有机颜料耐晒黄G的研制[D]. 长沙：中南大学，2003.

# 1.4　汉 沙 黄 5G

汉沙黄 5G(Hansa Yellow 5G)又称颜料黄 5G、耐晒黄 5G。染料索引号 C. I. 颜料黄 5(11660)。分子式 $C_{16}H_{14}N_4O_4$，相对分子质量 326.31。结构式为

## 1. 工艺流程

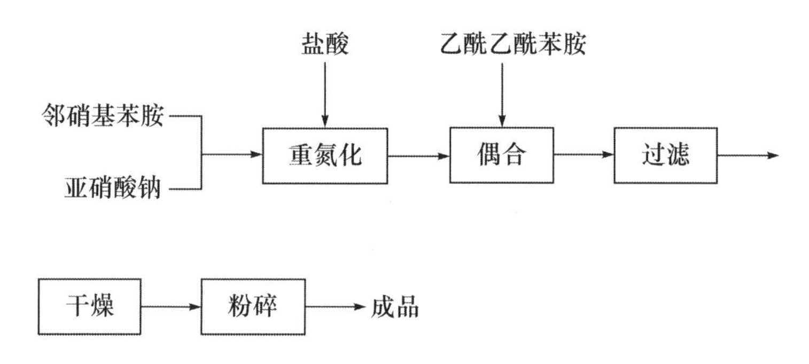


## 2. 技术配方

| | |
|---|---|
| 邻硝基苯胺(100%) | 140 |
| 亚硝酸钠(98%) | 71 |
| 乙酰乙酰苯胺(100%) | 177 |

## 3. 生产工艺

1) 混合偶合工艺

(1) 重氮化。将 442kg 邻硝基苯胺与 122kg 邻硝基对甲苯胺在水中搅拌过夜，然后与 1440 kg 30%盐酸与冰在 0℃混合，并用 705kg 40%亚硝酸钠重氮化，使亚硝酸微过量，反应完毕，过滤，得重氮盐溶液。

(2) 偶合。将 732kg 乙酰乙酰苯胺加至含有 147kg 33%氢氧化钠的溶液中，温度为 34℃，然后加入 422kg 轻质碳酸钙，得偶合组分。

将澄清的重氮液于 34℃加至偶合液中，搅拌 0.5h，加入 30%盐酸 100kg，使反应液对刚果红试纸呈弱酸性。20min 后，压滤，滤饼用水洗至中性，滤饼在 50～55℃下干燥，得汉沙黄 5G 1300kg。

2）单组分偶合工艺

在水中，先加入盐酸，然后加入邻硝基苯胺，用冰降温至0℃，加入30%亚硝酸钠重氮化。反应终点亚硝酸钠微过量。过滤，得重氮盐溶液。

在溶解锅中加入氢氧化钠溶液，然后加入乙酰乙酰苯胺，得偶合组分溶液。于34℃下，将重氮盐溶液加入偶合组分溶液中，搅拌0.5h，加入30%盐酸，使偶合反应液对刚果红试纸呈弱酸性。20min后，压滤，水洗至中性，干燥后得汉沙黄5G。

### 4. 产品标准

| | |
|---|---|
| 外观 | 艳绿光黄色粉末 |
| 色光 | 与标准品近似 |
| 着色力/% | 为标准品的100±3 |
| 细度(过80目筛余量)/% | ≤5 |
| 耐晒性/级 | 4～6 |
| 遮盖力 | 尚好 |

### 5. 产品用途

用于油墨、油漆、橡胶、塑料及文教用品着色。

### 6. 参考文献

[1] 刘东志，任绳武. 有机颜料晶体形态和颜色性能的关系——汉沙黄系有机颜料的研究[J]. 染料工业，1992，01：4-8.

[2] 于艳，胡建军，周春隆. 改性汉沙黄及4，4′-二氨基苯磺酰苯胺衍生的黄色偶氮颜料的研究[J]. 染料工业，1996，06：17-21.

## 1.5　汉沙黄3G

汉沙黄3G（Hansa Yellow 3G）又称颜料黄3G、耐晒黄3G、Dainichi Fast Yellow 3G、Sanyo Fast Yellow 3G。染料索引号C. I. 颜料黄6(11670)。分子式$C_{16}H_{13}ClN_4O_4$，相对分子质量360.75。结构式为

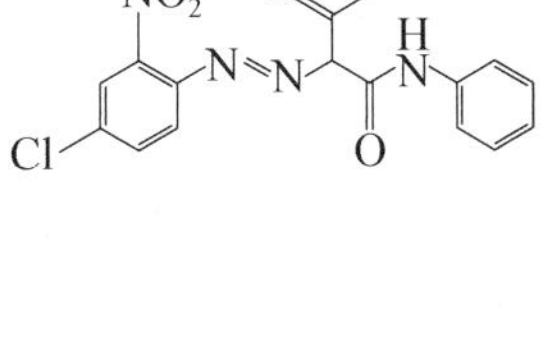

### 1. 产品性能

本品为淡黄色粉末。熔点250℃。微溶于乙醇、丙酮。遇浓硫酸为深黄色，稀

释后呈黄色沉淀，遇浓硝酸、浓盐酸、稀氢氧化钠溶液均无变化。

### 2. 生产原理

将红色基 3GL 重氮化后与乙酰乙酰苯胺偶合，得到汉沙黄 3G。

$$Cl-C_6H_3(NO_2)-NH_2 + HCl + NaNO_2 \longrightarrow Cl-C_6H_3(NO_2)-\overset{\oplus}{N}\equiv N\overset{\ominus}{Cl}$$

$$Cl-C_6H_3(NO_2)-\overset{\oplus}{N}\equiv N\overset{\ominus}{Cl} + H_3COCH_2COCHN-C_6H_5 \longrightarrow$$

$$Cl-C_6H_3(NO_2)-N=N-\underset{\displaystyle COCH_3}{CH}CONH-C_6H_5$$

### 3. 工艺流程

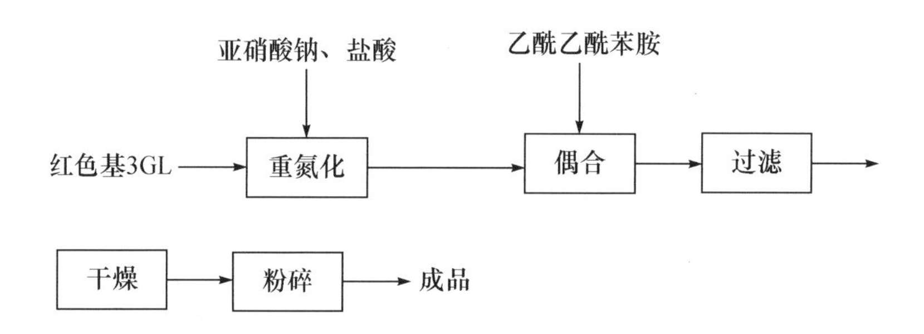


### 4. 技术配方

| | |
|---|---|
| 红色基 3GL | 495 |
| 乙酰乙酰苯胺 | 487 |
| 亚硝酸钠(98%) | 203 |

### 5. 生产工艺

1) 工艺一

(1) 重氮化。将 342kg 红色基 3GL 先溶于硫酸中，再于水中析出，水洗至无游离酸，加至 700L 水及 1100L 5mol/L 盐酸中，再加入 600kg 冰，搅拌过夜，次日加冰降温至 0℃，再加入 263L 40%亚硝酸钠溶液，0.5h 内重氮化完毕，稀释至总体积为 8000L，过滤，得重氮液。

(2) 偶合。将 366kg 乙酰乙酰苯胺溶于 197L 33%氢氧化钠与 8000L 水中，再加入 500kg 乙酸钠及 12 000L 水，然后添加含 150kg 冰醋酸的 1200L 稀乙酸溶液，乙酰乙酰苯胺析出沉淀，悬浮体对石蕊试纸显弱酸性，稀释至总体积为 24 000L，温度为 30℃，得偶合组分。

在 2h 内从液面下加入重氮液，搅拌 0.5h 后过滤，水洗，在 50～55℃干燥，得产品 698kg。

2) 工艺二（混合偶合工艺）

（1）重氮化。将红色基 3GL 1026kg 加入 1500L 水中，搅拌过夜。次日加入 10.5kg 间硝基对甲氧基苯胺与 3600L 5mol/L 盐酸，加冰降温至 0℃，从液面下加入 788L 40%亚硝酸钠进行重氮化，反应后稀释至总体积为 12 000L，加入 15kg 硅藻土，过滤，得重氮盐溶液。

（2）偶合。将 1120kg 甲酸钠溶于 2500L 水中，温度为 25～30℃，再加入 10kg 硅藻土，过滤。过滤的甲酸钠与 260L 5mol/L 盐酸加入 700L 水中显强酸性，温度 25℃，搅拌 45min，稀释至总体积为 27 000L，温度仍维持 25℃，加入 1100kg 乙酰乙酰苯胺，搅拌 0.5h，得偶合组分，在 3～3.5h 内，从偶合组分液面下加入重氮液，搅拌 0.5h 后过滤，水洗，在 50～55℃干燥，得 2150kg 汉沙黄 3G。

产品组成及结构如下

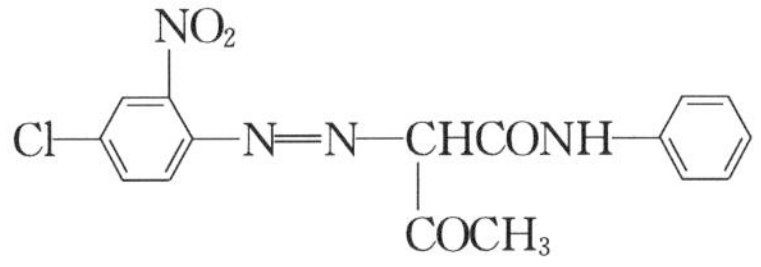

$Cl-C_6H_3(NO_2)-N{=}N-CH(COCH_3)CONH-C_6H_5$　　99%

$H_3CO-C_6H_3(NO_2)-N{=}N-CH(COCH_3)CONH-C_6H_5$　　1%

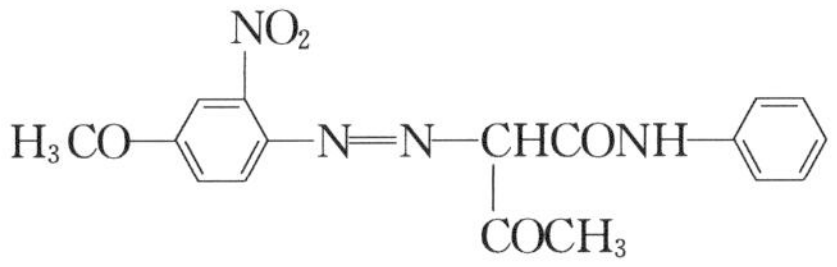

### 6. 产品标准

| | |
|---|---|
| 外观 | 淡黄色粉末 |
| 色光 | 与标准品近似 |
| 着色力/% | 为标准品的 100±3 |
| 耐晒性/级 | 5～6 |
| 耐热性 | 差 |

### 7. 产品用途

用于油漆、油墨着色，也可用于橡胶、塑料的着色。

### 8. 参考文献

[1] 蔡李鹏，祁晓婷，曹峰，等. 有机颜料黄的合成研究现状[J]. 化学与生物工程，2013，07：

10-12.

[2] 李纯清，杨嘉俊，王旗. 颜料黄13的合成及颜料化研究[J]. 染料工业，1996，06：22-24.

# 1.6 颜料黄NCR

颜料黄NCR(Permanent Yellow NCR)的染料索引号为C.I.颜料黄7(12780)。结构式为

(邻硝基苯基)—N=N—(2,4-二羟基喹啉-3-基)

### 1. 生产原理

邻硝基苯胺与亚硝酸钠、盐酸重氮化后，与2，4-二羟基喹啉偶合得颜料黄NCR。

$$o\text{-}NO_2C_6H_4NH_2 + NaNO_2 + HCl \longrightarrow o\text{-}NO_2C_6H_4\overset{\oplus}{N}{\equiv}N\overset{\ominus}{Cl}$$

$$o\text{-}NO_2C_6H_4\overset{\oplus}{N}{\equiv}N\overset{\ominus}{Cl} + \text{2,4-二羟基喹啉} \xrightarrow{Na_2CO_3} \text{颜料黄NCR}$$

### 2. 工艺流程

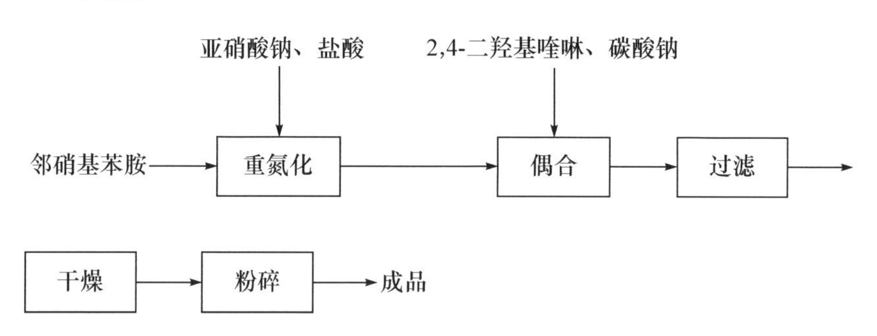


### 3. 技术配方

| | |
|---|---|
| 邻硝基苯胺 | 168 |
| 亚硝酸钠(98%) | 86 |
| 2,4-二羟基喹啉(100%) | 218 |

### 4. 生产工艺

1）重氮化

将84kg 100%的邻硝基苯胺与800L水、330L盐酸(1.08g/cm$^3$)搅拌过夜，用800kg冰冷却至0℃，然后将181L 23%亚硝酸钠溶液(用100% 40kg亚硝酸钠配制)尽快地加入，进行重氮化，搅拌2h，过量的亚硝酸可用邻硝基苯胺悬浮体除去，过滤，得重氮化液。

2）偶合

将100% 109kg二羟基喹啉单钠盐溶于50～60℃ 300L水中，冷却搅拌过滤，次日加入2000L冷水，再加入碳酸钠溶液(由72kg碳酸钠溶于800L水中制成)与2400L饱和氯化钠溶液，然后加入2000kg冰，冷却至0℃，得偶合组分。

0～3℃下在1h内从偶合组分液面下加入重氮液、搅拌过夜，稀释至体积为25 000L，过滤，滤饼重1300～1350kg，在45～50℃下干燥，得213kg颜料黄NCR。

### 5. 产品标准

| 外观 | 黄色粉末 |
|---|---|
| 色光 | 与标准品近似 |
| 着色力/% | 为标准品的100±3 |
| 吸油量/% | 45±5 |
| 细度(过80目筛余量)/% | ≤5 |

### 6. 产品用途

用于油漆、油墨、橡胶及塑料制品着色。

### 7. 参考文献

[1] 蔡李鹏，祁晓婷，曹峰，等. 有机颜料黄的合成研究现状[J]. 化学与生物工程，2013，07：10-12.

[2] 李纯清，杨嘉俊，王旗. 颜料黄13的合成及颜料化研究[J]. 染料工业，1996，06：22-24.

## 1.7 汉沙黄R

汉沙黄R(Hansa Yellow R)属吡唑啉酮单偶氮颜料。染料索引号C.I.颜料黄10(12710)。分子式$C_{16}H_{12}Cl_2N_4O$，相对分子质量347.20。结构式为

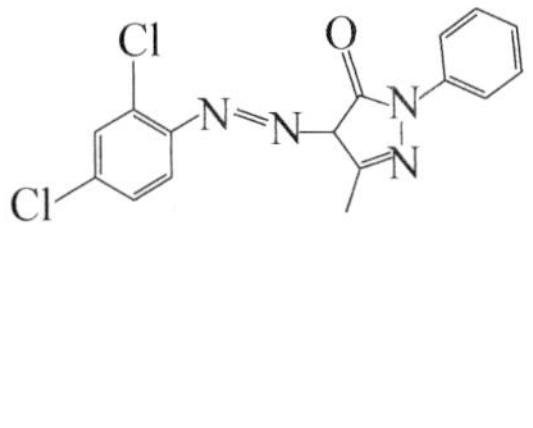

**1. 产品性能**

本品为红光黄色粉末。耐旋光性、耐热性、耐酸性和耐碱性较好。

**2. 生产原理**

2,5-二氯苯胺(大红色基 GG)重氮化后与 1-苯基-3-甲基-5-吡唑酮偶合，得汉沙黄 R。

$$2,5\text{-}Cl_2C_6H_3\text{-}NH_2 + NaNO_2 + HCl \longrightarrow 2,5\text{-}Cl_2C_6H_3\text{-}\overset{\oplus}{N}{\equiv}N\overset{\ominus}{Cl}$$

$$2,5\text{-}Cl_2C_6H_3\text{-}\overset{\oplus}{N}{\equiv}N\overset{\ominus}{Cl} + \text{1-phenyl-3-methyl-5-pyrazolone } (H_2C\text{—}C\text{—}CH_3,\ O{=}C,\ N,\ N\text{-}C_6H_5) \longrightarrow 2,5\text{-}Cl_2C_6H_3\text{-}N{=}N\text{—}CH\text{—}C\text{—}CH_3\ (O{=}C,\ N,\ N\text{-}C_6H_5)$$

**3. 工艺流程**

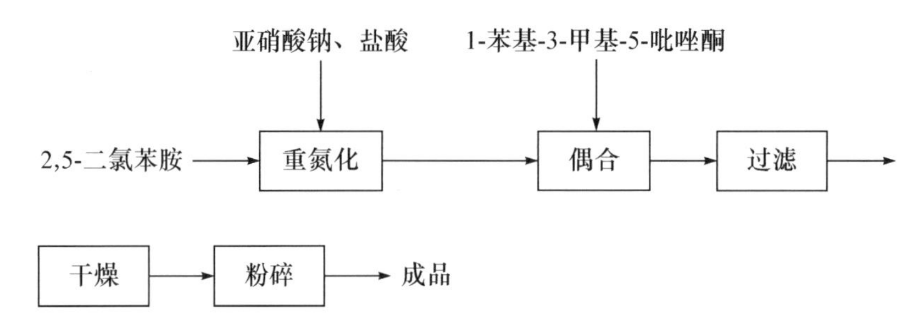


**4. 技术配方**

| | |
|---|---|
| 2,5-二氯苯胺(98%) | 243 |
| 1-苯基-3-甲基-5-吡唑酮 | 266 |
| 亚硝酸钠(98%) | 118 |
| 乙酸钠(98%) | 225 |

**5. 生产工艺**

1) 重氮化

将 486kg 2,5-二氯苯胺加入 2400L 5mol/L 盐酸中，搅拌过夜。次日加入

2000kg 冰与 4500L 水，从液面下加入 393L 40%亚硝酸钠，温度为 0℃，稀释至总体积为 10 000L，过滤，得重氮盐溶液。

2）偶合

将 532kg 1-苯基-3-甲基-5-吡唑酮溶于 294L 33%氢氧化钠与 6000L 水中，温度为 45℃，全溶后，稀释至体积为 28 000L，温度为 28℃，加入轻质碳酸钙 300kg 及乙酸钠 450kg，得偶合组分。

在 4h 内，自偶合组分液面下加入重氮液，偶合温度 23～26℃，加入 700L 5mol/L 盐酸，使反应物对刚果红试纸显酸性，搅拌 0.5h，过滤，水洗至中性，在 50～55℃下干燥，得 1012kg 汉沙黄 R。

**6. 产品标准**

| 外观 | 黄色粉末 |
|---|---|
| 色光 | 与标准品近似 |
| 着色力/% | 为标准品的 100±3 |
| 细度(过 80 目筛余量)/% | ≤5 |

**7. 产品用途**

用于油漆、油墨及文教用品的着色。

**8. 参考文献**

[1] 于艳，胡建军，周春隆. 改性汉沙黄及 4,4′-二氨基苯磺酰苯胺衍生的黄色偶氮颜料的研究[J]. 染料工业，1996，06：17-21.

## 1.8　醇溶耐晒黄 CGG

醇溶耐晒黄 CGG(Alcohol Soluble Light Resistant Yellow CGG)又称 411 醇溶耐晒黄 CGG、1940 醇溶耐晒黄 CGG、醇溶黄 CGG。染料索引号 C.I. 酸性黄 11(18820)。分子式 $C_{29}H_{27}N_7O_4S$，相对分子质量 569.64。结构式为

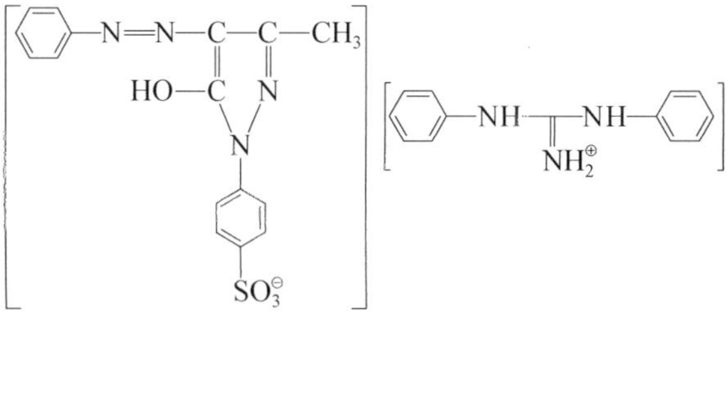

### 1. 产品性能

本品为深黄色粉末。溶于乙醇、丙醇，微溶于苯，不溶于水和其他有机溶剂。耐酸性好，耐热性较差。

### 2. 生产原理

二苯胍(促进剂D)与酸性嫩黄G在酸性条件下发生沉淀化反应，得到醇溶耐晒黄CGG。

$$C_6H_5{-}NH{-}\underset{\parallel\atop NH}{C}{-}NH{-}C_6H_5 + HCl \xrightarrow{H_2O} C_6H_5{-}NH{-}\underset{\parallel\atop NH\cdot HCl}{C}{-}NH{-}C_6H_5$$

$$C_6H_5{-}N{=}N{-}C{=}C(HO){-}N(C_6H_4SO_3Na){-}N{=}C{-}CH_3 + C_6H_5{-}NH{-}\underset{\parallel\atop NH\cdot HCl}{C}{-}NH{-}C_6H_5 \xrightarrow[20℃]{H_2O}$$

$$\left[C_6H_5{-}N{=}N{-}C{=}C(HO){-}N(C_6H_4SO_3^{\ominus}){-}N{=}C{-}CH_3\right]\left[C_6H_5{-}NH{-}\underset{\parallel\atop NH_2^{\oplus}}{C}{-}NH{-}C_6H_5\right]$$

### 3. 工艺流程

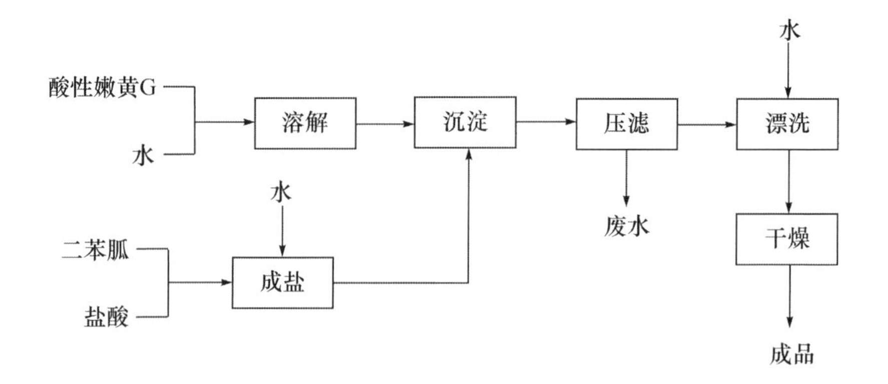

#### 4. 技术配方

| | |
|---|---|
| 二苯胍 | 385kg/t |
| 盐酸(30%) | 257kg/t |
| 酸性嫩黄G(100%) | 653kg/t |

#### 5. 生产工艺

在溶解锅中加入77kg二苯胍、400L 60℃热水和51.4kg 30%盐酸，搅拌使其溶解，加冰水调整体积并维持物料温度为20℃，pH为2.8，制得二苯胍盐酸溶液。反应锅内加入800L 80℃热水，再加入130.6kg酸性嫩黄G使之全部溶解，趁热过滤，滤液冷却至20℃左右，缓缓加入二苯胍盐酸溶液，使之沉淀，控制加料时间为1.5h，加毕继续反应3h，使溶液pH为4.3，经压滤、滤饼漂洗，于55℃干燥，得醇溶耐晒黄CGG约200kg。

#### 6. 产品标准(HG 15-1119)

| | |
|---|---|
| 外观 | 黄色粉末 |
| 色光 | 与标准品近似 |
| 着色力/% | 为标准品的100±5 |
| 挥发物含量/% | ≤5.0 |
| 细度(过80目筛余量)/% | ≤5.0 |
| 耐旋光性/级 | 4～5 |
| 耐热性/℃ | 160 |
| 耐酸性/级 | 4～5 |
| 耐碱性/级 | 2～3 |
| 95%乙醇溶解度/(g/L) | 11 |

#### 7. 产品用途

用于透明漆、橡胶、有机玻璃、铝箔、赛璐珞以及塑料制品的着色。

#### 8. 参考文献

[1] 王琦. 有机颜料黄系列的合成与改性研究[D]. 杭州：浙江大学，2006.
[2] 蔡李鹏，祁晓婷，曹峰，等. 有机颜料黄的合成研究现状[J]. 化学与生物工程，2013，07：10-12.

## 1.9 颜料黄12

颜料黄12又称联苯胺黄G(Benzidine Yellow G)、联苯胺黄1138、1003联苯

胺黄。索引号 C.I. 颜料黄 12(21090)。国外相应的商品名:Helio Yellow GWN、Irgalite Yellow BO、Irgalite Yellow BST、Segnale Yellow 2GRT。分子式 $C_{32}H_{26}Cl_2N_6O_4$,相对分子质量 629.50。结构式为

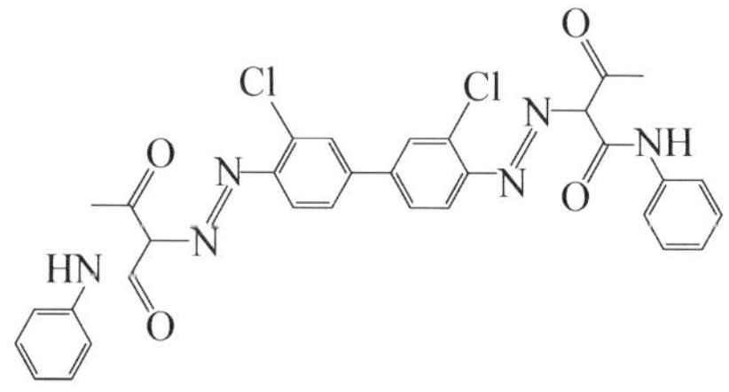

Cl　Cl　O　N　NH　O　N　N　O　HN　N　O

### 1. 产品性能

本品为淡黄色粉末。熔点 317℃。不溶于水,微溶于乙醇。在浓硫酸中为红光橙色,稀释后呈棕光黄色沉淀,于浓硝酸中为棕光黄色。着色力强,耐晒性好,有较好的透明度。耐热 180℃。

### 2. 生产原理

3,3′-二氯联苯胺与亚硝酸双重氮化后,与乙酰乙酰苯胺偶合,经过处理后得颜料黄 12。

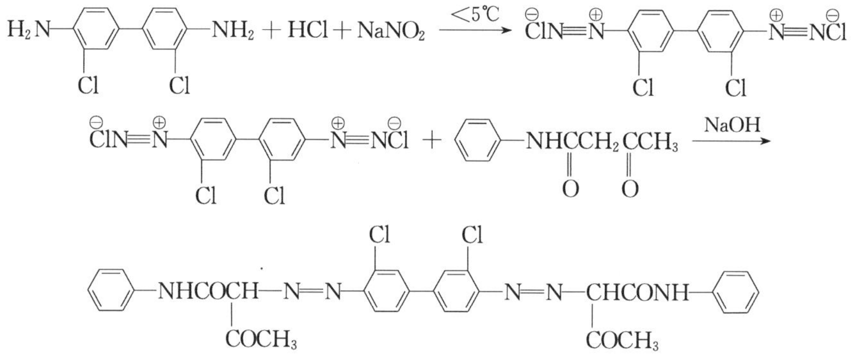

$H_2N$—(Cl)C₆H₃—C₆H₃(Cl)—$NH_2$ + HCl + $NaNO_2$ —(<5℃)→ $\overset{\ominus}{Cl}N{\equiv}\overset{\oplus}{N}$—(Cl)C₆H₃—C₆H₃(Cl)—$\overset{\oplus}{N}{\equiv}N\overset{\ominus}{Cl}$

$\overset{\ominus}{Cl}N{\equiv}\overset{\oplus}{N}$—(Cl)C₆H₃—C₆H₃(Cl)—$\overset{\oplus}{N}{\equiv}N\overset{\ominus}{Cl}$ + C₆H₅—NHC(=O)CH₂C(=O)CH₃ —(NaOH)→

C₆H₅—NHCOCH(COCH₃)—N=N—(Cl)C₆H₃—C₆H₃(Cl)—N=N—CH(COCH₃)CONH—C₆H₅

### 3. 工艺流程

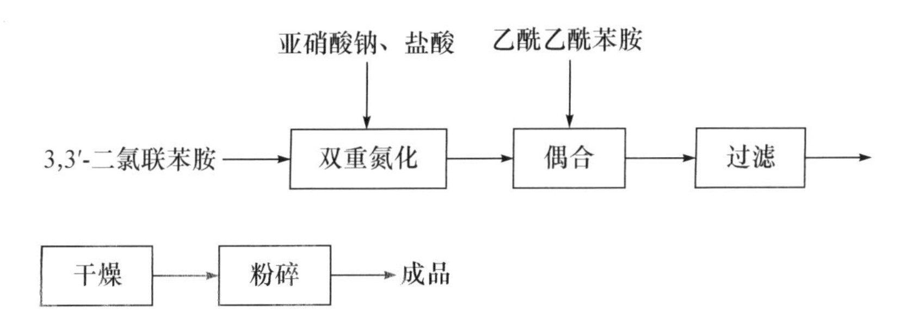


**4. 技术配方**

| | |
|---|---|
| 3,3′-二氯联苯胺(100%) | 412 |
| 乙酰乙酰苯胺(100%) | 588 |
| 亚硝酸钠(工业品) | 234 |
| 氢氧化钠(30%) | 720 |
| 盐酸(30%) | 933 |
| 冰醋酸(工业品) | 615 |
| 土耳其红油(工业品) | 57 |
| 活性炭(工业品) | 12 |

**5. 生产工艺**

1) 透明型产品工艺

将350kg 3,3′-二氯联苯胺、2000L水以及410L 1.17g/cm$^3$的盐酸搅拌打浆，加水及冰调至体积为7000L，温度为0～2℃，快速加入200kg亚硝酸钠，搅拌2h进行重氮化，再加入活性炭，过滤，得重氮盐溶液。

将565kg乙酰乙酰苯胺加入20 000L水中，加入超分散剂以及磷酸氢二钠80kg再加乙酸调pH为7.2，加入400kg甲酸钠，调整温度为35℃，得偶合组分。

尽快将偶合组分于3min内加入上述重氮液，并在5min内完成偶合反应，添加松香皂溶液，搅拌15min，过滤，在60℃下干燥，得透明型颜料黄12。

2) 非透明型产品工艺

在重氮化反应锅中加入1500L水、206kg(100%计)3,3′-二氯联苯胺，搅拌下加入30%盐酸206kg及氨基三乙酸3.6kg，在90～96℃下搅拌溶解，冷却至38～41℃，加入30%盐酸206kg，然后在−1～0℃下加入30%亚硝酸钠溶液382.2kg，进行重氮化反应，控制反应温度为0～5℃，反应时间45min，反应结束加入活性炭6kg、土耳其红油6kg，经脱色、过滤，得到重氮盐溶液。偶合锅中加入水2050L，搅拌下加入30%氢氧化钠360kg、乙酰乙酰苯胺(100%计)294kg，经溶解后，在4℃

下加入 16.5%冰醋酸 860kg 进行酸析，物料 pH 为 7，然后加入 60%乙酸钠 475kg，经混合均匀后，将上述制备好的重氮盐溶液分批加入进行偶合反应，控制重氮盐加料时间 1.7h，偶合反应温度 5～8℃，反应时间 1h，物料 pH 为 4，反应结束，制得的偶合反应液经过滤、水洗，滤饼干燥后粉碎，得 500kg 非透明型颜料黄 12。

### 6. 产品标准(GB 6757)

| 色光 | 与标准品近似至微 |
|---|---|
| 着色力/% | 为标准品的 100±5 |
| 105℃挥发物含量/% | ≤2.0 |
| 吸油量/% | 50±5 |
| 细度(过 60 目筛余量)/% | ≤5.0 |
| 水溶物含量/% | ≤1.5 |
| 流动度/mm | 17～23 |
| 耐晒性/级 | 5～6 |
| 耐热性/℃ | 180 |
| 耐酸性/级 | 5 |
| 耐碱性/级 | 5 |
| 耐水渗透性/级 | 4～5 |
| 耐石蜡渗透性/级 | 4～5 |
| 耐溶剂(乙醇)渗透性/级 | 4～5 |

### 7. 产品用途

主要用于油墨、油漆、橡胶、塑料等着色，也用于涂料印花、文教用品着色。

### 8. 参考文献

[1] 陈启凡. 联苯胺黄 G 的表面处理工艺进展[J]. 丹东纺专学报，2002，03：14-16.
[2] 许立和. 消除联苯胺黄 G 生产中废水污染的工艺探讨[J]. 染料工业，2000，04：37.

## 1.10 永固黄 AAMX

永固黄 AAMX(Diarylide Yellow AAMX)属联苯类双偶氮颜料。染料索引号 C.I. 颜料黄 13(21000)。分子式 $C_{36}H_{34}Cl_2N_6O_4$，相对分子质量 686。结构式为

$CH_3$ Cl Cl $CH_3$

$H_3C$—⟨苯环⟩—NHCOCH—N=N—⟨苯环⟩—⟨苯环⟩—N=N—CHCONH—⟨苯环⟩—$CH_3$

$COCH_3$ $COCH_3$

**1. 产品性能**

本品为淡黄色粉末。熔点338～344℃。相对密度1.2～1.45。吸油量30～89g/100g。不溶于水，微溶于乙醇。色彩鲜明，着色力强，耐硫化。

**2. 生产原理**

3,3′-二氯联苯胺重氮化后，与两分子2,4-二甲基乙酰乙酰苯胺偶合，得永固黄AAMX。

$$H_2N\text{-}C_6H_3(Cl)\text{-}C_6H_3(Cl)\text{-}NH_2 + NaNO_2 + HCl \longrightarrow \overset{\ominus}{Cl}N{\equiv}\overset{\oplus}{N}\text{-}C_6H_3(Cl)\text{-}C_6H_3(Cl)\text{-}\overset{\oplus}{N}{\equiv}N\overset{\ominus}{Cl}$$

$$\overset{\ominus}{Cl}N{\equiv}\overset{\oplus}{N}\text{-}C_6H_3(Cl)\text{-}C_6H_3(Cl)\text{-}\overset{\oplus}{N}{\equiv}N\overset{\ominus}{Cl} + 2H_3C\text{-}C_6H_3(CH_3)\text{-}NHCOCH_2COCH_3 \longrightarrow$$

$$H_3C\text{-}C_6H_3(CH_3)\text{-}NHCOCH(COCH_3)\text{-}N{=}N\text{-}C_6H_3(Cl)\text{-}C_6H_3(Cl)\text{-}N{=}N\text{-}CH(COCH_3)CONH\text{-}C_6H_3(CH_3)\text{-}CH_3$$

**3. 工艺流程**

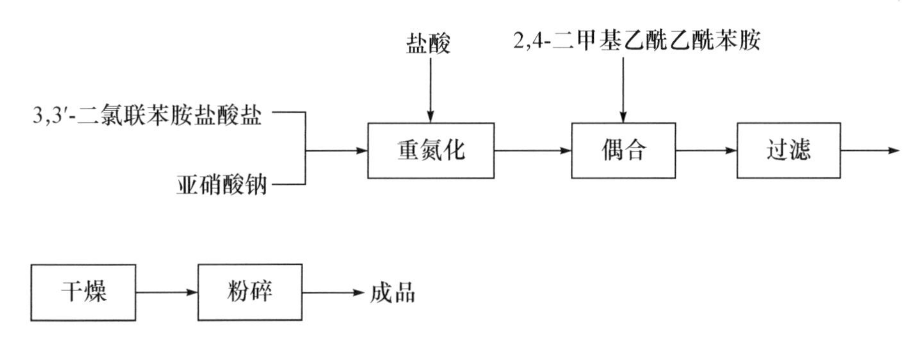


**4. 技术配方**

| | |
|---|---|
| 3,3′-二氯联苯胺盐酸盐(100%) | 151.8 |
| 亚硝酸钠(98%) | 86.0 |
| 2,4-二甲基乙酰乙酰苯胺 | 258.0 |

### 5. 生产工艺

1) 工艺一(生产透明型)

(1) 重氮化。在 900mL 水和 100mL 盐酸中加入 110g 3,3′-二氯联苯胺盐酸盐,搅拌打浆过夜。次日冷却至 0℃以下,快速加入由 50g 亚硝酸钠配成的 20%溶液,低于 0℃下搅拌 1h(同时检验反应液,对淀粉碘化钾试纸呈微蓝色),加入少许活性炭,搅拌 10min,再加入少量土耳其红油,搅拌 10min,过滤,得重氮盐溶液。

(2) 偶合。750mL 水中加入 35g 氢氧化钠并使其溶解,升温至 40℃,加入 138g 98% 2,4-二甲基乙酰乙酰苯胺,搅拌溶解至透明,加入 40mL 1%非离子表面活性剂溶液。12℃下,在 15min 内滴加由 47mL 冰醋酸配成的稀乙酸溶液,搅拌 10min,加入 51g 乙酸钠,得偶合组分。

25℃下,在 10～15min 内将上述重氮盐加至偶合液中,搅拌 10min,加入由 10g 松香配制的松香皂溶液,搅拌 50min,再升温至 80℃,搅拌 0.5h,调介质为碱性,搅拌 0.5h,冷却至 50～60℃,过滤,打浆,水洗至中性,70℃下干燥得永固黄 AAMX。

2) 工艺二

(1) 重氮化。将 151.8kg 100% 3,3′-二氯联苯胺盐酸盐加入 2000L 水中,搅拌过夜。次日加入 500L 5mol/L 盐酸,用水冷却至－3℃,快速加入 157L 40%亚硝酸钠溶液,温度为 0℃,重氮化开始时溶液呈绿色,在到达终点时呈黄光棕色,加入 10kg 硅藻土,稀释至体积为 10 000L,过滤,得重氮盐溶液。

(2) 偶合。将 258kg 2,4-二甲基乙酰乙酰苯胺溶于 133L 33%氢氧化钠及 4000L 水中,加入 150L 5mol/L 盐酸,部分偶合组分析出沉淀,然后加入 60kg 甲酸钠及 90kg 轻质碳酸钙,稀释至体积为 8000L,温度为 25℃,得偶合组分。

在 2.5h 内自液面下加入重氮液,搅拌 0.5h,加入 200L 5mol/L 盐酸使其对刚果红试纸显弱酸性,再搅拌 0.5h,加热至 100℃保持 1h,加水冷却至 70℃,保持 3h 之后压滤与洗涤,在 60～65℃下干燥,得 381kg 永固黄 AAMX。

**6. 产品标准(参考指标)**

| 项目 | 指标 |
|---|---|
| 外观 | 淡黄色粉末 |
| 色光 | 与标准品近似 |
| 着色力/% | 为标准品的 100±3 |
| 水分含量/% | ≤2 |
| 吸油量/% | 50±5 |
| 细度(过 80 目筛余量)/% | ≤5 |
| 水溶物含量/% | ≤1.5 |
| 耐晒性/级 | 5～6 |
| 耐热性/℃ | 180 |
| 耐酸性/级 | 1～2 |
| 耐水渗透性/级 | 1～2 |

**7. 产品用途**

用于油墨、油漆及涂料印花，还用于橡胶、塑料制品的着色。

**8. 参考文献**

[1] 孙继友. 2,5-二甲氧基-4-氯-*N*-乙酰基乙酰苯胺及其颜料的合成研究[J]. 精细化工，1997,04:39-420.

## 1.11　永固黄 G

永固黄 G(Permanent Yellow G)又称 1114 永固黄 2GS。染料索引号 C. I. 颜料黄 14(21095)。国外主要商品名：Acramin Yellow 2GN、Benzidine Yellow YB-2、YB5698、YB5702、Benzidine Yellow G、GGT、Diarylide Yellow 45-25555、Fenalac Yellow BA、BAN、Graphtol Yellow CL-GL、Irgalite Yellow BRM、Lutetia Yellow 3TR-ST、Segnale Yellow 2GR、Vulcafor Yellow 2G 和 Vulcan Fast Yellow G。分子式$C_{34}H_{30}Cl_2N_6O_4$。相对分子质量 657.56。结构式为

$$\text{(2-}CH_3C_6H_4\text{)}-NHCOCH(COCH_3)-N{=}N-C_6H_3Cl-C_6H_3Cl-N{=}N-CH(COCH_3)CONH-\text{(}C_6H_4CH_3\text{-2)}$$

**1. 产品性能**

本品为绿光黄色粉末。相对密度 1.35～1.64。熔点 336℃。不溶于水，微溶于

甲苯。遇浓硫酸呈艳红光橙色，在稀硫酸中为绿光黄色沉淀。色光鲜艳，着色力强。

**2. 生产原理**

邻氯硝基苯在碱性条件下用锌还原偶合得到2，2′-二氯二苯肼，进一步重排得3，3′-二氯联苯胺。3，3′-二氯联苯胺发生双重氮化后，与邻甲基乙酰乙酰苯胺偶合，经后处理得永固黄G。

$$\text{(2-Cl)C}_6\text{H}_4\text{—NO}_2 + \text{Zn} + \text{H}_2\text{O} \xrightarrow{\text{NaOH}} \text{(2-Cl)C}_6\text{H}_4\text{—NH—NH—C}_6\text{H}_4\text{(2-Cl)}$$

$$\text{(2-Cl)C}_6\text{H}_4\text{—NH—NH—C}_6\text{H}_4\text{(2-Cl)} + \text{HCl} \longrightarrow \text{HCl}\cdot\text{H}_2\text{N—C}_6\text{H}_3\text{(Cl)—C}_6\text{H}_3\text{(Cl)—NH}_2\cdot\text{HCl}$$

$$\text{HCl}\cdot\text{H}_2\text{N—C}_6\text{H}_3\text{(Cl)—C}_6\text{H}_3\text{(Cl)—NH}_2\cdot\text{HCl} \xrightarrow{\text{HCl, NaNO}_2} \overset{\ominus}{\text{Cl}}\text{N}{\equiv}\overset{\oplus}{\text{N}}\text{—C}_6\text{H}_3\text{(Cl)—C}_6\text{H}_3\text{(Cl)—}\overset{\oplus}{\text{N}}{\equiv}\text{N}\overset{\ominus}{\text{Cl}}$$

$$\overset{\ominus}{\text{Cl}}\text{N}{\equiv}\overset{\oplus}{\text{N}}\text{—C}_6\text{H}_3\text{(Cl)—C}_6\text{H}_3\text{(Cl)—}\overset{\oplus}{\text{N}}{\equiv}\text{N}\overset{\ominus}{\text{Cl}} + 2\ \text{(2-CH}_3\text{)C}_6\text{H}_4\text{—NHCOCH}_2\text{COCH}_3 \longrightarrow$$

$$\text{(2-CH}_3\text{)C}_6\text{H}_4\text{—NHCOCH(COCH}_3\text{)—N{=}N—C}_6\text{H}_3\text{(Cl)—C}_6\text{H}_3\text{(Cl)—N{=}N—CH(COCH}_3\text{)CONH—C}_6\text{H}_4\text{(2-CH}_3\text{)}$$

**3. 工艺流程**

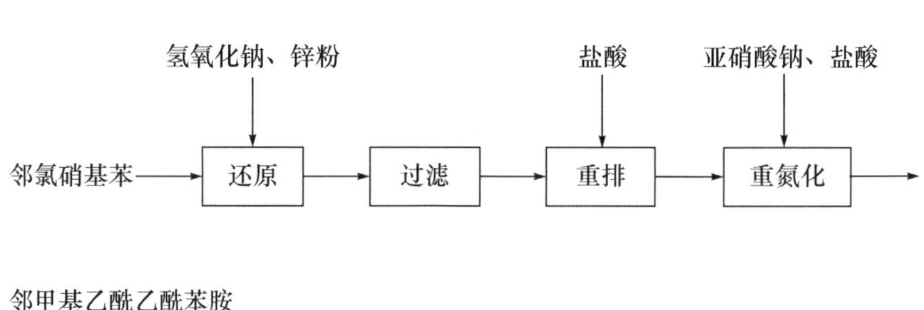


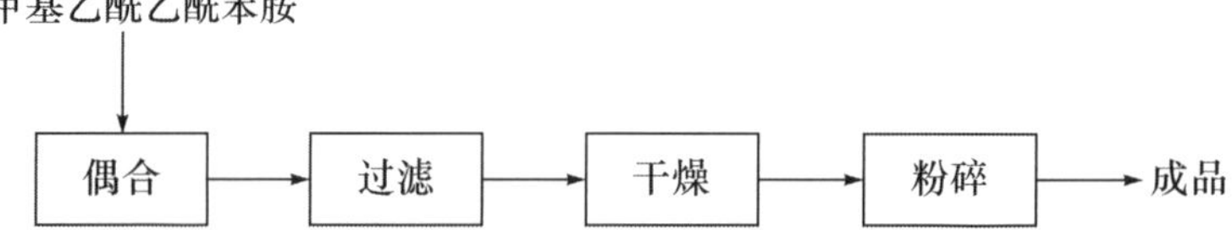

### 4. 技术配方

| | |
|---|---|
| 3,3′-二氯联苯盐酸盐(工业品) | 253 |
| 亚硝酸钠(98%) | 105 |
| 邻甲基乙酰乙酰苯胺 | 393 |
| 乙酸(工业品) | 131 |
| 乙酸钠 | 300 |

### 5. 生产工艺

1) 还原

将熔融的邻氯硝基苯加入还原锅中,加热到75℃,在搅拌下加入50%～51%氢氧化钠溶液,于84～90℃分批交替地加入50%～51%氢氧化钠溶液和锌粉。然后在95～97℃保温1.5h,加水,再于80～85℃分批加入锌粉和水,并保温1h。加水,降温到40℃,加入亚硫酸氢钠,降温到0℃。在0～5℃,3.5～4h中,经喷雾装置先快后慢地加入40%硫酸,中和pH至5.5～5.8,过滤。滤饼洗涤至中性,从滤液回收锌盐,滤饼即2,2′-二氯二苯肼。

2) 重排

在锅中加入工业盐酸,降温到10℃,在10～25℃,2h内加入2,2′-二氯二苯肼。然后,于15～25℃搅拌20h,加水,并在2h内升温到95℃(在60℃时加入硅藻土和活性炭),保温1h,静置1h,于90～95℃过滤,弃去残渣,将滤液加入盐析锅,在65℃左右,15min内加入精盐。降温到37℃,过滤。滤饼用盐水洗涤,抽干得3,3′-二氯联苯胺盐酸盐。

3) 重氮化

将253kg 3,3′-二氯联苯盐酸盐溶解于1200L 5mol/L盐酸中,搅拌冷却至0℃,并从液面下加入262.5L 40%亚硝酸钠溶液进行重氮化,稀释至体积8000L,得重氮盐溶液。

4) 偶合

将160L 37.5%氢氧化钠溶于水,加水调整体积至6000L,然后加入393kg邻甲基乙酰乙酰苯胺,将该溶液经纱网筛加至含冰水混合物的偶合锅中,调整体积为11 000L,温度5℃,然后加入131kg乙酸、900L水及300kg乙酸钠得偶合组分。

将重氮液在 1～1.5h 内从液面下加入，温度 5～12℃，偶合后加热至沸腾并保持 1h，过滤，水洗，在 40～50℃干燥，得永固黄 G。

### 6. 产品标准

| | |
|---|---|
| 外观 | 黄色粉末 |
| 色光 | 与标准品近似 |
| 着色力/% | 为标准品的 100±5 |
| 水分含量/% | ≤2.5 |
| 吸油量/% | 45±5 |
| 水溶物含量/% | ≤2.5 |
| 细度(过 80 目筛余量)/% | ≤5 |
| 耐晒性/级 | 6 |
| 耐热性/℃ | 150 |
| 耐酸性/级 | 5 |
| 耐碱性/级 | 5 |
| 耐乙醇渗透性/级 | 5 |
| 耐石蜡渗透性/级 | 5 |

### 7. 产品用途

主要用于油墨、橡胶、脲醛、酚醛、聚氯乙烯、聚苯乙烯、聚乙烯塑料和纺织品的着色，也用于涂料和纸张的着色。

### 8. 参考文献

[1] 周煜，俞丹，唐善发，陈水林. 不同类型高分子分散剂对颜料黄 14 分散性能的研究[J]. 印染助剂，2003，01：11-14.

[2] 王春霞，梅广波，付少海，等. 超细颜料黄 14 水性分散体的制备及性能[J]. 印染，2008，16：1-3.

## 1.12 油 溶 黄

油溶黄(Oil Yellow)又称 1904 油溶黄、油溶性橘黄、油溶性橘黄 G 9320、Sicostyren Orange 22-005。索引号 C. I. 油溶黄 14(12055)。分子式 $C_{16}H_{12}N_2O$，相对分子质量 248.28。结构式为

$$C_6H_5-N=N-C_{10}H_6-OH$$

**1. 产品性能**

本品为黄色粉末。熔点134℃。易溶于苯、丙酮、油脂和矿物油，不溶于水，微溶于乙醇。色泽鲜艳，耐晒牢度差。溶于乙醇呈橙红色，遇浓硫酸为品红色，稀释后呈橙黄色沉淀，遇浓盐酸加热呈红色溶液，冷却呈深绿色盐酸结晶。

**2. 生产原理**

苯胺重氮化后与2-萘酚偶合即得油溶黄。

$$C_6H_5-NH_2 + HCl + NaNO_2 \longrightarrow C_6H_5-\overset{\oplus}{N}\equiv N\overset{\ominus}{Cl}$$

$$C_{10}H_7-OH + NaOH \longrightarrow C_{10}H_7-ONa$$

$$C_{10}H_7-ONa + C_6H_5-\overset{\oplus}{N}\equiv N\overset{\ominus}{Cl} \longrightarrow C_6H_5-N=N-C_{10}H_6-OH$$

**3. 工艺流程**

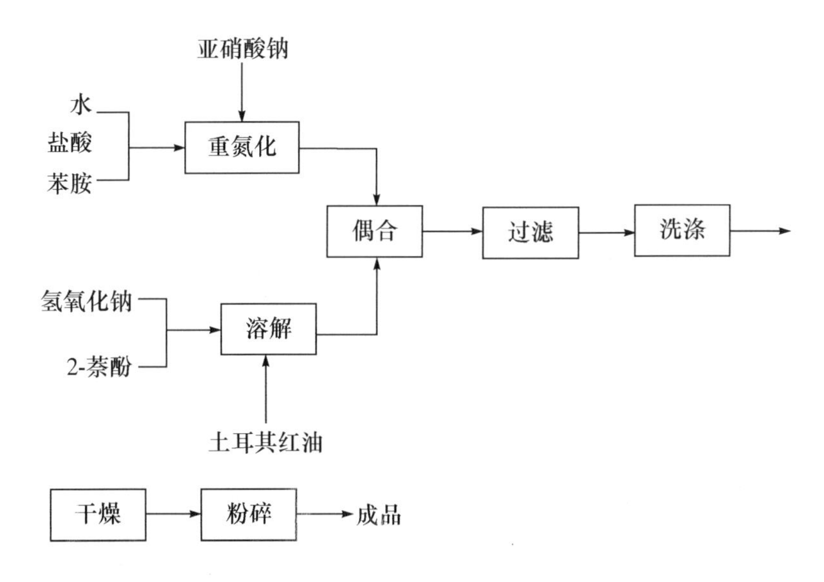

#### 4. 技术配方

| | |
|---|---|
| 苯胺(工业品) | 378 |
| 盐酸(30%) | 1154 |
| 2-萘酚(工业品) | 567 |
| 亚硝酸钠(工业品) | 227 |
| 氢氧化钠(100%) | 250 |
| 土耳其红油(工业品) | 45 |

#### 5. 生产设备

重氮化反应锅,溶解锅,偶合锅,储槽,压滤机,干燥箱,粉碎机。

#### 6. 生产工艺

在重氮化锅中加入1800L水、525kg 30%盐酸,搅拌下加入172kg苯胺,降温到3.5℃左右,将30%亚硝酸钠(由103.2kg亚硝酸钠配制而成)分批加入进行重氮化反应,控制加料时间为0.5h,继续反应20~30min制得重氮盐。在溶解锅内加入1500L水、379kg 30%氢氧化钠和20.5kg土耳其红油,搅拌下于65℃加入258kg 2-萘酚使之完全溶解,制得2-萘酚钠盐后转入偶合锅中。将上述制备好的重氮盐在20℃下分批加入偶合锅中,控制加料时间为0.5h,继续反应1h,终点溶液pH为8.9~9.1(2-萘酚微过量),然后升温到60℃,经过滤水漂洗,滤饼于65~75℃下干燥,最后经粉碎得到油溶黄。

#### 7. 产品标准(沪Q/HG 15-1141)

| | |
|---|---|
| 外观 | 橘黄色带黏性粗粉粒 |
| 色光 | 与标准品近似 |
| 着色力/% | 为标准品的100±5 |
| 耐旋光性/级 | 1 |
| 醇溶性 | 微溶 |
| 熔点/℃ | 134 |

#### 8. 产品用途

用于皮鞋油、地板蜡及各种油脂的着色,还用于有机玻璃的着色,也用于礼花焰火和透明漆的制造。

# 1.13　颜料黄 15

颜料黄 15(Pigment Yellow 15)是乙酰乙酰芳胺-联苯胺类双偶氮颜料，又称硫化坚牢黄 5G(Vulcan Fast Yellow 5G)。染料索引号 C.I. 颜料黄 15(21220)。分子式 $C_{38}H_{36}Cl_2N_6O_6$，相对分子质量 745.66。结构式为

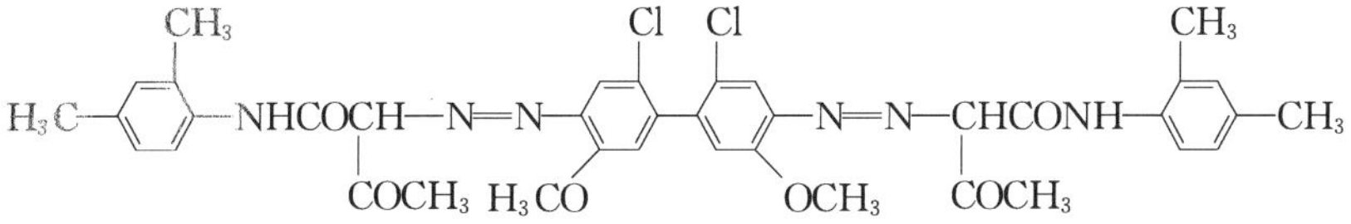

CH3　　Cl　Cl　　CH3
H3C—⟨苯环⟩—NHCOCH—N═N—⟨苯环⟩—⟨苯环⟩—N═N—CHCONH—⟨苯环⟩—CH3
COCH3　H3CO　　OCH3　COCH3

## 1. 产品性能

本品为黄色均匀粉末。黄色纯正，着色力强，在溶剂中无渗色现象，在橡胶中无色迁移现象，并且能较好地耐受硫化温度，但耐旋光性能差。

## 2. 生产原理

2,2′-二氯-5,5′-二甲氧基联苯胺重氮化后，与 2,4-二甲基乙酰乙酰苯胺偶合，经后处理得颜料黄 15。

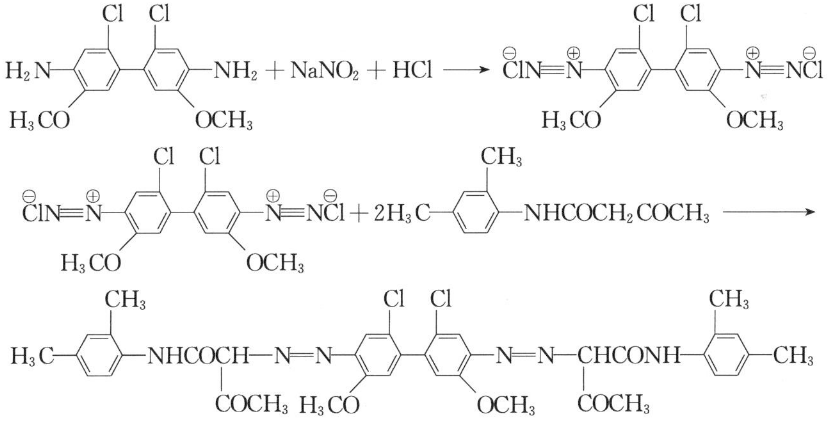

Cl　Cl　　　　Cl　Cl
$H_2N$—⟨苯环⟩—⟨苯环⟩—$NH_2$ + $NaNO_2$ + HCl ⟶ $\overset{\ominus}{Cl}N\equiv\overset{\oplus}{N}$—⟨苯环⟩—⟨苯环⟩—$\overset{\oplus}{N}\equiv N\overset{\ominus}{Cl}$
H3CO　OCH3　　　　H3CO　OCH3

Cl　Cl　　CH3
$\overset{\ominus}{Cl}N\equiv\overset{\oplus}{N}$—⟨苯环⟩—⟨苯环⟩—$\overset{\oplus}{N}\equiv N\overset{\ominus}{Cl}$ + 2H3C—⟨苯环⟩—$NHCOCH_2COCH_3$ ⟶
H3CO　OCH3

CH3　　Cl　Cl　　CH3
H3C—⟨苯环⟩—NHCOCH—N═N—⟨苯环⟩—⟨苯环⟩—N═N—CHCONH—⟨苯环⟩—CH3
COCH3　H3CO　　OCH3　COCH3

## 3. 工艺流程

## 4. 技术配方

| | |
|---|---|
| 2,2′-二氯-5,5′-二甲氧基联苯胺(100%计) | 94 |
| 亚硝酸钠(98%) | 43 |
| 盐酸(31%) | 202 |
| 2,4-二甲基乙酰乙酰苯胺(100%计) | 124 |

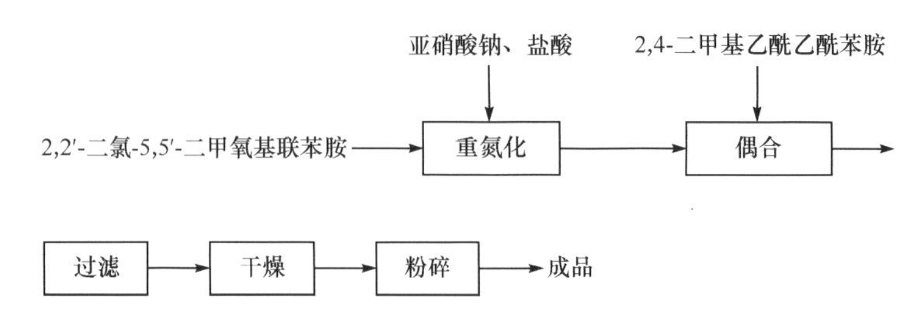


### 5. 生产工艺

1）重氮化

在重氮化反应锅中，将47kg 2,2′-二氯-5,5′-二甲氧基联苯胺加至281L 5mol/L盐酸及1000L水中，温度15℃，搅拌2h，冰冷至0℃，快速从液面下加入39.51L 40％亚硝酸钠溶液，温度必须始终保持在0℃，稀释至体积为1500L，过滤，得到重氮盐溶液。

2）偶合

在溶解锅中，将62kg 2,4-二甲基乙酰乙酰苯胺溶于54L 33％氢氧化钠溶液及1200L水中，温度25℃，溶解后经过筛网转至偶合锅中，然后加入由36kg冰醋酸稀释成的250L稀乙酸，使其沉淀的悬浮物对石蕊试纸显酸性，再加入60kg轻质碳酸钙，稀释至体积为1500L，温度30℃，得偶合组分。

将重氮液在1h内从液面下加入，反应温度25～30℃，偶合完毕加入100L 5mol/L盐酸使反应液显弱酸性，搅拌0.5h，加热至100℃，保持1h后，过滤、洗涤，得含固量15％的膏状物，经干燥、粉碎，得颜料黄15成品105kg。

### 6. 产品标准

| | |
|---|---|
| 外观 | 黄色均匀粉末 |
| 色光 | 与标准品近似 |
| 着色力/％ | 为标准品的100±5 |
| 水分含量/％ | ≤2 |
| 吸油量/％ | 45±5 |
| 水溶物含量/％ | ≤1.5 |
| 细度(过80目筛余量)/％ | ≤5 |
| 耐热性/℃ | 180 |
| 耐酸性/级 | 1 |
| 耐碱性/级 | 1 |
| 耐油渗透性/级 | 1～2 |

**7. 产品用途**

用于油漆、油墨着色，尤其适用于制造透明油墨。

**8. 参考文献**

[1] 王春霞，梅广波，付少海，等. 超细颜料黄14水性分散体的制备及性能[J]. 印染，2008，16：1-3.

## 1.14 永固黄 NCG

永固黄NCG（Permanent Yellow NCG）又称耐晒黄NCG、Irgalite Yellow CG、Sanyo Pigment Yellow B205、Vulcanosol Yellow 1260。染料索引号C.I.颜料黄16(20040)。分子式$C_{34}H_{28}Cl_4N_6O_4$，相对分子质量726.44。结构式为

$$\text{2,4-}Cl_2C_6H_3\text{—N=N—}\underset{\displaystyle COCH_3}{CH}\text{—CONH—}C_6H_3(CH_3)\text{—}C_6H_3(CH_3)\text{—NHCO—}\underset{\displaystyle COCH_3}{CH}\text{—N=N—}C_6H_3Cl_2\text{-2,4}$$

**1. 产品性能**

本品为黄色粉末。熔点320～328℃。相对密度1.35～1.45。吸油量59～69g/100g。耐晒性和耐热性优良。不溶于水。

**2. 生产原理**

2,4-二氯苯胺重氮化后，与色酚AS-G（双乙酰乙酰-3,3′-二甲基苯胺）偶合，经后处理得永固黄NCG。

$$\text{2,4-}Cl_2C_6H_3NH_2 \xrightarrow[HCl]{NaNO_2} \text{2,4-}Cl_2C_6H_3\overset{\oplus}{N}{\equiv}N\overset{\ominus}{Cl}$$

$$\text{2,4-}Cl_2C_6H_3\overset{\oplus}{N}{\equiv}N\overset{\ominus}{Cl} + H_3COCH_2COCHN\text{—}C_6H_3(CH_3)\text{—}C_6H_3(CH_3)\text{—}NHCOCH_2COCH_3$$

$$\xrightarrow{NaOH} \text{2,4-}Cl_2C_6H_3\text{—N=N—}\underset{\displaystyle COCH_3}{CH}\text{—CONH—}C_6H_3(CH_3)\text{—}C_6H_3(CH_3)\text{—NHCO—}\underset{\displaystyle COCH_3}{CH}\text{—N=N—}C_6H_3Cl_2\text{-2,4}$$

**3. 工艺流程**

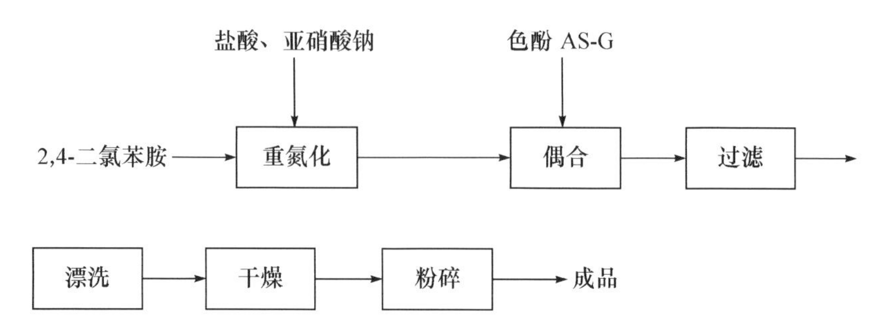


**4. 技术配方**

| | |
|---|---|
| 2,4-二氯苯胺(工业品) | 322 |
| 盐酸(30%) | 1040 |
| 亚硝酸钠(98%) | 139 |
| 活性炭 | 10 |
| 色酚 AS-G(工业品) | 400 |
| 乳化剂 FM | 50 |
| 乳化剂 O | 25 |

**5. 生产工艺**

1) 重氮化

将 322kg 2,4-二氯苯胺加至 1000L 水和 1700L 5mol/L 盐酸中,搅拌加热至 80℃,过夜。次日加冰冷却至 0℃,在液面下先快后慢地加入 262L 40%亚硝酸钠溶液,稀释至总体积为 7000L,加入 10kg 活性炭,过滤,得重氮盐溶液。

2) 偶合

将 400kg 色酚 AS-G 加至 340L 33%氢氧化钠溶液和 5000L 水中,稀释至总体积为 18 000L,温度 7℃。然后加入 50kg 乳化剂 FM 与 355L 30%氢氧化钠溶液,再快速地加入 580L 冰醋酸析出沉淀,悬浮液显酸性,温度升至 10~11℃,备偶合用。

在 2h 内将重氮液自液面下加入,同时加入 25kg 乳化剂 O,在 1h 内升温至 40℃,压滤,洗涤,在 55℃下干燥,得到 800kg 永固黄 NCG。

### 6. 产品标准

| 外观 | 黄色粉末 |
| --- | --- |
| 色光 | 与标准品近似 |
| 着色力/% | 为标准品的 100±5 |
| 水分含量/% | ≤2.0 |
| 吸油量/% | 45±5 |
| 细度(过 80 目筛余量)/% | ≤5 |
| 耐晒性/级 | 6～7 |
| 耐热性/℃ | 160 |
| 耐酸性/级 | 1 |
| 耐碱性/级 | 1 |
| 耐水渗透性/级 | 2 |
| 耐油渗透性/级 | 1 |

### 7. 产品用途

主要用于涂料、油墨及文教用品的着色。

### 8. 参考文献

[1] 孙继友. 2,5-二甲氧基-4-氯-*N*-乙酰基乙酰苯胺及其颜料的合成研究[J]. 精细化工，1997,04:39-42.

## 1.15 永固黄 GR

永固黄 GR(Permanent Yellow GR)又称 6203 永固黄、耐晒黄 GR、1137 永固黄。染料索引号 C.I. 颜料黄 16(20040)。分子式 $C_{34}H_{28}Cl_4N_6O_4$，相对分子质量 726.45。结构式为

$$Cl-C_6H_3(Cl)-N{=}N-CH(COCH_3)-CONH-C_6H_3(CH_3)-C_6H_3(CH_3)-NHCO-CH(COCH_3)-N{=}N-C_6H_3(Cl)-Cl$$

### 1. 产品性能

本品为黄色粉末。熔点 325℃。耐晒性和耐热性良好。

### 2. 生产原理

2,4-二氯苯胺重氮化后，再与色酚 AS-G 偶合，经后处理得永固黄 GR。

$$Cl-C_6H_3(Cl)-NH_2 + HCl + NaNO_2 \longrightarrow Cl-C_6H_3(Cl)-\overset{\oplus}{N}{\equiv}N\overset{\ominus}{Cl}$$

$$H_3COCH_2COCHN-C_6H_3(CH_3)-C_6H_3(CH_3)-NHCOCH_2COCH_3 \xrightarrow{NaOH}$$

$$H_3C\underset{\underset{ONa}{|}}{C}=HCOCHN-C_6H_3(CH_3)-C_6H_3(CH_3)-NHCOCH=\underset{\underset{ONa}{|}}{C}CH_3$$

$$H_3C\underset{\underset{ONa}{|}}{C}=HCOCHN-C_6H_3(CH_3)-C_6H_3(CH_3)-NHCOCH-\underset{\underset{ONa}{|}}{C}CH_3 + Cl-C_6H_4(Cl)-\overset{\oplus}{N}\equiv N\overset{\ominus}{Cl}$$

$$\longrightarrow Cl-C_6H_3(Cl)-N=N-\underset{\underset{COCH_3}{|}}{CH}-CONH-C_6H_3(CH_3)-C_6H_3(CH_3)-NHCO-\underset{\underset{COCH_3}{|}}{CH}-N=N-C_6H_3(Cl)-Cl$$

**3. 工艺流程**

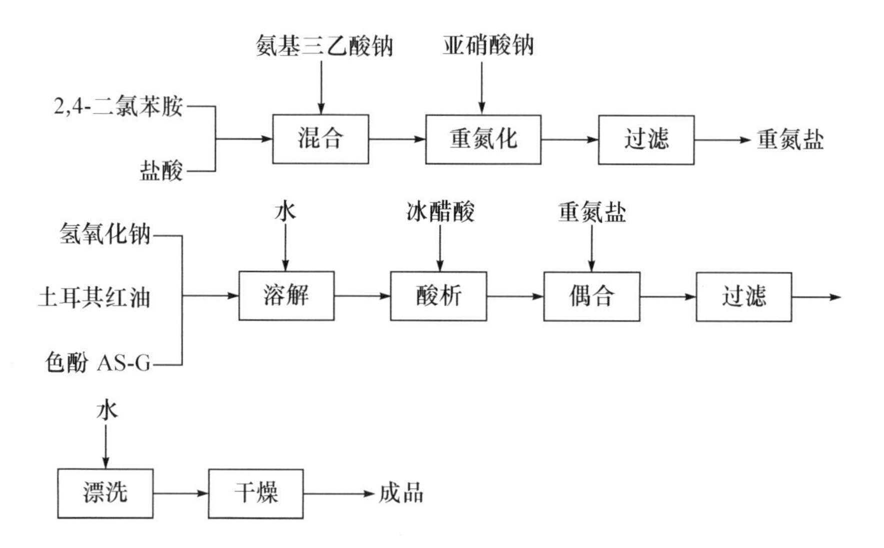

### 4. 技术配方

| | |
|---|---|
| 2,4-二氯苯胺(100%) | 460 |
| 色酚 AS-G(100%) | 540 |
| 亚硝酸钠(98%) | 198 |
| 盐酸(30%) | 100 |
| 氨基三乙酸钠(工业品) | 40 |
| 活性炭(工业品) | 50 |
| 氢氧化钠(30%) | 1500 |
| 土耳其红油(工业品) | 100 |
| 冰醋酸(97%) | 620 |

### 5. 生产工艺

1) 重氮化

在重氮化反应锅内加入水、2,4-二氯苯胺、30%盐酸和氨基三乙酸钠,经搅拌后,于0℃下分批加入30%亚硝酸钠溶液进行重氮化反应,反应结束后加入活性炭和土耳其红油进行脱色,过滤,即制得重氮盐。

2) 偶合

将水加入偶合锅中,再加入30%氢氧化钠、土耳其红油及色酚AS-G,经搅拌溶解后加入98%冰醋酸进行酸析,维持反应液pH为10.5左右,温度为50℃,即制得偶合液(色酚AS-G钠盐)。将上述制备好的重氮盐分批加入偶合锅中,进行偶合反应,控制反应温度为40~45℃,反应时间为2h左右,偶合反应同时分批加入30%氢氧化钠溶液,以维持反应液终点pH为4~4.5,反应结束,经过滤、漂洗,滤饼于75~85℃下干燥,最后经粉碎得到永固黄GR。

### 6. 产品标准(参考指标)

| | |
|---|---|
| 外观 | 黄色粉末 |
| 水分含量/% | ≤2 |
| 吸油量/% | 45±5 |
| 色光 | 与标准品近似 |
| 细度(过80目筛余量)/% | ≤5 |
| 着色力/% | 为标准品的100±5 |
| 耐晒性/级 | 6~7 |
| 耐热性/℃ | 200 |
| 耐酸性/级 | 1 |

| | |
|---|---|
| 耐碱性/级 | 1 |
| 耐水渗透性/级 | 2 |
| 耐油渗透性/级 | 1 |
| 耐石蜡渗透性/级 | 1 |

### 7. 产品用途

主要用于油墨、塑料制品、橡胶制品和文教用品的着色。

### 8. 参考文献

[1] 蔡李鹏,祁晓婷,曹峰,等. 有机颜料黄的合成研究现状[J]. 化学与生物工程,2013,07:10-12.

[2] 李纯清,杨嘉俊,王旗. 颜料黄 13 的合成及颜料化研究[J]. 染料工业,1996,06:22-24.

## 1.16　永固黄 7G

永固黄 7G(Permanent Yellow 7G)又称耐晒黄 7G、1116 永固黄、6204 永固黄。染料索引号 C.I. 颜料黄 16(20040)。国外相应的商品名:Irgalite Yellow CG、Sanyo Pigment Yellow B205、Vulcanosol Yellow 1260。分子式 $C_{34}H_{30}Cl_2N_6O_4$,相对分子质量 657.55。结构式为

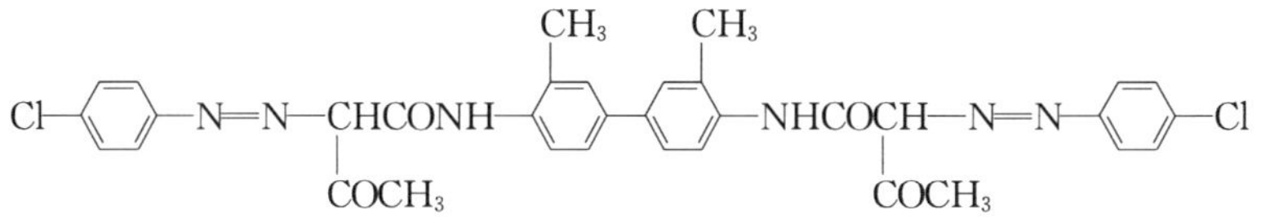

$$Cl-C_6H_4-N{=}N-\underset{\displaystyle COCH_3}{CH}CONH-C_6H_3(CH_3)-C_6H_3(CH_3)-NHCO\underset{\displaystyle COCH_3}{CH}-N{=}N-C_6H_4-Cl$$

### 1. 产品性能

本品为黄色粉末。不溶于水,耐晒性、耐热性和耐碱性均好,耐热性可达 140℃。

### 2. 生产原理

对氯苯胺重氮化后与色酚 AS-G 偶合,经后处理得到永固黄 7G。

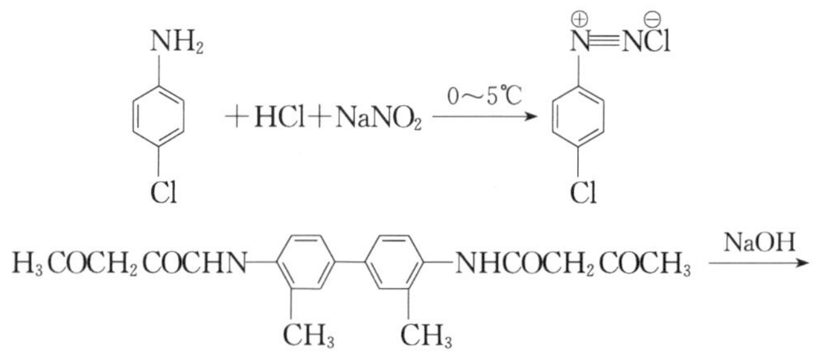

$$H_2N-C_6H_4-Cl + HCl + NaNO_2 \xrightarrow{0\sim5℃} \overset{\oplus}{N}{\equiv}N\overset{\ominus}{Cl}-C_6H_4-Cl$$

$$H_3COCH_2COCHN-C_6H_3(CH_3)-C_6H_3(CH_3)-NHCOCH_2COCH_3 \xrightarrow{NaOH}$$

$H_3C\text{C}{=}\text{HCOCHN}$—(3-$CH_3$-$C_6H_3$)—(3-$CH_3$-$C_6H_3$)—$\text{NHCOCH}{=}\text{CCH}_3$（两端 C 上各连 ONa）

$H_3C\text{C}{=}\text{HCOCHN}$—(3-$CH_3$-$C_6H_3$)—(3-$CH_3$-$C_6H_3$)—$\text{NHCOCH}{=}\text{CCH}_3$（ONa）$+$ $Cl$-$C_6H_4$-$\overset{\oplus}{N}{\equiv}N\overset{\ominus}{Cl}$ $\longrightarrow$

$Cl$-$C_6H_4$-$N{=}N$-$\text{CH}(\text{COCH}_3)\text{CONH}$—(3-$CH_3$-$C_6H_3$)—(3-$CH_3$-$C_6H_3$)—$\text{NHCOCH}(\text{COCH}_3)$-$N{=}N$-$C_6H_4$-$Cl$

### 3. 工艺流程

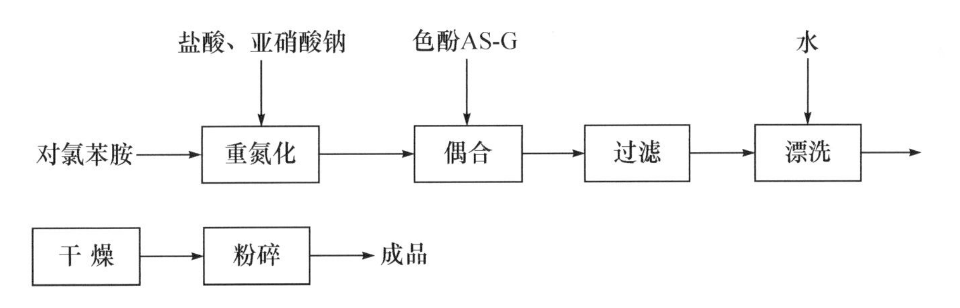


### 4. 技术配方

| | |
|---|---|
| 对氯苯胺(100%) | 367 |
| 色酚 AS-G(100%) | 608 |
| 盐酸(30%) | 850 |
| 亚硝酸钠(98%) | 206 |
| 氢氧化钠(98%) | 216 |
| 活性炭(工业品) | 90 |
| 冰醋酸(工业品) | 364 |
| 土耳其红油(工业品) | 90 |

### 5. 生产工艺

1）重氮化

将水、30%盐酸加入重氮化反应锅内，再加入对氯苯胺，经搅拌溶解后，再加入氨基三乙酸的碳酸钠溶液，降温到 0℃左右，将 30%亚硝酸钠溶液在 0.5h 内逐步加入，使其进行重氮化反应，加料完毕再在 4℃左右继续反应 1h 左右，反应液经活性炭脱色，过滤即制得重氮盐。

2) 偶合

在溶解锅中，先加入水、土耳其红油和30%氢氧化钠溶液，经搅拌混合，在15℃左右加入色酚AS-G，然后用冰醋酸水溶液进行酸析，终点溶液pH为9～10，制得色酚AS-G钠盐，升温到30℃左右均匀加入重氮盐，控制加料时间约0.5h，pH为7，升温至45℃继续进行偶合反应，使溶液终点pH为4。最后经过滤、水漂洗，滤饼在70～80℃下干燥，粉碎得成品永固黄7G。

### 6. 产品标准

| | |
|---|---|
| 外观 | 黄色粉末 |
| 色光 | 与标准品近似 |
| 着色力/% | 为标准品的100±5 |
| 水分含量/% | ≤2 |
| 吸油量/% | 45±5 |
| 细度(过80目筛余量)/% | ≤5 |
| 耐晒性/级 | 6 |
| 耐热性/℃ | 140 |
| 耐酸性/级 | 1 |
| 耐水渗透性/级 | 1 |
| 耐油渗透性/级 | 2 |
| 耐碱性/级 | 1 |

### 7. 产品用途

主要用于涂料、油墨、水彩和油彩颜料以及塑料和乳液等的着色。

### 8. 参考文献

[1] 王琦. 有机颜料黄系列的合成与改性研究[D]. 杭州:浙江大学,2006.

[2] 赵凤云,尹亚森. 合成C. I. 颜料黄12的最佳配方及工艺条件[J]. 抚顺石油学院学报,1998,02:5-7.

## 1.17 永固黄GG

永固黄GG(Permanent Yellow GG)又称永固黄2G、1137永固黄。国外相应的商品名：Diarylide Yellow BAS-25、Graphtol Yellow Cl-4GN、Irgalite Yellow

2GBO、Irgalite Yellow 2GO、Irgalite Yellow 2GP、Lionol Yellow FG-1700、Sanyo Pigment Yellow 1705、Shangdament Fast Yellow GG 1124、Symuler Fast Yellow 8GF、Symuler Fast Yellow 8GTF。染料索引号 C.I. 颜料黄 17(21105)。分子式 $C_{34}H_{30}Cl_2N_6O_6$，相对分子质量 689.54。结构式为

$$(2\text{-}CH_3OC_6H_4)NHCOCH(COCH_3)-N=N-C_6H_3(Cl)-C_6H_3(Cl)-N=N-CH(COCH_3)CONH(C_6H_4\text{-}2\text{-}OCH_3)$$

### 1. 产品性能

本品为黄色粉末。熔点 341℃。相对密度 1.30～1.55。吸油量 40～77g/100g。色泽鲜艳。在塑料中有荧光。溶于丁醇、二甲苯等有机溶剂，不溶于水和亚麻仁油。耐晒性和耐热性均好，但迁移性较差。

### 2. 生产原理

3,3′-二氯联苯胺发生双重氮化后，与邻甲氧基乙酰乙酰苯胺偶合，经过滤及后处理得永固黄 GG。

$$H_2N-C_6H_3(Cl)-C_6H_3(Cl)-NH_2 + HCl + NaNO_2 \xrightarrow{0\sim2℃} \overset{\ominus}{Cl}N\equiv\overset{\oplus}{N}-C_6H_3(Cl)-C_6H_3(Cl)-\overset{\oplus}{N}\equiv N\overset{\ominus}{Cl}$$

$$H_3COCH_2COCHN-(C_6H_4\text{-}2\text{-}OCH_3) + NaOH \xrightarrow{20℃} H_3C-C(ONa)=HCOCHN-(C_6H_4\text{-}2\text{-}OCH_3)$$

$$H_3C-C(ONa)=HCOCHN-(C_6H_4\text{-}2\text{-}OCH_3) + CH_3COOH \xrightarrow{10\sim15℃} H_3COCH_2COCHN-(C_6H_4\text{-}2\text{-}OCH_3) + CH_3COONa$$

$$\overset{\ominus}{Cl}N\equiv\overset{\oplus}{N}-C_6H_3(Cl)-C_6H_3(Cl)-\overset{\oplus}{N}\equiv N\overset{\ominus}{Cl} + H_3COCH_2COCHN-(C_6H_4\text{-}2\text{-}OCH_3) \xrightarrow{CH_3CO_2Na}$$

$$(2\text{-}CH_3OC_6H_4)NHCOCH(COCH_3)-N=N-C_6H_3(Cl)-C_6H_3(Cl)-N=N-CH(COCH_3)CONH(C_6H_4\text{-}2\text{-}OCH_3)$$

### 3. 工艺流程

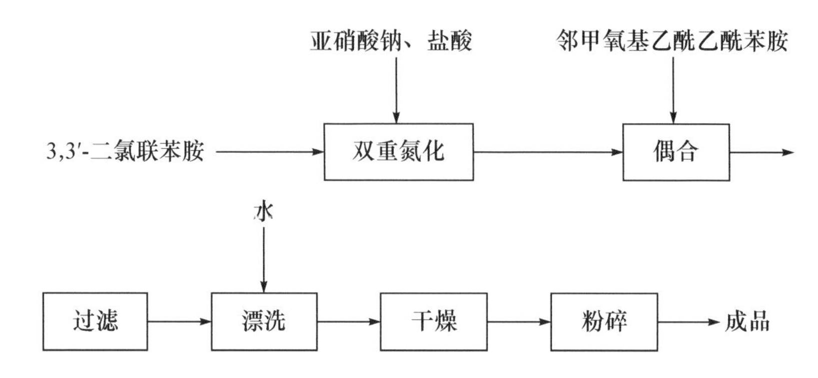


### 4. 技术配方

| | |
|---|---|
| 邻甲氧基乙酰乙酰苯胺(100%) | 538 |
| 3,3′-二氯联苯胺(100%) | 318 |
| 盐酸(30%) | 380 |
| 亚硝酸钠(100%) | 176 |
| 氢氧化钠(30%) | 710 |
| 活性炭(工业品) | 30 |
| 乙酸钠(工业品) | 800 |
| 土耳其红油(工业品) | 5 |
| 冰醋酸 | 330 |

### 5. 生产工艺

在重氮化反应锅中加入7000L水,再加入350kg 3,3′-二氯联苯胺和600kg 34%盐酸,搅拌使其溶解,降温至0～5℃,快速加入198kg 98%亚硝酸钠配成的30%溶液进行重氮化,搅拌1～1.5h,再添加活性炭及土耳其红油,脱色后过滤得重氮液。

将650kg邻甲氧基乙酰乙酰苯胺溶于5500L水及562kg 30%氢氧化钠溶液中,调整体积至11 000L,加入320L 80%乙酸进行酸化至pH为5,得偶合组分。

在15～20℃下加入上述重氮液,偶合10min后加入300kg乙酸钠,偶合完毕升温至95℃,保温0.5h,再降温至70℃,过滤,于70℃干燥,得颜料永固黄GG。

### 6. 产品标准

| | |
|---|---|
| 外观 | 黄色粉末 |
| 水分含量/% | ≤2.5 |
| 吸油量/% | 50±5 |

| | |
|---|---|
| 细度(过80目筛余量)/% | ≤5 |
| 着色力/% | 为标准品的100±5 |
| 色光 | 与标准品近似 |
| 耐晒性/级 | 6～7 |
| 耐热性/℃ | 180 |
| 耐酸性/级 | 5 |
| 耐碱性/级 | 5 |
| 耐水渗透性/级 | 4～5 |
| 耐油渗透性/级 | 4 |

**7. 产品用途**

主要用于高级透明油墨及玻璃纤维和塑料制品的着色。

**8. 参考文献**

[1] 蔡李鹏，祁晓婷，曹峰，等. 有机颜料黄的合成研究现状[J]. 化学与生物工程，2013，07：10-12.

[2] 王琦. 有机颜料黄系列的合成与改性研究[D]. 杭州：浙江大学，2006.

## 1.18　蒽酮颜料黄

蒽酮颜料黄(Flavanthrone Yellow)属蒽酮类颜料。染料索引号C. I. 颜料黄24(70600)。分子式$C_{28}H_{12}N_2O_2$，相对分子质量408.41。结构式为

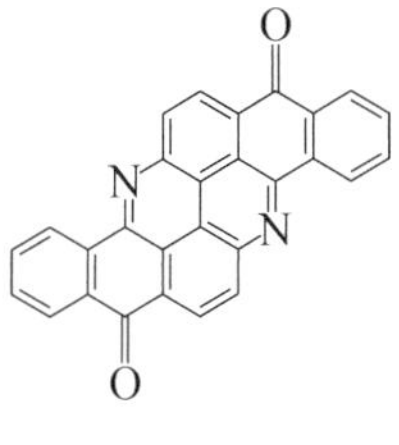

**1. 产品性能**

本品为红光黄色(橙色)粉末。耐光坚牢度优良，并有很好的耐溶剂和耐迁移性，属高级颜料。

**2. 生产原理**

在五氯化锑存在下，两分子2-氨基蒽醌缩合，得到还原黄G(黄蒽酮)，经颜料化处理得蒽酮颜料黄。

## 3 工艺流程

1）缩合法

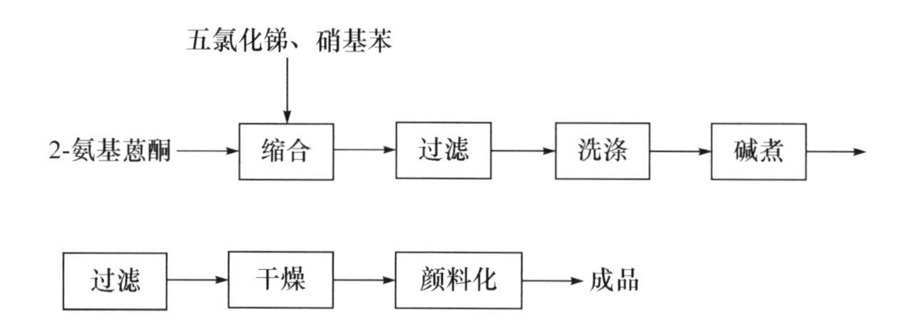


2）酰化法

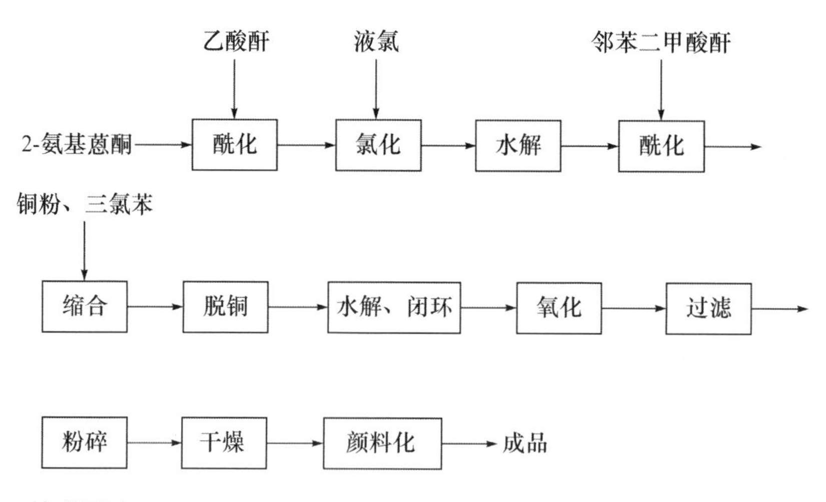


## 4. 技术配方

1）缩合法

| | |
|---|---|
| 2-氨基蒽酮 | 200 |
| 硝基苯（可回收） | 2000 |
| 五氯化锑（催化剂） | 适量 |

2）酰化法

| | |
|---|---|
| 2-氨基蒽酮 | 1770 |
| 邻苯二甲酸酐(96%) | 850 |
| 乙酸酐(92%) | 1050 |
| 铜粉 | 550 |

**5. 生产工艺**

1）缩合法

(1) 缩合。将1kg干燥的硝基苯及催化剂五氯化锑混合加热至70℃，在搅拌下于0.5h内分批地加入100g 2-氨基蒽醌，然后将反应物加热至200℃，并保温反应1.5h，反应完毕冷却至室温，析出紫色晶体，过滤，用1L硝基苯洗涤，再用甲醇洗涤。产物用10%盐酸煮沸0.5h，得60g粗产物。将粗产物与浓硫酸(质量比1∶8)加热搅拌至溶解，并在1.5L水中析出，过滤、水洗除去游离酸，再用1.5L 10%氢氧化钠溶液加热煮沸0.5h，过滤、水洗，干燥得产物还原黄G(黄蒽酮)。

(2) 颜料化。

酸溶法：400mL浓度为98%的硫酸加至圆底烧瓶中，加入80g工业用二甲苯，搅拌加热至65～70℃保持1.5h，然后将40g的粗品黄蒽酮加入，搅拌2.5h，冷却至室温，用2000mL水浸泡，加入足够量的冰使温度降至0～5℃，再搅拌0.5h，将悬浮物加热至95℃处理3h，然后过滤、水洗除去游离酸，将膏状物加入水及240mL次氯酸钠溶液中，在95～100℃下加热1h，过滤、水洗、干燥得到38g蒽酮颜料黄。

球磨-溶剂处理法：将粗品黄蒽酮在特定的球磨机中添加助磨剂，研磨7h，研磨基料粒子粒径≤0.1μm；将20g研磨物与200g氯代正丁烷于压热釜中180℃下处理6h，然后蒸出溶剂，冷却，制得高收率、细分散的蒽酮颜料黄。

2）酰化法

将2-氨基蒽醌和乙酸酐加入乙酰化、氯化锅中，先进行酰化反应，反应过程及时除去反应生成的水。酰化完毕，向酰化反应物料中通入氯气进行氯化反应，制得2-氨基-1-氯蒽醌。

将170L三氯苯加入酰化缩合锅中，再加入210kg 2-氨基-1-氯蒽醌、132kg邻苯二甲酸酐和4.4kg三氯化铁。加热升温至215～230℃，压入氧气鼓泡，带出水分和溶剂，待蒸出100kg馏分后，于230℃下保温反应5h，制得酰化产物。向反应物料中补加溶剂三氯苯，继续蒸馏排尽水。然后加入铜粉80kg，加热回流，进行脱氢、缩合反应。反应完毕，加入新鲜的三氯苯，待物料冷却至13℃，析出沉淀，过滤，用热的三氯苯洗涤滤饼，得到联蒽醌衍生物。将滤饼投入盛有420kg 30%盐酸、33kg 氯酸钠和 10 000L 的水解釜中，加热至 90℃，保温反应 3h，水解脱去酰基。再于 3500L 水、620kg 40%氢氧化钠溶液中加热回流，经过滤、后处理得到黄蒽酮。

黄蒽酮经颜料化处理（采用酸溶法或球磨-溶剂处理法，具体参见缩合法）得到蒽酮颜料黄。

### 6. 产品标准（参考指标）

| 外观 | 红光黄色（橙色）粉末 |
|---|---|
| 色光 | 与标准品近似 |
| 着色力/% | 为标准品的 100±5 |
| 水分含量/% | ≤2 |
| 细度（过 80 目筛余量）/% | ≤5 |

### 7. 产品用途

主要用于涂料、油墨的着色。

### 8. 参考文献

[1] 王琦. 有机颜料黄系列的合成与改性研究[D]. 杭州：浙江大学，2006.

## 1.19 汉沙黄 RN

汉沙黄 RN（Hansa Yellow RN）是乙酰乙酰芳胺单偶氮颜料。国外相应的商品名：Arylide Yellow 3RA。染料索引号 C. I. 颜料黄 65（11740）。分子式 $C_{18}H_{18}N_4O_6$，相对分子质量 386.36。结构式为

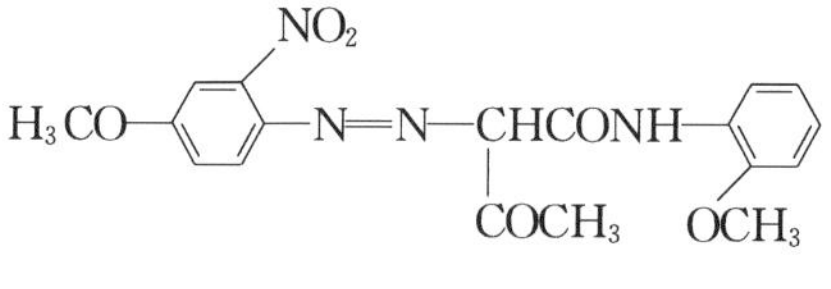

$NO_2$

$H_3CO$—⟨苯环⟩—N=N—CHCONH—⟨苯环⟩

$COCH_3$　　$OCH_3$

### 1. 产品性能

本品为黄色粉末。微溶于乙醇、丙酮和苯。色光鲜艳，耐晒性好，耐热性优良。相对密度 1.10～1.49。吸油量 26～62g/100g。

### 2. 生产原理

间硝基对甲氧基苯胺重氮化后，与邻甲氧基乙酰乙酰苯胺偶合，得到汉沙黄 RN。

$$H_3CO-C_6H_3(NO_2)-NH_2 + NaNO_2 + HCl \longrightarrow H_3CO-C_6H_3(NO_2)-\overset{\oplus}{N}\equiv N\overset{\ominus}{Cl}$$

$$H_3CO-C_6H_3(NO_2)-\overset{\oplus}{N}\equiv N\overset{\ominus}{Cl} + H_3C\overset{O}{\overset{\|}{C}}CH_2\overset{O}{\overset{\|}{C}}HN-C_6H_4(OCH_3) \longrightarrow$$

$$H_3CO-C_6H_3(NO_2)-N{=}N-\underset{COCH_3}{\underset{|}{C}}HCONH-C_6H_4(OCH_3)$$

**3. 工艺流程**

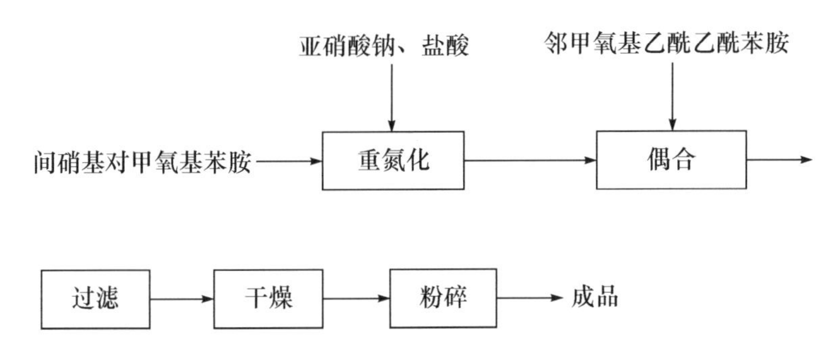


**4. 技术配方**

| | |
|---|---|
| 间硝基对甲氧基苯胺(100%计) | 84 |
| 亚硝酸钠(98%) | 3 |
| 盐酸(31%) | 146 |
| 邻甲氧基乙酰乙酰苯胺(100%计) | 103 |

**5. 生产工艺**

1）重氮化

在重氮化反应锅中，将 67.2kg 间硝基对甲氧基苯胺加至 230L 5mol/L 盐酸与 800L 水中，搅拌过夜。加冰降温至 0℃，加入 52.6L 40%(质量分数)亚硝酸钠溶液进行重氮化，反应完毕，稀释至总体积为 1400L，并加入 4kg 活性炭，过滤，得重氮盐溶液。

2）偶合

将 85kg 邻甲氧基乙酰乙酰苯胺溶于 55kg 33%(质量分数)氢氧化钠溶液及 1000L 水中，加入 72kg 乙酸钠，然后慢慢加入 26L 用 300L 水稀释冰醋酸的稀溶液，再将悬浮物稀释至体积为3200L，得偶合组分。将偶合组分在1.5h内从液面下加入重氮液，偶合温度20℃，再搅拌0.5h，过滤，水洗，在50～55℃下干燥，得汉沙黄RN 137.5kg。

**6. 产品标准**

| | |
|---|---|
| 外观 | 黄色粉末 |
| 色光 | 与标准品近似 |
| 着色力/% | 为标准品的100±5 |
| 水分含量/% | ≤2 |
| 吸油量/% | 45±5 |
| 细度(过80目筛余量)/% | ≤5 |
| 水溶物含量/% | ≤1.5 |

**7. 产品用途**

用于油漆、涂料印花、油墨、彩色颜料、文教用品和塑料制品的着色。

**8. 参考文献**

[1] 黄钧. 偶氮颜料及其环保性[J]. 网印工业，2011，02：36-38.
[2] 周春隆. 有机颜料工业新技术进展[J]. 染料与染色，2004，01：33-42.

## 1.20　汉沙黄GXX-2846

汉沙黄GXX-2846(Hansa Yellow GXX-2846)染料索引号C.I.颜料黄73(11738)。国外主要商品名：Fanchon Yellow YH-5770、Monolite Fast Yellow EYA、Sunglow Yellow 1225。分子式$C_{17}H_{15}ClN_4O_5$，相对分子质量390.79。结构式为

NO₂ 取代的结构式：Cl—⟨苯环(2-$NO_2$)⟩—N═N—CHCONH—⟨苯环(2-$OCH_3$)⟩，CH 上连 $COCH_3$

**1. 产品性能**

本品为红光黄色粉末。不溶于水。熔点264～268℃，相对密度1.49～1.51。具有优异的耐晒性、耐碱性和分散性，色泽鲜艳、着色力好。

**2. 生产原理**

双乙烯酮与邻甲氧基苯胺反应生成邻甲氧基乙酰乙酰苯胺。红色基3GL重

氮化后，与邻甲氧基乙酰乙酰苯胺缩合，得到汉沙黄 GXX-2846。

$$\underset{\text{O—C=O}}{H_2C=C—CH_2} + H_2N—C_6H_4(OCH_3) \longrightarrow H_3C\overset{O}{\overset{\|}{C}}CH_2\overset{O}{\overset{\|}{C}}HN—C_6H_4(OCH_3)$$

$$Cl—C_6H_3(NO_2)—NH_2 \xrightarrow[H_2SO_4]{NaNO_2} Cl—C_6H_3(NO_2)—\overset{\oplus}{N_2}HSO_4^{\ominus}$$

$$Cl—C_6H_3(NO_2)—\overset{\oplus}{N_2}HSO_4^{\ominus} + H_3C\overset{O}{\overset{\|}{C}}CH_2\overset{O}{\overset{\|}{C}}HN—C_6H_4(OCH_3) \longrightarrow$$

$$Cl—C_6H_3(NO_2)—N=N—\underset{COCH_3}{CH}CONH—C_6H_4(OCH_3)$$

### 3. 工艺流程

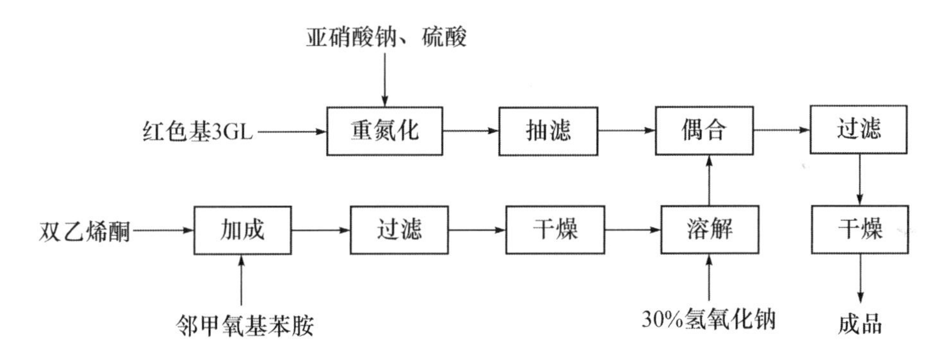


### 4. 技术配方

| | |
|---|---|
| 红色基 3GL(98%) | 449 |
| 亚硝酸钠(98%) | 180 |
| 邻甲氧基乙酰乙酰苯胺(99%) | 530 |
| 浓硫酸(98%) | 650 |

### 5. 生产工艺

在加成反应锅中，加入 500 份水，在强烈搅拌下加入 0.1 份 $N,N$-二甲苯胺和 0.02 份三苯膦。然后在 45min 内，用两条插入溶液中的管子分别加入 90 份 95.6%双乙烯酮和 123 份邻甲氧基苯胺，加入速度控制在同时加完等物质的量。

反应温度控制在 20℃以下。加料完毕搅拌 1h。得到的浆状产品冷却至 10℃过滤，干燥得到约 192 份邻甲氧基乙酰乙酰苯胺(纯度 99.5%)。

在重氮化反应锅中，加入 2000 份水，搅拌下将溶解好的 110 份红色基 3GL 和 159 份 98%硫酸打浆 50～60min，降温至 0～2℃，于 0.5h 内加入 30%亚硝酸钠 150 份，搅拌 2h，控制温度为 5℃，抽滤后备用。

在偶合锅中加入 2000 份水，然后加入 240 份 30%氢氧化钠溶液和 4 份土耳其红油。搅拌下加入 130 份邻甲氧基乙酰乙酰苯胺。完全溶解后，加入冰块降温至 5℃，然后加入 120 份冰醋酸(用 1000 份水稀释)。控温 10℃，终点 pH 为 7.0，再加入 280 份 58%乙酸钠。将上述重氮盐于 1h 内徐徐加入偶合锅中进行偶合，于 15℃下搅拌 1h，然后升温至 75～80℃，加入氯化钡溶液，搅拌过滤，洗涤，于 80℃干燥，得汉沙黄 GXX-2846。

#### 6. 产品标准

| | |
|---|---|
| 色光 | 与标准品近似 |
| 着色力/% | 为标准品的 100±5 |
| 水分含量/% | ≤2 |
| 吸油量/% | 34～38 |
| 耐晒性/级 | 5～6 |
| 耐热性/℃ | 180 |
| 细度(过 80 目筛余量)/% | ≤5 |

#### 7. 产品用途

用于涂料、印刷油墨和橡胶原液的着色。

#### 8. 参考文献

[1] 俞鸿安. 高收率的 C. I. 颜料黄 13 的制备方法[J]. 染料工业，1996，04：51.
[2] 李纯清，杨嘉俊，王旗. 颜料黄 13 的合成及颜料化研究[J]. 染料工业，1996，06：22-24.

## 1.21 耐晒黄 5GX

耐晒黄 5GX(Pigment Yellow 5GX)又称颜料黄 5GX。染料索引号 C. I. 颜料黄 74(11741)。分子式 $C_{18}H_{18}N_4O_6$，相对分子质量 386.36。结构式为

$$O_2N-C_6H_3(OCH_3)-N=N-\underset{COCH_3}{\underset{|}{CH}}CONH-C_6H_4(OCH_3)$$

**1. 产品性能**

本品为黄色粉末，微溶于乙醇、苯和丙酮。色光鲜艳，着色力强。

**2. 生产原理**

2-甲氧基-4-硝基苯胺(红色基 B)重氮化后，与邻甲氧基乙酰乙酰苯胺偶合，经后处理得耐晒黄 5GX。

$$O_2N\text{—}C_6H_3(OCH_3)\text{—}NH_2 + NaNO_2 + HCl \longrightarrow O_2N\text{—}C_6H_3(OCH_3)\text{—}\overset{\oplus}{N}{\equiv}N\overset{\ominus}{Cl}$$

$$H_3CO\text{—}C_6H_3(NO_2)\text{—}\overset{\oplus}{N}{\equiv}N\overset{\ominus}{Cl} + H_3C\overset{O}{\overset{\|}{C}}CH_2\overset{O}{\overset{\|}{C}}HN\text{—}C_6H_4(OCH_3) \longrightarrow$$

$$O_2N\text{—}C_6H_3(OCH_3)\text{—}N{=}N\text{—}\underset{COCH_3}{\underset{|}{CH}}CONH\text{—}C_6H_4(OCH_3)$$

**3. 工艺流程**

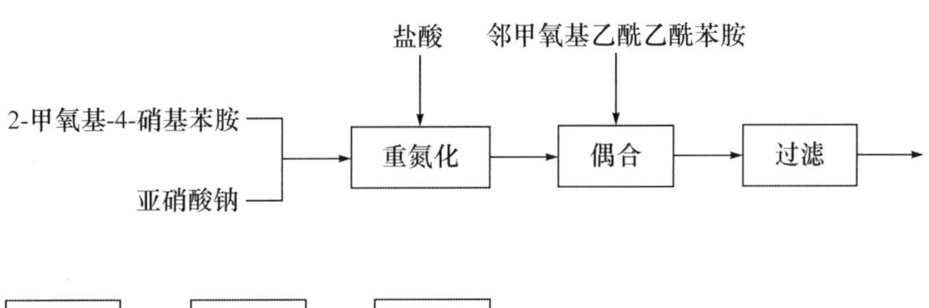

**4. 技术配方**

| | |
|---|---|
| 2-甲氧基-4-硝基苯胺(100%计) | 168 |
| 亚硝酸钠(98%) | 70 |
| 邻甲氧基乙酰乙酰苯胺 | 207 |
| 盐酸(30%) | 290 |

**5. 生产工艺**

将 168kg 2-甲氧基-4-硝基苯胺加入 500L 水中，再加入盐酸，搅拌过夜。冷却至 0℃，在 20min 内加入 70kg 亚硝酸钠配制成的 30%水溶液，于 5℃下进行重氮化，过滤，得重氮盐溶液。

将 207kg 邻甲氧基乙酰乙酰苯胺和 100kg 轻质碳酸钙加至 5000L 水中，溶解，稀释至 8000L，得偶合组分。将上述重氮盐溶液在 2h 内加入偶合组分中进行偶合。在偶合物中，加入浓度为 5mol/L 的盐酸，使其对刚果红试纸呈弱酸性，过滤，水洗，于 50℃下干燥，粉碎，得耐晒黄 5GX。

### 6. 产品标准

| | |
|---|---|
| 外观 | 黄色粉末 |
| 色光 | 与标准品近似 |
| 着色力/% | 为标准品的 100±5 |
| 水分含量/% | ≤2.5 |
| 吸油量/% | 45±5 |
| 水溶物含量/% | ≤1.5 |
| 细度(过 80 目筛余量)/% | ≤5 |
| 耐晒性/级 | 7～8 |
| 耐热性/℃ | 140 |

### 7. 产品用途

用于涂料、油墨、彩色颜料、涂料印花、文教用品等着色。

### 8. 参考文献

[1] 赵凤云，尹亚森. 合成 C. I. 颜料黄 12 的最佳配方及工艺条件[J]. 抚顺石油学院学报，1998，02：5-7.

[2] 王琦. 有机颜料黄系列的合成与改性研究[D]. 杭州：浙江大学，2006.

## 1.22 永固黄 H10G

永固黄 H10G 又称联苯胺黄 10G(Benzidine Yellow 10G)、联苯胺黄 H10G。染料索引号 C.I. 颜料黄 81(21127)。国外相应的商品名：Lithol Fast Yellow 0991R、Lithol Fast Yellow 0990(BASF)、PV-Yellow H10G(FH)、Permanent Yellow H10G(FH)。分子式 $C_{36}H_{32}Cl_4N_6O_4$，相对分子质量 754.49。结构式为

Cl Cl

$H_3C$—(苯环)—HNOCHC—N═N—(苯环)—(苯环)—N═N—CHCONH—(苯环)—$CH_3$

$CH_3$ $COCH_3$ Cl Cl $COCH_3$ $H_3C$

### 1. 产品性能

本品为柠檬黄色粉末。着力强、耐晒牢度好，耐热性为 180℃，不超过 0.5h，是一种理化性能优良的绿光黄色颜料。

### 2. 生产原理

2,2′,5,5′-四氯联苯胺（TCB 色基）双重氮化后，与 2,4-二甲基乙酰乙酰苯胺偶合，过滤、干燥、粉碎得永固黄 H10G。

### 3. 工艺流程

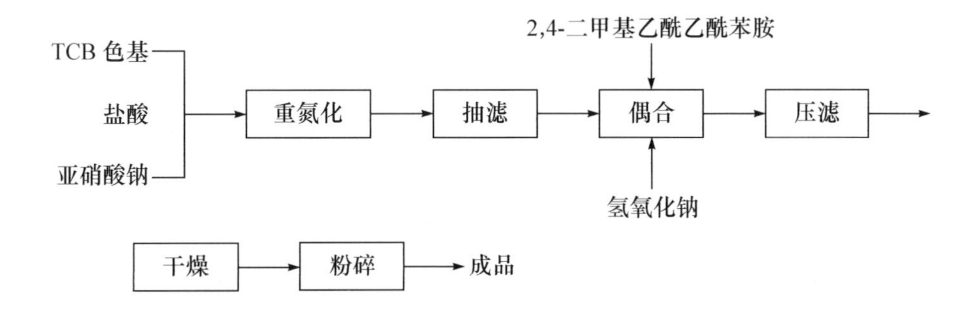

**4. 技术配方**

| 原料名称 | 100%用量/kg | 工业纯度/% | 实际用量/kg | 物质的量比 |
|---|---|---|---|---|
| TCB色基 | 64.4 | 97 | 664 | 1 |
| 盐酸 | 44.603 | 30 | 149 | 6.11 |
| 乙二胺四乙酸(EDTA) | 1.005 | 化学纯 | 1.02 | 0.0137 |
| 亚硝酸钠 | 27.6 | 99 | 27.9 | 2 |
| 活性炭 | | | 5 | |
| 土耳其红油 | | | 3 | |
| 2,4-二甲基乙酰乙酰苯胺 | 84.48 | 99 | 85.3 | 2.060 5 |
| 氢氧化钠 | 21.104 | 96 | 22 | 2.638 |
| 冰醋酸 | 68.88 | 97 | 71 | 5.74 |
| 乙酸钠 | 44.94 | 58.6 | 76.7 | 2.74 |
| 乳化剂FM | | 工业品 | 3.2 | |

**5. 生产设备**

溶解锅,重氮化反应锅,偶合锅,压滤机,高位槽,液体流量计,干燥箱,粉碎机。

**6. 生产工艺**

1) 重氮化

将66.4kg 2,2′,5,5′-四氯联苯胺(以下简称TCB)用250L水打浆,无块后用水稀释至500L,搅拌下慢慢加入149kg 30%盐酸,生成稠厚的盐酸盐后继续搅拌1h,再向浆状物中加入1.02kg EDTA溶于25L水中的溶液。此时稠浆变稀,再搅拌3h,过夜。次日开动搅拌,加冰降温至−2℃,体积约900L,加入浓度约25%亚硝酸钠溶液(由27.9kg 100%亚硝酸钠配制),于1~2min内快速加入进行重氮化,测试pH应为1,温度(0±1)℃,淀粉碘化钾试纸蓝色不得消失。继续搅拌反应约5h可达终点。终点时淀粉碘化钾试纸应呈微蓝色,整个重氮化过程保持温度0~2℃,加入5kg活性炭,搅拌15min,再慢慢加入3kg土耳其红油溶液(浓度约20%),继续搅拌15min,静置15min后抽滤,得淡黄色透明重氮盐溶液。

2) 偶合

在溶解锅内加入22kg氢氧化钠和500L水,升温至40℃,搅拌下加入85.3kg 99% 2,4-二甲基乙酰乙酰苯胺,溶解透明,抽滤,放入偶合锅中,调整体积为1000L,温度5℃。

将71kg冰醋酸稀释至体积为250L,降温至5℃,在良好搅拌下,在0.5h内加入偶合锅中，将 2，4-二甲基乙酰乙酰苯胺进行酸析，终点 pH 应为 6。继续搅拌 20min，再加入已用 15L 水稀释的 3.2kg 乳化剂 FM，搅拌 20min，偶合液配制完毕。

先将偶合液用冰水调整至体积为 1500L，温度 8℃，pH 为 6～7。然后在良好搅拌下将重氮盐液在 2.5h 内缓缓加入偶合液中偶合，偶合终了 pH 为 2.5～3，温度 15℃，反应过程中不断用 H 酸检验，重氮盐不得过量。加完重氮盐后继续搅拌 0.5h，快速升温到 98～100℃。95℃以上保温 2h，加水稀释。

3）后处理

色浆压滤，冲洗至洗液 pH 与自来水相同。冲洗完毕，卸料，70℃左右干燥，检验合格后拼混粉碎为成品。

**7. 产品标准（参考指标）**

| | |
|---|---|
| 外观 | 柠檬黄色粉末 |
| 吸油量/% | 50±5 |
| 水分含量/% | ≤2.5 |
| 耐热性/℃ | 170～180 |
| 耐晒性/级 | 6～7 |
| 耐碱性/级 | 5 |
| 色光 | 与标准品近似 |
| 着色力/% | 为标准品的 100±5 |

**8. 产品用途**

主要用于高级透明油墨、玻璃纤维和塑料制品的着色。

**9. 参考文献**

[1] 俞鸿安. 联苯胺黄系颜料的改进品种[J]. 染料工业，1990，06：6-8.
[2] 赵风云，尹亚森. 合成 C. I. 颜料黄 12 的最佳配方及工艺条件[J]. 抚顺石油学院学报，1998，02：5-7.

# 1.23　永固黄 HR

永固黄 HR（Permanent Yellow HR）又称联苯胺黄 HR。国外主要商品名：Aquadisperse Yellow HR-EP、Eupolen Yellow 17-8101、Irgalite Yellow B3R、Irgalite Yellow B3RS；Lionol Yellow 1805-C、Lionol Yellow NRB、Lionol Yellow 1803-V、PV Fast Yellow HR、Sico Fast Yellow D 1760、D1780、K1780、NBD1760 等。染料索引号 C. I. 永固黄 83（21108），分子式 $C_{36}H_{32}O_8Cl_4N_6$，相对分子质量 818.48。结构式为

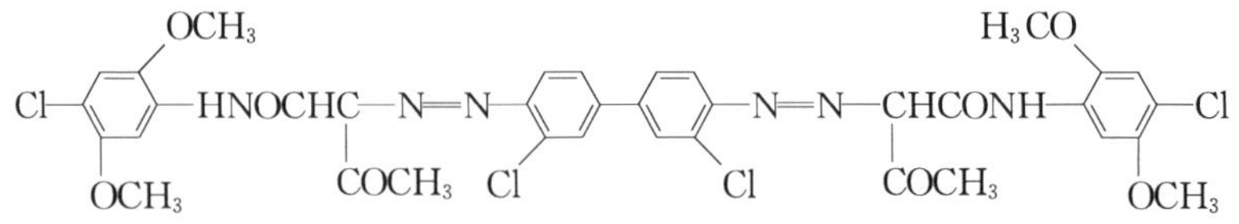

### 1. 产品性能

本品为红光黄色粉末。相对密度 1.37。耐热性优良(200℃),无迁移性,其耐晒性、耐溶剂性、耐酸性、耐碱性均优异。

### 2. 生产原理

1) 还原及缩合重排

邻氯硝基苯在碱性介质中用锌粉还原,再在酸性介质中重排制得 3,3′-二氯联苯胺。

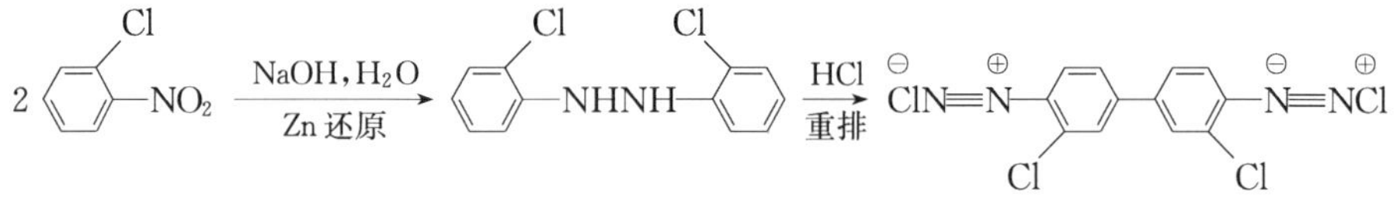

2) 重氮化

将 3,3′-二氯联苯胺和亚硝酸钠作用进行重氮化:

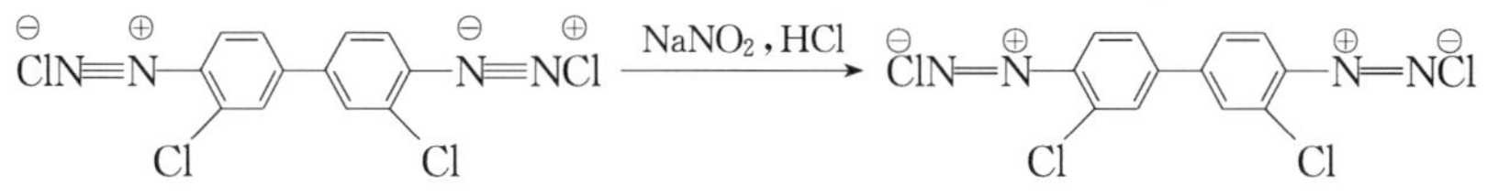

3) 偶合

将上述所得重氮盐在碱性条件下与色酚 AS-IRG(4-氯-2,5-二甲氧基乙酰乙酰苯胺)偶合。

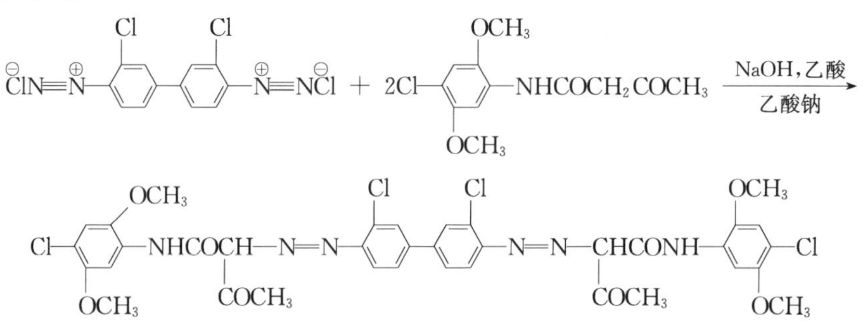

### 3. 工艺流程

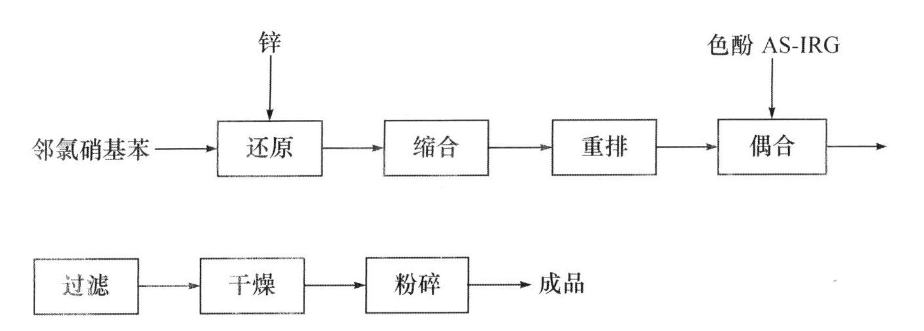


### 4. 技术配方

| 工序 | 物料名称 | 投料量(100%计)/kg | 备注 |
|---|---|---|---|
| 还原 | 邻氯硝基苯 | 240 | |
| | 锌粉 | 184＋100 | |
| | 亚硫酸氢钠 | 5.4 | 50%约 107.2L |
| | 氢氧化钠 | 53.6 | 40%约 725L |
| | 硫酸 | 378 | |
| 重排 | 2,2′-二氯氢化偶氮苯 | 一批(还原反应物料) | |
| | 盐酸 | 300 | 投料时 30% |
| | 硅藻土 | 30 | |
| | 活性炭 | 5～10 | |
| 盐析 | 重排反应液 | 一批 | |
| | 精盐 | 900 | |
| | 3,3′-二氯联苯胺盐酸盐 | 146.7 | |
| 重氮化 | 盐酸 | 98.7 | |
| | 亚硝酸钠 | 63.5 | |
| | 活性炭 | 10 | |
| | 土耳其红油 | 2 | 用 30%浓度 |
| | 色酚 AS-IRG | 256.5 | 投料时 30% |
| | 氢氧化钠 | 59 | |
| | 重氮液 | 一批 | |
| 偶合 | 色酚 AS-IRG | 256.5 | |
| | 氢氧化钠 | 59 | |
| | 重氮盐溶液 | 一批 | |

**5. 生产原料规格**

1) 邻氯硝基苯

结构式：，分子式：$C_6H_4ClNO_2$，相对分子质量：157.56。

本品为黄色至浅棕色的结晶或块状物，在熔融状态时为浅棕色油状液体。密度 1.305g/cm³。熔点 32～33℃。沸点 245～246℃。不溶于水，溶于乙醇、乙醚、苯。能进一步硝化生成 2,4-二硝基氯苯和 2,6-二硝基氯苯。剧毒，损害人体的造血系统、神经系统，通过呼吸系统和皮肤引起中毒。操作人员应戴好防护用品。

质量要求

| | |
|---|---|
| 外观 | 黄色至浅棕色的结晶或块状物，在熔融状态时为黄色油状液体 |
| 干品凝固点/℃ | ≥31.5 |
| 水分含量/% | ≤0.10 |
| 灰分含量/% | ≤0.10 |

2) 色酚 AS-IRG

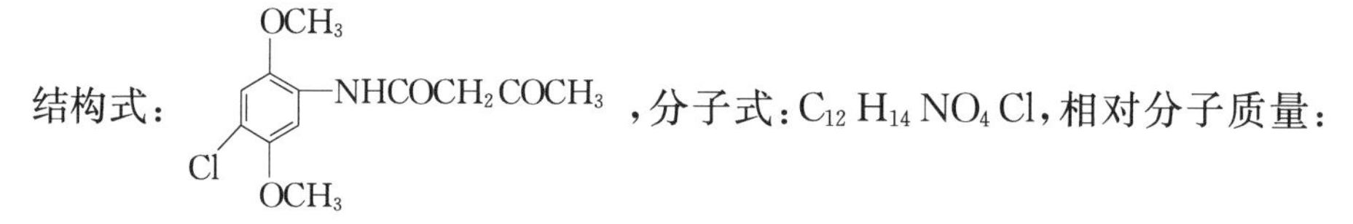


结构式：，分子式：$C_{12}H_{14}NO_4Cl$，相对分子质量：271.45。

本品为灰白色均匀粉末。由 2,5-二甲氧基乙酰苯胺氯化后与乙酰乙酸乙酯缩合而制得。

质量要求

| | |
|---|---|
| 外观 | 灰白色均匀粉末 |
| 含量/% | ≥95 |

**6. 生产工艺**

(1) 在反应锅中加邻氯硝基苯 240kg，加热熔融，在 75℃搅拌下加入浓度约为 50%的氢氧化钠 2L。升温至 84～90℃时，分批交替地加入 50%氢氧化钠溶液 15.2L 及锌粉 184kg。加完后在 95～97℃保温 1.5h，再加 160L 水，在 80～85℃分批加入 100kg 锌粉及 90L 50%氢氧化钠，加毕保温 1h。再加水 400L，降温至 40℃时，加入亚硫酸氢钠 5.4kg，然后降温至 0℃，在 0～5℃下于 3.5～4.0h 内，经喷雾装置先快后慢地加入 40%硫酸 725L,中和至 pH 为 5.5～5.8。过滤,饼洗至中性即为 2,2′-二氯氢化偶氮苯,滤液加工回收锌盐。

(2) 在重排反应锅中,加入工业盐酸 1000kg,降温至 10℃,搅拌下加入上述 2,2′-二氯氢化偶氮苯,控制加料时体系温度 10～25℃。加料完毕,于 15～25℃下搅拌反应 20h,然后加水稀释至物料体积为 5250L,2h 内升温至 95℃,60℃时加入 30kg 硅藻土、5～10kg 活性炭。95℃保温 1h,静置 1h,于 90～95℃过滤,弃去残渣,滤液进入盐析锅。

(3) 向盛有上述滤液的盐析锅内,于 63～67℃,15min 内加入精盐 900kg 进行盐析。降温至 37℃过滤。滤饼用约 600L 相对密度为 1.15 的食盐水洗涤,抽干,得到 3,3′-二氯联苯胺盐酸盐。

(4) 在重氮化反应锅中,加水 1000L,然后加入 3,3′-二氯联苯胺盐酸盐 146.7kg(100%计)和 329kg 30%盐酸,搅拌打浆 3h 后,取出部分浆料备用。加冰降温到 0℃以下,将 63.5kg 亚硝酸钠配制成的 30%溶液在 1～2min 内迅速加入。立即检查亚硝酸钠过量情况,应保持亚硝酸钠过量,即淀粉碘化钾试纸应呈蓝色(以显深蓝色为正常),若淀粉碘化钾试纸不呈蓝色,应立即补加亚硝酸钠溶液。温度控制在 0℃。继续搅拌 0.5h 后,淀粉碘化钾试纸颜色仍为深蓝色时,加入前面取出的部分浆料调整到淀粉碘化钾试纸呈微蓝色。加入活性炭 10kg,搅拌均匀,继续检查试纸颜色,应呈微蓝色。加入用水稀释的 2kg 土耳其红油,搅拌 5min。总体积应为 2800～3000L,温度仍为 0℃,抽滤,滤液应透明澄清,该液即是重氮化溶液。

(5) 在溶解锅中加 59kg 氢氧化钠和 200L 水,然后加入色酚 AS-IRG 256.5kg,搅拌溶解(若溶解不完全,可适当补加 30%氢氧化钠),然后降温至 5℃,加入冰醋酸和 58%乙酸钠溶液组成的缓冲溶液。将上述制得的(已抽滤的)重氮化溶液均匀地加入其中,控制温度 0～5℃,搅拌 1～1.5h。偶合过程中,不断用渗圈试验检查反应情况,加入盐酸调整 pH 3～5。过滤得到原染料。

(6) 将原染料滤饼干燥后粉碎,根据检验结果,按混合通知单加入元明粉进行标准化混合 2～3h。合格品装入内衬塑料袋的铁桶内。

说明:① 在邻氯硝基苯的碱性还原中,始终保持反应体系的碱性,应注意锌粉和碱液交替添加。之后用硫酸喷雾中和时应注意 pH 控制在 5.5～5.8 范围内。

② 重排之后,加入硅藻土和活性炭是为了脱去杂色,脱色反应后在 90～95℃过滤,以防有产品析出而降低收率。

③ 重氮化前,取出一部分 3,3-二氯联苯胺浆料,留下供反应结束前不足时补加,以防止过量。

④ 重氮化反应过程中,保持强酸性、温度 0℃和亚硝酸钠过量。反应终点亚硝酸钠微过量,淀粉碘化钾试纸显浅蓝色。

⑤ 偶合前先将色酚 AS-IRG 用 30%氢氧化钠打浆溶解，以保证偶合完全。

### 7. 产品标准

| | |
|---|---|
| 外观 | 红光黄色粉末 |
| 色光 | 与标准品近似 |
| 着色力/% | 为标准品的 100±5 |
| 吸油量/% | 45～55 |
| 耐晒性/级 | 7～8 |
| 耐热性/℃ | 200 |
| 耐碱性/级 | 5 |
| 耐酸性/级 | 5 |
| 耐乙醇渗透性/级 | 5 |
| 耐水渗透性/级 | 5 |

### 8. 产品用途

为油墨用优良有机颜料，透明性好，特别适于套印。也用于涂料、塑料、纸张和化妆品的着色。还可用于油着色。

### 9. 参考文献

[1] 赵凤云，尹亚森. 合成 C. I. 颜料黄 12 的最佳配方及工艺条件[J]. 抚顺石油学院学报，1998，02：5-7.

[2] 梁诚. 3，3′-二氯联苯胺生产与发展浅析[J]. 染料工业，1999，03：17-20.

## 1.24 颜料黄 129

颜料黄 129 又称亚甲胺颜料黄。索引号 C.I. 永固黄 129(48042)，为铜的配合物。结构式为

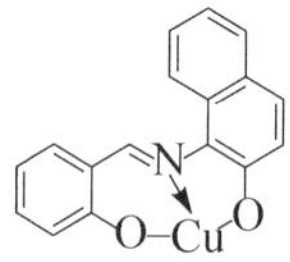

### 1. 产品性能

具有较好的耐久性、耐热性，属甲亚胺金属络合颜料。

**2. 生产原理**

由 2-萘酚甲酰化制得 2-羟基-1-萘甲醛，然后与邻氨基苯酚缩合，得到的缩合物与乙酸铜络合得到亚甲胺黄。

$$\text{(2-萘酚)} \xrightarrow[CHCl_3]{NaOH} \text{(CHO, ONa)} \xrightarrow{HCl} \text{(CHO, OH)}$$

(2-萘酚)

$$\text{2-羟基-1-萘甲醛} + \text{邻氨基苯酚} \xrightarrow[CH_3COOH]{缩合} \text{缩合物}$$

(缩合物)

$$\text{缩合物} + Cu(CH_3CO_2)_2 \longrightarrow \text{亚甲胺黄}$$

**3. 工艺流程**

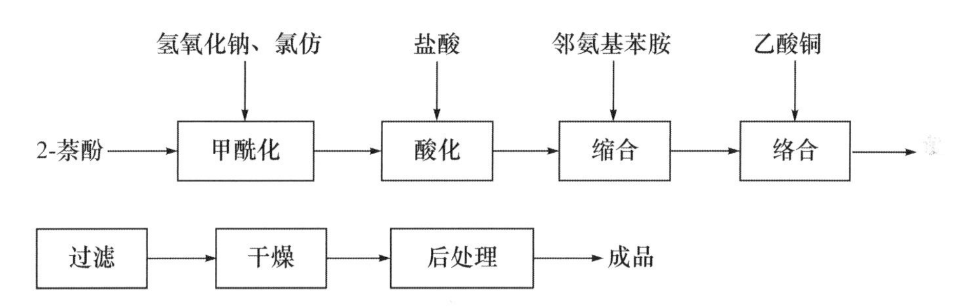


**4. 技术配方**

| | |
|---|---|
| 2-萘酚(100%) | 67.76 |
| 乙醇(>95%) | 194.4 |
| 氯仿(≥95%) | 83.2 |
| 氢氧化钠(34%) | 400 |
| 盐酸(30%) | 52 |
| 冰醋酸(密度 1.049g/cm$^3$) | 629 |
| 邻氨基苯酚 | 23 |
| *N*,*N*-二甲基甲酰胺(DMF) | 344 |
| 2-甘醇-2-甲基醚 | 360 |
| 乙酸铜 | 60 |

### 5. 生产工艺

(1) 甲酰化。在反应锅内加入 19.44 份乙醇，搅拌下加入 2-萘酚 6.776 份，加热至 40℃，搅拌 30～60min 加 34%的氢氧化钠 40 份，逐步升温到 70℃，停止加热，开始滴加氯仿 8.32 份，在 70～75℃下 1.5～2.0h 滴完，滴完后保温反应 1.5h。

(2) 蒸馏。将上述反应物在常压下缓慢升温到 90℃，使之蒸出乙醇和氯仿(蒸出量约 17 份)。蒸完后，将物料冷却至 30℃以下，静置 6h 后过滤。

(3) 后处理。将物料过滤的滤饼，加至有 32 份水的洗槽中，加热至 60℃，慢慢加入盐酸中和到 pH 2～3，然后再冷却至室温，物料呈小粒状析出。进行过滤，水洗合格后，滤饼于 60℃下干燥，得(纯度 70%以上的)2-羟基-1-萘甲醛 45 份。若低于 70%，应用乙醇进行重结晶。

(4) 缩合。在装有回流冷凝器的反应锅内加入 62.9 份冰醋酸、4.5 份 76% 2-羟基-1-萘甲醛和 23 份邻氨基苯酚，搅拌形成悬浮物，然后加热至沸腾，回流保温 3h，反应终了后，物料生成橙色沉淀物(氮甲川化合物、亚甲胺化合物)。将物料进行热过滤，滤饼用乙醇和水洗涤，抽滤后在 70℃干燥得到 52.2 份橙色氮甲川化合物。

(5) 络合。将得到的氮甲川化合物 52.2 份投入反应锅中，加入 *N*,*N*-二甲基甲酰胺 344 份、2-甘醇-2-甲基醚 360 份和乙酸铜 60 份，搅拌溶解后加热至 100℃反应 3h，反应完毕进行热过滤。滤饼用乙醇和水洗涤后，在 70℃下干燥得到 58.8 份亚甲胺颜料黄。

### 6. 产品标准

| | |
|---|---|
| 外观 | 黄橙色均匀粉末 |
| 色光 | 与标准品近似 |
| 着色力/% | 为标准品的 100±5 |
| 水分含量/% | ≤2.0 |
| 水溶物含量/% | ≤1.0 |
| 细度(过 80 目筛余量)/% | ≤5.0 |
| 吸油量/% | 40±5 |

### 7. 产品用途

主要用于油墨、涂料、塑料制品着色。

### 8. 参考文献

[1] 俞鸿安. 高收率的 C. I. 颜料黄 13 的制备方法[J]. 染料工业，1996，04：51.

[2] 赵风云,尹亚森．合成 C. I. 颜料黄 12 的最佳配方及工艺条件[J]. 抚顺石油学院学报,1998,02:5-7.

## 1.25 有机中黄

有机中黄(Organic Middle Yellow)又称 1154 有机中黄、复合耐晒黄 GR。分子式 $[C_{18}H_{17}ClN_4O_4 + C_{19}H_2ON_4O_5] \cdot ZnS \cdot BaSO_4$,相对分子质量 1072.1。结构式为

$$\left[\begin{array}{l} Cl\text{—}C_6H_3(NO_2)\text{—}N{=}N\text{—}CH(COCH_3)CONH\text{—}C_6H_3(CH_3)\text{—}CH_3 \\ H_3CO\text{—}C_6H_3(NO_2)\text{—}N{=}N\text{—}CH(COCH_3)CONH\text{—}C_6H_3(CH_3)\text{—}CH_3 \end{array}\right] \cdot ZnS \cdot BaSO_4$$

### 1. 产品性能

本品为中黄色粉末,色泽接近于中铬黄。色泽鲜艳,着色力强。耐碱性良好,但耐热性和耐溶剂性稍差。

### 2. 生产原理

红色基 3GL 和紫酱色基 GP 经重氮化后与 2,4-二甲基乙酰乙酰苯胺偶合,偶合产物与锌钡白反应制得有机中黄。

$$Cl\text{—}C_6H_3(NO_2)\text{—}NH_2 + H_3CO\text{—}C_6H_3(NO_2)\text{—}NH_3 + 2H_2SO_4 + 2NaNO_2 \longrightarrow$$

$$\left[Cl\text{—}C_6H_3(NO_2)\text{—}N{\equiv}N + N{\equiv}N\text{—}C_6H_3(NO_2)\text{—}OCH_3\right]^{2\oplus} SO_4^{2\ominus} + Na_2SO_4 + 4H_2O$$

$$H_3COCH_2COCHN\text{—}C_6H_3(CH_3)\text{—}CH_3 + NaOH \longrightarrow H_3C\underset{\substack{|\\ONa}}{C}{=}HCOCHN\text{—}C_6H_3(CH_3)\text{—}CH_3$$

$$H_3C\underset{\substack{|\\ONa}}{C}{=}HCOCHN\text{—}C_6H_3(CH_3)\text{—}CH_3 + CH_3COOH \longrightarrow$$

$$H_3COCH_2COCHN\text{—}C_6H_3(CH_3)\text{—}CH_3 + CH_3COONa$$

$$\left[ Cl-C_6H_3(NO_2)-N{\equiv}N + N{\equiv}N-C_6H_3(NO_2)-OCH_3 \right]^{2\oplus} SO_4^{2\ominus} + 2\ H_3COCH_2COCHN-C_6H_3(CH_3)-CH_3$$

$$Cl-C_6H_3(NO_2)-N{=}N-\underset{\displaystyle COCH_3}{CH}CONH-C_6H_3(CH_3)-CH_3 + H_3CO-C_6H_3(NO_2)-N{=}N-CHCONH-C_6H_3(CH_3)-CH_3$$

### 3. 工艺流程

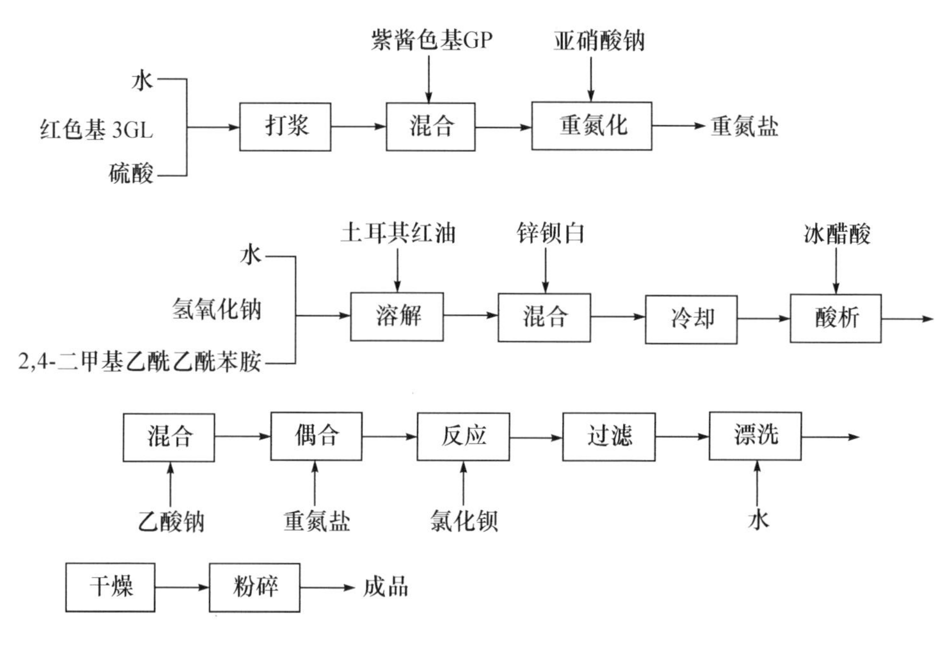


### 4. 技术配方

| | |
|---|---|
| 红色基 3GL(工业品) | 52 |
| 紫酱色基 GP(工业品) | 12 |
| 土耳其红油(工业品) | 3 |
| 803 锌钡白(工业品) | 860 |
| 2,4-二甲基乙酰乙酰苯胺(工业品) | 82 |
| 冰醋酸(98%) | 60 |
| 硫酸(98%) | 110 |
| 氢氧化钠(30%) | 150 |
| 亚硝酸钠(98%) | 30 |
| 松香(特级) | 40 |

### 5. 生产设备

重氮化反应锅，溶解锅，偶合锅，过滤器，漂洗锅，干燥箱，储槽，粉碎机。

### 6. 生产工艺

先向重氮化反应锅内加一定量水，搅拌下加入已溶解的红色基 3GL、98%硫酸和紫酱色基 GP，经搅拌混合用冰降温至 0℃，分批加入 30%亚硝酸钠溶液进行重氮化反应，控制加料时间为 20～25min，继续反应 2h，反应温度 5℃，重氮化反应结束后经过滤即制得重氮盐。在偶合锅中加入一定量水，在搅拌下加入 30%氢氧化钠、土耳其红油和 2，4-二甲基乙酰乙酰苯胺，经搅拌溶解后加入锌钡白，混合均匀于 5℃下徐徐加入冰醋酸酸析，维持溶液 pH 为 7 左右，于 10℃下加入乙酸钠即配制成偶合液。将上述制备好的重氮盐溶液分批加入偶合锅中进行偶合反应，控制加料时间 1h，偶合反应温度 5℃，继续反应 1h，偶合反应结束，升温至 78℃，加入松香皂溶液和氯化钡溶液，混合均匀后，经过滤、水漂洗，滤饼于 75～85℃下干燥，最后经粉碎得到有机中黄。

### 7. 产品标准

| | |
|---|---|
| 外观 | 中黄色粉末 |
| 色光 | 与标准品近似 |
| 着色力/% | 为标准品的 100±5 |
| 水分含量/% | ≤2.5 |
| 水溶物含量/% | ≤1.5 |
| 吸油量/% | ≤20.0 |
| 细度(过 80 目筛余量)/% | ≤5.0 |
| 耐晒性/级 | 6～7 |
| 耐热性/℃ | 120 |
| 耐碱性/级 | 5 |
| 耐酸性/级 | 5 |

### 8. 产品用途

主要用于涂料、油墨和文教用品的着色。由于本品不含铅，所以可用于制作无毒玩具和铅笔漆，为中铬黄的代用品种。

### 9. 参考文献

[1] 王琦．有机颜料黄系列的合成与改性研究[D]．杭州：浙江大学，2006.

## 1.26 有机柠檬黄

有机柠檬黄(Organic Lemon Yellow)又称7501柠檬黄、1151有机柠檬黄、复合耐晒黄10G。分子式[$C_{18}H_{18}N_4O_6+C_{17}H_{15}ClN_4O_5$]·ZnO·$BaSO_4$,相对分子质量1076.0。结构式为

$$\left[\begin{array}{l} O_2N-C_6H_3(OCH_3)-N{=}N-CH(COCH_3)CONH-C_6H_4(OCH_3) \\ O_2N-C_6H_3(OCH_3)-N{=}N-CH(COCH_3)CONH-C_6H_4(Cl) \end{array}\right]\cdot ZnO\cdot BaSO_4$$

### 1. 产品性能

本品为柠檬黄色粉末,着色力强。耐晒性、耐酸性和耐碱性优良。

### 2. 生产原理

对硝基邻甲氧基苯胺(红色基B)在酸性条件下与亚硝酸钠重氮化,与邻氯乙酰乙酰苯胺和邻甲氧基乙酰乙酰苯胺偶合,偶合产物与锌钡白反应得到有机柠檬黄。

$$O_2N-C_6H_3(OCH_3)-NH_2+HCl+NaNO_2\longrightarrow O_2N-C_6H_3(OCH_3)-\overset{\oplus}{N}{\equiv}N\overset{\ominus}{Cl}$$

$$H_3COCH_2COCHN-C_6H_4(OCH_3)+NaOH\longrightarrow H_3CC(ONa){=}HCOCHN-C_6H_4(OCH_3)$$

$$H_3COCH_2COCHN-C_6H_4(Cl)+NaOH\longrightarrow H_3CC(ONa){=}HCOCHN-C_6H_4(Cl)$$

$$CH_3COOH+H_3CC(ONa){=}HCOCHN-C_6H_4(OCH_3)\longrightarrow H_3COCH_2COCHN-C_6H_4(OCH_3)+CH_3COONa$$

$$CH_3COOH + H_3CC(ONa){=}HCOCHN{-}C_6H_4Cl(o) \longrightarrow H_3COCH_2COCHN{-}C_6H_4Cl(o) + CH_3COONa$$

$$O_2N{-}C_6H_3(OCH_3){-}\overset{\oplus}{N}{\equiv}N\overset{\ominus}{Cl} + H_3COCH_2COCHN{-}C_6H_4(OCH_3)(o) \xrightarrow{NaAc}$$

$$O_2N{-}C_6H_3(OCH_3){-}N{=}N{-}CH(COCH_3)CONH{-}C_6H_4(OCH_3)(o)$$

$$O_2N{-}C_6H_3(OCH_3){-}\overset{\oplus}{N}{\equiv}N\overset{\ominus}{Cl} + H_3CC(ONa){=}HCOCHN{-}C_6H_4Cl(o) \xrightarrow{NaAc}$$

$$O_2N{-}C_6H_3(OCH_3){-}N{=}N{-}CH(COCH_3)CONH{-}C_6H_4Cl(o)$$

**3. 工艺流程**

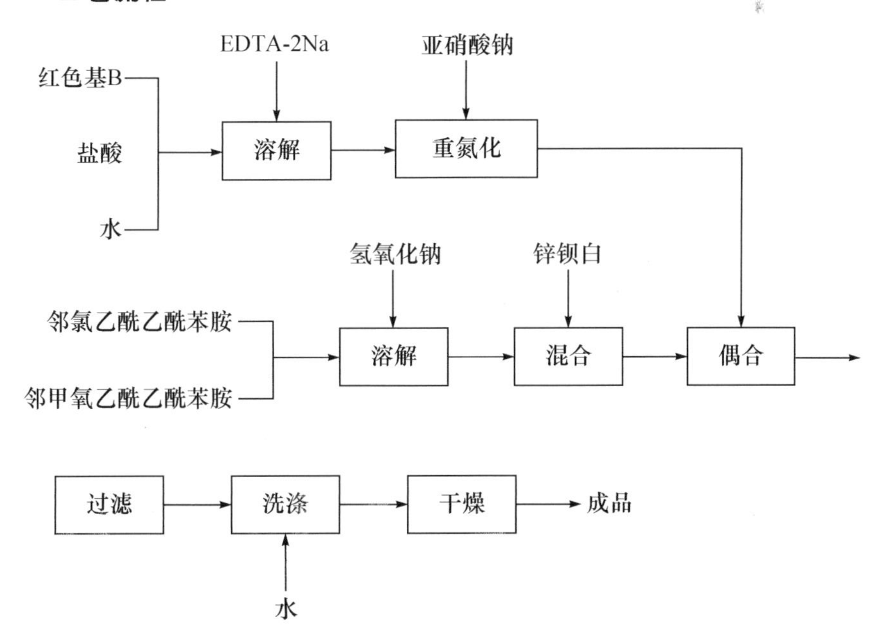

## 4. 技术配方

| | |
|---|---|
| 对硝基邻甲氧基苯胺(红色基B,100%) | 34kg/t |
| 盐酸(30%) | 65kg/t |
| 乙二胺四乙酸钠(EDTA-2Na,工业品) | 2kg/t |
| 亚硝酸钠(100%) | 17kg/t |
| 活性炭(工业品) | 2kg/t |
| 土耳其红油(工业品) | 0.5kg/t |
| 邻氯乙酰乙酰苯胺(98%) | 25kg/t |
| 邻甲氧基乙酰乙酰苯胺(98%) | 15kg/t |
| 氢氧化钠(30%) | 75kg/t |
| 锌钡白(工业品) | 1100kg/t |
| 冰醋酸(98%) | 35kg/t |

## 5. 生产工艺

在重氮化反应锅中,加入800L水、65kg 30%盐酸和2kg EDTA-2Na,溶解后加入红色基B 34kg(100%计),溶解后降温至−2℃时,分批加入30%亚硝酸钠溶液(由17kg 100%亚硝酸钠配制而成)进行重氮化反应,控制加料时间20~25min,反应温度2~4℃,继续反应1h,重氮化反应结束,加入活性炭和土耳其红油进行脱色,过滤即制得重氮盐。在偶合锅中加入一定量水、25kg邻氯乙酰乙酰苯胺、15kg邻甲氧基乙酰乙酰苯胺和30%氢氧化钠经搅拌溶解后,加入1100kg锌钡白,混合均匀,于5℃下加入冰醋酸酸析,使溶液pH为6.7左右,温度在10℃左右,即制得偶合液。将上述制备好的重氮盐分批加入偶合液中进行偶合反应,控制加料时间1h,继续反应1h,反应温度10℃左右,反应终点时溶液pH为4左右,偶合反应结束升温至78℃,保温0.5h,进行过滤、水漂洗,滤饼于75℃左右干燥,最后粉碎得有机柠檬黄。

## 6. 产品标准

| | |
|---|---|
| 外观 | 黄色粉末 |
| 色光 | 与标准品近似 |
| 着色力/% | 为标准品的100±5 |
| 水分含量/% | ≤2.5 |
| 水溶物含量/% | ≤1.5 |
| 吸油量/% | ≤20.0 |
| 细度(过80目筛余量)/% | ≤5.0 |

| | |
|---|---|
| 耐旋光性/级 | 6～7 |
| 耐热性/℃ | 140 |
| 耐水渗透性/级 | 4～5 |
| 耐油渗透性/级 | 4～5 |
| 耐酸性/级 | 5 |
| 耐碱性/级 | 5 |
| 耐石蜡渗透性/级 | 2 |

### 7. 产品用途

主要用于油墨和文教用品的着色。

### 8. 参考文献

[1] 丁秋龙,乐一鸣,王丽斌,等. 高纯度柠檬黄的研制[J]. 上海化工,2006,10:16-19.
[2] 鄢冬茂,李付刚. 柠檬黄合成新工艺[J]. 染料与染色,2012,03:1-3.

# 第 2 章　橙色和红色有机颜料

## 2.1　汉沙橙 3R

汉沙橙 3R(Hansa Orange 3R)又称耐晒橙、耐光橙，属乙酰乙酰芳胺单偶氮颜料。染料索引号 C. I. 颜料橙 1(11725)。分子式 $C_{18}H_{18}N_4O_5$，相对分子质量 370.36。结构式为

$$H_3CO-C_6H_3(NO_2)-N=N-CH(COCH_3)CONH-C_6H_4(CH_3)$$

### 1. 产品性能

本品为橙色均匀粉末。微溶于乙醇、丙酮、甲苯。耐晒性、耐旋光性优良。

### 2. 生产原理

间硝基对甲氧基苯胺重氮化后，与邻甲基乙酰乙酰苯胺偶合得到汉沙橙 3R。

$$H_3CO-C_6H_3(NO_2)-NH_2 + NaNO_2 + HCl \longrightarrow H_3CO-C_6H_3(NO_2)-N^{\oplus}\equiv NCl^{\ominus}$$

$$H_3CO-C_6H_3(NO_2)-N^{\oplus}\equiv NCl^{\ominus} + H_3COCH_2COCHN-C_6H_4(CH_3) \xrightarrow{碱}$$

$$H_3CO-C_6H_3(NO_2)-N=N-CH(COCH_3)CONH-C_6H_4(CH_3)$$

### 3. 工艺流程

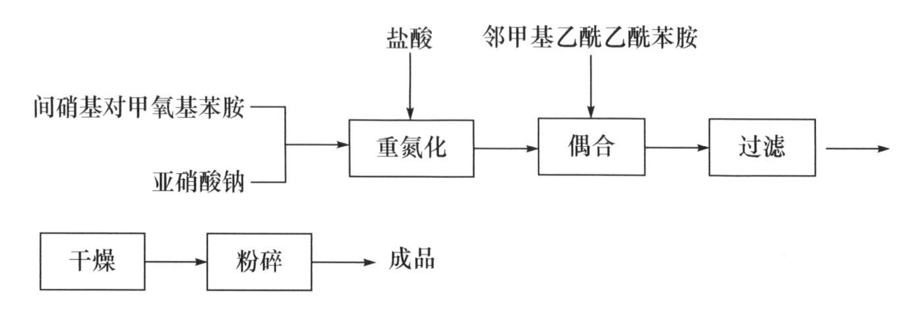


### 4. 技术配方

| | |
|---|---|
| 间硝基对甲氧基苯胺(100%计) | 84 |
| 盐酸(31%) | 146 |
| 亚硝酸钠(98%) | 36 |
| 邻甲基乙酰乙酰苯胺(100%计) | 95 |

### 5. 生产工艺

1）重氮化

在重氮化反应锅中，将 672kg 间硝基对甲氧基苯胺加至 2000L 水及 2400L 5mol/L 盐酸中，搅拌过夜。次日加入 2500kg 冰，然后在 0℃下，在 20min 内加入 526L 40%亚硝酸钠溶液进行重氮化，反应完毕，体积稀释至 10 000L，然后加入 10kg 硅藻土，过滤，得重氮盐溶液。

2）偶合

将 764kg 邻甲基乙酰乙酰苯胺加至 10 000L 水及 354L 33%氢氧化钠溶液中，再加入 330kg 轻质碳酸钙，稀释至总体积为 80 000L，温度 30℃下偶合备用。

将偶合液在 3～3.5h 内自液面下加入过滤后的重氮液，再加入 100～120L 5mol/L 盐酸，直至对刚果红试纸显弱酸性，再搅拌 0.5h，过滤，水洗至中性，得汉沙橙 1416kg。

### 6. 产品标准

| | |
|---|---|
| 外观 | 橙色均匀粉末 |
| 色光 | 与标准品近似 |
| 着色力/% | 为标准品的 100±5 |
| 水分含量/% | ≤2 |

| 吸油量/% | 45±5 |
| --- | --- |
| 水溶物含量/% | ≤1.5 |
| 细度(过 80 目筛余量)/% | ≤5 |

### 7. 产品用途

用于油漆、涂料印花、油墨、油彩颜料、文教用品和塑料的着色。

### 8. 参考文献

[1] 杨红英. 直接耐晒橙 GGL[J]. 精细与专用化学品,2000,24:19-20.
[2] 潘昌艺. C. I. 颜料橙 64 的合成和应用性能研究[D]. 上海:华东理工大学,2012.
[3] 杜海洋,赵庆峰,徐飒英. C. I. 颜料橙 65 的合成研究[J]. 染料与染色,2006,02:11-13.
[4] 林艳,任绳武. 橙色双偶氮颜料合成和性能研究[J]. 染料工业,1991,02:1-2.

## 2.2 永固橙 RN

永固橙 RN(Permanent Orange RN)又称永固汉沙橙 RN。染料索引号 C. I. 颜料橙 5(12075)。分子式 $C_{16}H_{10}N_4O_5$,相对分子质量 338.27。结构式为

$NO_2$　OH
$O_2N$—⟨苯环⟩—N=N—⟨萘环⟩

### 1. 产品性能

本品为橙色粉末。在冰醋酸中测得熔点 302℃。在浓硫酸中为紫红色,稀释后呈橙色沉淀,于硝酸氢氧化钠中色泽无变化。耐晒、耐热、耐酸和耐碱等性能良好。

### 2. 生产原理

2,4-二硝基苯胺经硫酸、亚硝酸钠重氮化后,与 2-萘酚偶合,经过滤、洗涤、干燥得产品。

$O_2N$—⟨苯环($NO_2$)⟩—$NH_2 + 2H_2SO_4 + NaNO_2 \longrightarrow$

$O_2N$—⟨苯环($NO_2$)⟩—$\overset{\oplus}{N}{\equiv}N HSO_4^{\ominus} + NaHSO_4 + 2H_2O$

$O_2N$—⟨苯环($NO_2$)⟩—$\overset{\oplus}{N}{\equiv}N HSO_4^{\ominus}$ + ⟨2-萘酚(OH)⟩ $\longrightarrow$

$+H_2SO_4$

### 3. 工艺流程

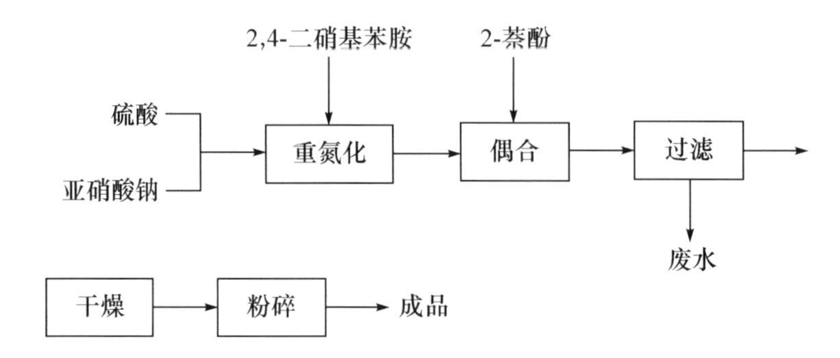


### 4. 技术配方

| | |
|---|---|
| 2,4-二硝基苯胺(100%) | 670 |
| 2-萘酚(工业品) | 480 |
| 亚硝酸钠(工业品) | 211 |
| 硫酸(100%) | 3400 |
| 氢氧化钠(100%) | 147 |
| 盐酸(30%) | 500 |

### 5. 生产设备

配料锅,重氮化反应锅,偶合锅,过滤器,储槽,干燥箱,粉碎机。

### 6. 生产工艺

在配料锅中,加入 400kg 浓硫酸,于 15℃加入亚硝酸钠 30.2kg,搅拌 0.5h,升温至 75℃,待亚硝酸钠溶解后制得亚硝酰硫酸。重氮化反应锅内加入亚硝酰硫酸,搅拌下加入 28.7kg 2,4-二硝基苯胺进行重氮化反应,控制反应温度 0～3℃,反应终点无亚硝酰硫酸存在,反应结束,过滤得黄色透明的重氮盐溶液,在偶合锅中加入 6000kg 水,搅拌下加入 30%氢氧化钠溶液 65kg,在 77℃下加入 2-萘酚 62kg,经搅拌溶解后加冰降温到 10℃,然后在 0.5h 内加入稀盐酸进行酸化,使物料的pH 为1.7,在 11～12℃下分批加入上述制备的重氮盐溶液进行偶合反应,控制偶合反应温度为 10～15℃,反应时间 0.5h,反应结束,将物料过滤,得到滤饼,经水洗,于 55℃干燥,得到约 118kg 颜料永固橙 RN。

说明：

（1）亚硝酸的检验。取重氮化合物样品约 5g，加入冰水中稀释，慢慢加入已经酸化的 $\beta$-悬浮体进行偶合（不能太过量），然后用淀粉碘化钾试纸检查，如有亚硝酸存在，试纸呈蓝色。

（2）重氮液检测。取上述重氮盐浓硫酸溶液 2～3 滴，放入盛有水的试管中，如溶液中含有未重氮化的 2,4-二硝基苯胺，则立即析出沉淀。当重氮盐浓硫酸溶液溶于水中呈轻度浑浊，即可认为重氮化反应已经完成。

注意：重氮盐用冰稀释时，体积不能太大，当稀释后浓度太低时，重氮化合物重氮基邻位的硝基容易被羟基取代。

$$O_2N-C_6H_3(NO_2)-\overset{\oplus}{N}{\equiv}NHSO_4^{\ominus} + H_2O \longrightarrow O_2N-C_6H_3(OH)-\overset{\oplus}{N}{\equiv}NHSO_4^{\ominus} + HNO_2$$

### 7. 产品标准(HG 15-1121)

| | |
|---|---|
| 外观 | 橙色粉末 |
| 着色力/% | 为标准品的 100±5 |
| 色光 | 与标准品近似 |
| 水分含量/% | ≤1.5 |
| 吸油量/% | 35±5 |
| 水溶物含量/% | ≤1 |
| 细度(过 80 目筛余量)/% | ≤5 |
| 耐晒性/级 | 6～7 |
| 耐热性/℃ | 150 |
| 耐酸性/级 | 5 |
| 耐碱性/级 | 5 |
| 耐水渗透性/级 | 4～5 |
| 耐油渗透性/级 | 4 |
| 耐石蜡渗透性/级 | 5 |

### 8. 产品用途

用于制造油漆、油墨、涂料印花浆、水彩和油彩颜料及铅笔。用于橡胶和塑料的着色；还用于包装纸的着色。

### 9. 参考文献

[1] 杜海洋，赵庆峰，徐飒英. C. I. 颜料橙 65 的合成研究[J]. 染料与染色，2006，02：11-13.
[2] 林艳，任绳武. 橙色双偶氮颜料合成和性能研究[J]. 染料工业，1991，02：1-2.

## 2.3 永固橙 G

永固橙 G(Permanent Orange G)又称永固橘红 G,颜料永固橘黄 G、3101 颜料永固橘黄 G、坚牢橙 G 和橡胶塑料橙 G。染料索引号 C. I. 颜料橙 13(21110)。分子式 $C_{32}H_{24}Cl_2N_8O_2$,相对分子质量 623.49。结构式为

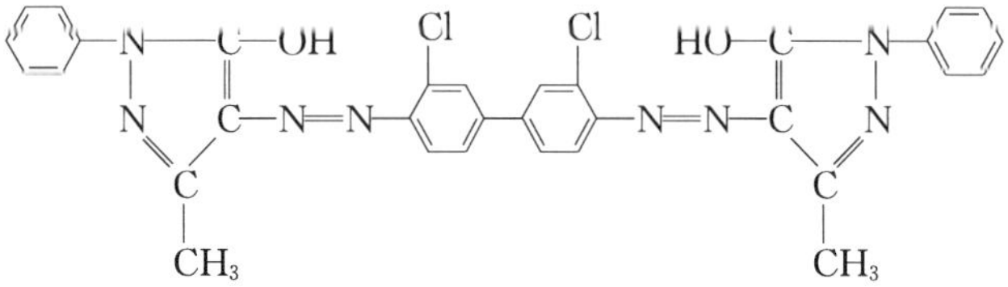

### 1. 产品性能

本品为黄色粉末,不溶于水,体质轻软细腻,着色力高,坚牢度好。在浓硫酸中为蓝光大红色,稀释后呈橙色沉淀;遇浓硝酸为棕光大红色。

### 2. 生产原理

将 3,3′-二氯联苯胺用亚硝酸重氮化后与 1-苯基-3-甲基-5-吡唑酮进行偶合得到。

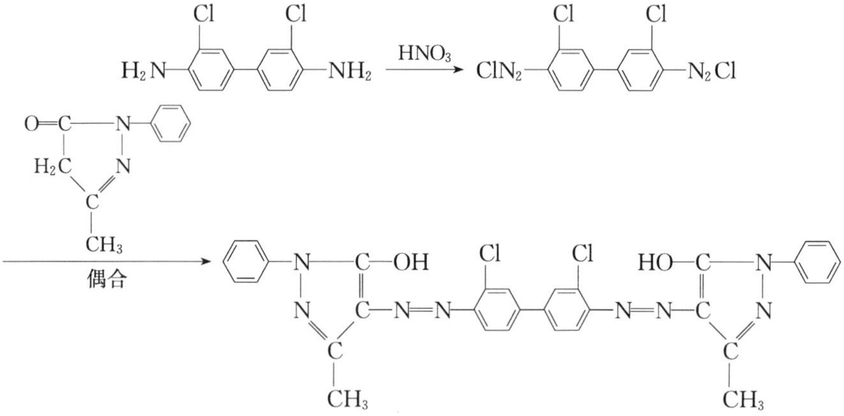

### 3. 工艺流程

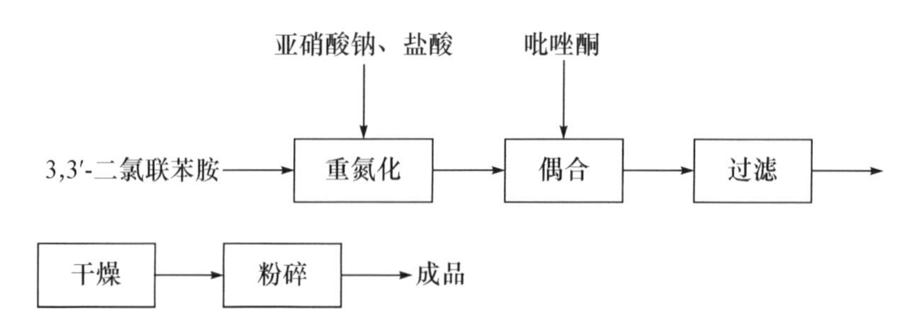

### 4. 技术配方

| | |
|---|---|
| 3,3′-二氯联苯胺(100%计) | 439 |
| 1-苯基-3-甲基-5-吡唑酮(100%计) | 647 |
| 氢氧化钠(100%计) | 170 |
| 亚硝酸钠(98%) | 271 |
| 盐酸(31%) | 1593 |
| 轻质碳酸钙(工业品) | 414 |

### 5. 生产设备

重氮化反应锅,偶合锅,压滤机,干燥箱,储槽,粉碎机。

### 6. 生产工艺

1) 工艺一

在重氮化反应锅中,将 303.6kg 3,3′-二氯联苯胺盐酸盐溶于 1430L 5mol/L 盐酸中,加入 1800kg 冰和 3000L 水,在低温下加入 313L 40%亚硝酸钠溶液,保持温度不超过 1℃,搅拌 0.5h 后,将溶液稀至 1000L,加 40kg 硅藻土,过滤,得重氮盐备用。

将 438kg 吡唑酮衍生物溶于 230L 23%氢氧化钠溶液与 4000L 水中,加入 330kg 碳酸钙,稀释至 10 000L,在 25℃下将上述的重氮液缓缓地加入其中。重氮液全部加完后,加 450～550L 5mol/L 盐酸使碳酸钙分解。放置 12h,再煮沸加热 1h,过滤、水洗,滤饼于 55～70℃时干燥,粉碎得永固橙 G。

2) 工艺二

将 50L 水加入重氮化反应锅中,再加入 49.6kg 3,3′-二氯联苯胺,搅拌打浆,加入 140kg 30%的盐酸,搅拌下冷却至 0～5℃,快速地加入 27.2kg 亚硝酸钠(配成 30%的水溶液),进行重氮化,温度为 0℃左右,继续反应 1h,加入 12kg 活性炭及 8kg 土耳其红油,搅拌 10min,抽滤,调整体积为 2400L 得重氮盐溶液。

将 800L 水加入偶合锅中,再加 42L 30%氢氧化钠溶液,加热至 80℃,加入 60kg 1-苯基-3-甲基-5-吡唑酮,搅拌至溶解,再加水和冰调整体积为 2400L,温度为 15℃,pH 为 9.5～10,得偶合组分。

将偶合组分溶液 0.5～1h 内自液面下加入上述重氮盐溶液中,并加入 24kg 碳酸钙(用 40L 水打浆),搅拌 1h 至反应终点,升温至 100℃,保持 1h,过滤,热水洗涤滤饼,在 70℃下干燥,得产品 85kg。

### 7. 产品标准(HG 15-1120)

| 外观 | 黄橙色粉末 |
|---|---|
| 色光 | 与标准品近似 |
| 着色力/% | 为标准品的 100±5 |
| 吸油量/% | 50±5 |
| 水分含量/% | ≤3.0 |
| 水溶物含量/% | ≤2 |
| 细度(过 80 目筛余量)/% | ≤5 |
| 耐晒性/级 | 5 |
| 耐热性/℃ | 40 |
| 耐水渗透性/级 | 4 |
| 耐酸性/级 | 5 |
| 耐碱性/级 | 3 |
| 耐乙醇渗透性/级 | 4 |
| 耐石蜡渗透性/级 | 5 |
| 耐油渗透性/级 | 3～4 |

### 8. 产品用途

主要用于油漆、油墨工业，并用于涂料印花彩色颜料、橡胶、乳胶、天然生漆及聚氯乙烯等制品的着色，还可用于皮革及黏胶原浆的着色。

### 9. 参考文献

[1] 林艳，任绳武. 橙色双偶氮颜料合成和性能研究[J]. 染料工业，1991，02：1-2.
[2] 潘昌艺. C. I. 颜料橙 64 的合成和应用性能研究[D]. 上海：华东理工大学，2012.

## 2.4　颜料橙 16

颜料橙 16( Pigment Orange 16)又称联苯胺橙(Dianisidine Orange) 、Vulcan Fast Orange GRN、Dainichi Fast Orange GR、Sanyo Fast Orange R。染料索引号 C. I. 颜料橙 16(21160)，分子式 $C_{34}H_{32}N_6O_6$，相对分子质量 620.65。结构式为

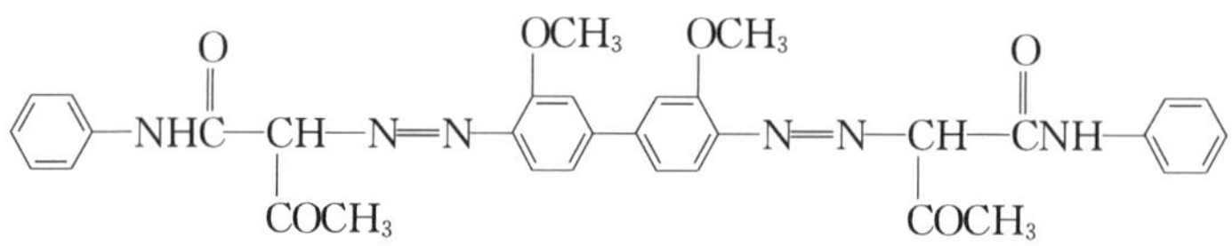

### 1. 产品性能

本品为深橙色粉末。不溶于水和乙醇。属乙酰乙酰芳胺-联苯胺类双偶氮颜料。

**2. 生产原理**

邻联二茴香胺与亚硝酸发生双重氮化后，与两分子乙酰乙酰苯胺偶合，经过滤、干燥、粉碎得联苯胺橙。

$$H_2N-C_6H_3(OCH_3)-C_6H_3(OCH_3)-NH_2 \xrightarrow[HCl]{NaNO_2} Cl^{\ominus}N\equiv\overset{\oplus}{N}-C_6H_3(OCH_3)-C_6H_3(OCH_3)-\overset{\oplus}{N}\equiv NCl^{\ominus}$$

$$Cl^{\ominus}N\equiv\overset{\oplus}{N}-C_6H_3(OCH_3)-C_6H_3(OCH_3)-\overset{\oplus}{N}\equiv NCl^{\ominus} + 2\ C_6H_5-NHCOCH_2COCH_3 \xrightarrow{NaAc}$$

$$C_6H_5-NHCO-CH(COCH_3)-N=N-C_6H_3(OCH_3)-C_6H_3(OCH_3)-N=N-CH(COCH_3)-CONH-C_6H_5$$

**3. 工艺流程**

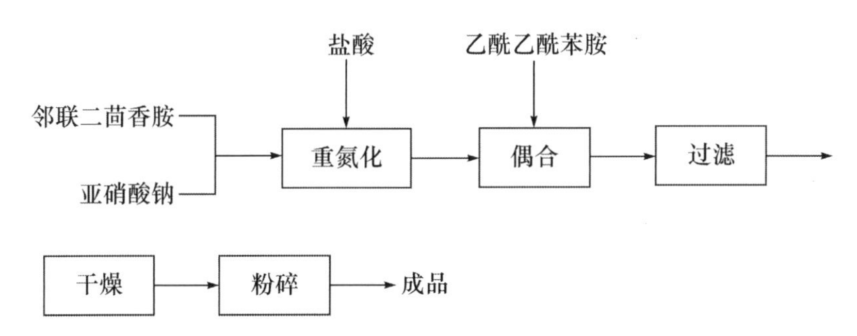


**4. 技术配方**

| | |
|---|---:|
| 邻联二茴香胺盐酸盐(100%计) | 122 |
| 亚硝酸钠(98%) | 70 |
| 盐酸(30%) | 243 |
| 活性炭 | 10 |
| 土耳其红油 | 5 |
| 乙酰乙酰苯胺(100%计) | 176 |
| 乙酸钠 | 286 |

**5. 生产工艺**

1）重氮化

在重氮化反应锅中，将 122kg 邻联二茴香胺盐酸盐加入 1000L 水中搅拌 2h，再加入 30%盐酸 243kg，搅拌 0.5h 后加冰和水，调整体积为 3000L，温度为 0℃。将 70kg 亚硝酸钠用 200L 水溶解后，较快地加入进行重氮化反应，搅拌 40～

50min,反应完毕,亚硝酸仍稍微过量。加活性炭 10kg,搅拌 10min 后加土耳其红油 5kg,过滤,得重氮盐溶液。

2) 偶合

在 1000L 水中加入 176kg 乙酰乙酰苯胺搅拌 1h,通过筛网放入盛水 2000L 的偶合锅内,再将乙酸钠(285.6kg 溶于 600L 水)加入偶合锅内,得偶合组分。

在偶合锅中,将重氮盐在 1～1.5h 内从偶合组分液面下加入进行偶合,到达反应终点时乙酰乙酰苯胺微过量,搅拌 1h 后用蒸汽加热到 95℃并保持 0.5h,过滤,水洗,在 60℃干燥,得产品联苯胺橙 300kg。

**6. 产品标准**

| | |
|---|---|
| 外观 | 深橙色粉末 |
| 色光 | 与标准品近似 |
| 着色力/% | 为标准品的 100±5 |
| 水分含量/% | ≤2.5 |
| 细度(过 80 目筛余量)/% | ≤5 |
| 耐晒性/级 | 4～5 |
| 耐热性/℃ | 150 |

**7. 产品用途**

用于油漆、油墨和塑料制品的着色,也可用于维纶的原浆着色,还可用于橡胶及涂料印花。

**8. 参考文献**

[1] 杨红英. 直接耐晒橙 GGL[J]. 精细与专用化学品,2000,24:19-20.
[2] 林艳,任绳武. 橙色双偶氮颜料合成和性能研究[J]. 染料工业,1991,02:1-2

## 2.5 永固橙 GR

永固橙 GR(Vulcan Fast Orange GR)属萘酚磺酸类单偶氮颜料。染料索引号 C.I. 颜料橙 18(15970)。分子式 $C_{16}H_{11}O_4N_2SCa_{0.5}$,相对分子质量 347。结构式为

HO
N=N
$SO_3^{\ominus}$
$Ca^{2\oplus}$
2

**1. 产品性能**

本品为橙红色粉末。

**2. 生产原理**

苯胺重氮化后与2-萘酚-6-磺酸偶合，再与氯化钙发生色淀化，经后处理得永固橙GR。

$$C_6H_5NH_2 + NaNO_2 + HCl \longrightarrow C_6H_5\overset{\oplus}{N}\equiv NCl^{\ominus}$$

$$C_6H_5\overset{\oplus}{N}\equiv NCl^{\ominus} + \text{HO-}C_{10}H_6\text{-}SO_3H \xrightarrow{Na_2CO_3} C_6H_5\text{-}N{=}N\text{-}C_{10}H_5(OH)\text{-}SO_3Na$$

$$2\,C_6H_5\text{-}N{=}N\text{-}C_{10}H_5(OH)\text{-}SO_3Na + CaCl_2 \longrightarrow \left[C_6H_5\text{-}N{=}N\text{-}C_{10}H_5(OH)\text{-}SO_3^{\ominus}\right]_2 Ca^{2\oplus} + 2NaCl$$

**3. 工艺流程**

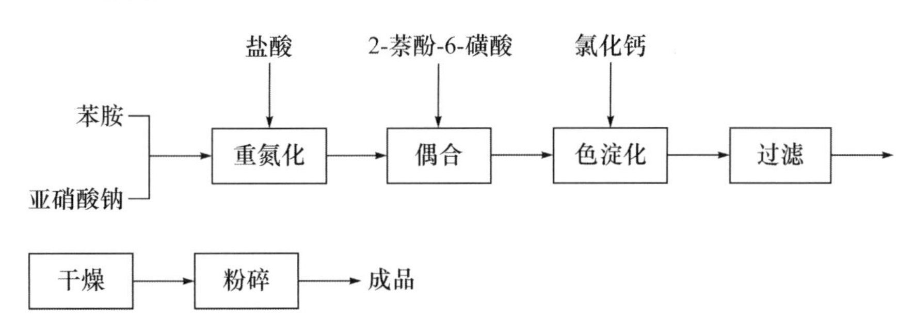


**4. 技术配方**

| | |
|---|---|
| 苯胺(98%) | 93 |
| 盐酸(30%) | 286 |

| | |
|---|---|
| 2-萘酚-6-磺酸 | 235 |
| 亚硝酸钠(98%) | 70 |
| 碳酸钠(98%) | 122 |
| 氯化钙 | 329 |

## 5. 生产工艺

1）重氮化

在重氮化反应锅中，加入 140L 水和 28.6kg 30%盐酸，在搅拌下加入苯胺 9.3kg，苯胺溶解后，再加冰降温到 0℃。将 7kg 亚硝酸钠溶于 30L 水中，在 5min 内加入进行重氮化反应，搅拌 0.5h，亚硝酸微过量，得重氮盐溶液。

2）偶合

50℃下 400L 水中加入 23.5kg 2-萘酚-6-磺酸，再加入碳酸钠调 pH 为 8，搅拌至全溶，再加入 12.2kg 碳酸钠溶于 100L 水的溶液，加冰及水调整体积至 800L，温度 30℃，得偶合组分。

将重氮液从液面下在 10～15min 加入偶合液，进行偶合，搅拌 1h 使重氮液消失，得透明染料色溶液。

3）色淀化

在色淀化锅内备 75℃水 200L，加入氯化钙 32.9kg，搅拌下将偶合的染料液在 1～1.5h 慢慢加入，加毕，搅拌 1h，过滤，水洗，色淀于 50～60℃下干燥，粉碎得永固橙 GR 33.5kg。

## 6. 产品标准

| | |
|---|---|
| 外观 | 橙红色粉末 |
| 色光 | 与标准品近似 |
| 着色力/% | 为标准品的 100±5 |
| 水分含量/% | ≤2.5 |
| 细度(过 80 目筛余量)/% | ≤5 |

## 7. 产品用途

用于油漆、油墨及塑料制品的着色。

## 8. 参考文献

[1] 潘昌艺. C. I. 颜料橙 64 的合成和应用性能研究[D]. 上海：华东理工大学，2012.

# 2.6　永 固 橙 TD

永固橙 TD(Helio Orange TD)的染料索引号为 C. I. 颜料橙 19(15990)。分子式 $C_{16}H_{10}O_4N_2SClBa_{0.5}$,相对分子质量 430.2。结构式为

$$\left[ \text{(2-Cl-C}_6\text{H}_4\text{)}-N{=}N-\text{(2-HO-C}_{10}\text{H}_5\text{-6-SO}_3^{\ominus}\text{)} \right]_2 Ba^{2\oplus}$$

## 1. 产品性能

本品为橙红色粉末。不溶于水和乙醇。

## 2. 生产原理

邻氯苯胺重氮化后与 2-萘酚-6-磺酸偶合,然后与氯化钡发生色淀化,再经后处理得永固橙 TD。

$$\text{(2-Cl-C}_6\text{H}_4\text{)}-NH_2 + NaNO_2 + HCl \longrightarrow \text{(2-Cl-C}_6\text{H}_4\text{)}-\overset{\oplus}{N}{\equiv}NCl^{\ominus}$$

$$\text{(2-Cl-C}_6\text{H}_4\text{)}-\overset{\oplus}{N}{\equiv}NCl^{\ominus} + \text{HO-C}_{10}\text{H}_6\text{-SO}_3\text{H} \xrightarrow{Na_2CO_3} \text{(2-Cl-C}_6\text{H}_4\text{)}-N{=}N-\text{(2-HO-C}_{10}\text{H}_5\text{-6-SO}_3\text{Na)}$$

$$2\ \text{(2-Cl-C}_6\text{H}_4\text{)}-N{=}N-\text{(2-HO-C}_{10}\text{H}_5\text{-6-SO}_3\text{Na)} + BaCl_2 \longrightarrow$$

$$\left[ \text{(2-Cl-C}_6\text{H}_4\text{)}-N{=}N-\text{(2-HO-C}_{10}\text{H}_5\text{-6-SO}_3^{\ominus}\text{)} \right]_2 Ba^{2\oplus} + 2NaCl$$

**3. 工艺流程**

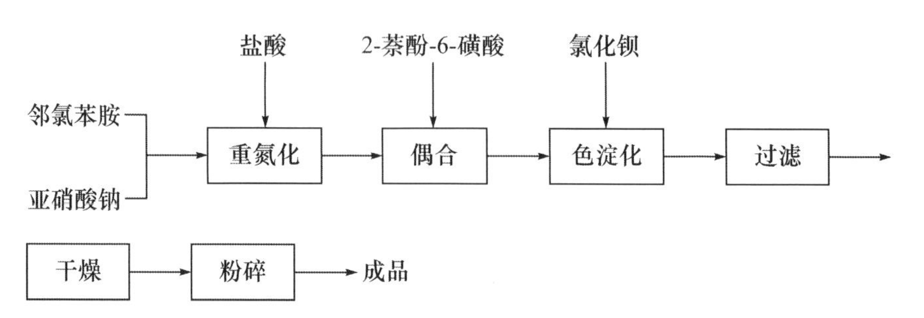


**4. 技术配方**

| | |
|---|---|
| 邻氯苯胺(100%计) | 127.5 |
| 盐酸(30%) | 286.0 |
| 亚硝酸钠(98%) | 70.0 |
| 2-萘酚-6-磺酸 | 230.0 |
| 碳酸钠(98%) | 185.0 |
| 氯化钡 | 175.0 |

**5. 生产工艺**

1) 重氮化

在重氮化反应锅中，将邻氯苯胺 127.5kg 在 1000L 水和 500L 5mol/L 盐酸中溶解后，加冰 700kg 冷却至 0～2℃，在搅拌下加入 69kg 亚硝酸钠配成的 40%溶液进行重氮化，反应完毕，总体积稀释至 3000L，得重氮盐溶液。

2) 偶合

将 230kg 2-萘酚-6-磺酸加入 8500L 水中，再加入 25kg 碳酸钠在 40℃下溶解，然后加入 160kg 碳酸钠，溶解后稀释至体积为 10 500L，再将上述重氮液在 1h 内加入，溶液呈碱性，2-萘酚-6-磺酸必须稍微过剩，偶合后过滤，无需水洗。

3) 色淀化

在色淀化反应锅中，将滤饼在 3000L 水中搅拌，加热至 50℃，总体积稀释至 7000L。175kg 氯化钡溶解于 500L 水中，在数分钟内快速加入，颜料很快成浓厚泥状沉淀，在 100℃加热 1h 后过滤，滤液中保持氯化钡过剩，60～70℃下干燥，得永固橙 TD 450kg。

### 6. 产品标准

| | |
|---|---|
| 外观 | 橙红色粉末 |
| 色光 | 与标准品近似 |
| 着色力/% | 为标准品的100±5 |
| 水分含量/% | ≤2.5 |
| 细度(过80目筛余量)/% | ≤5 |

### 7. 产品用途

用于油漆、油墨、涂料印花及水彩颜料的着色。

### 8. 参考文献

[1] 杜海洋,赵庆峰,徐飒英. C. I. 颜料橙65的合成研究[J]. 染料与染色,2006,02:11-13.

## 2.7 永固橙GC

永固橙GC(Sanyo Fast Orange GC)又称Permanent Orange GTR、Sanyo Fast Orange CR,染料索引号C. I. 颜料橙24(12305)。分子式$C_{23}H_{16}N_3O_2Cl$,相对分子质量401.85。结构式为

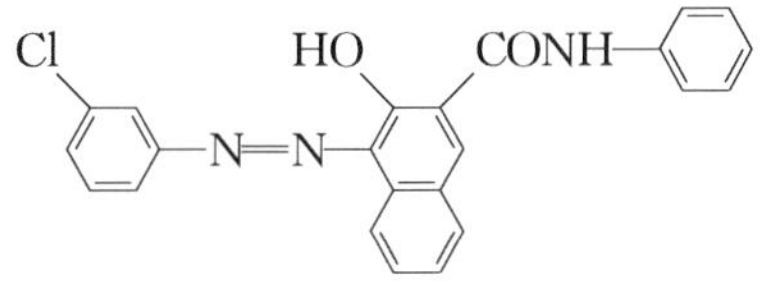

Cl　HO　CONH—
—N=N—

### 1. 产品性能

本品为橙红色粉末。熔点256~258℃。

### 2. 生产原理

间氯苯胺重氮化后,与色酚AS(2-羟基-3-萘甲酰胺)偶合,经过滤、干燥、粉碎得永固橙GC。

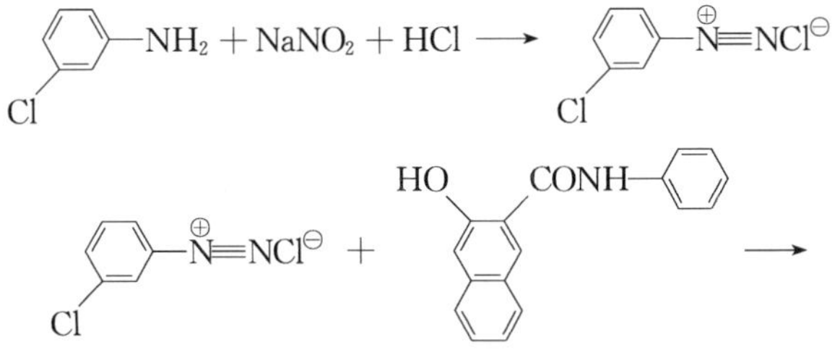

$$—NH_2 + NaNO_2 + HCl \longrightarrow —\overset{\oplus}{N}{\equiv}NCl^{\ominus}$$

Cl　　Cl

$$—\overset{\oplus}{N}{\equiv}NCl^{\ominus} + \quad \longrightarrow$$

Cl　HO　CONH—

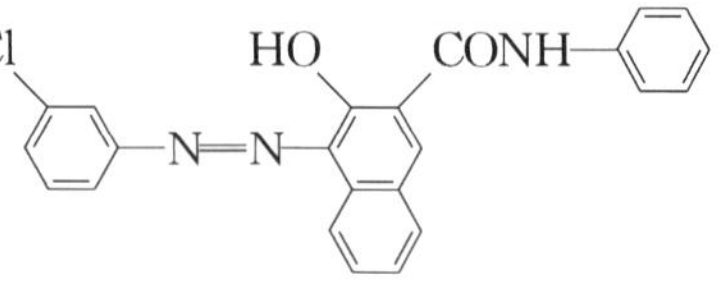

**3. 工艺流程**

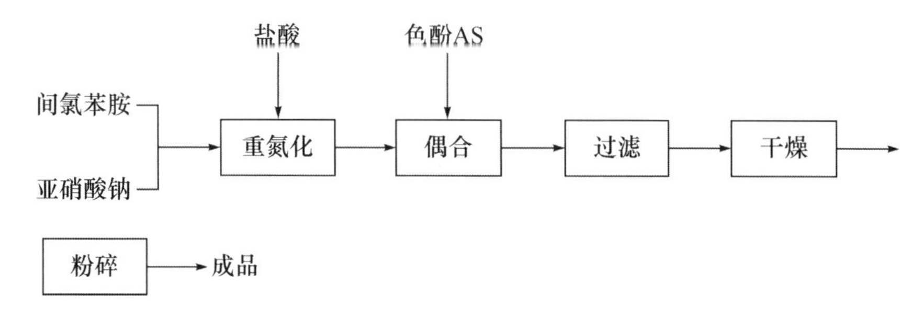


**4. 技术配方**

| | |
|---|---|
| 间氯苯胺盐酸盐(100%计) | 127.5 |
| 亚硝酸钠(98%) | 70.0 |
| 色酚 AS(100%计) | 263 |

**5. 生产工艺**

1) 重氮化

在重氮化反应锅中,将 76.5kg 间氯苯胺盐酸盐在 70℃ 550L 水中搅拌 0.5h,再加 120kg 30%盐酸搅拌溶解,然后加冰和水降温到 0℃,稀释至体积为 1800L。将 41.6kg 亚硝酸钠溶于 200L 水中加入锅中,进行重氮化反应,搅拌约 0.5h,反应完毕,亚硝酸应微过量,加活性炭 4kg,过滤,得重氮盐溶液。

2) 偶合

在 90℃ 1300L 水中加入 138kg 30%氢氧化钠和 20kg 表面活性剂,再加入 169kg 色酚 AS,搅拌溶解后即加水降温到 70℃以下,放入盛有 1000L 水的偶合锅内,调整体积为 4500L,温度 25℃,将 63.6kg 乙酸用 300L 水稀释,加入乙酸使析出色酚 AS 悬浮体,pH 为 6.8~7,得偶合组分。

将重氮液从液面下在 2~2.5h 内加入偶合组分中,搅拌 1~1.5h 使重氮液消失,再用蒸汽加热到 95℃,保持 0.5h,过滤,水洗,干燥,得永固橙 GC 产品 246kg。

### 6. 产品标准

| | |
|---|---|
| 外观 | 橙红色粉末 |
| 色光 | 与标准品近似 |
| 着色力/% | 为标准品的 100±5 |
| 细度(过 80 目筛余量)/% | ≤5 |
| 水分含量/% | ≤2.5 |
| 耐晒性/级 | 6 |
| 耐热性/℃ | 150 |
| 耐酸性/级 | 1 |
| 耐碱性/级 | 1 |

### 7. 产品用途

主要用于涂料工业、油墨及涂料印花的着色。

### 8. 参考文献

[1] 林艳,任绳武. 橙色双偶氮颜料合成和性能研究[J]. 染料工业,1991,02:1-2.

## 2.8 永固橙 HSL

永固橙 HSL(Permanent Orange HSL)又称 PV Orange HL、Permanent Orange HL。染料索引号 C. I. 颜料橙 36(11780)。分子式为 $C_{17}H_{13}ClN_6O_5$,相对分子质量为 416.78。结构式为

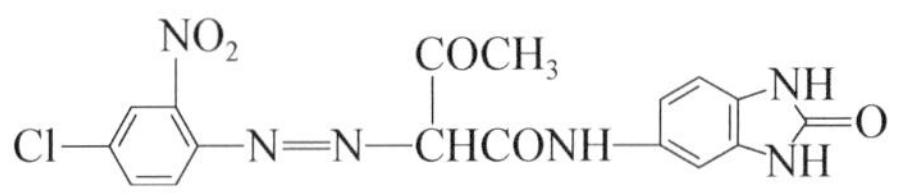

NO2 (2-位)；COCH3；Cl—C6H3—N=N—CHCONH—(苯并咪唑酮：NH, =O, NH)

### 1. 产品性能

本品为橙色粉末,属苯并咪唑酮系橙色颜料。耐热性、耐晒性和耐迁移性较好。色泽鲜艳。

### 2. 生产原理

红色基 3GL 重氮化后,与 5-乙酰乙酰氨基苯并咪唑酮偶合,经后处理得永固橙 HSL。

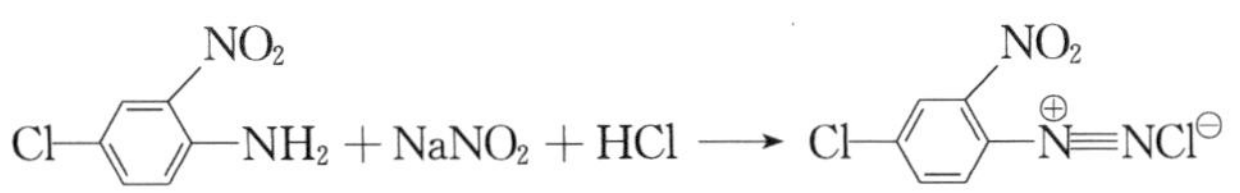

$$Cl-C_6H_3(NO_2)-NH_2 + NaNO_2 + HCl \longrightarrow Cl-C_6H_3(NO_2)-\overset{\oplus}{N}\equiv NCl^{\ominus}$$

$$\text{Cl-C}_6\text{H}_3(\text{NO}_2)\text{-}\overset{\oplus}{\text{N}}{\equiv}\text{NCl}^{\ominus} + \text{CH}_3\overset{\text{O}}{\overset{\|}{\text{C}}}\text{CH}_2\overset{\text{O}}{\overset{\|}{\text{C}}}\text{NH-C}_6\text{H}_3(\text{NH})_2\text{C=O} \longrightarrow$$

$$\text{Cl-C}_6\text{H}_3(\text{NO}_2)\text{-N=N-}\underset{\text{COCH}_3}{\underset{|}{\text{CH}}}\overset{\text{O}}{\overset{\|}{\text{C}}}\text{NH-C}_6\text{H}_3(\text{NH})_2\text{C=O}$$

**3. 工艺流程**

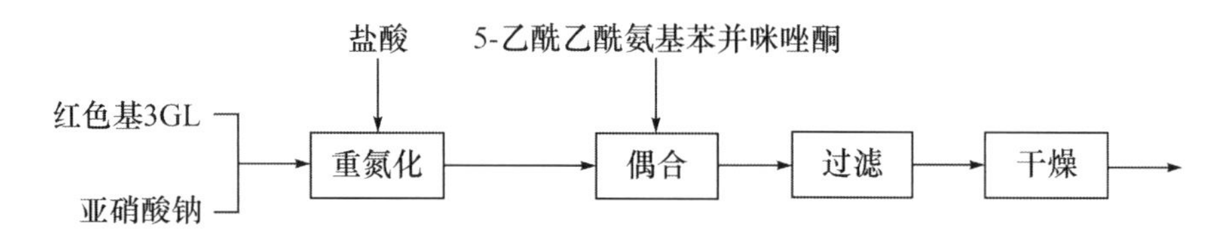


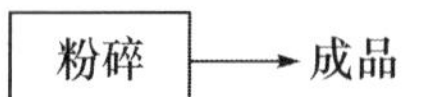


**4. 技术配方**

| | |
|---|---|
| 红色基 3GL(100%计) | 172.5 |
| 亚硝酸钠(98%) | 70 |
| 5-乙酰乙酰氨基苯并咪唑酮 | 233 |
| 盐酸(30%) | 500 |

**5. 生产工艺**

将 172.5kg 红色基 3GL 与 1000L 5mol/L 盐酸及 400L 水混合，搅拌过夜。次日加冰降温至－3～0℃，从液面下在 15min 加入 70kg 亚硝酸钠配制成的 30% 水溶液，反应完毕，微过量的亚硝酸可通过添加少量尿素除去，再稀释至总体积为 3500L，过滤，得重氮盐溶液。

偶合反应与传统的单偶氮颜料合成工艺基本相似，一般在弱酸介质中进行偶合，温度 5～10℃。将 5-乙酰乙酰氨基苯并咪唑酮溶于碱性水溶液中。然后将重氮盐溶液于搅拌下加入偶合组分中，偶合完毕，过滤，漂洗，干燥后粉碎得永固橙 HSL。

**6. 产品标准**

| | |
|---|---|
| 外观 | 橙色粉末 |
| 色光 | 与标准品近似 |
| 着色力/% | 为标准品的 100±5 |

| | |
|---|---|
| 水分含量/% | ≤2.5 |
| 吸油量/% | 45±5 |
| 水溶物含量/% | ≤2.5 |
| 细度(过 80 目筛余量)/% | ≤5 |
| 耐酸性/级 | 5 |
| 耐碱性/级 | 5 |
| 耐水渗透性/级 | 5 |
| 耐油渗透性/级 | 5 |

**7. 产品用途**

用于油墨、油漆、塑料和橡胶的着色,也用于合成纤维的原浆着色。

**8. 参考文献**

[1] 杜海洋,赵庆峰,徐飒英. C. I. 颜料橙 65 的合成研究[J]. 染料与染色,2006,02:11-13.

## 2.9　颜 料 红 1

颜料红 1(Pigment Red 1)又称对位红(Para Red)、Paranitraniline Red。染料索引号 C. I. 颜料红 1(12070)。分子式 $C_{16}H_{11}N_3O_3$,相对分子质量 293.28。结构式为

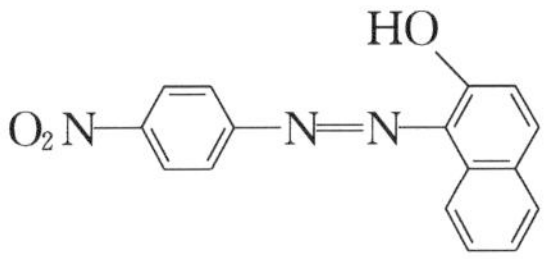

**1. 产品性能**

本品为深红色粉末。熔点 256℃,相对密度 1.47～1.50。

**2. 生产原理**

对硝基苯胺重氮化后与 2-萘酚偶合得颜料红 1。重氮化时,如果酸或亚硝酸钠的用量不足,生成的重氮盐很容易和未反应的芳胺偶联生成黄色的重氮氨基化合物,这不仅会使产物收率降低,而且混入产物后,会使颜料性质变差。因此,必须严格控制反应各物料的投料比。

$$O_2N-C_6H_4-NH_2 + NaNO_2 + HCl \longrightarrow O_2N-C_6H_4-\overset{\oplus}{N}\equiv NCl^{\ominus}$$

$O_2N-C_6H_4-\overset{\oplus}{N}\equiv NCl^{\ominus}$ ＋ 2-萘酚(HO) → $O_2N-C_6H_4-N=N-$(2-羟基萘基, HO)

### 3. 工艺流程

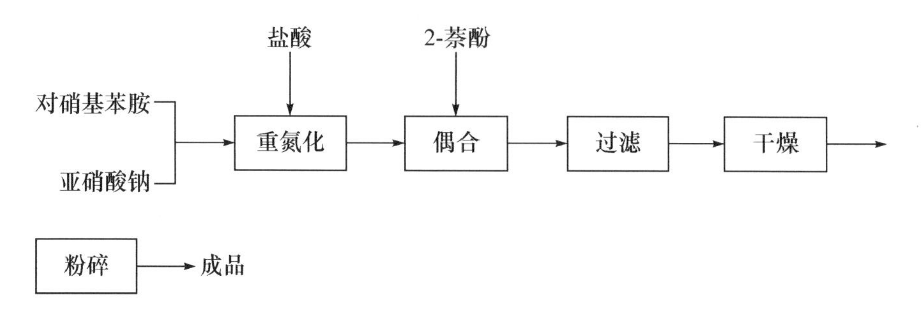


### 4. 技术配方

| | |
|---|---|
| 对硝基苯胺(100%计) | 138 |
| 亚硝酸钠(98%) | 70 |
| 2-萘酚 | 142 |
| 土耳其红油 | 60 |
| 盐酸(30%) | 310 |
| 轻质碳酸钙 | 7.5 |

### 5. 生产工艺

1) 重氮化

在重氮化反应锅中，将 276kg 对硝基苯胺与 2000L 水混合，搅拌过夜。次日加入 1320L 5mol/L 盐酸，冷却至 0℃，在液面下尽可能快地加入 263L 40%亚硝酸钠溶液，稀释至总体积为 5000L，过滤，得重氮盐溶液。

2) 偶合

在溶解锅中，将 284kg 2-萘酚与 21kg 2-萘酚-7-磺酸(F 酸)在 20℃下，溶于 400L 3.3%氢氧化钠与 5000L 水中，然后加入 12kg 环烷酮(溶于 50L 水中)，再加入 120kg 土耳其红油，稀释至总体积为 7500L，温度 20℃下，得偶合组分。

偶合液在 1h 内从液面下加入重氮盐中，然后加入 15kg 轻质碳酸钙，搅拌 3h，加热至 70℃，趁热过滤，但不必水洗，在 65～70℃下干燥，得颜料红 1 产品 650kg。

### 6. 产品标准

| 外观 | 深红色粉末 |
|---|---|
| 色光 | 与标准品近似 |
| 着色力/% | 为标准品的 100±5 |
| 吸油量/% | 45±5 |
| 水分含量/% | ≤2.5 |
| 细度(过 80 目筛余量)/% | ≤5 |

### 7. 产品用途

用于油漆、油墨、油彩颜料等着色。

### 8. 参考文献


[1] 梁铁夫,闫燕. C. I. 颜料红 224 颜料化工艺改进[J]. 染料与染色,2012,06:26-29.

[2] 朱文朴,戴翎. 颜料红 170 的合成[J]. 四川化工,2013,03:7-10.


## 2.10　黄光大红粉

黄光大红粉(Yellowish Scarlet Powder)又称永固红 FRR(Permanent Red FRR)、永固大红 F2R。染料索引号 C. I. 颜料红 2(12310)。国外主要商品名:Confast Red 2R(SCC)、Irgalite Paper Red G(CGY)、Monolite Fast Red 2RV(ICI)、Permanent Red FEN(GAF)、Permanent Red FRR(FH)、Segnale Light Red F2R(Acna)、Sango Red GGS、Sicofil Red 3752、Unisperse Red FBN-PI、Unisperse Red FB-P。分子式 $C_{23}H_{15}Cl_2N_3O_2$,相对分子质量 436.29。结构式为

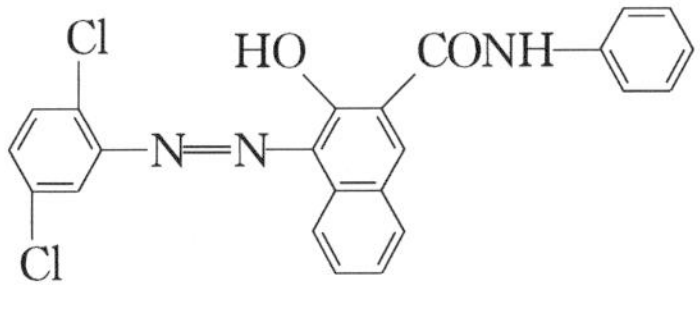

Cl　HO　CONH—
—N═N—
Cl

### 1. 产品性能

本品为黄光红色粉末。在浓硫酸中为红光紫色,稀释后为橙红色。遇浓硝酸为蓝光大红色,遇氢氧化钠不变色。熔点 310～311℃。耐热稳定到 180℃。

### 2. 生产原理

2,5-二氯苯胺重氮化后,与色酚 AS 偶合得到黄光大红粉。

$$\text{Cl, NH}_2\text{, Cl} \xrightarrow{NaNO_2,HCl} \text{Cl, } \overset{\oplus}{N}\equiv NCl^{\ominus}\text{, Cl}$$

$$\xrightarrow{\text{OH, CONH}-\text{Ph}} \text{Cl, Cl, }-N=N-\text{, HO, CONH}-\text{Ph}$$

### 3. 工艺流程

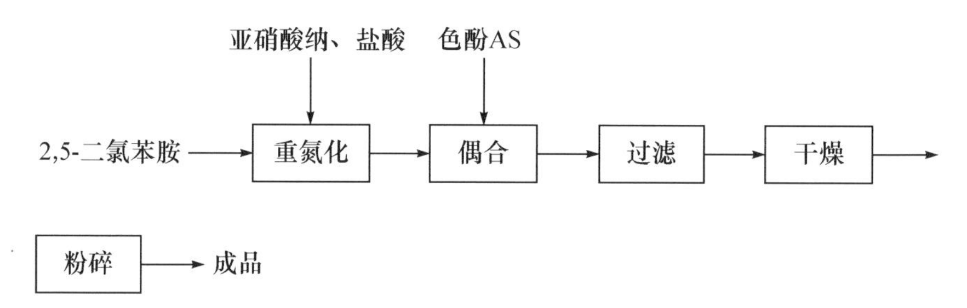


### 4. 技术配方

| | |
|---|---|
| 2,5-二氯苯胺 | 405 |
| 盐酸(30%) | 1000 |
| 亚硝酸钠(98%) | 175 |
| 色酚 AS | 655 |

### 5. 生产工艺

1) 工艺一

将 324kg 2,5-二氯苯胺加至 1600L 5mol/L 盐酸中，搅拌过夜。调整体积至 7000L，冷却至－2℃。加入 262L 亚硝酸钠溶液(大部分迅速加入，最后几升缓慢加入)，应使亚硝酸钠溶液稍微过量，以保证 2,5-二氯苯胺完全重氮化。使温度降至 0℃，体积为 10 700L。加入 15kg 硅藻土，过滤。

在溶解锅中加入 5000L 水及 440L 33%氢氧化钠溶液，加热至 95℃。加入 600kg 色酚 AS，待其完全溶解后，加入 4000L 水和适量的冰，使之冷却到 20℃。调整体积为 16 000L。加入 120L 33%氢氧化钠，并在 2～2.5h 内加入 40kg 乙酸钠，搅拌 1h，加乙酸溶液至呈酸性，加热至 90℃，保持 15min，过滤，得 880kg 黄光大红粉。

2) 工艺二

将 162kg 2,5-二氯苯胺于 40℃下加入 187L 乙酸使其溶解，然后加到 800L 5mol/L 盐酸和 2500L 水的温度为 20℃的混合液中，再加 1750kg 冰使温度降到 −2℃，将亚硝酸钠 69kg 配成 56.5%的溶液，在 1min 内快速加入，进行重氮化，稀释至总体积为 5000L，加入 5kg 硅藻土，在 0℃下搅拌至呈透明溶液，过滤，得重氮盐溶液。

向 5000L 水中加入 80.9kg 氢氧化钠，搅拌溶解后快速加入 278kg 色酚 AS，再加入 8700L 80℃水和 789kg 碳酸钙，加入后升温至 85℃，稀释至总体积为 15 000L，得偶合组分。

搅拌下将重氮液在 85℃下，1.5h 内加入偶合组分中，继续搅拌 0.5h，用 117kg 30%盐酸配成 5mol/L 的溶液，慢慢加入偶合液中，直到用刚果红试纸测定呈弱酸性，过滤，水洗，在 55℃下干燥，得 432kg 黄光大红粉。

### 6. 产品标准

| | |
|---|---|
| 外观 | 黄光红色粉末 |
| 色光 | 与标准品相似 |
| 着色力/% | 为标准品的 100±5 |
| 吸油量/% | 45±5 |
| 水分含量/% | ≤1 |
| 细度(过 80 目筛余量)/% | ≤5 |
| 耐晒性/级 | 7 |
| 耐热性/℃ | 180 |
| 耐水渗透性/级 | 5 |
| 耐油渗透性/级 | 5 |

### 7. 产品用途

主要用于油漆、油墨、醇酸树脂漆、硝基漆和乳化漆的着色，也用于纸张、漆布、塑料、橡胶的着色，还用于黏胶纤维的原浆着色。

### 8. 参考文献

[1] 陈佳俊，费学宁，曹凌云，等. 有机颜料大红粉的改性及废水处理[J]. 化工进展，2010，S1:662-665.

## 2.11　联蒽醌红

联蒽醌红(Anthraquinoid Red)又称 Cromophtal Red 3B。染料索引号 C. I.

颜料红 177(65300)。分子式 $C_{28}H_{16}N_2O_4$,相对分子质量 444.44。结构式为

### 1. 产品性能

本品为蓝光红色粉末,属蒽醌类颜料。具有极好的坚牢度,耐热性和耐迁移性优。熔点 350℃,吸油量 55~62g/100g,相对密度 1.45~1.53。

### 2. 生产原理

1-氨基-4-溴蒽醌-2-磺酸钠(溴氨酸钠)在铜粉存在下发生缩合,生成 4,4′-二氨基-1,1′-二蒽醌-3,3′-二磺酸。然后在稀硫酸中脱去磺酸基,得到联蒽醌红。

### 3. 工艺流程

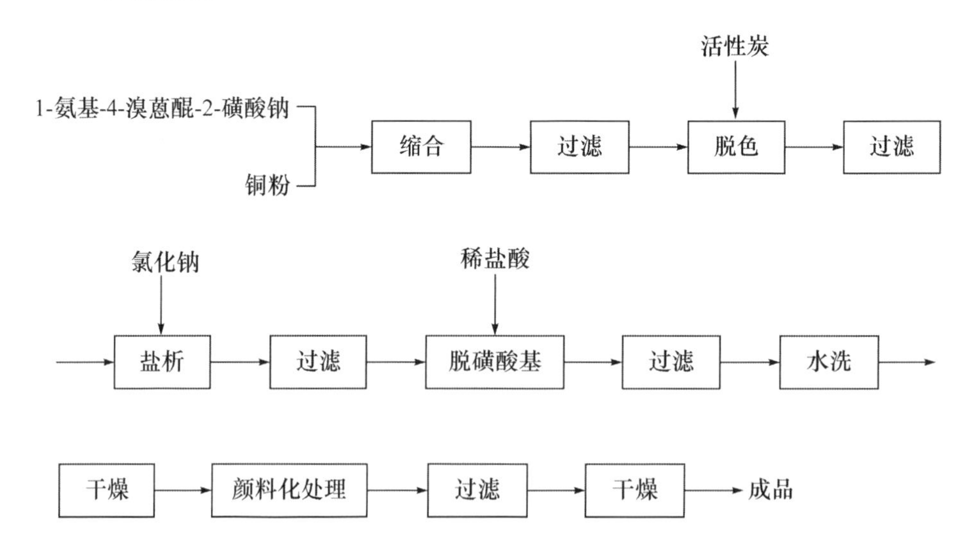

#### 4. 技术配方

| | |
|---|---|
| 1-氨基-4-溴蒽醌-2-磺酸钠 | 64 |
| 铜粉 | 30.4 |

#### 5. 生产工艺

1）缩合

在反应瓶中加入 4g 1-氨基-4-溴蒽醌-2-磺酸钠、1.9g 铜粉及0.7～1.2g 50%硫酸，在 90℃下搅拌反应 1.5h，趁热用碳酸钠溶液中和至呈碱性，过滤，将滤液加热至 80～100℃，用氯化钠盐析，在 60～80℃下过滤，用 2%氯化钠溶液洗涤，得到缩合反应粗产物 4,4′-二氨基-1,1′-二蒽醌-3,3′-二磺酸钠。

将 4g 粗产物加到 100mL 热水中，在 90～98℃下加入 0.5g 活性炭。过滤，滤液用氯化钠盐析。再过滤，用 2%氯化钠溶液洗涤，得精制棕红色的缩合产物。

2）脱磺酸基

在反应瓶中加入精制的缩合产物(4,4′-二氨基-1,1′-二蒽醌-3,3′-二磺酸钠)3.3g，再加入由 24g 硫酸配成 80%的水溶液，在 135～140℃下搅拌反应 3.5h，以薄层色谱检测反应终点。反应完毕，冷却至 60℃，将其倒入冰水混合物中，过滤，用较稀的氢氧化钠溶液洗涤，水洗，干燥，得深红色脱磺产物 4,4′-二氨基-1,1′-蒽醌粗颜料。

3）颜料化处理

将脱磺产物湿滤饼按干品重 2g 加入 0.1g 表面活性剂及 10mL 5%松香，在 85～95℃下搅拌 1h，然后酸化使其 pH 为 5～6，过滤，水洗，干燥，制得产物联蒽醌红。

#### 6. 产品标准

| | |
|---|---|
| 外观 | 蓝光红色粉末 |
| 色光 | 与标准品近似 |
| 着色力/% | 为标准品的 100±5 |
| 水分含量/% | ≤2 |
| 细度(过 80 目筛余量)/% | ≤5 |
| 吸油量/% | 50±5 |
| 耐旋光性/级 | 6 |
| 耐热性/℃ | 160 |

### 7. 产品用途

用于聚氯乙烯、聚乙烯、聚氨酯等塑料的着色，也用于油墨、涂料的着色。

### 8. 参考文献

[1] 费学宁，周春隆. 4,4′-二氨基-1,1′-二蒽醌(C. I 颜料红 177)合成及其颜料化的研究[J]. 现代涂料与涂装，1990，04:4-10，3.

[2] 费学宁，贾堤，庄娉，等. C. I. 颜料红 177 颜料化的初步研究[J]. 天津化工，2000，04:6-7.

[3] 章杰. 高性能颜料的技术现状和创新动向[J]. 染料与染色，2013，03:1-7.

## 2.12 永固银朱 R

永固银朱 R (Vermilion R)又称银朱 R、3106 颜料银朱 R、3001 颜料银朱 R。国外主要商品名：Chlorinated Para Red、Hansa Red R、Permanent Red R、Lsod Para Red PR、Lionol Red R Toner、Monolite Red G、Monolite Red GF、Predisol Red PR-C、Shangdament Fast Red R 3160、Sico Red L3250。染料索引号 C. I. 颜料红4(12085)。分子式 $C_{16}H_{10}ClN_3O_3$，相对分子质量 327.72。结构式为

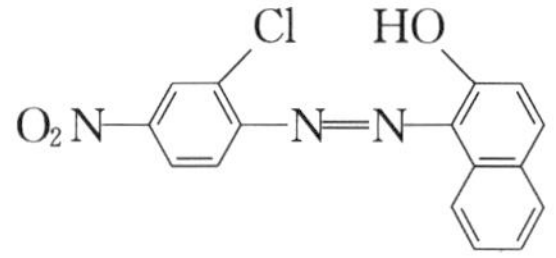

### 1. 产品性能

本品为红色粉末。熔点 275℃。相对密度 1.45～1.6。吸油量 34～70g/100g。微溶于乙醇、丙酮和苯。流动性好，遮盖力佳，耐热性较差。于浓硫酸中呈蓝光品红色，稀释后呈黄光红色沉淀，于浓硝酸中呈艳朱红色，于稀氢氧化钠中不变色，于乙醇-氢氧化钾中呈紫色溶液。

### 2. 生产原理

邻氯对硝基苯胺重氮化后，与 2-萘酚偶合，经过滤及后处理得永固银朱 R。

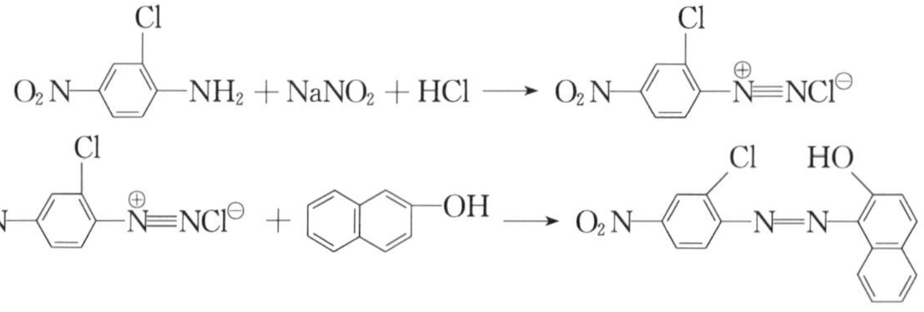

### 3. 工艺流程

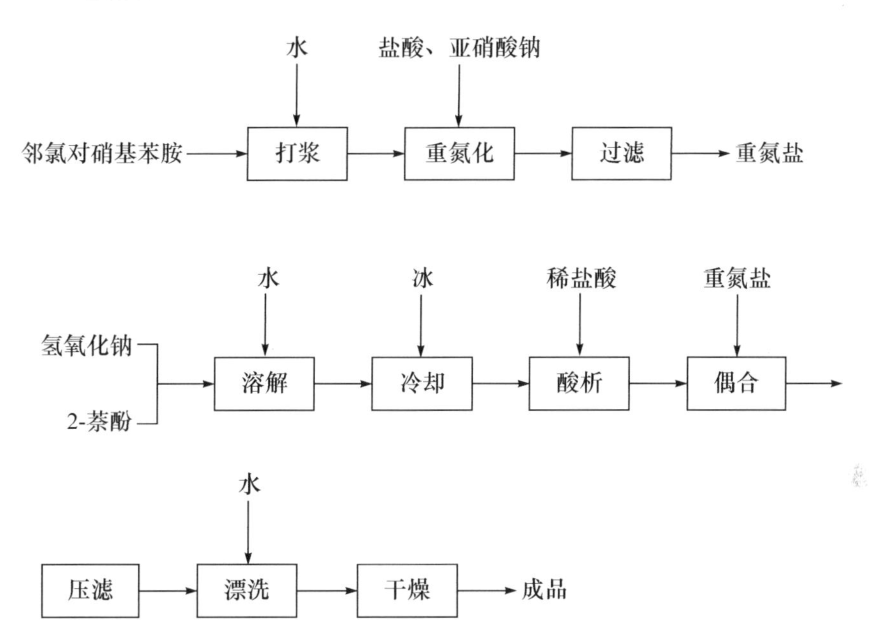


### 4. 技术配方

| | |
|---|---|
| 邻氯对硝基苯胺(100%) | 582 |
| 2-萘酚(100%) | 485 |
| 亚硝酸钠(98%) | 241 |
| 盐酸(30%) | 2330 |
| 氢氧化钠(30%) | 1530 |
| 尿素(工业品) | 30 |

### 5. 生产工艺

1) 重氮化

将 1500L 水加入重氮化反应锅内,再加入 690kg 邻氯对硝基苯胺和 4000L 5mol/L 30%盐酸,经搅拌打浆后,用冰降温到−3℃,快速加入由 280kg 亚硝酸钠配制的亚硝酸钠溶液进行重氮化反应,控制反应时间为 1.5h,反应温度 4～5℃,反应结束,溶液中多余的亚硝酸钠加入 35kg 尿素进行分解,反应液经过滤制得重氮盐溶液。

2) 偶合

将 572kg 2-萘酚与 200L 33%氢氧化钠溶液、1000L 水加入偶合锅中,在 25℃

下搅拌 0.5h，再加入 500L 5mol/L 盐酸，析出 2-萘酚沉淀并对刚果红试纸显酸性，稀释至总体积为 2500L，温度为 44℃，得偶合液。

在 3.5h 内从偶合液液面下加入重氮盐溶液，反应终点料液 30℃。过滤，洗涤，在 60～65℃下干燥，得 1185kg 永固银朱 R。

### 6. 产品标准(HG 15-1126)

| 外观 | 红色粉末 |
|---|---|
| 水分含量/% | ≤1.5 |
| 吸油量/% | 30±5 |
| 水溶物含量/% | ≤1 |
| 细度(过 80 目筛余量)/% | ≤5 |
| 着色力/% | 为标准品的 100±5 |
| 色光 | 与标准品近似 |
| 耐晒性/级 | 6～7 |
| 耐热性/℃ | 100 |
| 耐酸性/级 | 5 |
| 耐碱性/级 | 5 |
| 耐水渗透性/级 | 5 |
| 耐油渗透性/级 | 4 |
| 耐石蜡渗透性/级 | 5 |
| 耐乙醇渗透性/级 | 4 |

### 7. 产品用途

主要用于油墨、水彩或油彩颜料及印泥的着色，也可用于橡胶、天然生漆、涂料和化妆品的着色。

### 8. 参考文献

[1] 冉华文. C. I. 颜料红 185 的合成及颜料化处理[J]. 染料与染色，2006，02：30.
[2] 吕东军，张继昌. C. I. 颜料红 146 的合成和改性[J]. 染料与染色，2007，06：6-8.

## 2.13 坚固洋红 FB

坚固洋红 FB(Fast carmine FB，Irgalile carmine FB)又称永固桃红 FB、3107 永固桃红 FB(Permament carmine FB、Segnalc light red FB)。染料索引号 C. I. 颜料红 5(12490)。分子式 $C_{30}H_{31}ClN_4O_7S$，相对分子质量 627.11。结构式为

Cl

$OCH_3$ HO　CONH—　—$OCH_3$

—N=N—

$OCH_3$

$SO_2N(C_2H_5)_2$

### 1. 产品性能

本品为艳红色粉末。色光鲜艳，耐晒性和耐热性良好。熔点 306℃。相对密度 1.40～1.44，吸油量 45～71g/100g。不溶于水，微溶于丙酮，易溶于乙醇。

### 2. 生产原理

由 3-氨基-4-甲氧基-*N*,*N*-二乙基苯磺酰胺（红色基 ITR）经重氮化后，与 *N*-(2-羟基-3-萘甲酰基)2,4-二甲氧基-5-氯苯胺（色酚 AS-ITR）偶合而制得。

$OCH_3$ —$NH_2$ + $NaNO_2$ + HCl $\xrightarrow{10\sim12℃}$ $OCH_3$ —$N_2^{\oplus}Cl^{\ominus}$

$SO_2N(C_2H_5)_2$　　$SO_2N(C_2H_5)_2$

$H_3CO$

$OCH_3$ —$N_2^{\oplus}Cl^{\ominus}$ + HO　CONH—　—$OCH_3$　Cl $\xrightarrow[\triangle]{NaOH}$

$SO_2N(C_2H_5)_2$

Cl

$OCH_3$ HO　CONH—　—$OCH_3$

—N=N—

$OCH_3$

$SO_2N(C_2H_5)_2$

### 3. 工艺流程

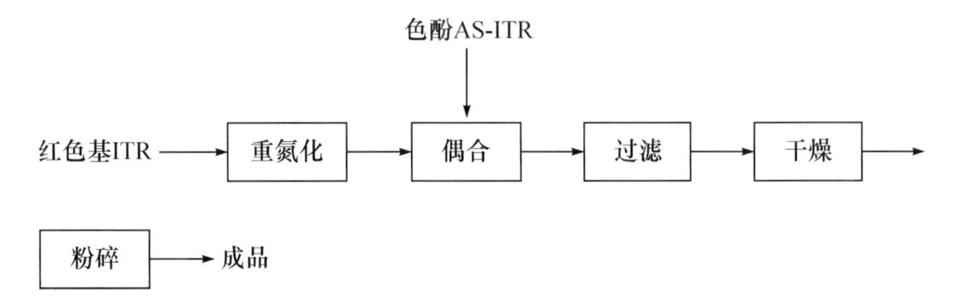

### 4. 技术配方

| | |
|---|---|
| 红色基 ITR(100%) | 418 |
| 色酚 AS-ITR(100%) | 594 |
| 亚硝酸钠(100%) | 110 |
| 盐酸(30%) | 726 |
| 土耳其红油 | 24 |
| 乙酸钠(工业品) | 198 |

### 5. 生产工艺

1) 工艺一

将 250kg 水、33kg 30%盐酸加入带有搅拌、加热和冷却装置的重氮化反应锅中,加热升温至 65～70℃,加入 19.35kg 100%红色基 ITR,搅拌使色基全部溶解。加水冷却,使物料降温至 5℃,调整物料总体积至 490L。然后由液面下加入 30%亚硝酸钠溶液(由 5.175kg 100%亚硝酸钠配成),重氮化反应 2h,维持温度 10～12℃。待刚果红试纸呈深蓝色,淀粉碘化钾试纸呈微蓝色时为反应终点。重氮化反应完成后,向反应液中加入乙酸钠(将 8.6kg 工业品乙酸钠溶于 40kg 水中),调整物料总体积至 600L,维持温度 4～7℃,静置 1～2h,将温度 8℃、pH 为 1.5～2 的上清液送入偶合反应锅中。

在储槽中加水及 20.10kg 30%氢氧化钠溶液、1.35kg 40%土耳其红油,物料总体积为 400L。加热升温至 100℃,加入 26.81kg 100%色酚 AS-ITR,搅拌,使色酚 AS-ITR 全部溶解。然后加入 400kg 50℃温水,将物料稀释降温至 80℃,过滤,调整滤液总体积为 900L,温度 33℃,将配制好的色酚 AS-ITR 溶液放入偶合锅中,流入时间为 20min 左右,使其与重氮液进行偶合反应。偶合反应终点检验 H 酸呈红色。反应液 pH 为 4.8～5.1,温度 22～23℃,搅拌 1h,加热至 80℃,加入匀染剂 O(0.75kg 匀染剂 O 溶于 20kg 热水中),保温 76～80℃,搅拌 1.5h,pH 为 4.5。加冷水降温至 60℃。将反应物料进行压滤,漂洗滤饼,将产品置于 60～65℃干燥箱中干燥,粉碎后包装即得成品。

2) 工艺二

将 1200L 水、120kg 30%盐酸加入重氮化反应锅中,再加入 368.5kg 70%红色基 ITR,使红色基 ITR 溶解,冷却至 10℃。在 10～12℃下用 69kg 亚硝酸钠配成 40%的溶液进行重氮化,1h 后过滤,稀释至总体积为 1500L,在偶合前加入 310kg 乙酸钠,反应物对刚果红试纸显弱酸性,加 6kg 乳化剂 FM(油溶性),得重氮盐溶液。

将 374kg 色酚 AS-ITR 加至 175kg 37.5%氢氧化钠溶液与 6000L 水中，并与 5kg 乳化剂 FM 一起搅拌，加热至沸腾，加 2500L 水，总体积为 10 000L，得偶合组分溶液。

将色酚 AS-ITR 溶液快速地从重氮液液面下加入，然后搅拌 1h，并尽可能快地加热至沸腾，保持 0.5h，过滤，水洗，在 60～65℃下干燥，得 625kg 坚固洋红 FB。

**6. 产品标准**

| | |
|---|---|
| 外观 | 艳红色粉末 |
| 色光 | 与标准品近似 |
| 着色力/% | 为标准品的 100±5 |
| 水分含量/% | ≤2.0 |
| 水溶物含量/% | ≤1.5 |
| 吸油量/% | 40～50 |
| 细度(过 60 目筛余量)/% | ≤5.0 |
| 耐热性/℃ | 130～140 |
| 耐晒性/级 | 6～7 |
| 耐酸性/级 | 5 |
| 耐碱性/级 | 4～5 |
| 耐水渗透性/级 | 5 |
| 耐乙醇渗透性/级 | 4 |
| 耐石蜡渗透性/级 | 5 |
| 耐油渗透性/级 | 4 |

**7. 产品用途**

用于油漆、油墨、涂料、喷漆、涂料印花、塑料、橡胶、乳胶和纸张的着色。

**8. 参考文献**

[1] 吕东军，张继昌. C. I. 颜料红 146 的合成和改性[J]. 染料与染色，2007，06：6-8.

[2] 金炳生，何珉，董国兴. C. I. 颜料红 57：1 的新制备方法[J]. 染料与染色，2008，05：10-11.

## 2.14　永固红 F4RH

永固红 F4RH(Permanent Rubine F4RH)又称 Naphthol Red F4RH。染料索引号 C. I. 颜料红 7(12420)。分子式 $C_{25}H_{19}Cl_2N_3O_2$，相对分子质量 464。结构式为

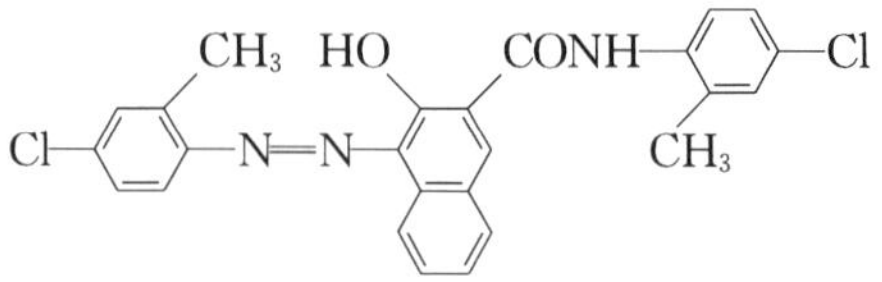

### 1. 产品性能

本品为红色粉末,色泽较鲜艳。熔点 281～285℃,相对密度 1.46～1.49,吸油量 45～92g/100g。

### 2. 生产原理

5-氯-2-氨基甲苯重氮化后,与色酚 AS-TR 偶合,经后处理得永固红 F4RH。

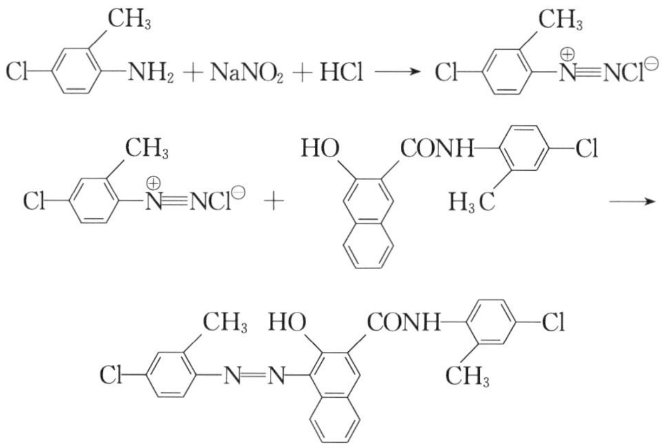

### 3. 工艺流程

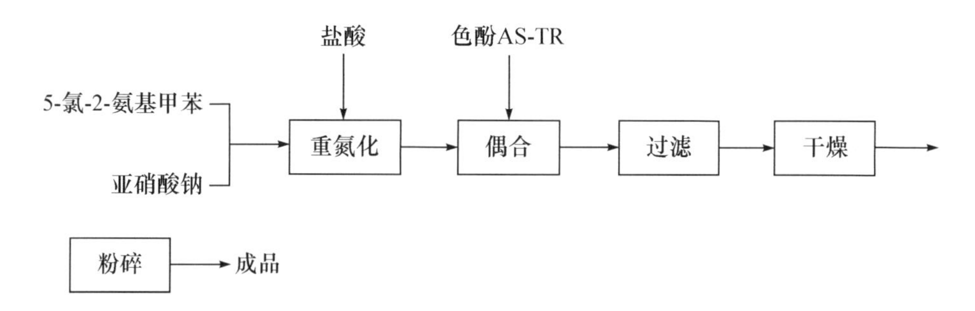


### 4. 技术配方

| | |
|---|---|
| 5-氯-2-氨基甲苯(100%计) | 141.5 |
| 亚硝酸钠(98%) | 70.0 |
| 色酚 AS-TR | 311.5 |
| 盐酸(30%) | 200.0 |

| | |
|---|---|
| 氢氧化钠(98%) | 53.0 |
| 冰醋酸 | 94.0 |

### 5. 生产工艺

1)重氮化

在重氮化反应锅中,将 169.8kg 5-氯-2-氨基甲苯与水混合,搅拌过夜。次日与 240kg 30%盐酸混合,用冰水稀释降温至 0℃,用 206kg 40%亚硝酸钠溶液在 15min 内从液面下加入,进行重氮化,终点到达后过滤,得重氮盐溶液。

2)偶合

在溶解锅中,将 396kg 色酚 AS-TR 在 90℃溶于 63.2kg 氢氧化钠配成的 33%碱溶液中,用水稀释,加冰冷却至 20℃,再以 113kg 冰醋酸酸化,析出沉淀,悬浮液为偶合组分。

在 20℃下将重氮液自液面下加入色酚 AS-TR 悬浮体中,反应温度为 20℃。偶合完毕,反应物为碱性,并且无重氮盐被检出,用盐酸酸化至对刚果红试纸显酸性,加热至 95℃,保温 2h,过滤,水洗,在 50～55℃下干燥,得产品永固红 F4RH 565kg。

说明:制备该颜料的困难在于偶合组分的溶解。一般来说,色酚 AS-TR 必须用乙醇-水的混合液溶解。然而,当色酚 AS-TR 形成二钠盐(第二个酸性基团就是烯醇形式的酰胺基)时,则可溶于热水。因此,一般加入过量的氢氧化钠可使其溶于热水,但必须注意避免在碱性条件下酰胺基的水解。偶合反应通常在中性或弱酸性条件下进行。

### 6. 产品标准

| | |
|---|---|
| 外观 | 红色粉末 |
| 色光 | 与标准品近似 |
| 着色力/% | 为标准品的 100±5 |
| 水分含量/% | ≤2.5 |
| 细度(过 80 目筛余量)/% | ≤5 |

### 7. 产品用途

用于油漆、油墨及油彩颜料的着色。

### 8. 参考文献

[1] 梁铁夫,闫燕. C. I. 颜料红 224 颜料化工艺改进[J]. 染料与染色,2012,06:26-29.
[2] 朱文朴,戴翎. 颜料红 170 的合成[J]. 四川化工,2013,03:7-10.

## 2.15　永固红 F4R

永固红 F4R(Permanent Red F4R)又称 3005 颜料永固红 F4R,染料索引号 C. I. Pigment Red 8(12335)。国外相应商品名:Irgalite Red 4RS(CGY)、Permanent Red F4R(FH)、Monolite Red 4R(ICI)。分子式 $C_{24}H_{17}N_4O_4Cl$,相对分子质量 460.87。结构式为

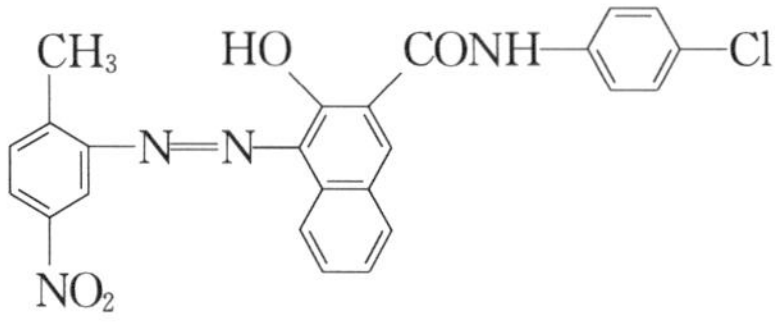

### 1. 产品性能

本品为红色粉末。色泽较鲜艳,性质稳定。遇浓硫酸为黄光大红色,稀释后大红色沉淀,遇浓硝酸为蓝光大红色,遇氢氧化钠不变色。耐晒性一般,耐碱性较好。

### 2. 生产原理

红色基 G(间硝基邻甲苯胺)和亚硝酸重氮化后与色酚 AS-E 偶合,过滤,干燥,粉碎后得永固红 F4R。

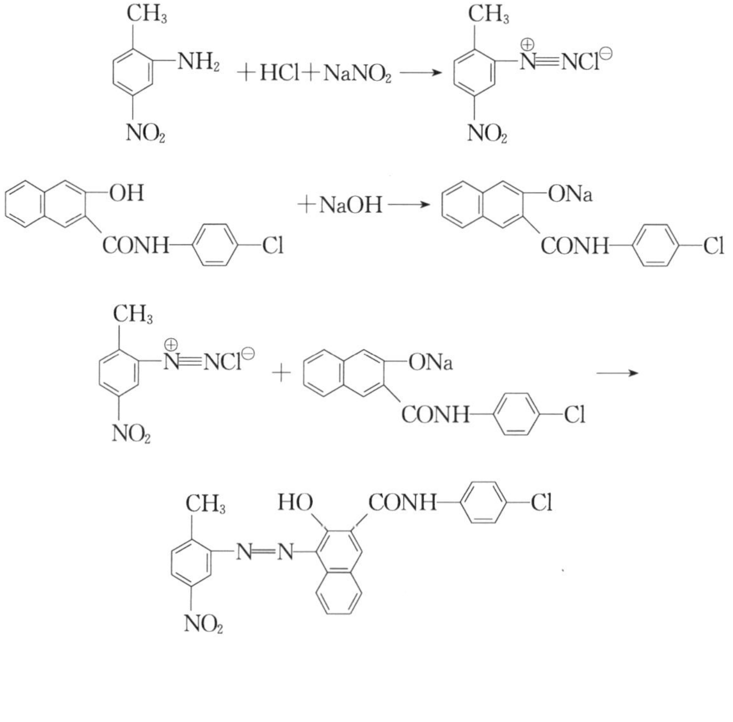

### 3. 工艺流程

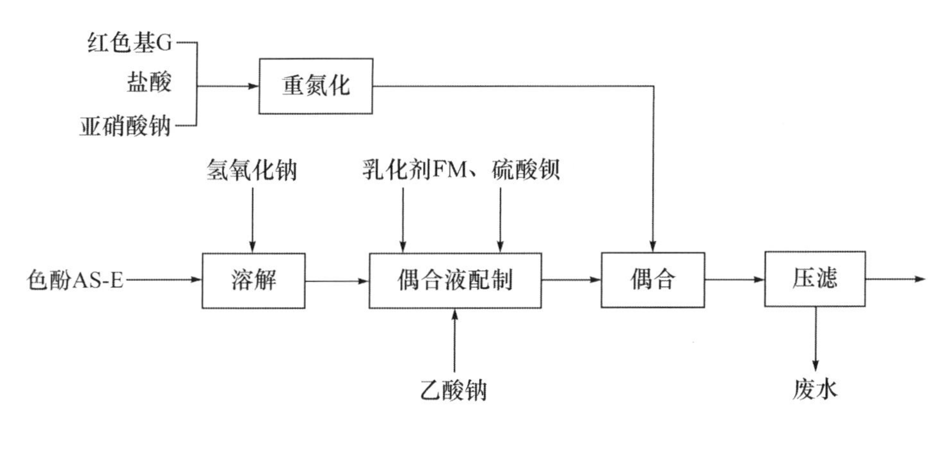


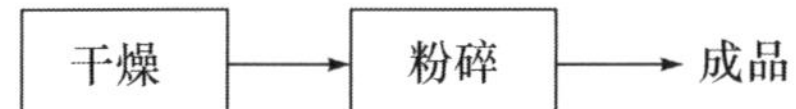


### 4. 技术配方

| 原料名称 | 相对分子质量 | 工业纯度/% | 用量/kg |
|---|---|---|---|
| 红色基 G | 152 | 90 | 51 |
| 盐酸 | 36.5 | 30 | 154 |
| 亚硝酸钠 | 69 | 96 | 21.6 |
| 色酚 AS-E | 297.5 | 98.8 | 94.83 |
| 氢氧化钠 | 40 | 96 | 39.1 |
| 乙酸 | 60 | 98 | 18.4 |
| 碳酸钠 | 106 | 96 | 18.2 |
| 氯化钡 | 244.4 | 98 | 12.5 |
| 硫酸钠 | 142 | 96 | 7.4 |
| 乳化剂 FM | — | 10 | 6 |
| 盐酸 | 36.5 | 30 | 58.4 |

### 5. 生产设备

重氮化反应锅，溶解锅，偶合锅，压滤机，干燥箱，粉碎机。

### 6. 生产工艺

1）工艺一

(1) 重氮化。向重氮化反应锅中加入 300L 水，加盐酸，调整水量至 540L，加温至 70℃，加入 51kg 90%红色基 G，搅拌至全部溶解。

加冰水调整体积到 2700L，温度 0℃，搅拌下将 21.6kg 亚硝酸钠配成的 35%溶液在 3～5min 内加入红色基 G 溶液中，快加完时减慢加料速度，用淀粉碘化钾试纸测试终点，应呈微蓝色，温度应在 3℃以下，pH 为 1。

(2) 偶合。在溶解锅内加入 39.1kg 氢氧化钠和水 90L，加热到 90～95℃，加入 94.83kg 色酚 AS-E，搅拌到全溶透明，继续搅拌 15min，放入偶合锅内，调整总体积 3300L，温度 40℃。将 18.4kg 冰醋酸加 5 倍水稀释，搅拌后加入以 8 倍水溶解的 18.2kg 碳酸钠的水溶液中，控制终点 pH 稳定为 8，加入偶合液中。

以 7 倍水溶解 12.5kg 氯化钡，40℃搅拌下加入 12.5kg 硫酸钠溶液(10 倍水，40℃溶解)，生成白色硫酸钡沉淀。加完后继续搅拌 5min 后，升温到 80℃，澄清，吸弃母液水后，将沉淀物加入偶合组分中。

将 10%乳化剂 FM 溶液 60kg，加入偶合液中，调整偶合液总体积为 3900L，40℃。搅拌下将重氮液在 3～5min 内加到偶合液液面下，继续搅拌 15min，pH 7～8，并做渗圈试验检查偶合情况及 pH，H 酸测试不应显红色，即重氮组分不应过量。若重氮组分过量，应酌情补加色酚 AS-E，若 pH 超过规定范围，用稀酸或稀碱调整 pH 7～8。pH 稳定后，加入稀盐酸调整 pH 为 2，并升温 95℃，保温 1h，放水稀释，偶合过程结束。

(3) 后处理。将偶合物料用泵或压缩空气打入压滤机，除去母液水后，用自来水冲洗，以硝酸银检查终点与自来水近似为冲洗完毕。滤饼装盘于 75℃下干燥。根据检验颜色色光，确定干燥时间。干粉经检验后，拼混粉碎成成品。

2) 工艺二

将 182kg 红色基 G 与 480kg 30%盐酸搅拌过夜，用水稀释至 4000L；用冰冷却至 0℃，在 20min 内用 208kg 40%亚硝酸钠溶液于液面下进行重氮化，反应终点到达后，过滤，得重氮盐溶液。

将 375kg 色酚 AS-E 在 95℃下溶于 798kg 33%热的氢氧化钠溶液中，过滤投入偶合锅中，以冰水混合物冷却至 40℃，然后加入 151kg 冰醋酸，对酚酞呈弱碱性，得偶合组分溶液。

在 40℃下进行偶合反应，然后用 500kg 30%盐酸酸化至对刚果红试纸显微蓝色，加热至 95℃，过滤、洗涤，在 65℃下进行干燥，研磨，得 540kg 永固红 F4R。

**7. 产品标准(HG 15-1128)**

| 项目 | 指标 |
|---|---|
| 色光 | 与标准品近似 |
| 着色力/% | 为标准品的 100±5 |
| 吸油量/% | 50±5 |
| 水分含量/% | ≤1.5 |
| 水溶物含量/% | ≤1.5 |

| | |
|---|---|
| 105℃挥发物含量/% | ≤2.0 |
| 细度(过 80 目筛余量)/% | ≤5 |
| 耐热性/℃ | 90 |
| 耐晒性/级 | 5 |
| 耐酸性/级 | 5 |
| 耐碱性/级 | 1 |
| 耐水渗透性/级 | 4～5 |
| 耐油渗透性/级 | 1～2 |
| 耐乙醇渗透性/级 | 5 |
| 耐石蜡渗透性/级 | 5 |

**8. 产品用途**

主要用于油墨、纸张、漆布、化妆品、油彩、铅笔、粉笔、火漆等着色，也用于人造革及塑料着色。

**9. 参考文献**

[1] 费久佳. C. I. 颜料红 149 的合成及颜料化研究[D]. 上海：大连理工大学，2000.
[2] 吕东军. C. I. 颜料红 48:2 的合成及改性研究[D]. 天津：天津大学，2005.

# 2.16　永固红 FRLL

永固红 FRLL（Permanent Red FRLL）又称 Naphthol Red FR-LL、Irgalite Scarlet GRL、Monolite Red LF、Monolite Red LFHD、Segnale Light Red F2F。染料索引号 C. I. 颜料红 9(12460)。分子式 $C_{24}H_{17}Cl_2N_3O_3$，相对分子质量 466.32。结构式为

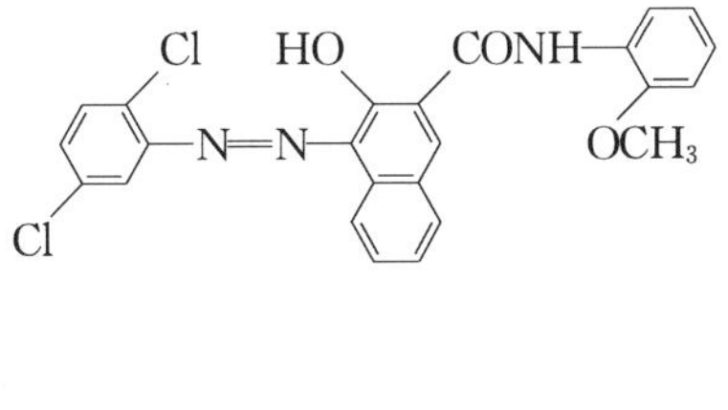

Cl　HO　CONH—(2-甲氧基苯基)
2,5-二氯苯基—N═N—萘环
OCH$_3$　Cl

**1. 产品性能**

本品为黄光红色粉末。耐晒性能较好，耐热性能一般，耐溶剂性能较差。熔点 276～280℃。相对密度 1.43～1.46。吸油量 45～70g/100g。

**2. 生产原理**

2,5-二氯苯胺重氮化后与色酚 AS-OL 偶合，经后处理得永固红 FRLL。

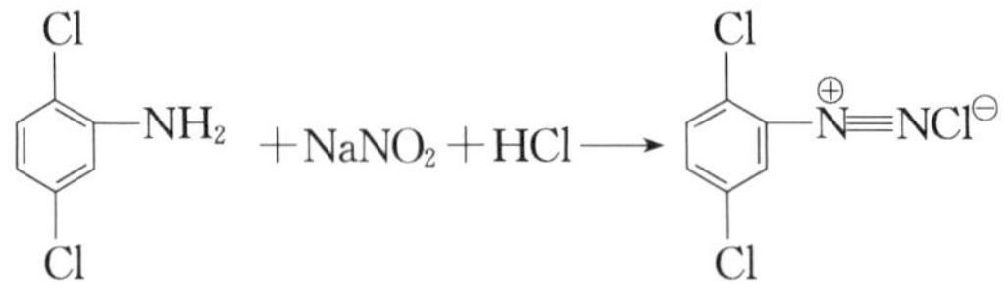

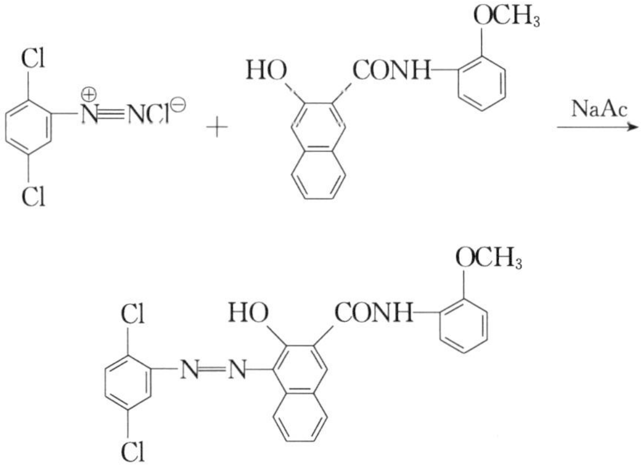

### 3. 工艺流程

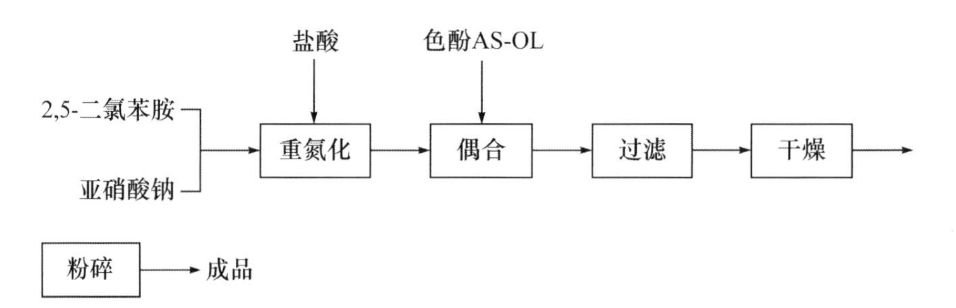


### 4. 技术配方

| | |
|---|---:|
| 2,5-二氯苯胺(100%) | 162 |
| 盐酸(30%) | 398 |
| 亚硝酸钠(98%) | 70 |
| 色酚 AS-OL | 315 |
| 氢氧化钠 | 80 |
| 冰醋酸 | 120 |

### 5. 生产工艺

1）重氮化

在重氮化反应锅中，将 196kg 2,5-二氯苯胺与 960L 5mol/L 盐酸和冰一起搅拌过夜，次日再加冰，并从液面下快速(数分钟内)加入 157L 40%亚硝酸钠溶液进行重氮化，反应温度不高于 5℃，游离的亚硝酸微量存在，加入少量轻质碳酸钙，稀释至总体积为 4000L，过滤，得重氮盐溶液。

2）偶合

在溶解锅中，将 378kg 色酚 AS-OL 在 40℃下溶解于 96kg 氢氧化钠、36kg 环烷酮及 5400L 水中，降温至 37℃，并保温 2h，然后加冰至 5℃，加入 144kg 冰醋酸用 300L 水稀释的乙酸溶液，搅拌 20min，然后在 40min 内加热至 30℃，得偶合组分。

在 2h 内将重氮液加入偶合组分中，偶合温度保持在 30℃，搅拌 0.5h，过滤、洗涤，在 40℃下干燥 50h，得永固红 FRLL 540kg。

### 6. 产品标准

| | |
|---|---|
| 外观 | 黄光红色粉末 |
| 色光 | 与标准品近似 |
| 着色力/% | 为标准品的 100±5 |
| 水分含量/% | ≤2.5 |
| 细度(过 80 目筛余量)/% | ≤5 |
| 耐晒性/级 | 6～7 |
| 耐热性/℃ | 140 |
| 耐酸性(5% HCl)/级 | 4～5 |
| 耐碱性(5% $Na_2CO_3$)/级 | 4～5 |

### 7. 产品用途

用于油墨和油漆着色。

### 8. 参考文献

[1] 吕东军，王世荣. C. I. 颜料红 48：2 表面改性的研究[J]. 染料与染色，2005，04：21-23.
[2] 李梅彤，郑嗣华，吴志东. 颜料红 179 合成与颜料化工艺的研究[J]. 染料与染色，2003，05：260-262.

## 2.17 永固红 FRL

永固红 FRL(Permanent Red FRL)又称 Naphthol Red FRL，属 2-羟基-3-萘芳酰胺单偶氮颜料。染料索引号 C. I. 颜料红 10(12440)。分子式 $C_{24}H_{17}Cl_2N_3O_2$，相对分子质量 450.32。结构式为

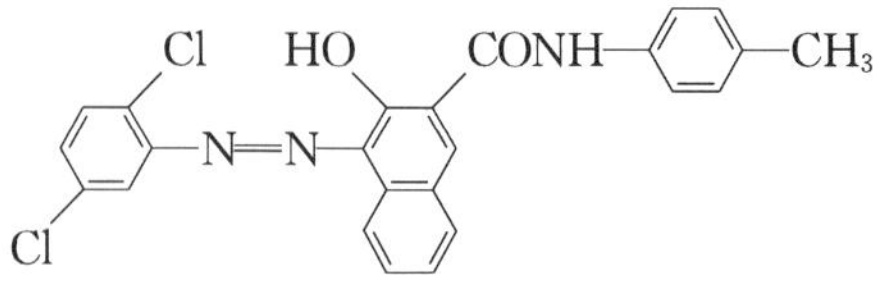

**1. 产品性能**

本品为红色粉末。熔点 295～231℃。相对密度 1.40～1.45。吸油量 45～70g/100g。

**2. 生产原理**

2,5-二氯苯胺重氮化后与色酚 AS-RT 偶合,经后处理得永固红 FRL。

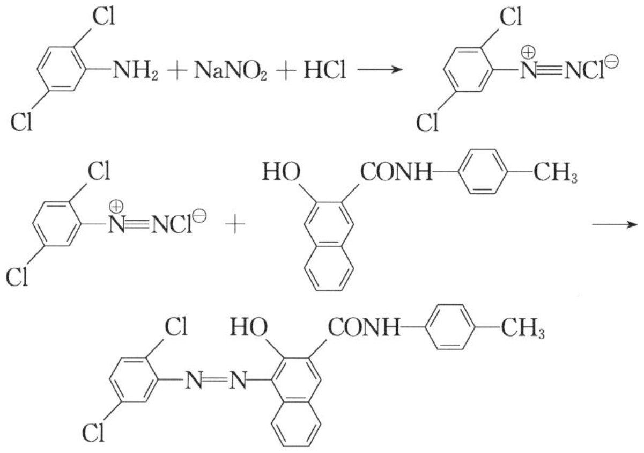

**3. 工艺流程**

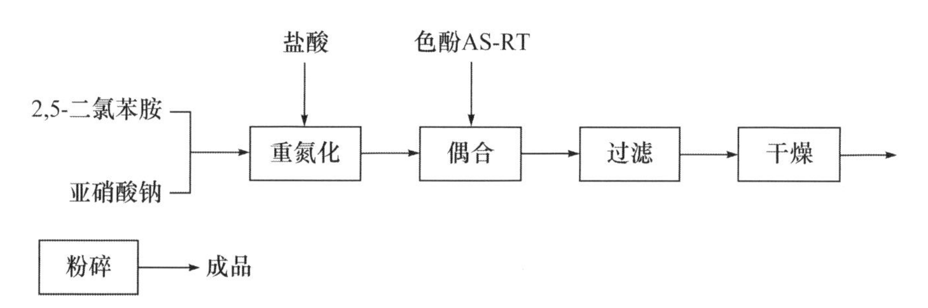


**4. 技术配方**

| | |
|---|---|
| 2,5-二氯苯胺(100%) | 162 |
| 盐酸(30%) | 498 |
| 亚硝酸钠(98%) | 70 |
| 色酚 AS-RT | 292 |
| 氢氧化钠(98%) | 75 |

### 5. 生产工艺

1）重氮化

在重氮化反应锅中，将 32.4kg 2,5-二氯苯胺与 60L 水及 98kg 30%盐酸搅拌过夜，次日加冰，将 13.8kg 亚硝酸钠溶于 20L 水中的溶液快速加入进行重氮化，反应温度为−5～5℃，反应完毕不应有过量的亚硝酸存在，加入 132L 30%乙酸钠溶液，稀释至体积为 800L，加入 1kg 活性炭，过滤，得重氮盐溶液。

2）偶合

在溶解锅中，将 58.4kg 色酚 AS-RT 在 80～90℃下溶解于 45.5kg 33%氢氧化钠溶液、1.2kg 脂肪酸磺烷基酰胺(Igapon T)及 400L 水中，加入 2kg 活性炭，过滤，滤液冷却至 3℃，加入 4kg 脂肪酸磺烷基酰胺(溶解于 50L 水中)，快速加入 45L 盐酸析出沉淀，对刚果红试纸显弱酸性，稀释至体积为 900L，得偶合组分。

从液面下将重氮液加入，然后慢慢加入 25kg 苯甲酸钠溶于 50L 水中的溶液，搅拌 24h，偶合反应慢慢地进行，加入 100L 氨水(含 24%的 $NH_3$)直至显弱碱性，反应完毕，过滤、水洗。滤饼再与 2.3kg 扩散剂 NNO、1.9kg 碳酸钠及 2.1kg 冰混合，得膏状产品 401kg，其含固量为 20%。经干燥粉碎得永固红 FRL。

### 6. 产品标准

| 项目 | 指标 |
|---|---|
| 外观 | 红色粉末 |
| 色光 | 与标准品近似 |
| 着色力/% | 为标准品的 100±5 |
| 水分含量/% | ≤2 |
| 吸油量/% | 45±5 |
| 细度(过 80 目筛余量)/% | ≤5 |

### 7. 产品用途

用于油漆、油墨及油彩颜料的着色。

### 8. 参考文献

[1] 吕东军，王世荣. C. I. 颜料红 48∶2 表面改性的研究[J]. 染料与染色，2005，04：21-23.
[2] 吕东军，王世荣. C. I. 颜料红 48∶2 的改性[J]. 化学工业与工程，2005，03：197-201.

## 2.18　永固枣红 FRR

永固枣红 FRR(Permanent Bordeaux FRR)又称色酚枣红 FRR(Naphthol Bordeaux)、紫红 F2R、591 紫红、Irgalite Bordeaux F2R、Monolite Rubine 2R。染料索引号 C. I. 颜料红 12(12385)。分子式 $C_{25}H_{20}N_4O_4$，相对分子质量 440.45。结构式为

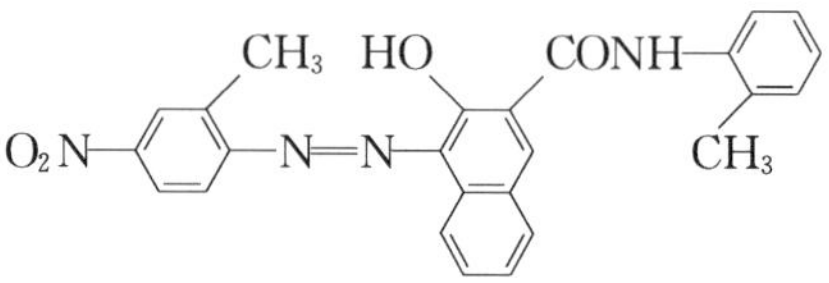

### 1. 产品性能

本品为蓝光红色粉末。熔点 292℃。遇浓硝酸为大红色溶液；遇浓硫酸为红紫色，稀释后呈红色沉淀；遇氢氧化钠不变色。

### 2. 生产原理

红色基 RL(间硝基邻氨基甲苯)重氮化后，与色酚 AS-D 偶合，经后处理得永固枣红 FRR。

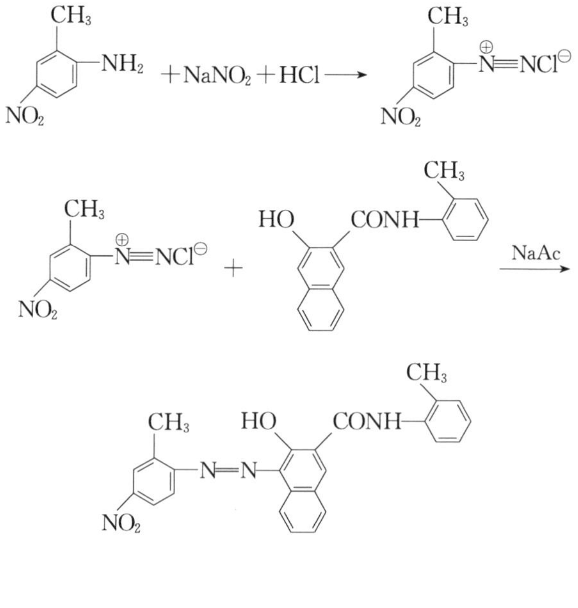

$$\text{NaAc}$$

### 3. 工艺流程

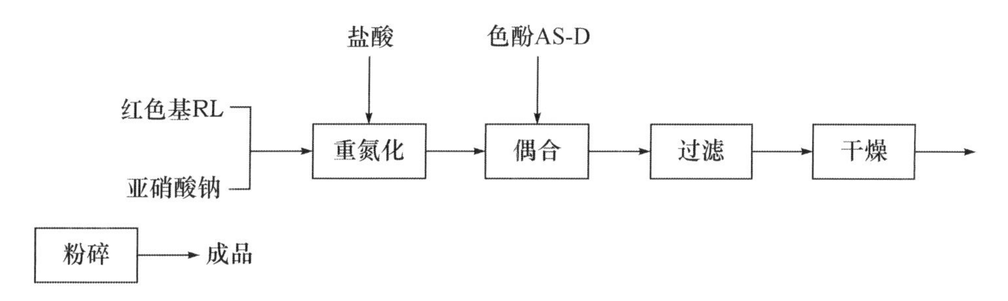


### 4. 技术配方

| | |
|---|---|
| 红色基 RL(100%计) | 411 |
| 色酚 AS-D | 757 |
| 亚硝酸钠(98%) | 189 |
| 盐酸 | 1330 |
| 氢氧化钠(98%) | 158 |

### 5. 生产工艺

1）重氮化

在重氮化反应锅中，将 182.5kg 红色基 RL 加至 1800L 水中搅拌过夜，次日加入 960L 5mol/L 盐酸，加冰冷却至 0℃。在 2.5h 内加入 167L 40%亚硝酸钠溶液重氮化，稀释至总体积为 5000L，然后加入 10kg 活性炭，过滤，得重氮盐溶液。

2）偶合

在溶解锅中，将 4500L 水及 163L 33%氢氧化钠溶液加热至 95℃，然后快速地加入 350kg 色酚 AS-D，并保温 10min，将其经过细孔筛转至 1000L 水与 1500kg 冰中，降温至 20℃，再在 20～25min 内加入由 360L 5mol/L 盐酸用水稀释至 1000L 的盐酸溶液，然后加入 180kg 石灰，加热至 75℃，稀释至总体积为 14 000L，得偶合液。

从偶合液液面下在 3～3.5h 内加入重氮液，然后加入 220L 5mol/L 盐酸，对刚果红试纸显弱酸性，加热至 95℃，保温 1h，向其中注入冷水，温度 50～60℃，过滤，水洗，干燥，得永固红 FRR 529kg。

**6. 产品标准**

| | |
|---|---|
| 外观 | 蓝光红色粉末 |
| 色光 | 与标准品近似 |
| 着色力/% | 为标准品的 100±5 |
| 水分含量/% | ≤2 |
| 细度(过 80 目筛余量)/% | ≤5 |
| 耐晒性/级 | 7～8 |
| 耐热性/℃ | 140 |

**7. 产品用途**

主要用于涂料和油墨着色。

**8. 参考文献**

[1] 李梅彤. 高遮盖力颜料红 179 的制备[J]. 天津工业大学学报，2009，03：45-47.
[2] 冉华文. C. I. 颜料红 185 的合成及颜料化处理[J]. 染料与染色，2006，02：30.

# 2.19 耐光红 R

耐光红 R 又称 Lithol Fast Red Toner R，染料索引号 C. I. 颜料红 163 (12455)。分子式 $C_{33}H_{29}N_3O_5S$，相对分子质量 579.67。结构式为

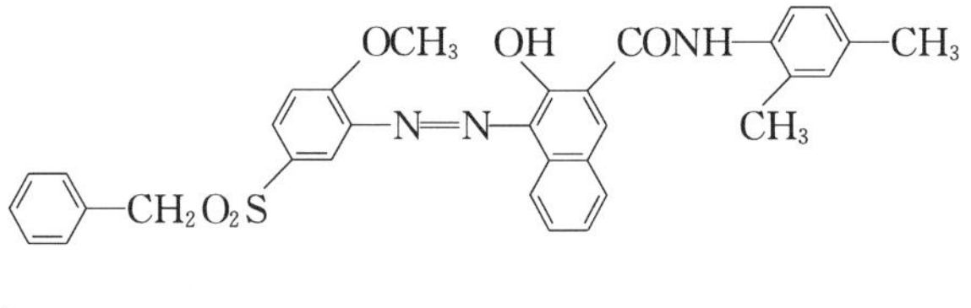

OCH3　OH　CONH—(C6H3)—CH3；CH3；—N═N—；CH2O2S

**1. 产品性能**

本品为红色粉末。具有优良的耐光性和耐热性。

**2. 生产原理**

4-甲氧基-3-氨基-苯基苄基砜重氮化后，与 2-羟基萘甲酰间二甲苯胺发生偶合，得耐光红 R。

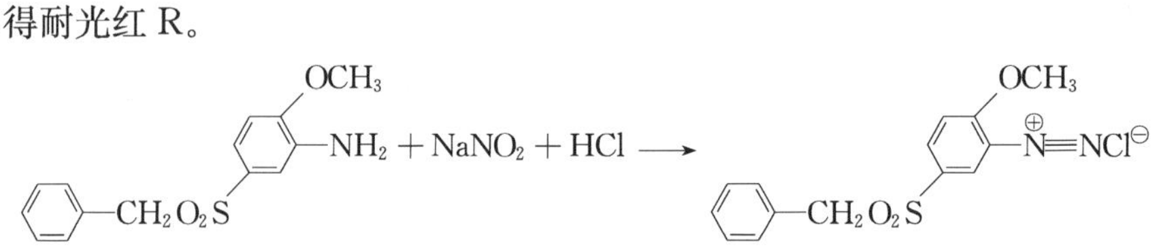

$$\text{C}_6\text{H}_5\text{CH}_2\text{O}_2\text{S-C}_6\text{H}_3(\text{OCH}_3)\text{-NH}_2 + \text{NaNO}_2 + \text{HCl} \longrightarrow \text{C}_6\text{H}_5\text{CH}_2\text{O}_2\text{S-C}_6\text{H}_3(\text{OCH}_3)\text{-}\overset{\oplus}{\text{N}}\equiv\text{NCl}^{\ominus}$$

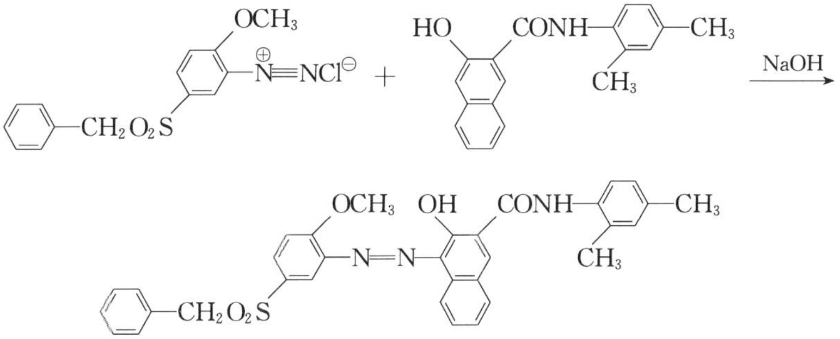

### 3. 工艺流程

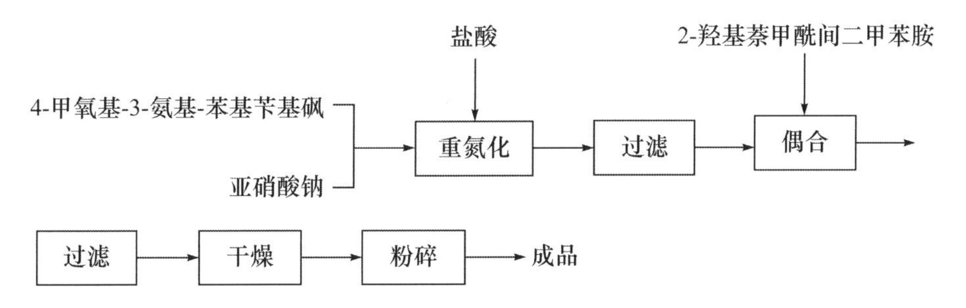


### 4. 技术配方

| | |
|---|---|
| 4-甲氧基-3-氨基-苯基苄基砜(100%) | 277 |
| 亚硝酸钠 | 70 |
| 盐酸 | 754 |
| 2-羟基萘甲酰间二甲苯胺 | 320 |
| 乙酸钠 | 666 |

### 5. 生产工艺

1) 重氮化

在重氮化反应锅中，将 83kg 4-甲氧基-3-氨基-苯基苄基砜加至 202L 5mol/L 盐酸及 800L 水中，温度为 75℃。用冰冷却至 0℃，快速加入 39.5L 40%亚硝酸钠溶液进行重氮化，反应完毕稀释至总体积为 2400L，加入 6kg 活性炭，过滤，得重氮盐溶液。

2) 偶合

将 96kg 2-羟基萘甲酰间二甲苯胺溶于 105L 33%氢氧化钠溶液中，在 85℃下保温 10min。然后加入 6kg 硅藻土，过滤，稀释至总体积为 2000L，然后加入 18kg 脂肪酸磺烷基酰胺(乳化剂)于 2000L 水中，加冰降温至 2℃，快速加入 250L 5mol/L

盐酸使其析出沉淀。反应物对刚果红试纸显酸性，加入 200kg 乙酸钠，同时加热至 42℃，得偶合组分。

在 2～2.5h 内从偶合液面下加入重氮液，偶合温度为 42℃。再搅拌 15min，过滤，水洗，在 40～45℃下干燥，得产品 170kg。

### 6. 产品标准

| | |
|---|---|
| 外观 | 红色粉末 |
| 色光 | 与标准品近似 |
| 着色力/% | 为标准品的 100±5 |
| 水分含量/% | ≤3 |
| 细度(过 80 目筛余量)/% | ≤5 |
| 耐晒性/级 | 6 |
| 耐热性/℃ | 150 |

### 7. 产品用途

用于油漆、油墨及橡胶的着色。

### 8. 参考文献

[1] 李梅彤. 高遮盖力颜料红 179 的制备[J]. 天津工业大学学报，2009，03：45-47.
[2] 冉华文. C. I. 颜料红 185 的合成及颜料化处理[J]. 染料与染色，2006，02：30.

## 2.20 颜料褐红

颜料褐红又称 Monolite Rubine M、Sanyo Toluidine Maroon Medium、Toluidine Maroon。染料索引号 C. I. 颜料红 18(12350)。分子式 $C_{24}H_{17}N_5O_6$，相对分子质量 471.42。结构式为

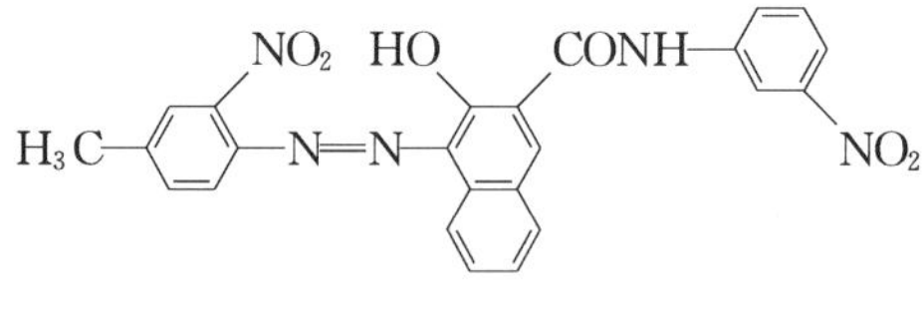

### 1. 产品性能

本品为蓝光红色到暗红色粉末。不溶于水，微溶于乙醇。

### 2. 生产原理

红色基 GL 重氮化后与色酚 AS-BS 偶合，经后处理得颜料褐红。

$$H_3C-C_6H_3(NO_2)-NH_2 + HCl + NaNO_2 \longrightarrow H_3C-C_6H_3(NO_2)-\overset{\oplus}{N}\equiv NCl^{\ominus}$$

$$H_3C-C_6H_3(NO_2)-\overset{\oplus}{N}\equiv NCl^{\ominus} + \text{HO, CONH}-C_6H_4-NO_2 \longrightarrow$$

$$H_3C-C_6H_3(NO_2)-N=N-\text{(HO)}\ \text{CONH}-C_6H_4-NO_2$$

### 3. 工艺流程

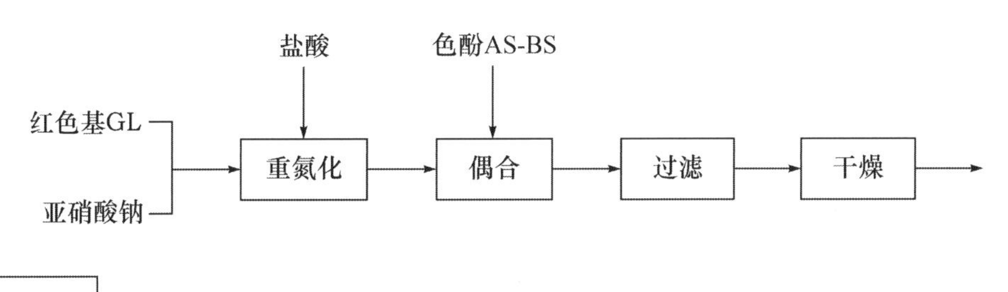


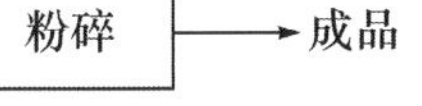


### 4. 技术配方

| | |
|---|---|
| 红色基 GL(100%) | 152 |
| 亚硝酸钠(98%) | 70 |
| 盐酸(30%) | 555 |
| 色酚 AS-BS | 308 |

### 5. 生产工艺

在重氮化反应锅中，将 152kg 红色基 GL 加入 493L 5mol/L 盐酸及 300L 水中，搅拌过夜。次日加冰降温至 0℃，然后，加入 70kg 亚硝酸钠配成的 30%溶液进行重氮化，稀释至总体积为 2000L，加活性炭脱色，过滤，得重氮盐溶液。

将 308kg 色酚 AS-BS 溶于 91L 33%氢氧化钠和 2600L 水中，冷却至 40℃，然后用冰醋酸酸化，对酚酞呈弱碱性，得偶合组分。

于 30℃下，将重氮盐加入偶合组分中，偶合完毕，过滤，洗涤，干燥后研磨得颜料褐红。

**6. 产品标准**

| | |
|---|---|
| 外观 | 红褐色粉末 |
| 色光 | 与标准品近似 |
| 着色力/% | 为标准品的 100±5 |
| 水分含量/% | ≤2.5 |
| 细度(过 80 目筛余量)/% | ≤5 |
| 耐晒性/级 | 6～7 |
| 耐热性/℃ | 140～150 |

**7. 产品用途**

用于油墨的着色，也可用于油漆、涂料印花、橡胶、塑料、化妆品的着色。

**8. 参考文献**

[1] 吕东军，王世荣. C. I. 颜料红 48：2 的改性[J]. 化学工业与工程，2005，03：197-201.
[2] 费久佳. C. I. 颜料红 149 的合成及颜料化研究[D]. 大连：大连理工大学，2000.

## 2.21 颜料红 FR

颜料红 FR(Permanent Red FR)又称永固红 FR，染料索引号 C. I. 颜料红 21(12300)。分子式 $C_{23}H_{16}ClN_3O_2$，相对分子质量 401.85。结构式为

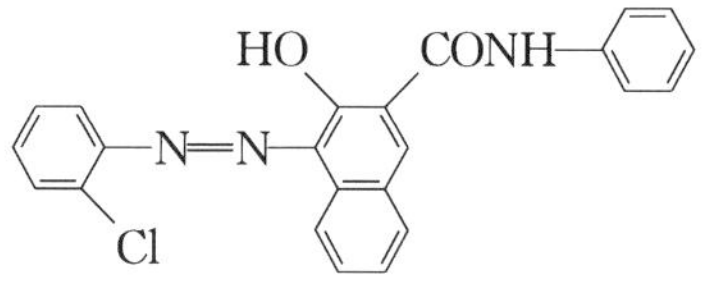

HO　CONH—⬡
Cl-苯—N═N—萘

**1. 产品性能**

本品为红色粉末。

**2. 生产原理**

邻氯苯胺重氮化后与色酚 AS 偶合，经后处理得颜料红 FR。

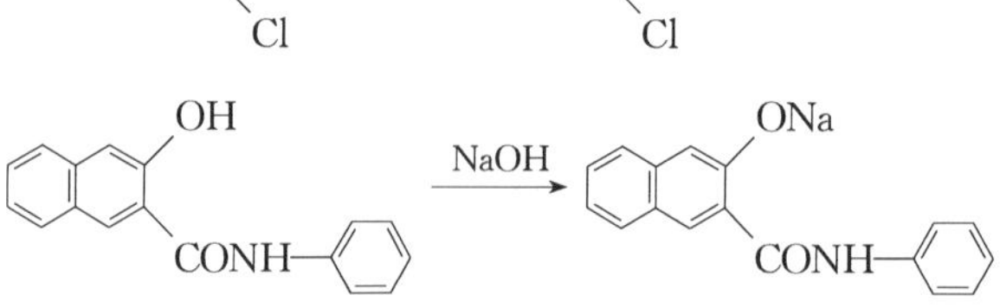

邻氯苯胺 —NH₂ →(NaNO₂ / HCl) —N⊕≡NCl⊖

色酚 AS (OH, CONH—⬡) →(NaOH) (ONa, CONH—⬡)

### 3. 工艺流程

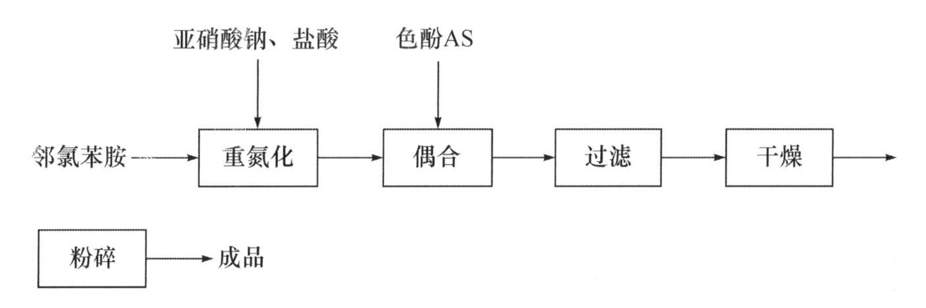


### 4. 技术配方

| | |
|---|---|
| 邻氯苯胺(工业品) | 476.0 |
| 盐酸(30%) | 1260.0 |
| 亚硝酸钠(98%) | 282.4 |
| 色酚 AS(工业品) | 1120.0 |
| 冰醋酸 | 250.0 |
| 氢氧化钠(98%) | 310.0 |

### 5. 生产工艺

将 500L 水加入重氮化反应锅中，再加入 47.6kg 邻氯苯胺及 126kg 30%盐酸，混合使其溶解，降温至－2～0℃，用 69.2kg 40%亚硝酸钠溶液重氮化，搅拌 1h 后用尿素除去过量的亚硝酸，得重氮盐溶液。

将 112kg 色酚 AS 于 95℃下用适量的水及 92kg 33%氢氧化钠溶解，在偶合之前用 25kg 冰醋酸及 52.5kg 石灰析出沉淀，通过细筛转至偶合锅中备用。

重氮液加入偶合液中，偶合反应立即发生，短时间内继续搅拌，然后加入 140kg 30%盐酸使之显酸性，在 60℃下干燥，得 159kg 颜料红 FR。

### 6. 产品标准(参考指标)

| | |
|---|---|
| 外观 | 红色粉末 |
| 色光 | 与标准品近似 |
| 着色力/% | 为标准品的 100±5 |
| 吸油量/% | 45±5 |
| 水分含量/% | ≤1 |

细度(过 80 目筛余量)/%　　　　≤5

**7. 产品用途**

主要用于油墨、涂料及文教用品的着色。

**8. 参考文献**

[1] 范军,云山. 永固红颜料研制成功[J]. 精细与专用化学品,1993,10:25.

[2] 陈焕林,陶桂玉,沈永嘉. 永固红 HF3S 的晶型与色光研究[J]. 染料工业,1990,02:36-38.

## 2.22 大　红　粉

大红粉(Scarlet powder)又称 5203 大红粉、808 大红粉、222 大红粉、3132 大红粉、222K 红粉。分子式 $C_{23}H_{17}N_3O_2$,相对分子质量 367.41。结构式为

HO　CONH—⟨苯环⟩
⟨苯环⟩—N=N—⟨萘环⟩

**1. 产品性能**

本品为艳红色粉末。着色力极佳,遮盖力强,耐晒性、耐酸性、耐碱性优良,色光鲜艳。其发色分子结构与金光红相同。

**2. 生产原理**

苯胺重氮化后与色酚 AS 偶合,经后处理得大红粉。

$$C_6H_5-NH_2 + NaNO_2 + HCl \longrightarrow C_6H_5-\overset{\oplus}{N}\equiv NCl^{\ominus} + NaCl$$

$$C_{10}H_6(OH)-CONH-C_6H_5 + NaOH \longrightarrow C_{10}H_6(ONa)-CONH-C_6H_5$$

$$C_6H_5-\overset{\oplus}{N}\equiv NCl^{\ominus} + C_{10}H_6(ONa)-CONH-C_6H_5 \longrightarrow C_6H_5-N=N-C_{10}H_5(OH)-CONH-C_6H_5$$

### 3. 工艺流程

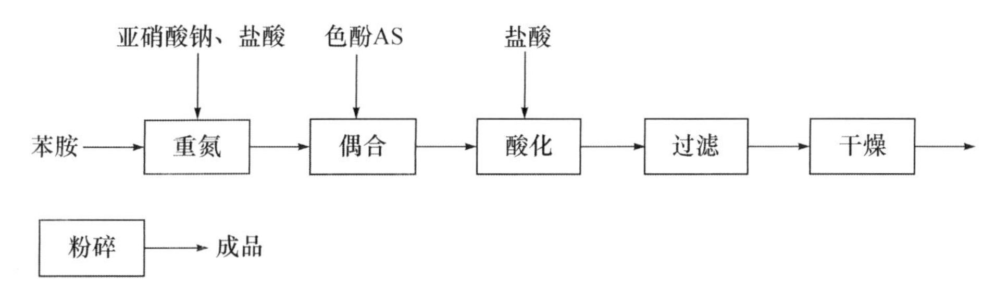


### 4. 技术配方

| | |
|---|---|
| 苯胺(工业品) | 226 |
| 亚硝酸钠(98%) | 180 |
| 色酚 AS(100%) | 659 |
| 盐酸(30%) | 470 |
| 氢氧化钠(30%) | 600 |
| 拉开粉(工业品) | 60 |

### 5. 生产工艺

将 1200L 水和 343kg 1.16kg/m$^3$ 的盐酸加入重氮化反应锅中，再慢慢加入 116kg 苯胺，加冰调整体积为 2500L，温度为 0～5℃，用 85.4kg 亚硝酸钠配成的 30%溶液在 10min 内加入进行重氮化，到终点时对淀粉碘化钾试纸显微蓝色。

在 1500L 水中加入 254kg 1.36kg/m$^3$ 的氢氧化钠溶液及 51kg 土耳其红油，加热至 90℃，加入 338kg 色酚 AS，搅拌至全溶解，将溶解好的色酚 AS 置于偶合锅中，加水至体积为 5000L，得偶合组分溶液。

在搅拌下将上述重氮液加入偶合液中，反应温度为 35～40℃，偶合后 pH 为 8～8.5，色酚 AS 微过量，搅拌 0.5h，酸化至 pH 为 2～4，再升温至 100℃，保温 0.5h，过滤，水洗，干燥，得产品大红粉。

### 6. 产品标准(GB 3675)

| | |
|---|---|
| 外观 | 大红色粉末 |
| 色光 | 与标准品近似 |
| 着色力/% | 为标准品的 100±5 |
| 水分含量/% | ≤1.5 |
| 水溶物含量/% | ≤1.5 |
| 吸油量/% | 40±5 |

| | |
|---|---|
| 细度(过 80 目筛余量)/% | ≤5.0 |
| 105℃挥发物含量/% | ≤1.0 |
| 耐晒性/级 | 6～7 |
| 耐热性/℃ | 130 |
| 耐酸性/级 | 5 |
| 耐碱性/级 | 5 |
| 耐水渗透性/级 | 4 |
| 耐石蜡渗透性/级 | 5 |
| 耐油渗透性/级 | 3 |

**7. 产品用途**

本品大量用作各种红色磁漆和油墨的着色剂；文教工业用于制造水彩和油彩颜料、印泥、印油等；日化工业用于制漆布和化妆品；塑料工业用作乳胶制品的着色剂；皮革工业用于皮革着色；也是涂料工业的重要红色颜料之一。

**8. 参考文献**

[1] 陈佳俊，费学宁，曹凌云，等. 有机颜料大红粉的改性及废水处理[J]. 化工进展，2010，S1:662-665.

[2] 范军，云山. 永固红颜料研制成功[J]. 精细与专用化学品，1993，10:25.

## 2.23　金　光　红

金光红(Golden Light Red)又称统一金光红、3006 金光红、301 金光红、101 金光红、3104 颜料金光红、3104 统一金光红、Bronze Red。分子式 $C_{23}H_{17}N_3O_2$，相对分子质量 367.41。结构式为

HO　CONH—⟨苯环⟩

⟨苯环⟩—N=N—(萘环)

**1. 产品性能**

本品为粉粒细腻、质轻疏松的黄光红色粉末。着色力较强，有一定透明度，耐酸性、耐碱性好，耐晒性一般，有耐油渗透性。色光显示带有金光的艳红色。本品结构与大红粉结构相同，但生产过程操作条件不同，所得产品的色光和性能也不完全相同。

### 2. 生产原理

苯胺重氮化后与色酚 AS 偶合，再经后处理后得金光红。

$$C_6H_5NH_2 + NaNO_2 + HCl \longrightarrow C_6H_5\overset{\oplus}{N}{\equiv}NCl^{\ominus}$$

$$\text{(2-OH-3-CONH}C_6H_5\text{-naphthalene)} + NaOH \longrightarrow \text{(2-ONa-3-CONH}C_6H_5\text{-naphthalene)}$$

$$C_6H_5\overset{\oplus}{N}{\equiv}NCl^{\ominus} + \text{(2-ONa-3-CONH}C_6H_5\text{-naphthalene)} \xrightarrow{31\sim32^{\circ}C} C_6H_5\text{—N=N—(1-azo-2-HO-3-CONH}C_6H_5\text{-naphthalene)} + NaCl$$

### 3. 工艺流程

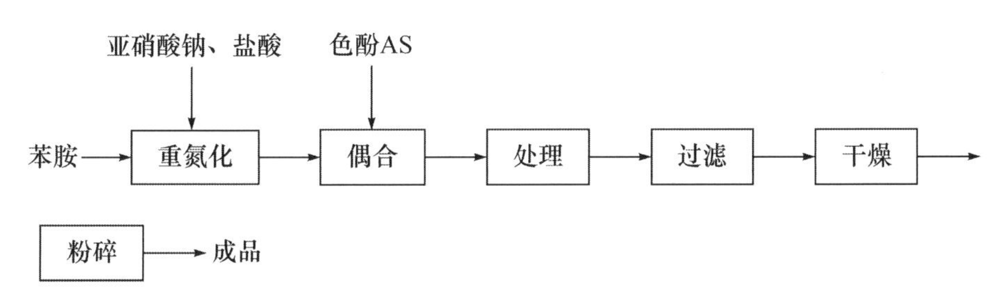


### 4. 技术配方

| | |
|---|---|
| 苯胺(工业品) | 260kg/t |
| 色酚 AS(100%) | 690kg/t |
| 亚硝酸钠(工业品) | 220kg/t |
| 盐酸(30%) | 880kg/t |
| 氢氧化钠(30%) | 1020kg/t |

### 5. 生产设备

重氮化反应锅，偶合锅，过滤器，干燥箱，储槽，粉碎机。

### 6. 生产工艺

在重氮化反应锅内加入一定量水、88.6kg 30%盐酸和 29.3kg 苯胺，经搅拌溶解后，加冰冷却到 4℃，加入由 21.4kg 98%亚硝酸钠配成的 30%亚硝酸钠溶液进行重氮化反应，控制加料时间 20～25min，继续反应 0.5h，反应终点溶液温度 5～10℃，制得重氮盐。在偶合锅中加入 800L 水、30%氢氧化钠、拉开粉和 80.4kg 色酚 AS，在 70～80℃下搅拌溶解即制备偶合液。降温至 40～45℃，将上述重氮盐加入偶合锅中进行偶合反应，控制加料时间 7～9min，继续反应 3h，反应结束时料液温度 32℃左右，呈强碱性，经过滤、漂洗，滤饼经粉碎得到金光红。

### 7. 产品标准(HG 15-1124)

| 项目 | 指标 |
|---|---|
| 外观 | 黄光红色粉末 |
| 色光 | 与标准品近似 |
| 着色力/% | 为标准品的 100±5 |
| 水分含量/% | ≤2.5 |
| 吸油量/% | 50±5 |
| 水溶物含量/% | ≤1.5 |
| 细度(过 80 目筛余量)/% | ≤5 |
| 耐晒性/级 | 3～4 |
| 耐热性/℃ | 100 |
| 耐酸性/级 | 5 |
| 耐碱性/级 | 5 |
| 耐水渗透性/级 | 3～4 |
| 耐乙醇渗透性/级 | 3 |
| 耐石蜡渗透性/级 | 3～4 |

### 8. 产品用途

用于制造金光红色油墨；文教工业用于制造水彩颜料和蜡笔的着色，也用于涂料工业。

### 9. 参考文献

[1] 陈雪梅，蔡苇，高占民，等. 改良 P. R53：1 金光红 C 有机颜料配方和工艺的探讨[J]. 化工生产与技术，2004，01：10-12.

[2] 史英杰. 金光红 C 的工艺改进[J]. 染料工业，1987，02：64.

[3] 陈仲强，袁洁，张映丹. 有机颜料金光红 C 的合成研究[J]. 湖南化工，1990，03：29-31.

## 2.24 美　术　红

美术红又称坚固大红 G、色酚红(Naphthol Red)、油红、油大红、500 号朱红、Permanent Red FG、Dainichi Fast Scarlet G、Scarlet Y、Alkali Resistant Red Medium。染料索引号 C. I. 颜料红 22(12315)。分子式 $C_{24}H_{18}N_4O_4$，相对分子质量 426.42。结构式为

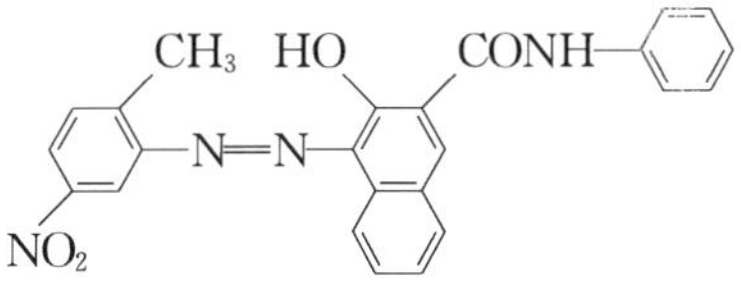

### 1. 产品性能

本品为红色粉末。不溶于水，微溶于乙醇。相对密度 1.30～1.47。吸油量 34～68g/100g。

### 2. 生产原理

红色基 G 重氮化后与色酚 AS 偶合，经后处理得美术红。

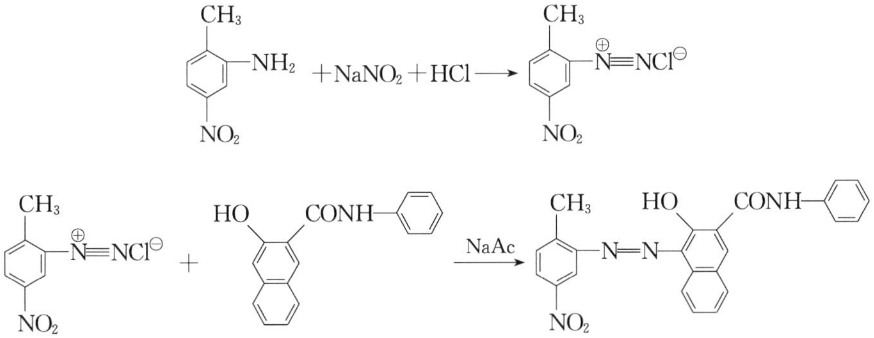

### 3. 工艺流程

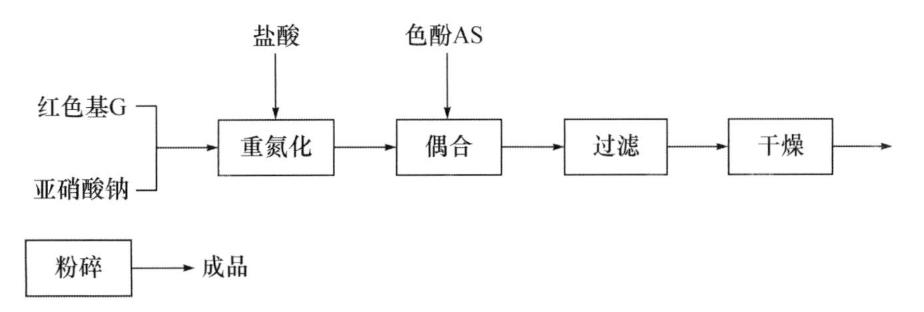

### 4. 技术配方

| | |
|---|---|
| 红色基 G | 92 |
| 亚硝酸钠 | 47 |
| 色酚 AS | 142 |
| 盐酸 | 248 |
| 氢氧化钠 | 148 |
| 土耳其红油 | 23.7 |

### 5. 生产工艺

1）重氮化

在重氮化反应锅中，向 400L 80℃水中加入红色基 G 38.8kg，在搅拌下加入 91.2kg 30%盐酸，使红色基 G 全部溶解后加冰降温到 0～2℃，体积为 1300L。17.8kg 亚硝酸钠溶解后配成 30%的溶液，在液面下快速加入进行重氮化反应，搅拌 40min 成透明溶液，得重氮盐溶液。

2）偶合

在溶解锅中，向 700L 90℃水中加入 66kg 30%氢氧化钠溶液、10kg 表面活性剂及 10kg 土耳其红油，再加入 68.5kg 色酚 AS，搅拌使溶解后，及时加入盛有 1000L 水的偶合锅中，调整体积为 2500L，温度 35℃下，将 33kg 乙酸用水稀释到 100L，慢慢加入使析出悬浮体，pH 为 6.8～7，得偶合液。

将重氮液在 1.5～2h 慢慢加入偶合组分中进行偶合，偶合完毕用蒸汽加热到 100℃，保温 15min 后，过滤，水洗，60～70℃下干燥，得美术红 107kg。

### 6. 产品标准

| | |
|---|---|
| 外观 | 红色粉末 |
| 色光 | 与标准品近似 |
| 着色力/% | 为标准品的 100±5 |
| 水分含量/% | ≤2.5 |
| 细度(过 80 目筛余量)/% | ≤5 |
| 耐晒性/级 | 6 |
| 耐热性/℃ | 120～130 |
| 耐酸性/级 | 1 |
| 耐碱性/级 | 1 |
| 耐乙醇渗透性/级 | 2 |
| 耐石蜡渗透性/级 | 1 |
| 耐油渗透性/级 | 2 |

### 7. 产品用途

用于油漆、油墨、文教用品以及涂料印花的着色，也可用于塑料、橡胶的着色。

### 8. 参考文献

[1] 梁铁夫，闫燕. C. I. 颜料红 224 颜料化工艺改进[J]. 染料与染色，2012，06：26-29.

## 2.25 烛　红

烛红(Candle Red)又称 128 烛红、蜡烛红油、油溶红、油红、3902 油溶红、400 油溶蜡红、苏丹 4、Ceres Red BB、Atlasol Red 4B、Atlasol Red PET、Elbaplast Red 2B、Shangdavent Red B、Fast Red BB、Oleosol Red BB、Sicostyren Red 380、Stenoplast Red G-BN、Suda Red 380、Thermoplast X Red 380、Waxdine Red 0。染料索引号 C. I. 溶剂红 24(26105)。分子式 $C_{24}H_{20}N_4O$，相对分子质量 380.45。结构式为

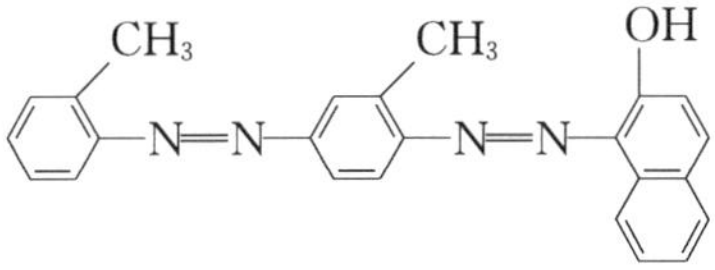

### 1. 产品性能

本品为红色到蓝光红色粉末。不溶于水，溶于乙醇和丙酮，易溶于苯，遇浓硫酸呈蓝绿色，稀释后成红色沉淀。具有良好的耐热性和耐酸碱性。熔点 184～185℃。

### 2. 生产原理

枣红色基 GBC 重氮化后与 2-萘酚偶合得烛红。

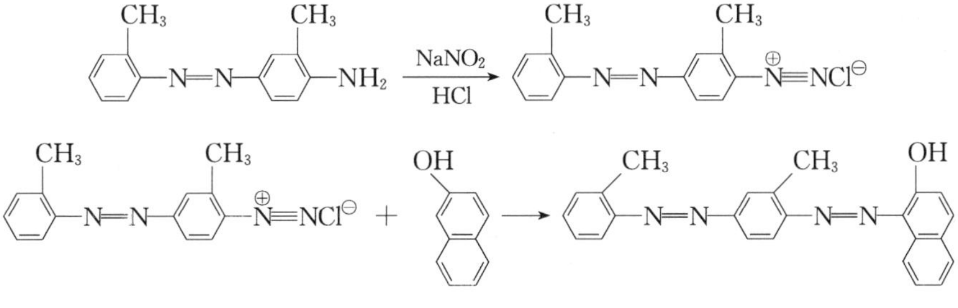

### 3. 工艺流程

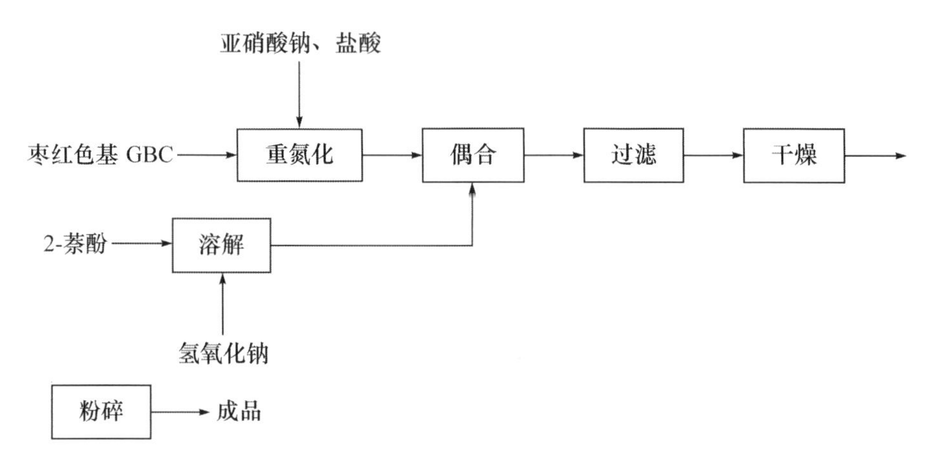


### 4. 技术配方

| | |
|---|---|
| 枣红色基 GBC(100%) | 556kg/t |
| 2-萘酚 | 362kg/t |
| 亚硝酸钠(98%) | 174kg/t |
| 盐酸(30%) | 490kg/t |
| 氢氧化钠(98%) | 168kg/t |

### 5. 生产设备

重氮化反应锅,溶解锅,储槽,偶合锅,过滤器,干燥箱,粉碎机。

### 6. 生产工艺

将 2000L 水加至重氮化反应锅中,在搅拌下加入 100%枣红色基 GBC 240kg,搅拌 1h,加 30%盐酸 211kg,加水调整温度 8～10℃,体积 3500L,然后在搅拌下于 15～20min 内加入 75kg 98%亚硝酸钠(使用时配制成 30%溶液)反应 1h,温度 15～18℃,反应终点淀粉碘化钾试纸呈微蓝色,刚果红试纸呈蓝色。

在溶解锅中加入水 1500L,加氢氧化钠 227kg,升温至 60℃,在搅拌下加入 2-萘酚 156kg,使其溶解完全透明,放入偶合锅中,调整体积为 7000L,温度 20～25℃。

在良好搅拌下,将反应好的重氮盐均匀流入偶合液中进行偶合、过滤、水洗,洗液用 1%硝酸银试液测定与自来水相比近似,滤饼在 75℃左右进行干燥,得到约 430kg 产品。

### 7. 产品标准

| 项目 | 指标 |
| --- | --- |
| 外观 | 红色到蓝光红色粉末 |
| 色光 | 与标准品近似 |
| 着色力/% | 为标准品的 100±5 |
| 细度(过 100 目筛余量)/% | ≤5 |
| 耐晒性/级 | 4～5 |
| 耐热性/℃ | 稳定到 120 |
| 醇溶性 | 微溶 |
| 熔点/℃ | 184～185 |

### 8. 产品用途

广泛用于透明漆的着色，同时也用于油脂、肥皂、蜡烛、橡胶玩具、药水、塑料制品的着色。

### 9. 参考文献

[1] 费久佳. C. I. 颜料红 149 的合成及颜料化研究[D]. 大连：大连理工大学，2000.
[2] 吕东军. C. I. 颜料红 48：2 的合成及改性研究[D]. 天津：天津大学，2005.

## 2.26　橡胶枣红 BF

橡胶枣红 BF(LD Rubber Bordeaux BS)又称橡胶颜料枣红 BF、Vulcan Fast Bordeaux BF、Polymo Rose FBL、Rome Pigment Violet RB。染料索引号 C. I. 颜料红 31(12360)。分子式 $C_{31}H_{23}N_5O_6$，相对分子质量 561.54。结构式为

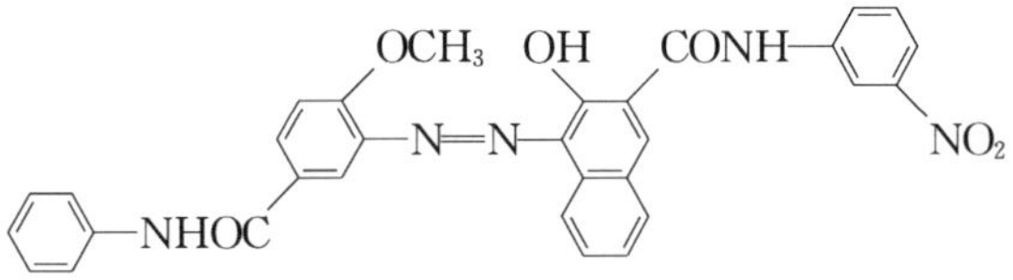

### 1. 产品性能

本品为紫红色粉末。不溶于水，溶于乙醇。耐晒牢度良好。颜色鲜艳，耐高温、耐硫化、耐迁移性好。

### 2. 生产原理

红色基 KD(3-氨基-4-甲氧基苯甲酰苯胺)重氮化后，与色酚 AS-BS 偶合，经后处理得橡胶枣红 BF。

$$C_6H_5-NHC(=O)-C_6H_3(OCH_3)-NH_2 \xrightarrow[HCl]{NaNO_2} C_6H_5-NHC(=O)-C_6H_3(OCH_3)-\overset{\oplus}{N}\equiv NCl^{\ominus}$$

$$C_6H_5-NHC(=O)-C_6H_3(OCH_3)-\overset{\oplus}{N}\equiv NCl^{\ominus} + HO-C_{10}H_6-CONH-C_6H_4-NO_2 \longrightarrow$$

$$C_6H_5-NHC(=O)-C_6H_3(OCH_3)-N=N-C_{10}H_5(HO)-CONH-C_6H_4-NO_2$$

**3. 工艺流程**

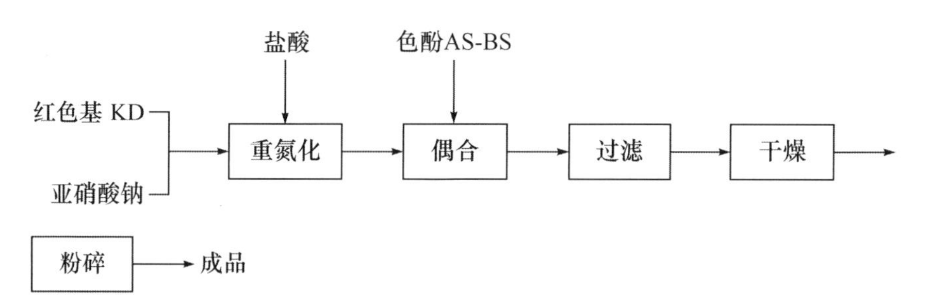


**4. 技术配方**

| | |
|---|---|
| 红色基 KD(100%计) | 380 |
| 亚硝酸钠(98%) | 110 |
| 盐酸 | 950 |
| 色酚 AS-BS | 560 |
| 土耳其红油 | 31.5 |
| 环烷酮 | 63.0 |
| 乙酸钠 | 1280 |

**5. 生产工艺**

1) 重氮化

在重氮化反应锅中,将 48.5kg 红色基 KD 溶解于 140L 5mol/L 盐酸及 200L

水中，加入 600kg 冰降温至－5℃，在 15min 内自液面下加入 26.2L 40％亚硝酸钠溶液进行重氮化，稀释至体积为 1500L，过滤，得重氮盐溶液。

2）偶合

将 70.8kg 色酚 AS-BS 加到 39L 33％氢氧化钠溶液、4kg 土耳其红油、8kg 环烷酮及 200L 水中，温度 80℃。加热至 100℃，体积为 500L，使其全溶解，将其倒入 500L 水及 500kg 冰中，并稀释至 2000L，温度 10℃，在 0.5h 内加入 89L 5mol/L 盐酸，析出色酚 AS-BS 沉淀，该悬浮液为偶合组分。

自液面下在 1h 内加入重氮液，同时加入用 164kg 乙酸钠溶于 250L 水中的乙酸钠溶液，稀释至总体积为 6000L，保温 15℃，搅拌 2h 反应完成，压滤，洗涤，滤饼含固量为 15％，干燥得橡胶枣红 BF 122kg。

**6. 产品标准**

| | |
|---|---|
| 外观 | 紫红色粉末 |
| 色光 | 与标准品近似 |
| 着色力/％ | 为标准品的 100±5 |
| 水分含量/％ | ≤2.5 |
| 细度(过 80 目筛余量)/％ | ≤5 |
| 耐晒性/级 | 5～6 |
| 耐热性/℃ | 150 |

**7. 产品用途**

用于橡胶制品的着色，也可用于油墨和油漆的着色。

**8. 参考文献**

[1] 李梅彤，郑嗣华，吴志东. 颜料红 179 合成与颜料化工艺的研究[J]. 染料与染色，2003，05:260-262.

[2] 吕东军，王世荣. C. I. 颜料红 48:2 的改性[J]. 化学工业与工程，2005，03:197-201.

## 2.27　橡胶颜料红玉 BF

橡胶颜料红玉 BF(Vulean Fast Rubine BF)又称 Polymo Red FR。染料索引号 C. I. 颜料红 32(12320)。分子式 $C_{31}H_{24}N_4O_4$，相对分子质量 516.55。结构式为

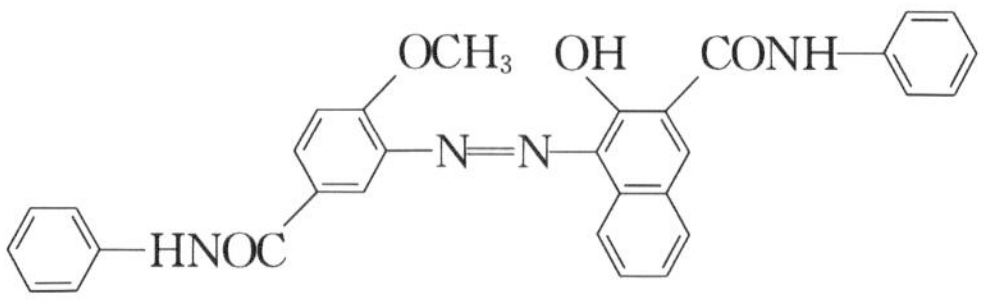

**1. 产品性能**

本品为蓝光红色粉末。颜色鲜艳。有很好的耐晒性,耐热稳定性、耐硫化性、耐迁移性良好,但耐乙醇、二甲苯性能差。

**2. 生产原理**

红色基 KD 重氮化后与色酚 AS 偶合,经后处理得橡胶颜料红玉 BF。

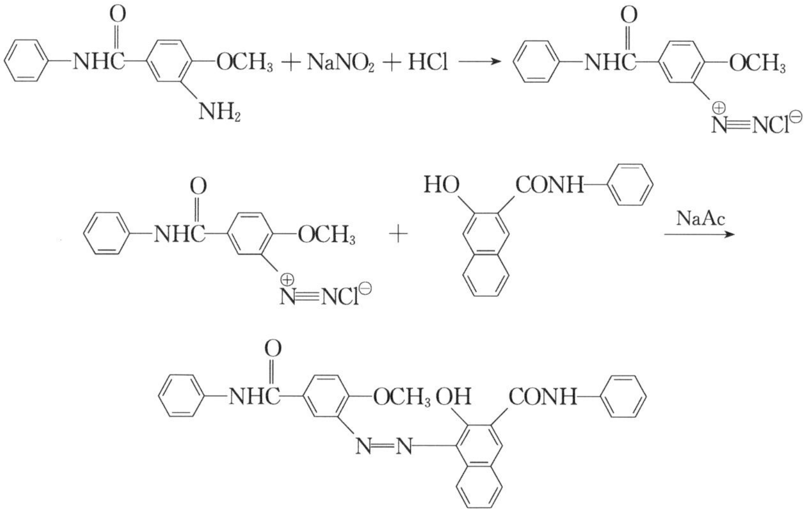

**3. 工艺流程**

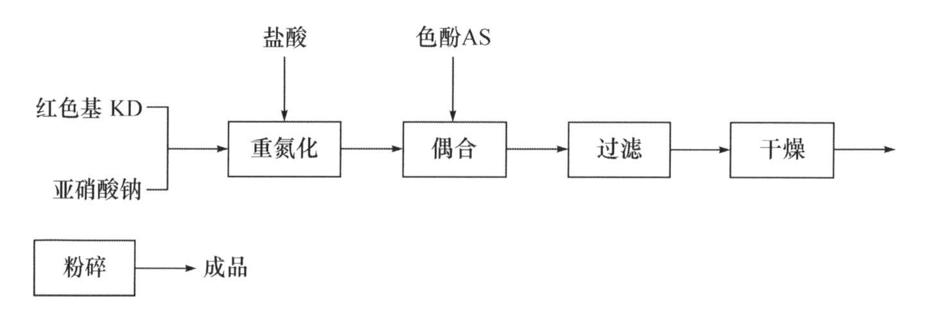

### 4. 技术配方

| | |
|---|---|
| 红色基 KD | 47.6 |
| 亚硝酸钠 | 34.2 |
| 色酚 AS | 59.8 |
| 环烷酮 | 11.7 |
| 乙酸钠 | 161.5 |
| 氢氧化钠 | 17.5 |

### 5. 生产工艺

1）重氮化

在重氮化反应锅中，将 47.6kg 重氮组分与水、盐酸于 20℃下搅拌，所得红色基 KD 溶液用冰冷却至 0℃，用 34.2kg 40％亚硝酸钠溶液重氮化，过滤澄清，得重氮化溶液。

2）偶合

将 59.8kg 色酚 AS 溶解于含有 52.6kg 33％氢氧化钠溶液及含有 11.7kg 环烷酮的水溶液中，温度为 30℃。加热至 92℃全部溶解，加至冰水混合物中，加入盐酸酸析，悬浮液即为偶合组分。

澄清的重氮液加至色酚 AS 悬浮物中，温度 15℃下，加入 161.5kg 乙酸钠，继续搅拌 1h，过滤，水洗至中性，得含量 42％的膏状物产品 260kg。干燥后粉碎得橡胶颜料红玉 BF。

### 6. 产品标准

| | |
|---|---|
| 外观 | 蓝光红色粉末 |
| 色光 | 与标准品近似 |
| 着色力/％ | 为标准品的 100±5 |
| 水分含量/％ | ≤2.0 |
| 细度(过 80 目筛余量)/％ | ≤5 |
| 耐晒性/级 | 5～6 |
| 耐热性/℃ | 150 |

### 7. 产品用途

用于橡胶制品的着色，也可用于油墨、油漆的着色。

### 8. 参考文献

[1] 冉华文. C. I. 颜料红 170 的结构改进品[J]. 染料与染色，2006，02：47.
[2] 吕东军，张继昌. C. I. 颜料红 146 的合成和改性[J]. 染料与染色，2007，06：6-8.

## 2.28 颜料红 G

颜料红 G(Permanent Red G)是吡唑啉酮联苯胺类双偶氮颜料。染料索引号 C. I. 颜料红 37(21205)。分子式 $C_{36}H_{34}N_8O_4$,相对分子质量 642.71。结构式为

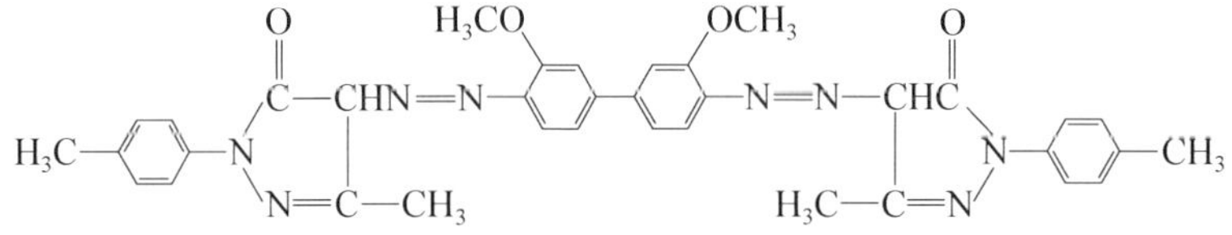

### 1. 产品性能

本品为红色粉末。有较好的耐溶剂性,耐光坚牢度较好。

### 2. 生产原理

3,3′-二甲氧基联苯胺重氮化后与两分子的 1-(4-甲基苯基)-3-甲基-5-吡唑酮偶合,得到颜料红 G。

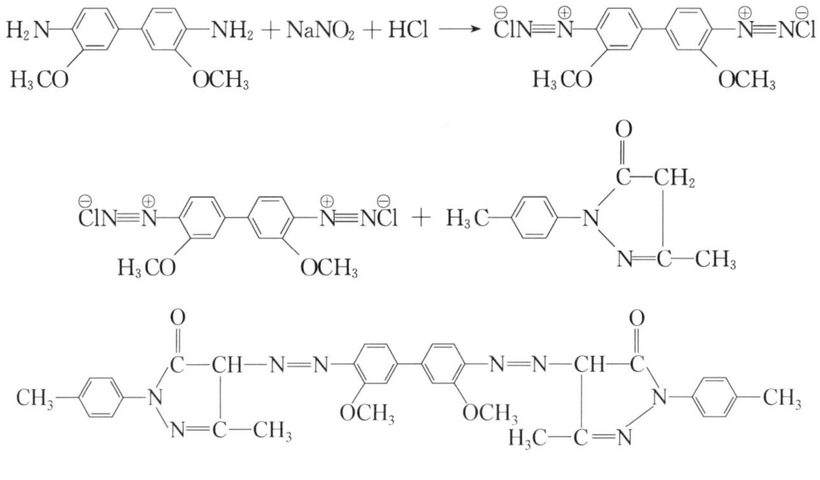

$$H_2N\text{-}C_6H_3(OCH_3)\text{-}C_6H_3(OCH_3)\text{-}NH_2 + NaNO_2 + HCl \longrightarrow \overset{\ominus}{Cl}\overset{\oplus}{N}{\equiv}N\text{-}C_6H_3(OCH_3)\text{-}C_6H_3(OCH_3)\text{-}N{\equiv}\overset{\oplus}{N}\overset{\ominus}{Cl}$$

### 3. 工艺流程

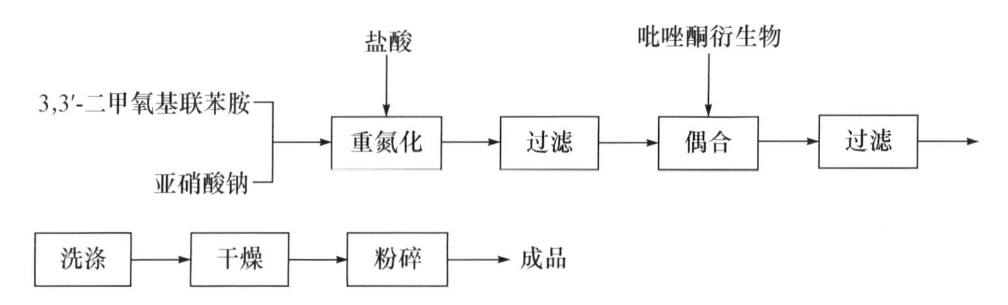

#### 4. 技术配方

| | |
|---|---|
| 3,3′-二甲氧基联苯胺(100%) | 244 |
| 亚硝酸钠(98%) | 140 |
| 1-(4-甲基苯基)-3-甲基-5-吡唑酮 | 375 |
| 盐酸(30%) | 1820 |
| 硅藻土 | 14 |
| 轻质碳酸钙 | 563 |

#### 5. 生产工艺

1) 重氮化

在重氮化反应锅中,将52kg 3,3′-二甲氧基联苯胺加到100L 5mol/L盐酸及1500L水中,温度50℃下使其溶解,再加入10kg活性炭,在50℃下保持0.5h,过滤,滤液中加入100L 5mol/L盐酸及1000kg冰,温度0℃下,快速地加入52.6L 44%亚硝酸钠溶液进行重氮化,稀释至体积为3000L,加入3kg硅藻土,过滤,得重氮盐溶液。

2) 偶合

将80kg 1-(4-甲基苯基)-3-甲基-5-吡唑酮用39.1L 40%氢氧化钠溶液和3000L水溶解,温度20℃。全溶后加入10kg硅藻土,过滤,在0.5h内向滤液中慢慢加入150L 5mol/L盐酸,析出吡唑酮衍生物,反应物对刚果红试纸呈弱酸性,加入120kg轻质碳酸钙,稀释至体积为4000L,温度为10℃,得偶合组分。

在2h内自偶合液面下加入重氮液,再搅拌1h,用420~430L 5mol/L盐酸酸化,通过添加轻质碳酸钙除去过量的酸,加热至沸腾,保持1h后立即过滤,热水洗涤,滤饼含固量为20%,经干燥粉碎得干粉颜料红127kg。

#### 6. 产品标准

| | |
|---|---|
| 外观 | 红色粉末 |
| 色光 | 与标准品近似 |
| 着色力/% | 为标准品的100±5 |
| 细度(过80目筛余量)/% | ≤5 |

#### 7. 产品用途

用于油漆、油墨及塑料、橡胶的着色。

### 8. 参考文献

[1] 冉华文. C. I. 颜料红 170 的结构改进品[J]. 染料与染色，2006，02：47.

## 2.29 颜料红 38

颜料红 38 又称 Pyrazolone Red、Vulcan Fast Red B。染料索引号 C. I. 颜料红 38(21120)。分子式 $C_{36}H_{28}Cl_2N_8O_6$，相对分子质量 739.56。结构式为

### 1. 产品性能

本品为红色粉末，属吡唑啉酮-联苯胺类双偶氮颜料。熔点 287℃，相对密度 1.35～1.58，吸油量 40～63g/100g。

### 2. 生产原理

3，3′-二氯联苯胺盐酸盐重氮化后，与 1-苯基-3-羧乙酯基-5-吡唑酮偶合，经后处理，得颜料红 38。

$$H_2N\text{-}C_6H_3Cl\text{-}C_6H_3Cl\text{-}NH_2 + NaNO_2 + HCl \longrightarrow \overset{\ominus}{Cl}N{\equiv}\overset{\oplus}{N}\text{-}C_6H_3Cl\text{-}C_6H_3Cl\text{-}\overset{\oplus}{N}{\equiv}N\overset{\ominus}{Cl}$$

$$\overset{\ominus}{Cl}N{\equiv}\overset{\oplus}{N}\text{-}C_6H_3Cl\text{-}C_6H_3Cl\text{-}\overset{\oplus}{N}{\equiv}N\overset{\ominus}{Cl} + \text{1-苯基-3-}CO_2C_2H_5\text{-5-吡唑酮} \xrightarrow{NaCO_3} \text{颜料红 38}$$

### 3. 工艺流程

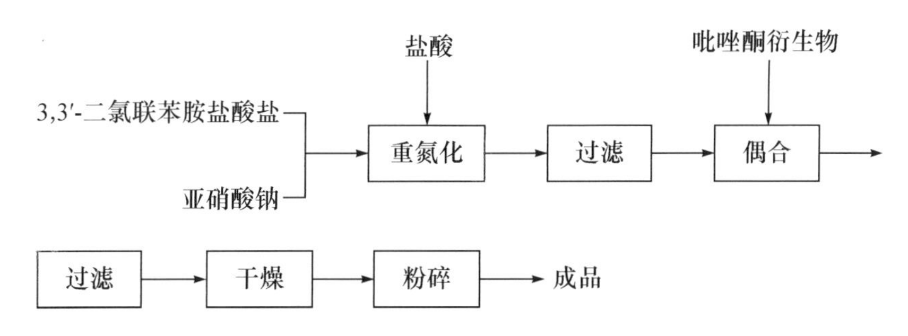


### 4. 技术配方

| | |
|---|---|
| 3,3′-二氯联苯胺盐酸盐(100%) | 253.0 |
| 亚硝酸钠(98%) | 140.0 |
| 1-苯基-3-羧乙酯基-5-吡唑酮 | 481.0 |
| 硅藻土 | 40.5 |
| 盐酸(30%) | 1400.0 |
| 碳酸钠(98%) | 280.0 |
| 轻质碳酸钙 | 415.0 |
| 活性炭 | 33 |

### 5. 生产工艺

1) 重氮化

在重氮化反应锅中，将 152.5kg 3,3′-二氯联苯胺盐酸盐与水搅拌过夜，然后加入盐酸、冰冷却至 0℃，用 206kg 40%亚硝酸钠溶液快速重氮化，1h 以后仍有微量的亚硝酸存在，加入 12.3kg 硅藻土搅拌，过滤，得重氮盐溶液。

2) 偶合

在溶解锅中，将 290kg 1-苯基-3-羧乙酯基-5-吡唑酮与水搅拌过夜，在 25℃下加入 169kg 碳酸钠使其溶解，再加入 12.3kg 硅藻土及 20kg 活性炭，过滤，用水稀释，加热至 50℃与 250kg 轻质碳酸钙混合，得偶合组分。

将澄清的重氮液加至吡唑酮中，约需 5h，在偶合过程中应保持吡唑酮过量，0.5h 后，过滤，用热水洗涤，滤饼与水制成膏状物，用盐酸酸化，煮沸 1h，再过滤，用热水洗涤，得含固量为 28.6%的膏状产品，经干燥、粉碎得颜料红 38。

### 6. 产品标准

| 外观 | 红色粉末 |
|---|---|
| 色光 | 与标准品近似 |
| 着色力/% | 为标准品的 100±5 |
| 吸油量/% | 40±5 |
| 水分含量/% | ≤2.5 |
| 细度(过 80 目筛余量)/% | ≤5 |

### 7. 产品用途

用于油漆、油墨、油彩颜料、橡胶和塑料的着色。

### 8. 参考文献

[1] 费久佳. C. I. 颜料红 149 的合成及颜料化研究[D]. 大连:大连理工大学,2000.
[2] 吕东军. C. I. 颜料红 48∶2 的合成及改性研究[D]. 天津:天津大学,2005.

## 2.30　油　　紫

油紫(Oil Violet)又称 Dainichi Naphthlamine Bordeaux 5B、Authol Red RLP。染料索引号 C. I. 颜料红 40(12170)。分子式 $C_{20}H_{14}N_2O$,相对分子质量 298.34。结构式为

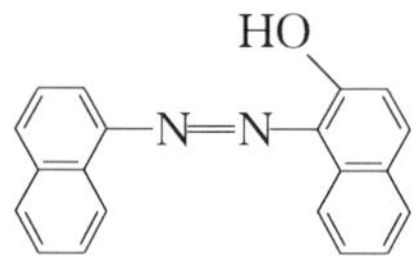

HO
—N═N—

### 1. 产品性能

本品为艳蓝光红色粉末。熔点 224℃。溶于热乙醇和苯中为红色;遇浓硫酸为红光蓝色,稀释后呈红光紫色溶液,然后转变成红棕色沉淀;其乙醇溶液遇浓硫酸为暗红色;遇浓氢氧化钠为亮红棕色。

### 2. 生产原理

重氮化后,与 2-萘酚偶合,经后处理得油紫。

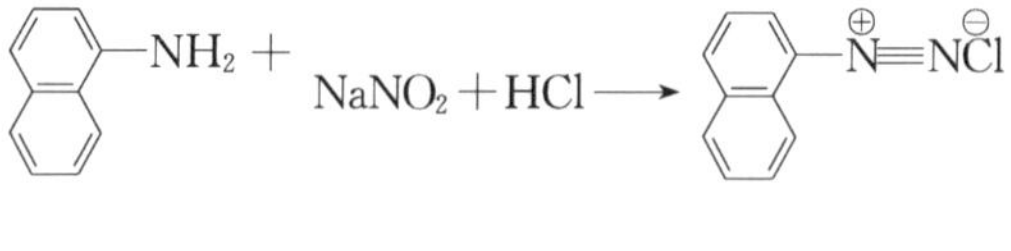

$$—NH_2 + NaNO_2 + HCl \longrightarrow —\overset{\oplus}{N}\equiv N\overset{\ominus}{Cl}$$

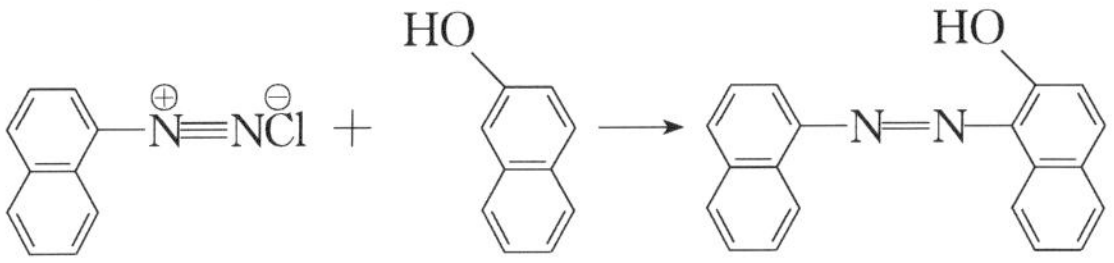

### 3. 工艺流程

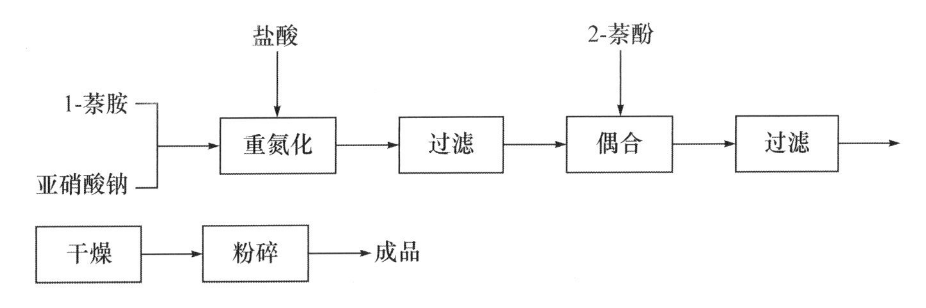


### 4. 技术配方

| | |
|---|---|
| 1-萘胺(100%) | 143 |
| 亚硝酸钠(98%) | 70 |
| 2-萘酚 | 145 |
| 盐酸(30%) | 300 |
| 氯化钠 | 400 |
| 硅藻土 | 6.7 |
| 土耳其红油 | 66.5 |

### 5. 生产工艺

1）重氮化

在重氮化反应锅中，将 215kg 1-萘胺与 405L 5mol/L 盐酸在 2000L 水中搅拌过夜，次日加热至 90℃使全溶。冷却至 75～70℃，加入 495L 5mol/L 盐酸、300kg 冰与 300kg 氯化钠，再加入 600kg 冰与 300kg 氯化钠，冷却至 0℃。加入 197L 40%亚硝酸钠溶液快速重氮化，反应完毕稀释至体积为 9000L，加入 10kg 硅藻土，过滤，得重氮盐溶液。

2）偶合

在溶解锅中，将 218kg 2-萘酚在 25℃溶于 348L 33%氢氧化钠溶液与 5000L 水中，全溶后于 25℃下加入 100kg 土耳其红油，得偶合组分。

在 3～4h 内将偶合组分加入上述重氮液，温度为 20℃。反应完毕对酚酞呈碱性，搅拌 0.5h，过滤，水洗，在 60～65℃下干燥，粉碎得产品约为 455kg。

### 6. 产品标准

| 外观 | 艳蓝光红色粉末 |
| --- | --- |
| 色光 | 与标准品近似 |
| 着色力/% | 为标准品的 100±5 |
| 细度(过 80 目筛余量)/% | ≤5 |
| 耐晒性 | 一般 |
| 耐热性/℃ | 稳定到 120 |
| 耐酸性(5%HCl) | 不褪色 |
| 耐碱性(5%$Na_2CO_3$) | 不褪色 |

### 7. 产品用途

用于油脂和蜡类制品着色,也可用作溶剂染料。

## 2.31　永固红 F5R

永固红 F5R(Permanent Red F5R)又称耐晒艳红 BBC、3120 耐晒艳红 BBC、3134 永固红 2BC、永久红 F5R。染料索引号 C. I. 颜料红 48∶2(15865∶2)。国外相应商品名:Lithol Scarlt 4440(BASF),Segnale Red RS(Acna),Irgalite Red 2BF、Irgalite Red C2B、Irgalite Red RC、Irgalite Red L2B(CGY)。其分子式为 $C_{18}H_{11}N_2O_6SClCa$,相对分子质量 458.89。结构式为

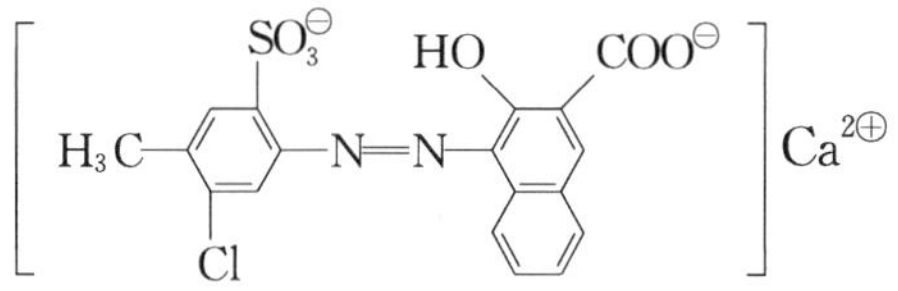

### 1. 产品性能

本品为紫红色粉末。不溶于水和乙醇。遇浓硫酸为紫红色,稀释后生成蓝光红色沉淀,遇浓硝酸呈棕红色,遇氢氧化钠溶液呈红色。耐晒性和耐热性良好,具有较高的坚牢度和鲜艳的色光。

### 2. 生产原理

将 2B 酸重氮化后与 2,3-酸(2-羟基-3-萘甲酸)偶合,过滤、干燥、粉碎得到永固红 F5R。

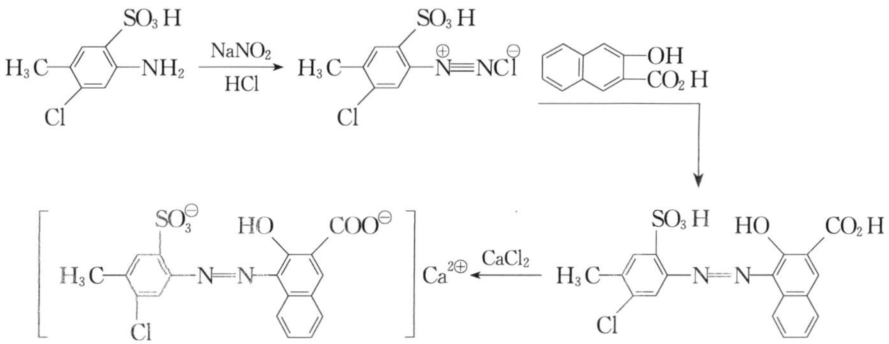

### 3. 工艺流程

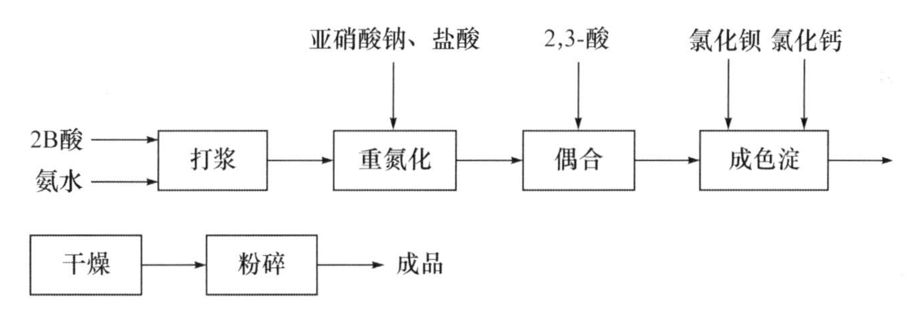


### 4. 技术配方

1）消耗定额

| | |
|---|---|
| 2B 酸(工业品) | 469kg/t |
| 亚硝酸钠 | 148kg/t |
| 盐酸(31%) | 658kg/t |
| 2,3-酸 | 420kg/t |
| 氯化钡 | 164kg/t |
| 氯化钙 | 419kg/t |

2）投料比

| 原料名称 | 规格 | 投料量/kg |
|---|---|---|
| 2B 酸 | 98% | 28.5 |
| 氨水 | 25% | 9 |
| 盐酸 | 31% | 40 |
| 亚硝酸钠 | 98% | 9 |
| 氯化钙 | 90% | 25.5 |
| 2,3-酸 | 96% | 26 |
| 氢氧化钠 | 29.5% | 21(用于制 2,3-酸) |

| 松香 | 特级 | 2 |
| --- | --- | --- |
| 氢氧化钠 | 29.5% | 1.4(制松香皂) |
| 氢氧化钠 | 29.5% | 23 |
| 氯化钡 | 98% | 10 |
| 硫酸钠 | 98% | 6.5 |

**5. 生产设备**

重氮化反应锅,溶解锅,偶合锅,沉淀锅,压滤机,干燥箱。

**6. 生产工艺**

1) 工艺一

(1) 重氮化。在重氮化反应锅中将28.5kg 98% 2B酸用300L水打浆并升温至50℃时,加9kg氨水继续升温使2B酸溶解成透明清液,pH为8,温度为80℃,加100L冷水温度降为60℃,即用盐酸酸析生成乳白色晶体,pH为1,搅拌15min后加冰降温至5℃,用35%亚硝酸钠进行重氮化,约1h达终点后(此时淀粉碘化钾试纸呈微蓝色),将氯化钙溶液倒入,无水氯化钙预溶于60L水中并降温至5℃,搅拌10min(此时淀粉碘化钾试纸呈微蓝色)即制备完毕。

(2) 偶合。先将26kg 96%2,3-酸用60~70℃的热水400L溶解成透明清液,放入偶合锅中,调整体积1500L,温度31℃。将制备好的松香皂溶液200L,注入2,3-酸溶液中搅拌10min,控制温度30℃。再40L制备好的氯化钡溶液,倒入上述溶液中搅拌10min,温度30℃。最后将40L制备好的硫酸钠溶液加入溶液中,搅拌10min得到偶合液。

首先于良好的搅拌下将29.5%氢氧化钠23kg加入偶合液中搅拌2min,立即将重氮盐于20min内放入进行偶合,生成红色沉淀,此时pH为7~8,温度22~24℃,H酸渗圈检验无色,则继续搅拌1h快速升温为95℃,保温0.5h(泡沫消失)立即压滤。滤饼用水漂洗6h,于60~70℃干燥,粉碎得到约55kg永固红F5R。

2) 工艺二

将1800L水加入重氮化反应锅中,再加入66.6kg 2B酸钠盐,在70℃溶解,过滤,冷却过夜,冷却至20℃以下与20.7kg亚硝酸钠配成的溶液相混合,然后加至含有170kg 1.09kg/$m^3$盐酸的500L水中进行重氮化,反应时间0.5h,反应温度5~6℃,稀释至体积为3600L,再搅拌2h,得重氮化溶液。

将60kg 2,3-酸在80℃下溶于含有20kg碳酸钠的1200L溶液中,用冰冷却2~3℃,并且加入75kg碳酸钠配成的10%溶液稀释至体积约为3400L,得偶合组分。

在1.5h内将重氮液自液面下加入，温度为2～3℃，偶合最终体积约为7400L，搅拌过夜。次日加热到80℃，然后冷却到45℃，过滤，得360kg膏状物，在50～60℃下干燥得140kg粉状物。

将100kg上述产物悬浮于1800L水中，与含有28kg 1.16kg/$m^3$盐酸的350L溶液混合，pH为4.4～4.7。加入1100L水升温至95℃，搅拌15min，再用冰降温到75℃，然后加入碱性松香皂溶液(30kg 10%松香皂的溶液与14kg 10%碳酸钠溶液混合)，加热至沸腾，得pH为9～10的澄清混合液。加入松香皂后立刻倒入500L含有50.8kg氯化钙的70℃溶液中，再经过10min升温至沸腾，搅拌1h后热过滤，最后色淀的pH为6.5～7.0，得到的滤饼在50～60℃干燥得到约110kg粉状物。产品外观初期色光为强的黄光红，在干燥过程中得蓝光红色产品。

**7. 产品标准**

| 项目 | 指标 |
|---|---|
| 外观 | 紫红色粉末 |
| 色光 | 与标准品近似 |
| 着色力/% | 为标准品的100±5 |
| 水分含量/% | ≤4.5 |
| 吸油量/% | 55±5 |
| 耐热性/℃ | 180 |
| 耐晒性/级 | 6～7 |
| 耐酸性/级 | 2～3 |
| 耐碱性/级 | 2～3 |
| 耐水渗透性/级 | 4～5 |
| 耐石蜡渗透性/级 | 5 |
| 水溶物含量/% | ≤3.5 |
| 细度(过80目筛余量)/% | ≤5 |

**8. 产品用途**

用于油墨、塑料、橡胶、涂料和文教用品的着色。

**9. 参考文献**

[1] 朱文朴，戴翎. 颜料红170的合成[J]. 四川化工，2013，03：7-10.

[2] 李梅彤. 高遮盖力颜料红179的制备[J]. 天津工业大学学报，2009，03：45-47.

## 2.32　立索尔大红

立索尔大红(Lithol Scarlet)又称105立索尔大红、1301立索尔大红、3144立索尔大红、色淀大红 R。染料索引号 C. I. 颜料红 49∶1(15630∶1)。分子式 $C_{40}H_{26}BaN_4O_8S_2$,相对分子质量 892.12。结构式为

$$\left[\ \text{(1-}SO_3^{\ominus}\text{-2-naphthyl)}-N{=}N-\text{(2-}OH\text{-1-naphthyl)}\ \right]_2 Ba^{2\oplus}$$

### 1. 产品性能

本品为红色粉末,微溶于热水、乙醇和丙酮。在浓硫酸中为红光紫色,稀释时呈微红紫色,随后为红棕色沉淀。遇浓硝酸为棕红色溶液。醇溶液遇盐酸呈棕光紫色,遇氢氧化钠不变色。该颜料着色力强,耐晒性、耐酸性、耐热性一般,无耐油渗透性,微有耐水渗透性,遮盖力差。

### 2. 生产原理

2-萘胺-1-磺酸(吐氏酸)与亚硝酸重氮化,然后与 2-萘酚偶合,经松香、氢氧化钠处理后,与钡盐发生色淀化,再经后处理得到产品。

$$\text{(1-}SO_3H\text{)}C_{10}H_6-NH_2 \xrightarrow[HCl]{NaNO_2} \text{(1-}SO_3H\text{)}C_{10}H_6-\overset{\oplus}{N}{\equiv}NCl^{\ominus}$$

$$\text{(1-}SO_3H\text{)}C_{10}H_6-\overset{\oplus}{N}{\equiv}NCl^{\ominus} + \text{(2-}OH\text{)}C_{10}H_7 \xrightarrow{NaOH} \text{(1-}SO_3Na\text{)}C_{10}H_6-N{=}N-C_{10}H_6\text{(2-}OH\text{)}$$

$$\text{(1-}SO_3Na\text{)}C_{10}H_6-N{=}N-C_{10}H_6\text{(2-}OH\text{)} + BaCl_2 \longrightarrow \left[\ \text{(1-}SO_3^{\ominus}\text{)}C_{10}H_6-N{=}N-C_{10}H_6\text{(2-}OH\text{)}\ \right]_2 Ba^{2\oplus}$$

### 3. 工艺流程

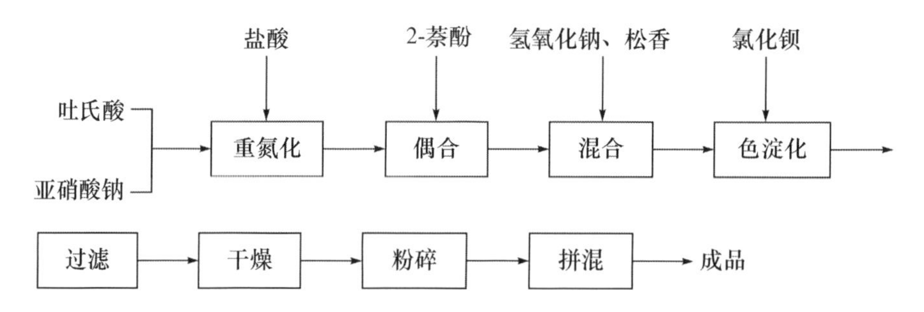

#### 4. 技术配方

| | |
|---|---|
| 吐氏酸(≥98%) | 388kg/t |
| 2-萘酚(≥98%,熔点≥120℃) | 235kg/t |
| 亚硝酸钠(98%) | 120kg/t |
| 盐酸(31%) | 440kg/t |
| 氢氧化钠(100%) | 145kg/t |
| 松香(特级) | 130kg/t |
| 氯化钡 | 478kg/t |

#### 5. 生产设备

重氮化反应锅,偶合锅,打浆锅,溶解锅,色淀化锅,压滤机,干燥箱,拼混机,储槽。

#### 6. 生产工艺

在重氮化反应锅中,先加入水,在搅拌下加入 19.4kg 98%吐氏酸,加入氢氧化钠溶液至 pH 7.8～8.0,使之完全溶解透明。加冰降温至 0℃,然后加 22kg 31%盐酸酸化至强酸性,再加入 40%亚硝酸钠溶液(由 6kg 98% 亚硝酸钠/与水配制得到),维持 5℃以下进行重氮化。反应完全后过滤,滤饼打入打浆锅中,与水搅合为均匀的悬浮液,备用。

在偶合锅中,加入水和氢氧化钠溶液,升温至 60℃,加入 11.8kg 2-萘酚,搅拌溶解至透明,加冰降温至 10℃,在有效搅拌下,将重氮化的悬浮液加入其中进行偶合。偶合温度控制在 10℃以下,pH 为 10～10.5。偶合完毕,泵入压滤机压滤。滤饼放入色淀化锅中,搅拌均匀,加入松香皂溶液(作分散剂,由 6.5kg 松香与氢氧化钠溶液制得),于 pH 9～9.5 条件下,搅拌 1h。然后从溶解锅中将 23.9kg 氯化钡配成的溶液徐徐加入色淀化锅中,pH 为 8.5,搅拌至反应完全,色料由黄变红。

将上述得到的色淀用泵打入压滤机压滤,滤饼用清水洗涤至洗液无氯离子。然后于 85℃以下干燥,再经粉碎拼混得成品立索尔大红。

#### 7. 产品标准(HG 15-1110)

| | |
|---|---|
| 色光 | 与标准品近似 |
| 着色力/% | 为标准品的 100±5 |
| 水分含量/% | ≤4.5 |
| 吸油量/% | ≤50±5 |
| 水溶物含量/% | ≤3.5 |

| | |
|---|---|
| 耐热性/℃ | 130 |
| 耐酸性/级 | 3 |
| 耐碱性/级 | 3 |
| 耐晒性/级 | 4 |
| 耐水渗透性/级 | 2 |
| 耐油渗透性/级 | 2 |
| 细度(过80目筛余量)/% | ≤5 |

**8. 产品用途**

主要用作油墨、油彩、水彩、蜡笔的着色,也可用于涂料的着色。

**9. 参考文献**

[1] 庄莆,陈焕林. 红色偶氮色淀颜料主要品种的性能改进[J]. 染料工业,1993,03:6-11.

## 2.33 立索尔深红

立索尔深红(Lithol Deep Red)又称3114立索尔深红、206立索尔深红、Lithol Dark Red、Lionol Red LFG-3650、Shangdament Red RB 3156、Sicomet Red BTC。染料索引号C. I. 颜料红49∶2(15630∶2)。分子式$(C_{20}H_{13}N_2O_4S)_2Ca$,相对分子质量794.86。结构式为

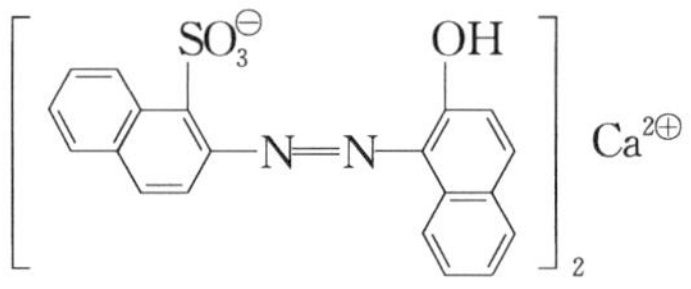

**1. 产品性能**

相对密度1.38～1.96,吸油量44～61g/100g。本品为红色粉末。色泽比立索尔大红较深,耐渗透性较好。

**2. 生产原理**

吐氏酸重氮化后与2-萘酚偶合,然后与氯化钙色淀化得到立索尔深红。

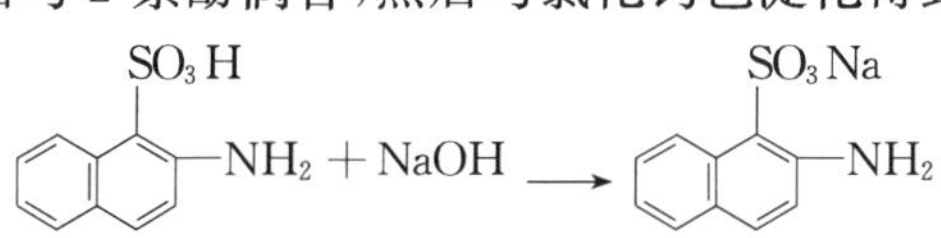

$$\text{(}SO_3Na\text{)}-NH_2 + HCl + NaNO_2 \longrightarrow \text{(}SO_3^{\ominus}\text{)}-\overset{\oplus}{N}\equiv N$$

$$-OH + NaOH \longrightarrow -ONa$$

$$\text{(}SO_3^{\ominus}\text{)}-\overset{\oplus}{N}\equiv N + -ONa \longrightarrow \text{(}SO_3Na\text{)}-N=N-\text{(}OH\text{)}$$

$$\text{(}SO_3Na\text{)}-N=N-\text{(}OH\text{)} + CaCl_2 \longrightarrow \left[\text{(}SO_3^{\ominus}\text{)}-N=N-\text{(}OH\text{)}\right]_2 Ca^{2\oplus}$$

**3. 工艺流程**

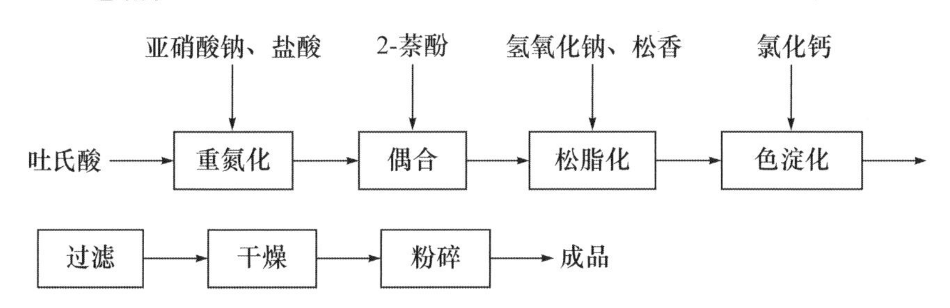


**4. 技术配方**

| | |
|---|---|
| 1-萘胺-1-磺酸(100%) | 427 |
| 氢氧化钠(30%) | 600 |
| 盐酸(30%) | 480 |
| 亚硝酸钠(100%) | 148 |
| 2-萘酚(100%) | 280 |
| 松香皂(工业品) | 230 |
| 氯化钙(工业品) | 280 |

**5. 生产工艺**

1) 重氮化

在重氮化反应锅中，先将 1000L 1.08kg/m$^3$ 的盐酸与 1500L 水混合，再于 10min 内加入 446kg 吐氏酸钠盐，搅拌 15min，然后加入 2800～3000kg 水，用 138kg 100%亚硝酸钠配成 6000L 23%亚硝酸钠溶液进行重氮化，强烈搅拌 3h，将重氮盐悬浮物过夜，次日过滤，然后与 6000L 水搅拌混合，得重氮盐悬浮液。

2）偶合

在溶解锅中，加入 180L 1.53kg/$m^3$ 氢氧化钠及 3000L 水，再加入 300kg 2-萘酚，强烈搅拌下慢慢地加入 8000L 水，得到偶合组分。

在 1h 内将重氮盐在液面下加至偶合组分中，温度 15～20℃，搅拌 4h。然后加入 300kg 氯化钙，加热至沸腾，保持 0.5h，过滤，滤饼 2000～2500kg。经过 8～10h 干燥得 808kg 粉状立索尔深红。

**6. 产品标准(HG 15-1110)**

| | |
|---|---|
| 外观 | 红色粉状 |
| 水分含量/% | ≤4.5 |
| 吸油量/% | 55.0 |
| 水溶物含量/% | ≤3.5 |
| 细度(过 80 目筛余量)/% | ≤5.0 |
| 着色力/% | 为标准品的 100±5 |
| 色光 | 与标准品近似 |
| 耐晒性/级 | 4 |
| 耐热性/℃ | 130 |
| 耐酸性/级 | 4 |
| 耐碱性/级 | 4 |
| 耐水渗透性/级 | 4 |
| 耐油渗透性/级 | 4 |
| 耐石蜡渗透性/级 | 5 |

**7. 产品用途**

主要用于涂料、油墨、印铁油墨、水彩和油彩颜料以及皮革、文教用品等着色。

**8. 参考文献**

[1] 陈向红，任绳武. 关于立索尔红不同金属色淀的研究[J]. 染料工业，1989，04：6-7.

## 2.34　立索尔红 2G

立索尔红 2G(Lithol Red 2G)又称塑料大红(Plastic Scarlet)、新宝红 S6B (New Rubine S6B)、Irgalite Rubine 5B0、Lithol Red 5B 4090-G、Macatawa Red FR 4551、Macatawa Red NBD4550、Macatawa Red NBD4555、Predisol Ru-bine 5B-C、Predisol Ru-bine 5B-CAP、Predisol Ru-bine 5B-N、Predisol Ru-bine 5BN-C、Shangdament Rubine S6B 3161、Sgmuler Red 3058。染料索引号 C. I. 颜料红

52：1(15860：1)。分子式 $C_{18}H_{11}CaClN_2O_6S$，相对分子质量 458.81。结构式为

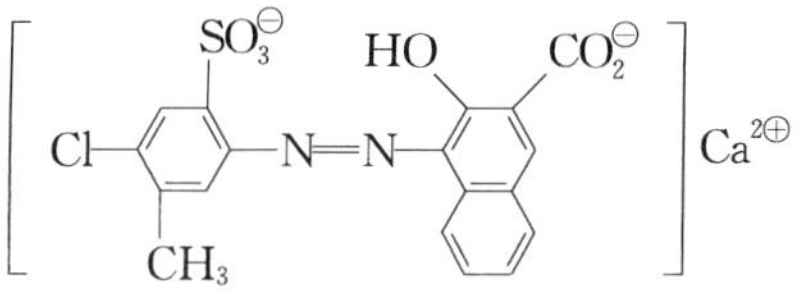

## 1. 产品性能

本品为艳红色粉末。相对密度 1.50～1.70。溶于水呈黄光红色，不溶于乙醇。在盐酸水溶液中生成深红色沉淀。着色力强，耐热性和耐溶剂性良好。

## 2. 生产原理

甲苯与浓硫酸磺化后与氯气发生一氯代，然后用硝酸硝化，再用铁粉还原硝基，将还原物重氮化后与 2,3-酸偶合，最后用氯化钙沉淀。过滤、干燥、粉碎得到颜料。

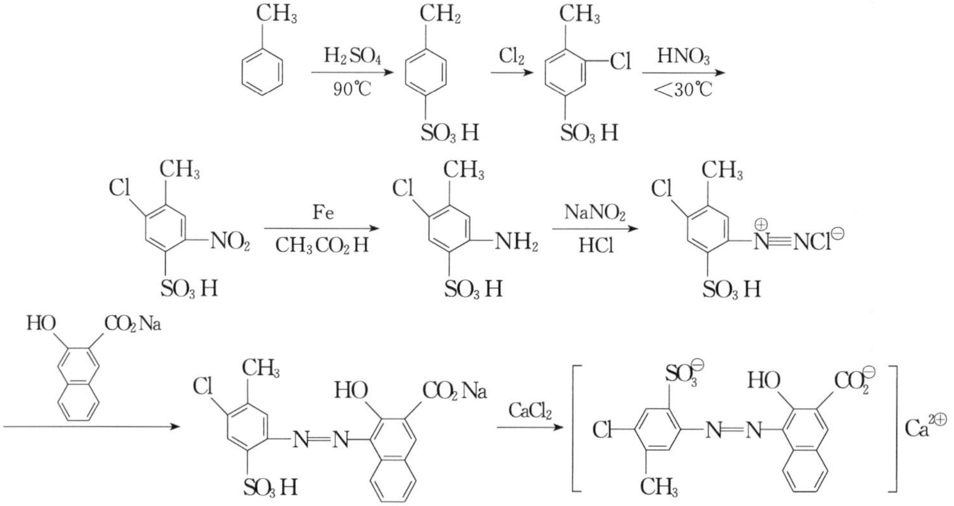

## 3. 工艺流程

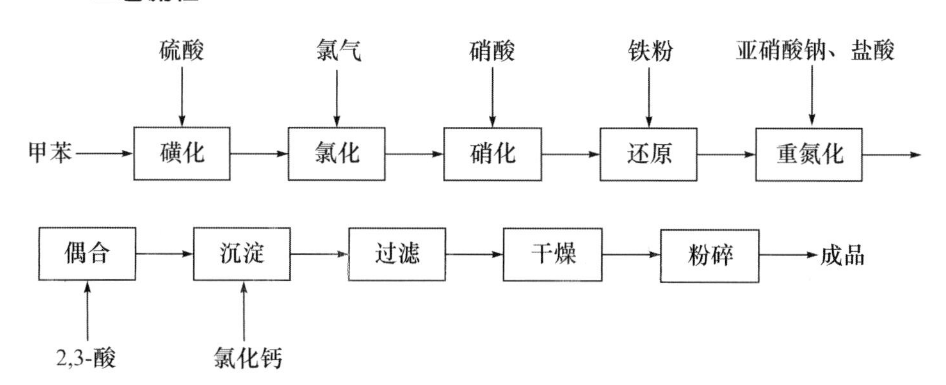

### 4. 技术配方

| | |
|---|---|
| 2-氨基-4-甲基-5-氯苯磺酸(95%) | 233 |
| 亚硝酸钠(98%) | 70 |
| 2,3-酸 | 188 |

### 5. 生产设备

磺化锅,氯化锅,还原锅,重氮化反应锅,偶合锅,压滤机,干燥箱,粉碎机。

### 6. 生产工艺

将甲苯加至磺化反应锅中,加热至 90℃左右,加入浓硫酸,搅拌下加热至 116～118℃进行磺化反应,在该温度下反应 6～8h。

将磺化产物置于氯化锅中,以三氯化铁为催化剂,然后在 50～55℃通入氯气。过量的氯和氯化氢,用吹入干空气的方法除去。

将氯化产物转化硝化反应锅中,控制温度不超过 30℃的条件下,加入硝酸进行硝化,搅拌硝化反应 3h,将硝化物料加至盛有饱和食盐水(先预热至 100℃)的盐析锅中。冷却至 42℃,然后真空抽滤,洗至中性。

将上述滤饼的 1/2 溶于水中,加入铁粉和乙酸,在沸腾下进行还原。然后将还原物料加到 33%盐酸中,使滤液呈酸性。析晶,过滤洗涤得到鲜艳的结晶。

将还原产物用亚硝酸钠和盐酸于 5℃下进行重氮化,然后在碱性条件下与 2,3-酸钠盐偶合,将偶合得到的钠盐溶液与氯化钙作用,生成颜料钙盐沉淀,过滤后,水洗,干燥,粉碎得到立索尔红 2G。

### 7. 产品标准

| | |
|---|---|
| 外观 | 艳红色粉末 |
| 色光 | 与标准品近似 |
| 着色力/% | 为标准品的 100±5 |
| 吸油性/% | 47～53 |
| 耐热性/℃ | 180 |
| 耐旋光性/级 | 5 |
| 耐迁移性/级 | 5 |
| 耐碱性/级 | 3 |
| 耐酸性/级 | 3 |
| 细度(过 80 目筛余量)/% | ≤5 |

**8. 产品用途**

本品用于油墨，具有色泽鲜艳、着色力强、耐晒牢度好、耐渗透性能好、易于分散、耐热性好、价格低廉等特点，还可用于塑料、橡胶、搪瓷和清漆的着色及其他方面的着色。

**9. 参考文献**

[1] 梁铁夫，闫燕. C. I. 颜料红 224 颜料化工艺改进[J]. 染料与染色，2012，06：26-29.
[2] 朱文朴，戴翎. 颜料红 170 的合成[J]. 四川化工，2013，03：7-10.
[3] 李梅彤. 高遮盖力颜料红 179 的制备[J]. 天津工业大学学报，2009，03：45-47.

## 2.35 金光红 C

金光红 C(Golden Ligh Red C)又称色淀红 C、油墨大红、1306 金光红 C、色淀淡红 C、3110 金光红 C、橡胶大红 LC。染料索引号 C. I. 颜料红 53：1(15585：1)。分子式 $C_{34}H_{24}O_8S_2Cl_2N_4Ba$，相对分子质量 888.96。结构式为

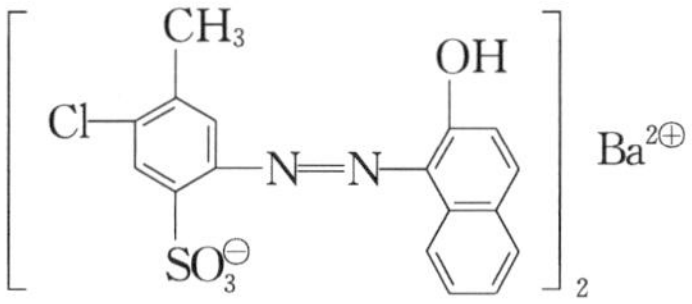

**1. 产品性能**

本品为黄光红色粉末。颜色鲜艳，显示强烈彩色金光，且金光较为耐久牢固，制成的油墨流动性好，耐晒性和耐热性较好。遇浓硫酸呈樱桃红色，稀释后生成棕红色沉淀，微溶于 10%热氢氧化钠(为黄色)、水和乙醇，不溶于丙酮和苯。

**2. 生产原理**

CLT 酸(2-氨基-4-甲基-5-氯苯磺酸)重氮化后，与 2-萘酚偶合，偶合染料再与氯化钡发生色沉化，然后压滤、干燥、粉碎得色淀红 C。

1) CLT 酸提纯

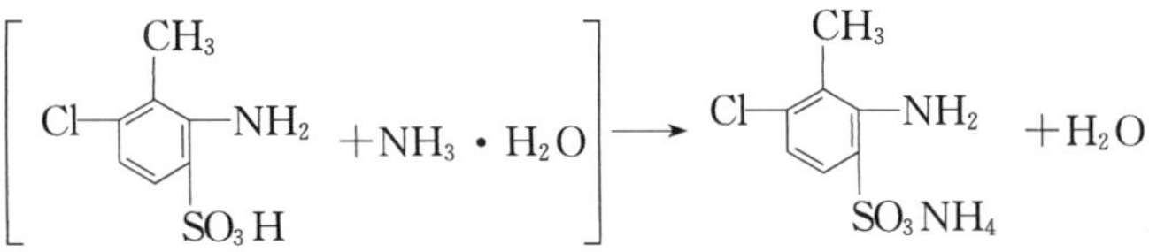

$$\text{Cl–C}_6\text{H}_2(\text{CH}_3)(\text{NH}_2)(\text{SO}_3\text{NH}_4) + \text{HCl} \longrightarrow \text{Cl–C}_6\text{H}_2(\text{CH}_3)(\text{NH}_2)(\text{SO}_3\text{H}) + \text{NH}_4\text{Cl}$$

2）重氮化

$$\text{Cl–C}_6\text{H}_2(\text{CH}_3)(\text{NH}_2)(\text{SO}_3\text{H}) + \text{HCl} + \text{NaNO}_2 \longrightarrow \text{Cl–C}_6\text{H}_2(\text{CH}_3)(\text{N}_2^{\oplus}\text{Cl}^{\ominus})(\text{SO}_3\text{H})$$

3）偶合

$$\text{C}_{10}\text{H}_7\text{ONa} + \text{Cl–C}_6\text{H}_2(\text{CH}_3)(\text{N}_2^{\oplus}\text{Cl}^{\ominus})(\text{SO}_3\text{H}) \longrightarrow \text{Cl–C}_6\text{H}_2(\text{CH}_3)(\text{SO}_3\text{H})\text{–N{=}N–C}_{10}\text{H}_6\text{OH} + \text{NaCl}$$

4）色淀化

$$\text{Cl–C}_6\text{H}_2(\text{CH}_3)(\text{SO}_3\text{H})\text{–N{=}N–C}_{10}\text{H}_6\text{OH} + \text{BaCl}_2 \longrightarrow \left[\text{Cl–C}_6\text{H}_2(\text{CH}_3)(\text{SO}_3^{\ominus})\text{–N{=}N–C}_{10}\text{H}_6\text{OH}\right]_2 \text{Ba}^{2\oplus}$$

**3. 工艺流程**

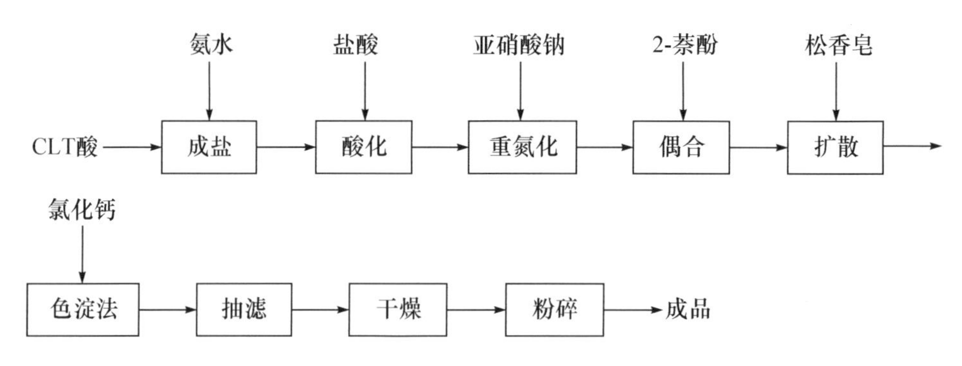


**4. 技术配方**

1）消耗定额

CLT 酸（100%）　　520kg/t

| | |
|---|---|
| 2-萘酚 | 320kg/t |
| 亚硝酸钠 | 155kg/t |
| 氨水(20%) | 190kg/t |
| 氢氧化钠(100%) | 230kg/t |
| 氯化钡 | 460kg/t |
| 乳化剂 FM | 21kg/t |
| 松香(特级) | 54kg/t |
| 土耳其红油 | 228kg/t |
| 盐酸(30%) | 580kg/t |

2) 生产配方

| 原料名称 | 相对分子质量 | 物质的量/kmol | 物质的量比 | 工业纯度/% | 实际用量/kg |
|---|---|---|---|---|---|
| CLT 酸 | 221.2 | 0.76 | 1 | 99 | 169.8 |
| 氨水 | 35 | | | 25 | 64 |
| 盐酸 | 36.5 | 1.8 | 2.73 | 30 | 219 |
| 亚硝酸钠 | 69 | 0.76 | 1 | 96 | 54.72 |
| 2-萘酚 | 144.1 | 0.76 | 1 | 98 | 111.75 |
| 氢氧化钠 | 40 | 1.02 | 1.34 | 96 | 42.5 |
| 乳化剂 FM | | | | | 4 |
| 松香 | 302.4 | 0.04 | 0.05 | 特级 | 12.1 |
| 氢氧化钠 | 40 | 0.042 | 0.055 | 96 | 1.75 |
| 氯化钡 | 244 | 0.52 | 0.684 | 98 | 129.4 |

**5. 生产设备**

重氮化反应锅,偶合锅,打浆锅,色淀化锅,压滤机,干燥箱,粉碎机,储槽。

**6. 生产工艺**

1) 工艺一

(1) 重氮化。在重氮化反应锅内先放入 1700L 水,加 170kg CLT 酸,搅匀,加氨水 64kg,溶解到完全透明,pH 为 7~8。加盐酸酸析,温度 8℃,以冰水调整体积为 2500L。控制 15~20min,加入亚硝酸钠(54.7kg 96%的亚硝酸钠配成 30%的水溶液),以淀粉碘化钾试纸测试,试纸稍蓝为终点。继续搅拌 0.5h。试纸仍应稍显蓝色,以亚硝酸钠稍过量为准。

(2) 偶合。在偶合锅中放水 1200L,加入氢氧化钠,升温至 65℃在搅拌下加入 111.8kg 2-萘酚,溶解到透明。放入偶合锅中,调整体积 1800L,加入 4kg 乳化剂 FM,温度 50℃。

在打浆锅中，放入水 1200L，加入氢氧化钠，升温到 100℃，加入 12.1kg 松香，煮沸到完全溶解透明，待用。

在配料罐中放入冷水 400L，升温到 50℃，加入 129.4kg 氯化钡搅拌到全溶。

在搅拌下，将重氮盐溶液很快加入偶合液中，时间约 10min，偶合完成后 pH 为 7、温度 34℃，用渗圈试验测定：2-萘酚微过量。待 pH 达 7 并稳定后，继续搅拌 0.5h。升温到 85℃，继续搅拌 15min，加入溶好的松香皂溶液，加完后搅拌 15min。加入氯化钡溶液，检查 pH 为 7。再升温到 85℃，保温到颜色转化变深，继续搅拌 0.5h。

(3) 后处理。经泵将色浆打入压滤机，以自来水冲洗 4h，净度以硝酸银溶液检验，洗液与自来水近似为终点。滤饼装盘置干燥箱于 75℃下干燥，拼色达标准后，粉碎得成品。

2) 工艺二

将 3000L 水和 114kg 30％盐酸加入重氮化反应锅中，再加入 487.3kg CLT 酸，搅拌过夜，次日加冰至 15℃，稀释至体积为 10 000L，从液面下加入 288.6L 52.6％亚硝酸钠溶液，反应 3h，温度为 15～18℃，最终体积为 1200L，得重氮盐溶液。

将 156.4kg 氢氧化钠加至 4000L 水中，温度 20℃。然后加入 326kg 2-萘酚使其溶解，稀释至总体积为 9000L，温度 20℃下，得偶合组分溶液。

在 1～5min 内将重氮悬浮体从液面下迅速加到 2-萘酚偶合组分中，搅拌 1h 后，加入 300L 含有 50～55kg 乙酸的稀溶液，搅拌至反应物不含有过量的重氮盐，再搅拌 2h，过滤，得含量为 22％的膏状物产品 4000～4200kg，相当于 800kg 干品颜料。

将 400kg 上述染料与 4000L 水搅拌过夜，次日稀释至 7000L，并用 200L 水稀释的 50kg 乙酸酸化直到对石蕊试纸呈酸性。物料悬浮体通过细筛投入含有 200kg 氯化钡的沸腾溶液中，温度为 100℃下，继续煮沸 2h，色淀化完毕，搅拌 2h，过滤，在 60～65℃干燥，研磨，得 490kg 金光红 C。

3) 工艺三(混合偶合工艺)

将 465.3kg CLT 酸和 22kg 吐氏酸通过常规工艺制得染料，取其 440kg 与水搅拌，将悬浮体过筛，在 95℃下将由 10kg 松香及 1.92kg 碳酸钠配成的 5％澄清溶液加入，同时加入 205kg 氯化钡配制的溶液，温度 100℃。色淀化在 100℃下迅速完成，经过水洗、干燥、粉碎，得 530kg 金光红 C。其组成如下

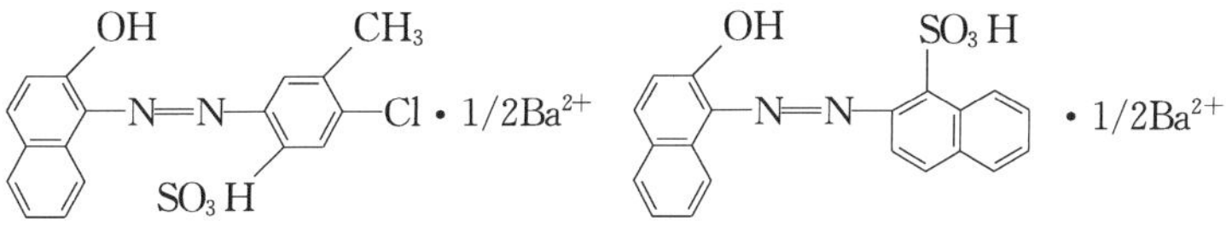

(96%)　　　　(4%)

**7. 产品标准(HG 15-1106)**

| 指标名称 | 油墨大红 | 橡胶大红 LC |
|---|---|---|
| 色光 | | 与标准品近似 |
| 着色力/% | | 为标准品的 100±5 |
| 吸油量/% | 55±5 | — |
| 水分含量/% | ≤1.5 | ≤1.5 |
| 水溶物含量/% | ≤1.5 | — |
| 挥发物含量/% | ≤1.5 | — |
| 耐晒性/级 | 4 | — |
| 耐热性/℃ | 130 | 140(1h 不变) |
| 耐酸碱性/级 | 4～5 | — |
| 耐水渗透性/级 | 4 | — |
| 耐油渗透性/级 | 4 | — |
| 耐石蜡渗透性/级 | 5 | — |
| 迁移性 | — | 不污染 |
| 细度(过 80 目筛余量)/% | ≤5 | ≤5 |

**8. 产品用途**

用于制造金光红色油墨、橡胶制品，还用于水彩颜料、蜡笔、铅笔等文教用品及塑料制品的着色，适用于聚氯乙烯、聚丙烯酸树脂、酚醛树脂、氨基树脂等塑料。

**9. 参考文献**

[1] 陈雪梅，蔡苇，高占民，等. 改良 P. R53∶1 金光红 C 有机颜料配方和工艺的探讨[J]. 化工生产与技术，2004，01：10-12.

[2] 史英杰. 金光红 C 的工艺改进[J]. 染料工业，1987，02：64.

[3] 陈仲强，袁洁，张映丹. 有机颜料金光红 C 的合成研究[J]. 湖南化工，1990，03：29-31.

## 2.36　颜料紫红 BLC

颜料紫红 BLC(Pigment Red BLC)又称颜料紫酱 BLC、3179 颜料紫酱 BLC、永固紫红 BLC、色淀紫酱 BLC、3004 颜料紫红。染料索引号 C.I. 颜料红 54

(14830∶1)。分子式 $C_{20}H_{13}O_4N_2SCa_{0.5}$，相对分子质量 397.44。结构式为

$$\left[\text{(1-萘基)}-N{=}N-\text{(1-羟基-5-}SO_3^{\ominus}\text{-萘-2-基)}\right]_2 \cdot Ca^{2\oplus}$$

## 1. 产品性能

本品为深红色粉末。微溶于水呈橙红色。在浓硝酸中为橙棕色溶液；在浓硫酸中呈蓝色，稀释后生成红色沉淀。颜色鲜艳，粉质轻松细腻，分散性好，着色力较高。

## 2. 生产原理

1-萘胺重氮化后，与1-萘酚-5-磺酸加成，然后在 pH 为 7.4 下偶合，偶合产物与氯化钙进行色淀化，得到产品。

$$\text{1-萘胺}(NH_2) + NaNO_2 + HCl \longrightarrow \text{1-萘基}N_2^{\oplus}Cl^{\ominus}$$

$$\text{1-萘酚-5-磺酸}(OH, SO_3H) + \text{1-萘基}N_2^{\oplus}Cl^{\ominus} \longrightarrow \text{1-萘酚-5-}SO_3-N{=}N-\text{(1-萘基)} + HCl$$

$$\text{1-萘酚-5-}SO_3-N{=}N-\text{(1-萘基)} + NaHCO_3 \longrightarrow \text{(1-萘基)}-N{=}N-\text{(1-羟基-5-}SO_3Na\text{-萘-2-基)} + H_2O + CO_2\uparrow$$

$$\text{(1-萘基)}-N{=}N-\text{(1-羟基-5-}SO_3Na\text{-萘-2-基)} + (CH_3COO)_2Ca \longrightarrow$$

$$\left[\text{(1-萘基)}-N{=}N-\text{(1-羟基-5-}SO_3^{\ominus}\text{-萘-2-基)}\right]_2 Ca^{2\oplus} + 2CH_3COONa$$

**3. 工艺流程**

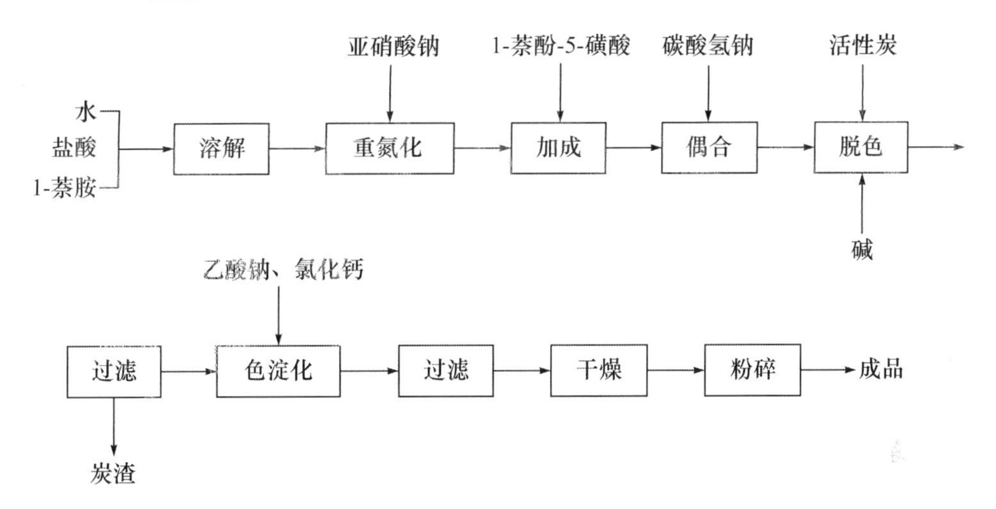


**4. 技术配方**

| | |
|---|---|
| 盐酸(31%) | 2142 |
| 1-萘胺(100%) | 424 |
| 亚硝酸钠(100%) | 240 |
| 1-萘酚-5-磺酸(100%) | 607 |
| 碳酸氢钠(工业品) | 1267 |
| 氢氧化钠(100%) | 238 |
| 活性炭(工业品) | 120 |
| 乙酸钠(工业品) | 906 |
| 无水氯化钙(工业品) | 332 |
| 土耳其红油(工业品) | 71 |

**5. 生产设备**

溶解锅,配料锅,重氮化反应锅,偶合锅,过滤器,脱色锅,色淀化锅,压滤机,干燥箱,粉碎机。

**6. 生产工艺**

在重氮化反应锅中,加入水,于 95℃加入 31%盐酸和 84.8kg 1-萘胺,待溶解后加入冰降温到 0℃,加入 30%亚硝酸钠溶液(由 48kg 100%亚硝酸钠配成)进行重氮化反应 1h,再加入 121.4kg 1-萘酚-5-磺酸用水配成 12%溶液,加热到 95～100℃,加入适量盐酸,并加热煮沸后冷却到 35℃,分批加入上述制备的重氮盐中,控制加料时间为 4min,反应温度为 12℃。加料完毕,维持 12℃,继续反应 2h,反应结束后反应液经过滤，滤饼用水打浆。将 253.4kg 碳酸氢钠配制成的溶液分批加入上述制备好的打浆液中进行偶合反应，控制加料时间 1.5h，反应物料 pH 7.4，加毕继续反应 1.5h，反应结束后过滤，滤饼在脱色锅中用水和氢氧化钠于 80℃溶解，加入 24kg 活性炭煮沸脱色，趁热过滤得到滤液，冷却到 5℃制得染料溶液。将 181.2kg 乙酸钠和 66.4kg 无水氯化钙用水溶解后加 30%盐酸调 pH 为 2.3 左右，将此溶液加入染料溶液中混合(此时 pH 为 6.3 左右)，在 14℃搅拌 1.5h 进行色淀化反应，最后在 80℃下加入 14.2kg 土耳其红油混合，经过滤、水漂洗，60～70℃下干燥，最后粉碎得产品。

**7. 产品标准(HG 15-1131)**

| 项目 | 指标 |
|---|---|
| 外观 | 深红色粉末 |
| 水分含量/% | ≤2.0 |
| 吸油量/% | 55.0±5.0 |
| 水溶物含量/% | ≤1.0 |
| 细度(过 80 目筛余量)/% | ≤5.0 |
| 着色力/% | 为标准品的 100±5 |
| 色光 | 与标准品近似 |
| 耐晒性/级 | 5～6 |
| 耐热性/℃ | 180 |
| 耐酸性/级 | 5 |
| 耐碱性/级 | 3 |
| 耐水渗透性/级 | 4 |
| 耐油渗透性/级 | 4 |
| 耐乙醇渗透性/级 | 3～4 |
| 耐石蜡渗透性/级 | 5 |

**8. 产品用途**

用于制造油墨、油漆和喷漆；橡胶工业用于橡胶制品的着色；也用于塑料、人造革、文教用品的着色。

**9. 参考文献**

[1] 李梅彤，郑嗣华，吴志东. 颜料红 179 合成与颜料化工艺的研究[J]. 染料与染色，2003，05:260-262.

[2] 吕东军，王世荣. C. I. 颜料红 48 系列色淀颜料的应用进展[J]. 染料与染色，2005，02:5-8.

## 2.37　立索尔宝红 BK

立索尔宝红 BK(Lithol Rubine BK)在国内外有多种商品名，又称立索尔宝红 7B、宝红 6B 3160、3122 立索尔宝红 F 7B、680 罗滨红。染料索引号 C. I. 颜料红 57∶1(15850∶1)。国外相应的商品名：Irgalite Rubine 4BCO、Irgalite Rubine 4BDO、Irgalite Rubine 4BNO、Irgalite Rubine 4BP、Irgalite Rubine 4BYO、Irgalite Rubine L4BD、Irgalite Rubine L4BJ、Irgalite Rubine PBC、Irgalite Rubine PBO、Irgalite Rubine PR14、Irgalite Rubine PR15、C. Rubine 4565、Enceprint Rubine 4565、Lithographic Rubine 19577、Lithographic Rubine 34369、Lithographic Rubine Luc-38、Lithographic Rubine LUC-50、Lithol Rubine D4560、Lithol Rubine D4565、Lithol Rubine D4575、Lithol Rubine D4581、Lithol Rubine FK4541、Lithol Rubine FK4580、Lithol Rubine K4566 等。分子式$C_{18}H_{12}N_2O_6SCa$，相对分子质量 424.4。结构式为

$$\left[ H_3C\text{—}C_6H_3(SO_3^{\ominus})\text{—}N{=}N\text{—}C_{10}H_5(OH)(CO_2^{\ominus}) \right] Ca^{2\oplus}$$

### 1. 产品性能

本品为蓝光深红色粉末。不溶于乙醇，溶于热水中为黄光红色。遇浓硫酸为品红色，稀释后呈品红色沉淀。水溶液遇盐酸为棕红色沉淀，遇氢氧化钠为棕色。色泽鲜艳，着色力强。

### 2. 生产原理

4B 酸(4-氨基甲苯-3-磺酸)与亚硝酸重氮化后，与 2，3-酸偶合，然后与氯化钙色淀化再经后处理得到立索尔宝红 BK。

$$H_3C\text{—}C_6H_3(SO_3H)\text{—}NH_2 \xrightarrow[HCl]{NaNO_2} H_3C\text{—}C_6H_3(SO_3H)\text{—}\overset{\oplus}{N}{\equiv}NCl^{\ominus} \xrightarrow[NaOH]{HO\text{—}C_{10}H_6\text{—}CO_2Na}$$

$$H_3C\text{—}C_6H_4\text{—}N{=}N\text{—}C_{10}H_5(OH)(CO_2Na) \xrightarrow[\text{色淀化}]{CaCl_2}$$

**3. 工艺流程**

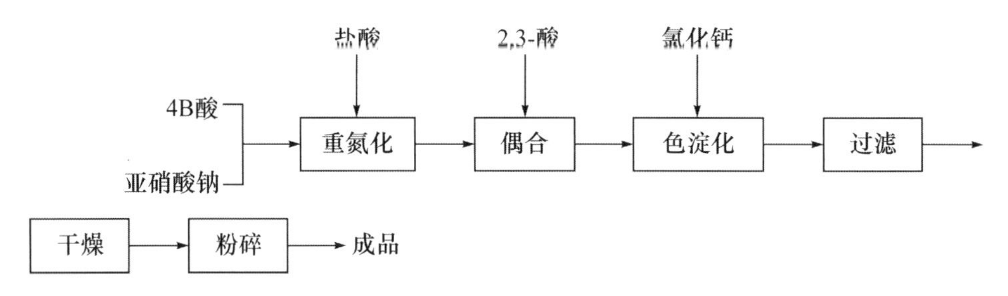


**4. 技术配方**

| | |
|---|---|
| 4B酸(100%) | 330kg/t |
| 2,3-酸(100%) | 330kg/t |
| 盐酸(31%) | 820kg/t |
| 亚硝酸钠(98%) | 145kg/t |
| 碳酸钠(98%) | 255kg/t |
| 氯化铵 | 85kg/t |
| 松香(特级) | 205kg/t |
| 无水氯化钙 | 460 |

**5. 生产设备**

重氮化反应锅,偶合锅,溶解锅,压滤机,干燥箱,粉碎机。

**6. 生产工艺**

1) 工艺一

在重氮化反应锅中,加入由110kg 4B酸(100%)配成的8%溶液,加冰冷却至0℃,物料总量2700L。加入30%盐酸176kg,然后加入48.3kg亚硝酸钠配成的30%溶液进行重氮化,控制7℃以下。重氮化完毕,加入无水氯化钙85kg及氯化铵28.5kg,搅拌15min,温度7~8℃下待偶合。

在溶解锅中加入1500kg水、93kg 30%氢氧化钠溶液、85kg 98%碳酸钠。升温至60℃,搅拌加入2,3-酸(100%)110kg,使之完全溶解至透明。在松香溶解锅中加入180kg水、30kg 30%氢氧化钠溶液,升温并搅拌加入68kg松香,沸腾至完全透明,然后将2,3-酸钠溶液及松香皂液一起放入偶合锅中,调整至总量3000kg,

在良好搅拌下，将重氮盐溶液于 15min 内加入偶合锅中进行偶合。同时加入稀碱控制 pH 9.5，于 20℃下偶合 1h，同时发生色淀化，然后升温至 65℃，立即压滤，用自来水漂洗氯离子至合格，滤饼于 85℃进行干燥，粉碎后得成品。

2）工艺二

将 1200L 水加入重氮化反应锅中，再加入 112.2kg 4B 酸加热至沸腾并保持沸腾 1h，以除去剩余的对甲苯胺。向此溶液中加入 10kg 石灰，过滤，澄清溶液冷却至 15℃，再与 180L 用 41.4kg 98%亚硝酸钠配制的 23%溶液混合，然后在 3h 内将混合物加至 300L 1.08kg/$m^3$ 盐酸和 1000～1300kg 冰的混合溶液中进行重氮化，温度为 5℃，搅拌 2h，重氮化完毕重氮液对淀粉碘化钾试纸显微蓝色。

将 123kg 2,3-酸（95%～96%）溶于 4400L 水和 140kg 碳酸钠中，冷却，在偶合前最好再加入 40kg 碳酸钠，得偶合组分。

在 1h 内将重氮液加至 2,3-酸的偶合组分中，偶合温度为 10℃，搅拌过夜，用蒸汽加热至 50℃过滤，得染料滤饼。

取上述滤饼约 155kg，溶于 16000L 水中，于 95℃下得透明溶液，搅拌使温度为 70℃，然后加入 18kg 硫酸钡粉，5min 后加入用 50kg 松香制备的 10%松香溶液，再搅拌 5min 加入 60kg 10%氯化钙溶液，在 70℃下搅拌 2h，然后通蒸汽在 30min 内升温至 80℃，保温 0.5h，过滤，滤饼含固量为 20%，在 60～70℃下干燥，得立索尔宝红 BK。

**7. 产品标准（HG 15-1131）**

| 项目 | 指标 |
|---|---|
| 外观 | 蓝光红色粉末 |
| 色光 | 与标准品近似 |
| 着色力/% | 为标准品的 100±5 |
| 水分含量/% | ≤4.5 |
| 吸油量/% | 45～55 |
| 水溶物含量/% | ≤3.5 |
| 细度（过 80 目筛余量）/% | ≤5 |
| 挥发物/% | ≤4.5 |
| 耐热性/℃ | 150 |
| 耐晒性/级 | 5 |
| 耐酸性/级 | 4 |
| 耐碱性/级 | 5 |
| 耐水渗透性/级 | 4～5 |
| 耐乙醇渗透性/级 | 5 |
| 耐石蜡渗透性/级 | 5 |

**8. 产品用途**

主要用于油墨工业制造胶印油墨，也可用作塑料和橡胶制品的着色。

**9. 参考文献**

[1] 庄莆，鲍健康，戴幕仉，等. 立索尔宝红合成混合颜料的研究[J]. 华东化工学院学报，1993，02：185-190.

[2] 俞鸿安. 世界有机颜料市场及其发展动向[J]. 染料工业，1990，02：7-14.

## 2.38　橡胶大红 LG

橡胶大红 LG(Rubber Scarlet LG)又称 3105 橡胶大红 LG、5008 橡胶大红、Shangdament Fast Red LG 3147。染料索引号 C.I. 颜料红 58∶1(15825∶1)。分子式 $C_{17}H_9N_2O_6ClSBa_{0.5}$，相对分子质量 473.44。结构式为

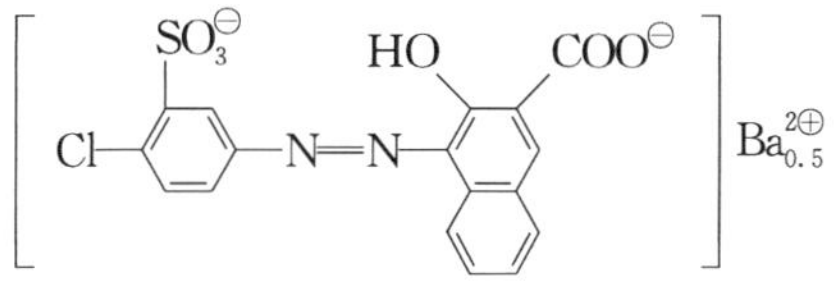

**1. 产品性能**

本品为黄光红色粉末。色泽鲜艳，耐热性和耐硫化性优良。无迁移性。

**2. 生产原理**

2-氯-5-氨基苯磺酸重氮化后与 2,3-酸偶合，得到的偶氮染料与氯化钡发生色淀化，得到橡胶大红 LG。

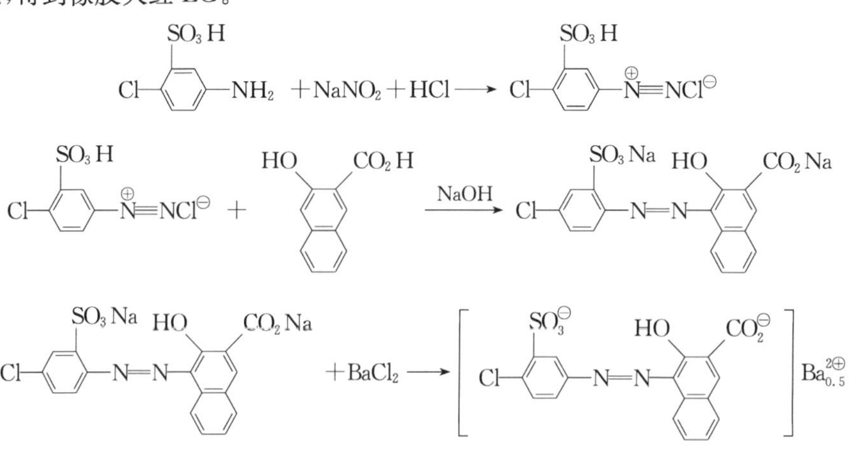

### 3. 工艺流程

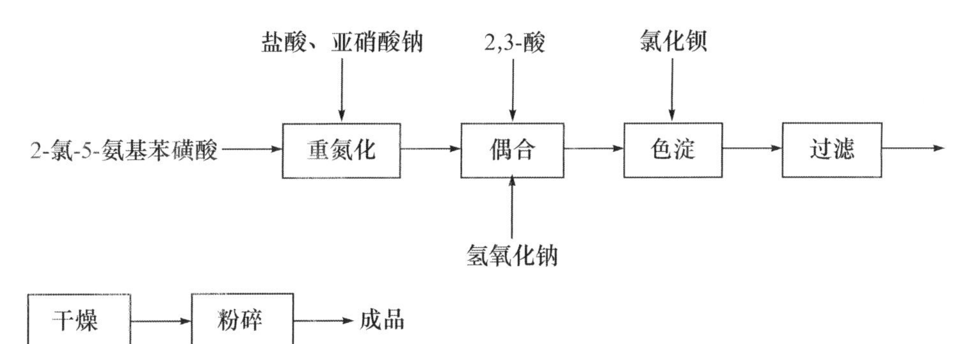


### 4. 技术配方

| | |
|---|---|
| 2-氯-5-氨基苯磺酸(工业品) | 329 |
| 亚硝酸钠(98%) | 121 |
| 盐酸(30%) | 332 |
| 2,3-酸(工业品) | 299 |
| 氢氧化钠(30%) | 485 |

### 5. 生产工艺

将水加入重氮化反应锅中,再加入 2-氯-5-氨基苯磺酸,用冰将温度调为 0℃,在搅拌下加入 30%盐酸经混合均匀后,分批加入 30%亚硝酸钠溶液进行重氮化反应,控制加料时间 20～25min,反应温度低于 7℃,反应结束,得到重氮盐溶液。

在溶解锅内加入一定量水、30%氢氧化钠,搅拌下于 60℃加入 2,3-酸使之溶解,然后加入松香皂液,混合均匀即制得偶合液。将上述制备好的重氮盐分批加入偶合锅中进行偶合反应,同时加入氢氧化钠溶液,控制重氮盐加料时间为 15min,氢氧化钠溶液比重氮盐提早 3～5min 加完,反应温度 20℃,加料完毕继续反应 1h,反应液 pH 9.0 左右,反应结束,升温至 60℃进行过滤,水漂洗,滤饼于80～90℃下干燥,得偶合染料滤饼。

将染料滤饼加水打浆,加入氯化钡进行色淀化。压滤,用水漂洗,干燥,粉碎得橡胶大红 LG。

### 6. 产品标准(HG 15-1125)

| | |
|---|---|
| 外观 | 黄光红色粉末 |
| 水分含量/% | ≤6.0 |
| 吸油量/% | 40±5 |
| 水溶物含量/% | ≤2.0 |

| | |
|---|---|
| 细度(过 80 目筛余量)/% | ≤5.0 |
| 着色力/% | 为标准品的 100±5 |
| 色光 | 与标准品近似 |
| 耐晒性/级 | 5 |
| 耐热性/℃ | 140 |
| 耐酸性/级 | 3～4 |
| 耐碱性/级 | 1 |
| 耐油渗透性/级 | 3 |
| 耐石蜡渗透性/级 | 5 |
| 耐水渗透性/级 | 3 |
| 耐乙醇渗透性/级 | 5 |

### 7. 产品用途

塑料工业用于聚氯乙烯等塑料的着色，橡胶工业用于自行车内胎、热水袋、胶鞋、气球、卫生用品等橡胶制品的着色；也用于油墨、文教用品等的着色。

### 8. 参考文献

[1] 党光. 有机颜料生产过程控制对产品性能的影响[J]. 染料工业，1993，02：23-26.

[2] 吕咏梅. 橡胶着色剂的应用与开发[J]. 橡胶科技市场，2004，04：16-17.

## 2.39 立索尔红 GK

立索尔红 GK(Lithol Rubine GK)又称 Hansa Rubine G。染料索引号 C. I. 颜料红 58∶2(15825∶2)。分子式 $C_{17}H_9ClN_2O_6SCa$，相对分子质量 444.86。结构式为

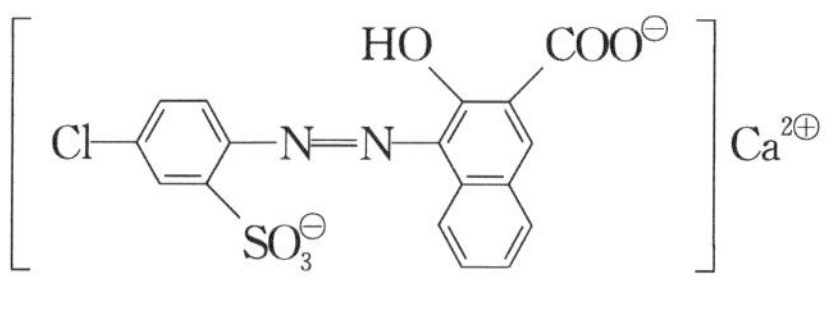

### 1. 产品性能

本品为深红色粉末。色光鲜艳。不溶于乙醇。

### 2. 生产原理

5-氯-2-氨基苯磺酸重氮化后，与 2，3-酸偶合，然后与氯化钙发生色淀化，经后处理得到立索尔红 GK。

$$\text{Cl-C}_6\text{H}_3(\text{SO}_3\text{H})\text{-NH}_2 + \text{NaNO}_2 + \text{HCl} \longrightarrow \text{Cl-C}_6\text{H}_3(\text{SO}_3\text{H})\text{-}\overset{\oplus}{\text{N}}\equiv\text{NCl}^{\ominus}$$

$$\text{Cl-C}_6\text{H}_3(\text{SO}_3\text{H})\text{-}\overset{\oplus}{\text{N}}\equiv\text{NCl}^{\ominus} + \text{HO-C}_{10}\text{H}_6\text{-CO}_2^{\ominus} \xrightarrow{\text{Na}_2\text{CO}_3}$$

$$\text{Cl-C}_6\text{H}_3(\text{SO}_3\text{Na})\text{-N=N-C}_{10}\text{H}_5(\text{HO})(\text{CO}_2\text{Na}) \xrightarrow{\text{CaCl}_2} \left[\text{Cl-C}_6\text{H}_3(\text{SO}_3^{\ominus})\text{-N=N-C}_{10}\text{H}_5(\text{HO})(\text{CO}_2^{\ominus})\right]\text{Ca}^{2\oplus}$$

### 3. 工艺流程

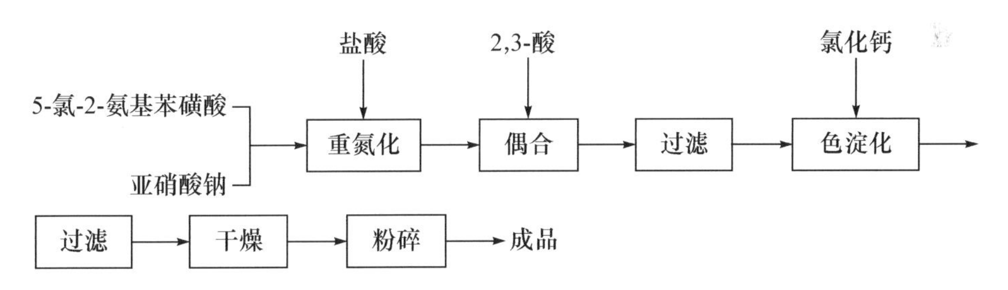


### 4. 技术配方

| | |
|---|---|
| 5-氯-2-氨基苯磺酸 | 351 |
| 亚硝酸钠 | 117 |
| 盐酸 | 312 |
| 2,3-酸 | 296 |
| 碳酸钠 | 778 |
| 硫酸钡 | 22.6 |
| 氯化钙 | 113 |

### 5. 生产工艺

1）重氮化

在重氮化反应锅中，将 62.25kg 5-氯-2-氨基苯磺酸在 30℃下用 300L 水和 18kg 碳酸钠溶解，反应物呈弱碱性，用 2100kg 冰冷却，温度 5～7℃下，加入 150kg 1.15kg/m$^3$ 盐酸，立即用由 20.7kg 亚硝酸钠配制的 23%溶液进行重氮化，搅拌 1h 后，过量的亚硝酸钠通过添加少量的 5-氯-2-氨基苯磺酸除去，重氮化最终体积应是 2600L，温度 5℃，得重氮盐溶液。

2）偶合

在溶解锅中，将 52.5kg 2，3-酸溶于含有 138kg 碳酸钠的 2000L 水中，温度 70℃，体积调至 6500L，用冰和水调节温度至 5℃，得偶合组分。

在 1h 内将重氮组分加至偶合组分中，偶合最终体积应是 10 000～12 000L，搅拌过夜，次日加热至 85℃，并在此温度下保温 3h，在 30℃下过滤，得偶合物。

3）色淀化

在色淀化反应锅中，将 53kg 上述滤饼溶于 3000L 水中，温度 95℃下，加入 4kg 硫酸钡及 10kg 10%松香皂水溶液，在 95℃下用 20kg 10%氯化钙溶液进行色淀化，并保温 0.5h，冷却至 70℃，过滤，洗涤，在 50～60℃下干燥，制得颜料立索尔红 GK。

**6. 产品标准**

| | |
|---|---|
| 外观 | 深红色粉末 |
| 色光 | 与标准品近似 |
| 着色力/% | 为标准品的 100±5 |
| 吸油量/% | 40±5 |
| 细度(过 80 目筛余量)/% | ≤5 |
| 耐晒性/级 | 5 |
| 耐热性/℃ | 140 |

**7. 产品用途**

用于橡胶、油墨及文教用品的着色。

**8. 参考文献**

[1] 庄莆，鲍健康，戴幕仉，等. 立索尔宝红合成混合颜料的研究[J]. 华东化工学院学报，1993，02：185-190.

[2] 陈向红，任绳武. 关于立索尔红不同金属色淀的研究[J]. 染料工业，1989，04：6-7.

## 2.40 艳洋红 3B

艳洋红 3B(Brilliant Carmine 3B)又称颜料大红 3B，染料索引号 C.I. 颜料红 60(16105：1)。分子式 $C_{17}H_9Ba_{1.5}N_2O_9S_2$。相对分子质量 655.41。结构式为

$$\left[\text{(2-}CO_2^{\ominus}\text{-phenyl)}-N=N-\text{(2-HO-3,6-}(SO_3^{\ominus})_2\text{-1-naphthyl)}\right]_2 \cdot 3Ba^{2\oplus}$$

### 1. 产品性能

本品为蓝光红色粉末。不溶于水。溶于亚麻子油、二甲苯、油酸、脂肪烃和其他有机溶剂，微溶于乙醇、丙酮和溶纤素。遇浓硫酸为黄光红色，稀释后产生橙色沉淀。遇浓硝酸为橙色溶液，遇 10%氢氧化钠溶液呈橙色，遇 10%硫酸变微黄。

### 2. 生产原理

1）重氮化

邻氨基苯甲酸在低温下与亚硝酸钠作用，发生重氮化反应。

$$\text{2-}COOH\text{-}C_6H_4\text{-}NH_2 \xrightarrow{HCl,NaNO_2} \text{2-}COOH\text{-}C_6H_4\text{-}N_2^{\oplus}Cl^{\ominus}$$

2）偶合

由上述反应所得重氮盐与 2-萘酚-3，6-二磺酸钠盐（R 盐）进行偶合。

$$\text{2-}COOH\text{-}C_6H_4\text{-}N_2^{\oplus}Cl^{\ominus} + \text{2-HO-3,6-}(SO_3Na)_2\text{-naphthalene} \xrightarrow[\text{NaCl 盐析}]{Na_2CO_3,0℃} \text{2-}COONa\text{-}C_6H_4\text{-}N=N\text{-(2-HO-3,6-}(SO_3Na)_2\text{-1-naphthyl)}$$

3）颜料比

将偶合产物加至分散有氢氧化铝的分散液中，与氯化钡作用制得颜料艳洋红 3B。

$$2\ \text{2-}COONa\text{-}C_6H_4\text{-}N=N\text{-(2-HO-3,6-}(SO_3Na)_2\text{-1-naphthyl)} + 3BaCl_2 \longrightarrow \left[\text{(2-}COO^{\ominus}\text{-phenyl)}-N=N-\text{(2-HO-3,6-}(SO_3^{\ominus})_2\text{-1-naphthyl)}\right]_2 \cdot 3Ba^{2\oplus}$$

### 3. 工艺流程

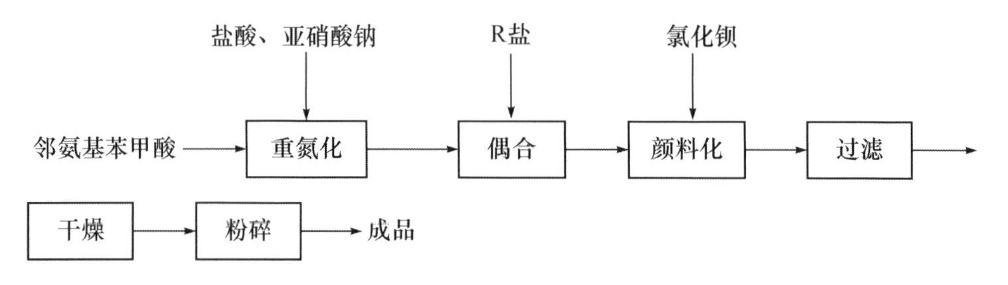


### 4. 技术配方

| | |
|---|---|
| 邻氨基苯甲酸 | 137 |
| 亚硝酸钠(98%) | 70 |
| 盐酸(30%) | 168 |
| R盐 | 350 |
| 碳酸钠 | 476 |
| 硫酸铝 | 615 |
| 氯化钡(二水合物) | 634 |

| 工序 | 物料名称 | 相对分子质量 | 投料量(100%计)/kg | 物质的量/kmol | 备注 |
|---|---|---|---|---|---|
| 重氮化 | 亚硝酸钠 | 69 | 70 | 101 | |
| | 邻氨基苯甲酸 | 137.13 | 137 | 1.0 | |
| | 盐酸 | 36.5 | 50.2 | 1.38 | 投 5mol/L,275L |
| 偶合 | R盐 | 348.3 | 350 | 1.005 | |
| | 碳酸钠 | 106 | 168 | 1.58 | |
| | 重氮液 | | 一批 | | |
| 盐析 | 氯化钠 | 36.5 | 偶合液体积的 13% | | |
| 颜料化 | 碳酸钠 | 106 | 307.7 | 2.90 | |
| | 硫酸铝 | 342.14 | 615 | 1.80 | |
| | C. I. 媒介红 9 | | 一批 | | |
| | 氯化钡(冰合) | 244.3 | 633.8 | 2.59 | |
| | 氧化锌(浆状) | | 约 140 | | |

### 5. 生产原料规格

1) 邻氨基苯甲酸

结构式:(苯环)—COOH、—$NH_2$,分子式:$C_7H_7NO_2$,相对分子质量:137.13。

本品为白色至微黄色结晶粉末。有甜味。熔点 144～146℃。易溶于醇、醚、热氯仿、热水，微溶于苯，难溶于冷水。可升华。在甘油溶液中呈紫英石荧光。蒸馏时分解为二氧化碳和苯胺。可燃。有毒，对皮肤及黏膜有刺激性。

质量要求：

| | |
|---|---|
| 外观 | 白色或微黄色结晶粉末 |
| 熔点/℃ | 146～148 |
| 邻氨基苯甲酸含量/% | ≥99.0 |
| 灼烧残渣/% | ≤0.1 |
| 重金属含量(以铅计)/% | ≤0.002 |
| 铁含量/% | ≤0.002 |
| 硫酸盐含量/% | ≤0.03 |
| 氯化物含量/% | ≤0.02 |

2）R 盐

结构式：$NaO_3S$—(萘环)—$OH$, $SO_3Na$，分子式：$C_{10}H_6O_7S_2Na_2$，相对分子质量：348.3。

本品为无色有光泽的细丝针状晶体，工业品为灰白色膏状物。易潮解。溶于水、乙醇、乙醚，有毒。储存于阴凉、通风、干燥处，防火、防潮。运输时防日晒雨淋。

**6. 生产工艺**

1）工艺一

将 137kg 邻氨基苯甲酸与 1500L 水、275L 5mol/L 盐酸、冰一起搅拌过夜，次日再初加冰，并用 132.2L 40%亚硝酸钠溶液重氮化，然后稀释至体积为 3500L，得重氮盐溶液。

将 320kg R 盐溶解于 168kg 碳酸钠及 2000L 水中，冷却至 5℃得偶合组分。

在 0.5h 内从偶合液面下加入重氮液，经 3～4h 偶合完毕，再将反应液加热至 65℃，过滤，解释，用冰冷却至 10℃，过滤析出的沉淀在 80℃下干燥得染料产品。

将所得产品再经色淀化制得产品艳洋红 3B。

2）工艺二

(1) 在重氮化反应锅中加入 1500L 水，然后加入 275L 5mol/L 盐酸、137kg 邻氨基苯甲酸，搅拌过夜。次日，在此溶液中加冰降温至 0℃，并保持其处于 0℃左右，然后加入 70kg 98%亚硝酸钠配成的 40%溶液，使总体积为 3500L，停止搅拌测终点，终点亚硝酸钠微过量：淀粉碘化钾试纸呈微蓝色。控制温度＜5℃以防生成的重氮盐分解。

(2) 在偶合锅中加入 2000L 水，然后加入 168kg 碳酸钠和 350kg R 盐，搅拌溶解完全。将 R 盐溶液压滤，滤液用冰冷却至 5℃。于 0.5h 内，将用冰冷却至 0℃的重氮液加入 R 盐中，进行偶合，控制温度在 0℃以下，反应终点 R 盐微过量：用渗圈试验测定。到达终点后，再保持 40min。

(3) 向偶合液中加入物料体积的 13%精盐进行盐析，搅拌过夜，次日过滤得偶合染料，即得 C.I 媒介红 9。

(4) 将 314kg 98%碳酸钠投入 1200L 水中，溶解后加入硫酸铝 615kg，反应生成氢氧化铝沉淀。过滤后用水洗至不含硫酸根离子。然后用水分散。将上述制得的 C.I 媒介红 9 加至氢氧化铝分散液中，用氯化铝调节 pH 至 7～8。加入由 633.8kg 氯化钡配成的水溶液和约 140kg 浆状氧化锌(作为润湿剂，并可增强颜料的透明度)。搅拌 0.5h 后，以滤纸做渗圈试验，直到反应液用氯化钡作渗圈无色为止，继续搅拌 1h。

(5) 用泵将上述色浆打入压滤机，压滤漂洗后即可卸料于色盘上，在 60℃干燥箱内干燥，研磨拼混即得产品。合格品装入内衬塑料袋的铁桶。

说明：

(1) 重氮化温度不能高于 5℃，应用冰维持，整个反应过程中为强酸性，刚果红试纸呈深蓝色，为了防止亚硝酸钠的不足，可在反应前将邻氨基苯甲酸溶液取出 5～10kg，待反应接近终点时补加，整个过程亚硝酸钠过量。终点亚硝酸钠微过量(用淀粉碘化钾试纸显微黄色)。

(2) 偶合反应应控制在 10℃以下，反应终点用渗圈试验测定：R 盐微过量。

(3) 颜料化反应中添加的氧化锌，不仅作为润湿剂，还可提高颜料质量，加入量可以视生产情况增减。

(4) 颜料化反应使用的氢氧化铝，应洗至无硫酸根离子，否则，硫酸根离子和钡离子反应生成硫酸钡沉淀。

$$Ba^{2+} + SO_4^{2-} \longrightarrow BaSO_4 \downarrow$$

检验硫酸根是否存在，也是基于这一反应使用氯化钡溶液滴入洗液，应无白色沉淀出现。

**7. 产品标准(参考指标)**

| 项目 | 指标 |
|---|---|
| 外观 | 蓝光红色粉末 |
| 色光 | 与标准品近似 |
| 着色力/% | 为标准品的 100±5 |
| 吸油量/% | ≥39 |
| 耐晒性/级 | 5～6 |
| 耐热性/℃ | 150 |
| 细度(过 80 目筛余量)/% | ≤5 |

### 8. 产品用途

主要用于印刷油墨、漆类、醇酸树脂漆和油漆的着色；还可用于印制墙壁纸、包装板和罐头盒的着色；也用于橡胶、聚氯乙烯、脲醛树脂和酚醛树脂的着色，纸张的着色，乳化油漆的着色以及纺织品的印花。

### 9. 参考文献

[1] 陈佳俊，费学宁，曹凌云，等. 有机颜料大红粉的改性及废水处理[J]. 化工进展，2010，S1：662-665.

[2] 费学宁，张天勇，周春隆. 混合偶合方法对色酚 AS 红色颜料（大红粉）的改性研究[J]. 染料工业，1999，03：8-11.

[3] 管道法生产颜料大红粉[J]. 染料工业，1975，05：39.

## 2.41　立索尔紫红 2R

立索尔紫红 2R(Lithol Bordeuax 2R)又称 576 立索尔紫红 2R、575 立索尔紫红、紫红 BON、Borduax Toner R。染料索引号 C. I. 颜料红 63：1(15880：1)。分子式 $C_{21}H_{12}N_2O_6SCa$，相对分子质量 460.48。结构式为

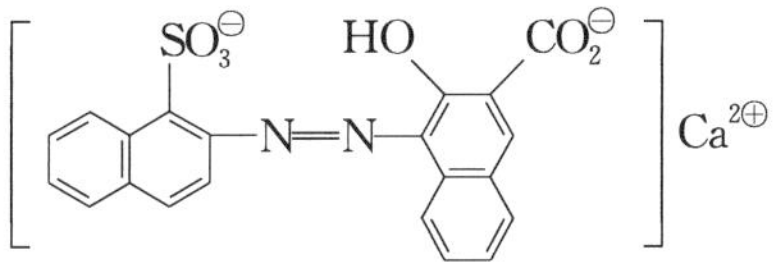

$SO_3^{\ominus}$　HO　$CO_2^{\ominus}$

[萘基—N═N—萘基] $Ca^{2\oplus}$

### 1. 产品性能

本品为红酱色粉末。相对密度 1.42，吸油量 45～67g/100g。不溶于水，微溶于乙醇。遇浓硫酸呈蓝光紫红色，稀释后生成棕光紫红色沉淀；遇浓硝酸为暗紫红色；遇氢氧化钠为棕色溶液。该颜料耐晒性、耐热性和耐渗性良好。

### 2. 生产原理

吐氏酸重氮化后与 2，3-酸偶合，然后松脂化，再与钙盐色淀化，经后处理，得到立索尔紫红 2R。

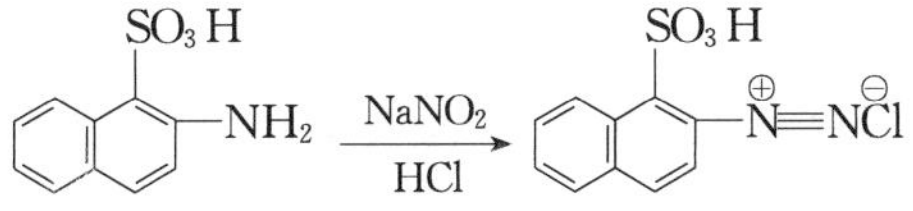

$SO_3H$ 萘—$NH_2$ $\xrightarrow[HCl]{NaNO_2}$ $SO_3H$ 萘—$\overset{\oplus}{N}{\equiv}N\overset{\ominus}{Cl}$

### 3. 工艺流程

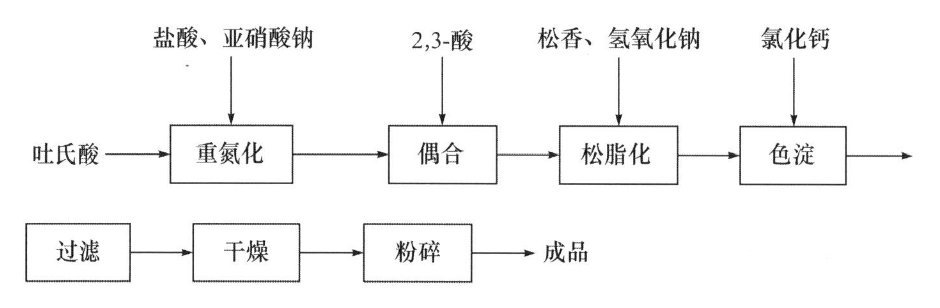


### 4. 技术配方

| | |
|---|---|
| 吐氏酸(98%) | 300 |
| 亚硝酸钠(98%) | 94 |
| 盐酸(31%) | 360 |
| 氢氧化钠(30%) | 447 |
| 2,3-酸(95%) | 281 |
| 碳酸钠(98%) | 115 |
| 无水氯化钙 | 316 |
| 松香(特级) | 57 |
| 元明粉 | 143 |
| 土耳其红油 | 96 |
| 氯化铵 | 29 |

### 5. 生产设备

重氮化反应锅,溶解锅,偶合锅,色淀化锅,压滤机,干燥箱,粉碎机,拼混机,储槽。

## 6. 生产工艺

1）工艺一

在重氮化反应锅中，加入水，然后加入30kg吐氏酸，加入氢氧化钠使pH至7.8～8.0。溶解完全透明后，加冰降温至0℃，然后加入36kg 31%盐酸，再加入由31.5kg 98%亚硝酸钠配成的30%水溶液，控制5℃以下进行重氮化。过滤，滤饼打入打浆锅，与水搅合为均匀悬浮液，备用。

在溶解锅内放入400kg水，加入23.6kg 30%氢氧化钠和17.4kg 98%碳酸钠，升温至60℃，搅拌加入26.7kg 2,3-酸，使之完全溶解为止。另一溶解锅中放入46kg水、7.6kg 30%氢氧化钠，升温并搅拌下加入5.7kg松香，沸腾至透明，然后将2,3-酸溶液与松香皂液一起投入偶合锅中，调整总体积至760L。控制pH 10～10.5及温度10℃以下，将重氮化的悬浮液加入偶合锅中进行偶合。偶合完毕，于pH 8.5条件下，加入31.6kg无水氯化钙和3kg氯化铵，搅拌反应至完全。压滤后用水洗至无氯离子。然后于85℃以下干燥，粉碎后加入元明粉等进行拼混得到立索尔紫红IR。

2）工艺二(混合偶合工艺)

将700L水和860L 1.08kg/m$^3$盐酸加入重氮化反应锅中，再加入240kg吐氏酸与60kg达耳酸(2-萘胺-5-磺酸)，加600kg冰降温至10℃，然后用91kg 98%亚硝酸钠配制的23%溶液进行重氮化，搅拌0.5h，添加吐氏酸除去过量的亚硝酸钠，得重氮液。

将294kg 2,3-酸溶于含有504kg 1.38kg/m$^3$氢氧化钠溶液和1000L水中，将该溶液于0.5h内，20℃下加入重氮液，搅拌2h，过滤得染料Lake Bordeuaux BN。

将45kg染料Lake Bordeuaux BN加至4500L水中，冷却搅拌过夜，次日用水冷却至25℃，然后加入9kg硫酸钡、4.5kg土耳其红油、51kg 25%松香皂溶液及35kg氯化钙，然后加热至沸腾，过滤用1000L水洗涤，在50～60℃干燥，得92kg立索尔紫红2R。

## 7. 产品标准(HG 15-1112)

| 外观 | 红酱色粉末 |
|---|---|
| 色光 | 与标准品近似 |
| 着色力/% | 为标准品的100±5 |
| 水分含量/% | ≤4.5 |
| 吸油量/% | 40～50 |

| | |
|---|---|
| 水溶物含量/% | ≤3.5 |
| 耐热性/℃ | 140 |
| 耐旋光性/级 | 6 |
| 耐酸性/级 | 5 |
| 耐碱性/级 | 5 |
| 耐水渗透性/级 | 4 |
| 耐石蜡渗透性/级 | 5 |
| 耐油渗透性/级 | 5 |
| 细度(过 80 目筛余量)/% | ≤5 |

**8. 产品用途**

主要用于涂料、油墨、皮革涂饰剂、漆布漆纸、人造革、塑料和橡胶制品的着色。

**9. 参考文献**

[1] 金炳生,何珉,董国兴. C. I. 颜料红 57∶1 的新制备方法[J]. 染料与染色,2008,05:10-11.

[2] 费久佳. C. I. 颜料红 149 的合成及颜料化研究[D]. 大连:大连理工大学,2000.

## 2.42　颜料红 68

颜料红 68(Pigment Red 68)又称 PV Red NCR、Permanent Red Toner NCR。染料索引号 C. I. 颜料红 68(15525)。分子式 $C_{17}H_9ClN_2O_6SCa$,相对分子质量 444。结构式为

$SO_3^{\ominus}$　HO　Cl　—N═N—　$COO^{\ominus}$　$Ca^{2\oplus}$

**1. 产品性能**

本品为深红色粉末。属 2-萘酚类单偶氮颜料。耐热性优良,耐旋光性良好,耐迁移性好。

**2. 生产原理**

2-氯-5-氨基-4-磺酸基苯甲酸(CA 酸)重氮化后与 2-萘酚偶合,再与氯化钙发生色淀化得颜料红 68。

$$\text{CA酸} + NaNO_2 + HCl \longrightarrow \text{重氮盐}(-\overset{\oplus}{N}{\equiv}NCl^{\ominus})$$

$$\text{重氮盐} + \text{2-萘酚} \longrightarrow \text{偶合产物}(SO_3Na,\ CO_2Na,\ -N{=}N-)$$

$$\text{偶合产物} + CaCl_2 \longrightarrow [\ldots]Ca^{2\oplus}$$

### 3. 工艺流程

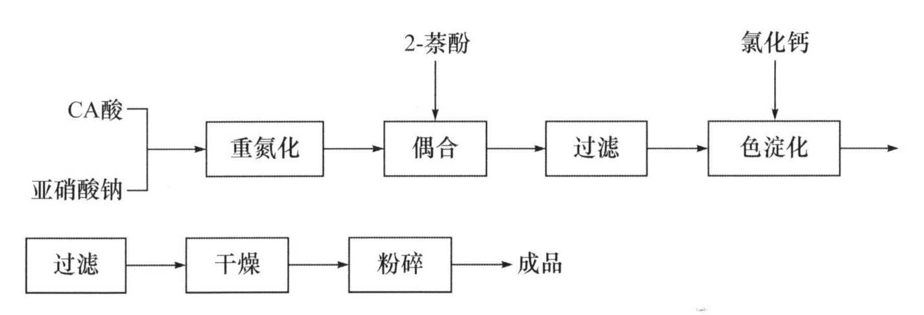


### 4. 技术配方

| | |
|---|---|
| CA 酸(100%) | 251.5 |
| 亚硝酸钠(98%) | 70.0 |
| 盐酸 | 300.0 |
| 2-萘酚(100%) | 144.0 |
| 氯化钠 | 1143.0 |
| 硅藻土 | 10.0 |
| 无水氯化钙 | 170 |

### 5. 生产工艺

1)重氮化

在重氮化反应锅中，往 800L 水中加入 115L 33%氢氧化钠溶液，再加入 252kg CA 酸含水的膏状物，溶液 pH 为 7.0，加入 131L 40%亚硝酸钠溶液及 10kg 硅藻土混合物，过滤，将滤液加至 500L 水和 600L 5mol/L 盐酸及 300kg 冰的溶液中，温度 7～10℃，反应 45min，重氮悬浮液用 350L 水稀释，温度 10℃下，得重氮盐溶液。

2）偶合

在25℃下向含有950L 33%氢氧化钠的3000L水中加入150kg 2-萘酚，搅拌0.5h直至全溶，稀释至体积为5200L，得偶合组分。

在45min内从偶合液液面下加入重氮盐的悬浮体，生成的染料几乎完全转入溶液中，搅拌15min，并在2h内加入含有413kg氯化钠的1300L水溶液，盐析，搅拌过夜，过滤，制得膏状物1200～1300kg。

3）色淀化

在色淀化反应锅中，将上述膏状物加至1800L水中，加热至60℃搅拌溶解。温度为54℃时加入10kg硅藻土，过滤，体积为2500L，温度44℃，加冰至29℃。

在另一容器中加水1500L、170kg无水氯化钙及700kg氯化钠，体积为2700L，在18℃下澄清过滤，然后加入3.5kg冰醋酸，在40min内加入上述染料溶液，温度为24℃。加热至70℃，保持15min，过滤，在55～60℃下干燥，得产品颜料红68 200kg。

**6. 产品标准**

| | |
|---|---|
| 外观 | 深红色粉末 |
| 色光 | 与标准品近似 |
| 着色力/% | 为标准品的100±5 |
| 水分含量/% | ≤2.5 |
| 细度(过80目筛余量)/% | ≤5 |

**7. 产品用途**

用于油漆、油墨、油彩颜料的着色。

**8. 参考文献**

[1] 朱文朴，戴翎. 颜料红170的合成[J]. 四川化工，2013，03：7-10.
[2] 李梅彤. 高遮盖力颜料红179的制备[J]. 天津工业大学学报，2009，03：45-47.

## 2.43　耐晒桃红色原

耐晒桃红色原(Light Fast Pink Toner)又称耐晒淡红色淀(Light Besistant Pale Bed Lake)、耐晒红、纯桃红、2501或3528耐晒淡红色淀、3262耐晒桃红色原6G、1004桃红色原、Enceprint Pink 4830、Irgalite Paper Pink TCB，染料索引号

C. I. 颜料红 81(45160∶1)。结构式为

$$\left[\begin{matrix}H_5C_2HN \quad \overset{\oplus}{N}HC_2H_5 \\ H_3C \quad C \quad CH_3 \\ CO_2C_2H_5\end{matrix}\right]_4 [H_3P(W_3O_7)_x \cdot (Mo_2O_7)_{6-x}]^{4\ominus} \cdot Al(OH)_3 \cdot BaSO_4$$

### 1. 产品性能

本品为桃红色粉末。色光鲜艳、着色力强、耐晒牢度好、耐热性中等。能溶于水和乙醇，溶于水呈带绿光荧光大红色，溶于乙醇呈黄光荧光红色，遇浓硫酸为黄色，稀释后呈红色，其水溶液遇氢氧化钠为红色沉淀。

### 2. 生产原理

用硫酸铝和氯化钡制备氢氧化铝和硫酸钡混合悬浮液。同时，用钨酸钠、钼酸钠和磷酸氢二钠制备磷钼钨杂多酸溶液。然后将碱性桃红 6GDN 溶解于含乙酸的水中，再与氢氧化铝和硫酸钡混合悬浮液及磷钼钨杂多酸溶液搅拌混合，进行色淀化，沉淀，经过滤、漂洗、干燥、粉碎而制得耐晒桃红色原。

$$Al_2(SO_4)_3 + 3Na_2CO_3 + 3H_2O \longrightarrow 2Al(OH)_3 \downarrow + 3CO_2 \uparrow + 3Na_2SO_4$$

$$BaCl_2 + Na_2SO_4 \longrightarrow BaSO_4 \downarrow + 2NaCl$$

$$2xNa_2WO_4 + 2(6-x)Na_2MoO_4 + Na_2HPO_4 + 26HCl \longrightarrow$$
$$H_7P(W_2O_7)_x \cdot (Mo_2O_7)_{6-x} + 26NaCl + 10H_2O$$

式中：$6 > x > 0$

$$\begin{matrix}H_5C_2HN \quad \overset{\oplus}{N}HC_2H_5 \\ H_3C \quad C \quad CH_3 \\ CO_2C_2H_5\end{matrix} + Al(OH)_3 + BaSO_4 + H_7P(W_2O_7)_x \cdot (Mo_2O_7)_{6-x} \longrightarrow \text{耐晒桃红色原}$$

### 3. 工艺流程

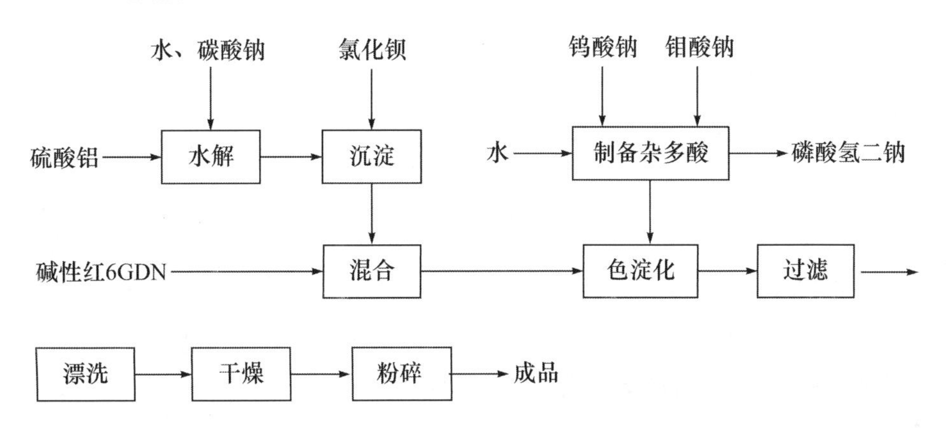

### 4. 技术配方

| 原料名称 | 相对分子质量 | 工业纯度/% | 用量/(kg/t) |
|---|---|---|---|
| 碱性桃红 6GDN | 450.95 | 100 | 265 |
| 精制硫酸铝 | — | 98 | 900 |
| 氯化钡 | — | 98 | 171 |
| 钨酸钠 | 330 | 98 | 365 |
| 钼酸钠 | 242 | 98 | 100 |
| 磷酸氢二钠 | 358 | 98 | 51 |
| 盐酸 | 36.5 | 31 | 315 |
| 冰醋酸 | 60 | 99 | 30 |

### 5. 生产原料规格

1) 碱性桃红 6GDN

碱性桃红 6GDN 又称碱性红 6GDN(C. I. Basic Red 1. 45160)，为紫红色粉末。溶于水，呈猩红色，带绿色荧光。水溶液加氢氧化钠产生红色沉淀。

| | |
|---|---|
| 着色力/% | 为标准品的 100±2 |
| 外观 | 紫红色粉末 |
| 不溶于水的杂质含量/% | ≤1.0 |
| 细度(过 20 目筛余量)/% | 0 |

2) 精制硫酸铝

| | |
|---|---|
| 氧化铝($Al_2O_3$)含量/% | ≥15.7 |
| 氧化铁($Fe_2O_3$)含量/% | ≤0.7 |
| 游离酸($H_2SO_4$)含量/% | 无 |
| 水不溶物含量/% | 0.30 |

3) 钨酸钠

钨酸钠为白色晶体粉末。相对密度 3.245，熔点 698℃(无水物)，易溶于水，水溶液呈微碱性。遇酸分解为溶于水的钨酸。有毒。

| | |
|---|---|
| 钨酸钠($Na_2WO_4 \cdot 2H_2O$)含量/% | >99 |
| 硝酸盐含量/% | <0.01 |
| 水不溶物含量/% | <0.01 |
| 硫酸盐含量/% | <0.02 |

### 6. 生产工艺

(1) 制备氢氧化铝-硫酸钡混合悬浮液。将 274kg 工业结晶硫酸铝用 2000L 80℃热水溶解，再用水调整至体积 3600L，温度为 55～60℃待用。将 115kg 碳酸钠用 2400L 40℃水溶解，在 1h 左右加完 3600L 硫酸铝溶液，然后搅拌 10min，终点 pH 为 6.5 左右。将 53kg 98%氯化钡用 1000L 40℃水溶解，随后加入上述氢氧化铝悬浮液中，终点 pH 为 6.5 左右。最后压滤、漂洗，滤饼用清水调整总体积为 2500L 的浆状悬浮液备用。

(2) 制备杂多酸。将 110.5kg 100%钨酸钠、29.4kg 钼酸钠及 15.3kg 结晶磷酸氢二钠溶于 1400L 70℃热水中，再加入 94.4kg 31%盐酸，调整 pH 至 1.5，得到磷钼钨杂多酸溶液备用。

(3) 耐晒桃红色原的制备。将 76.3kg 100%碱性桃红 6GDN 染料，溶解于 3500L 90℃含 9.5kg 乙酸的水中，再将氢氧化铝-硫酸钡混合悬浮液加入，温度 70℃，搅拌。加杂多酸溶液总量的 80%，升温至 90℃，保持约 10min，加冷水降温至 70℃，再加入余下的杂多酸溶液(上述制备的)，检验终点，终点 pH 为 4.0。再加冷水降温至 65℃以下。然后过滤、漂洗、干燥、粉碎得到耐晒桃红色原。

### 7. 产品标准(GH 15-1146)

| 项目 | 指标 |
| --- | --- |
| 外观 | 桃红色粉末 |
| 色光 | 与标准品近似 |
| 着色力/% | 为标准品的 100±5 |
| 水分含量/% | ≤2.0 |
| 吸油量/% | 50±5 |
| 挥发物含量/% | ≤2.5 |
| 耐晒性/级 | 4 |
| 耐热性/℃ | 120 |
| 耐酸性/级 | 3～4 |
| 耐水渗透性/级 | 1 |
| 耐碱性/级 | 2 |
| 耐油渗透性/级 | 3 |
| 耐乙醇渗透性/级 | 1 |
| 耐石蜡渗透性/级 | 5 |
| 细度(过 80 目筛余量)/% | ≤5 |

### 8. 产品用途

用于高级油墨、文教用品、油画颜料和室内涂料的着色。

### 9. 参考文献

[1] 高益令. 碱性玫瑰精 6GDN 的合成与应用[J]. 辽宁化工，1994，06：23-25.

## 2.44 耐晒玫瑰色淀

耐晒玫瑰色淀又称 Rhodamine 6G。染料索引号 C. I. 颜料红 81∶1(45160∶1)。相对分子质量 7361～8328。结构式为

[ $H_5C_2HN$ … $\overset{\oplus}{N}HC_2H_5$，$H_3C$ … $CH_3$，$COOC_2H_5$ ]$_6$ $[O_3P_2O_5 \cdot xWO_3 \cdot yMoO_3]^{6\ominus}$

$x$=12～23

$y$=12～1

### 1. 产品性能

本品为红色粉末。能溶于水。色光鲜艳，着色力高，耐晒牢度好。相对密度 1.79～2.51。吸油量 43～68g/100g。

### 2. 生产原理

碱性桃红 6GDN 与杂多酸发生色淀化，经后处理得耐晒玫瑰色淀。

$H_5C_2HN$ … $\overset{\oplus}{N}HC_2H_5$，$H_3C$ … $CH_3$，$COOC_2H_5$ $+H_7P(W_2O_7)_x \cdot (MoO_7)_{6-x} \longrightarrow$

[ $H_5C_2HN$ … $\overset{\oplus}{N}HC_2H_5$，$H_3C$ … $CH_3$，$COOC_2H_5$ ]$_6$ $[O_3P_2O_5 \cdot xWO_3 \cdot yMoO_3]^{6\ominus}$

### 3. 工艺流程

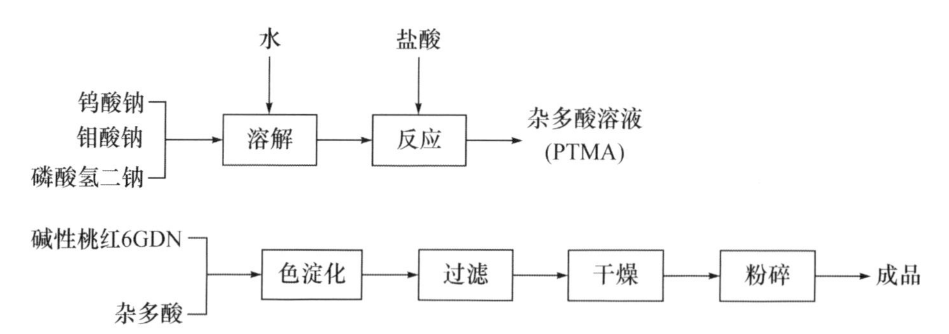

#### 4. 技术配方

| | |
|---|---|
| 碱性桃红 6GDN | 75 |
| 钨酸钠 | 114 |
| 钼酸钠 | 30 |
| 磷酸氢二钠 | 18 |

#### 5. 生产工艺

1) 杂多酸制备

将 114kg 钨酸钠、30kg 钼酸钠及 18kg 磷酸氢二钠置于 300L 水中。加热至 40～50℃溶解，加水及盐酸至 pH 为 1～2，并稀释至体积为 2000L，温度为 20℃，得杂多酸溶液。

2) 色淀化

将碱性桃红 6GDN 75kg 加入 6000L 水及 5～6kg 乙酸中，加热至 80℃使其全溶解。将上述的磷钨钼酸慢慢加入，直到渗圈不显红色为止，并检测保证杂多酸过量(取反应物过滤的透明滤液，加入碱性槐黄溶液应有沉淀析出)。升温至 85℃，加入约 1kg 乳化剂 FM，加冷水冷却至低于 60℃，过滤，可用 pH 为 6 的稀乙酸与微量杂多酸的水溶液洗涤以防产品溶解损失。洗涤至 pH 为 6～7，在 70℃下干燥，粉碎，制得耐晒玫瑰色淀。

#### 6. 产品标准

| | |
|---|---|
| 外观 | 红色粉末 |
| 色光 | 与标准品近似 |
| 着色力/% | 为标准品的 100±5 |
| 水分含量/% | ≤5.5 |
| 吸油量/% | 45±5 |
| 细度(过 80 目筛余量)/% | ≤5 |
| 耐晒性/级 | 5 |
| 耐热性/℃ | 100 |
| 耐酸性/级 | 1 |

#### 7. 产品用途

用于油墨、文教用品、油画颜料和室内涂料等的着色。

#### 8. 参考文献

[1] 吕东军，王世荣. C. I. 颜料红 48 系列色淀颜料的应用进展[J]. 染料与染色，2005，02：5-8.
[2] 费学，宁于艳，周春隆. 红色色酚类色淀颜料的结构与性能[J]. 天津化工，1996，03：5-8.

# 2.45 曙红色淀

曙红色淀(Phloxine Red Lake)又称 Eosine(Lead Salt)、Bronze Red、Eosine Lake、Federal Bronze Red。染料索引号 C.I. 颜料红 90(45380∶1)。分子式 $C_{20}H_6Br_4O_5P_6$,相对分子质量 853.10。结构式为

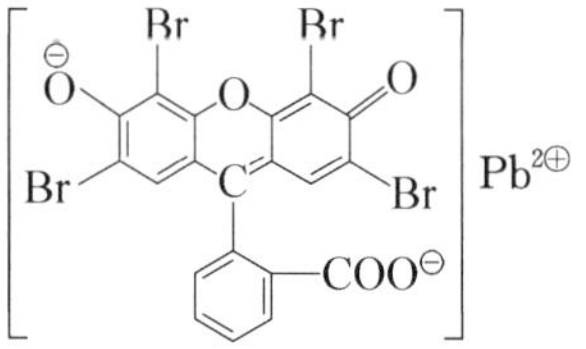

Br Br
$O^{\ominus}$ O O
Br C Br $Pb^{2\oplus}$
$COO^{\ominus}$

### 1. 产品性能

本品为艳红色粉末。相对密度 2.49。耐热稳定性到 110℃,耐水性好。

### 2. 生产原理

荧光黄溴化后,用氯酸钠氧化,氧化物与硝酸铅作用生成色淀。

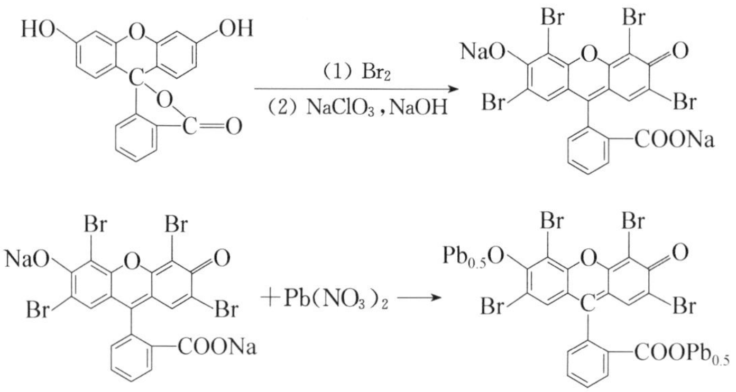

HO O OH
C O
C=O
(1) $Br_2$
(2) $NaClO_3$,NaOH
Br Br
NaO O O
Br Br
COONa

Br Br
NaO O O
Br Br
COONa
$+Pb(NO_3)_2$ ⟶
Br Br
$Pb_{0.5}O$ O O
Br C Br
$COOPb_{0.5}$

### 3. 工艺流程

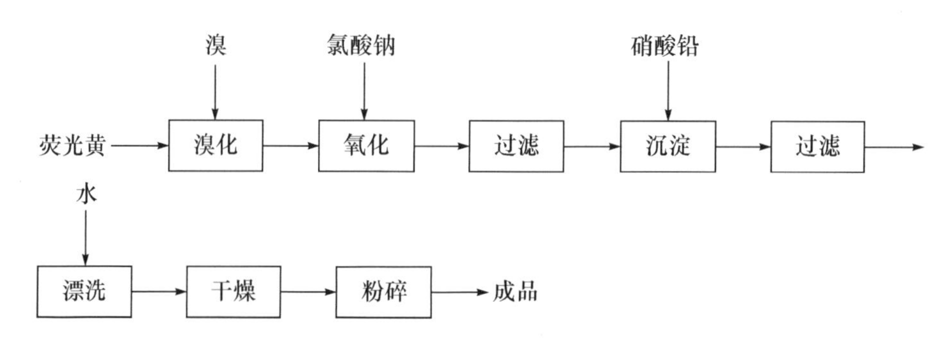

#### 4. 技术配方

| | |
|---|---|
| 荧光黄(100%) | 150 |
| 溴 | 131.2 |
| 氯酸钠 | 35 |
| 硝酸铅(98%) | 76.3 |

#### 5. 生产工艺

在溴化反应锅中，加入 400kg 85%乙醇，再加入 150kg 荧光黄和 25kg 1.16kg/m$^3$ 盐酸，搅拌下在 1h 内加入 131kg 溴素，温度低于 45℃。在 1.5h 内加入用 35kg 氯酸钠与 70L 水配制的氯酸钠溶液，冷却至 30℃，过滤，先用 20kg 乙醇洗涤，再用 200L 水洗两次，得到弱酸性红 A。

加氢氧化钠溶液至弱酸性红 A 母体染料中，使其溶解，然后加入稍微过量的硝酸铅，生成沉淀。颜料的性质取决于工艺条件：温度，搅拌速度，单溴化物、二溴化物、三溴化物的含量，pH。这些工艺条件影响铅盐沉淀的着色特性、物理性能及色光。将沉淀用水漂洗，干燥、粉碎，得到曙红色淀。

#### 6. 产品标准

| | |
|---|---|
| 外观 | 艳红色粉末 |
| 色光 | 与标准品近似 |
| 着色力/% | 为标准品的 100±5 |
| 水分含量/% | ≤5 |
| 细度(过 80 目筛余量)/% | ≤5 |
| 耐热性/℃ | 110 |
| 耐晒性/级 | 2～3 |
| 耐水渗透性/级 | 5 |

#### 7. 产品用途

主要用于油墨着色，也用于铅笔、蜡笔及色带着色。

#### 8. 参考文献

[1] 沈永嘉.有机颜料的新品种与新技术[J].染料与染色，2004，01：30-32.
[2] 王璇，沈永嘉.红色高性能有机颜料的革命[J].涂料技术与文摘，2012，09：11-13.

# 2.46　永固红 FGR

永固红 FGR(Permanent Red FGR)又称颜料永固红 FGR。染料索引号 C. I. 颜料红 112(12370)。国外主要商品名:Permanent Red FGR CFH)、Irgalite Paper Red 3RS(CGY)、Basoflex Red 381(BASF)、Graphtol Red (I-L3CS)、Helio Fast Red BB,Helio Fast Red BBN(BAY)、Sumitone Red GS(NSK)、Symuler Fast Red 4071(DIC)、Luconyl Red 3855、Luconyl Red FK382、Monolite Red BR、Monolite Red BRE。分子式 $C_{24}H_{16}Cl_3N_3O_2$,相对分子质量 484.76。结构式为

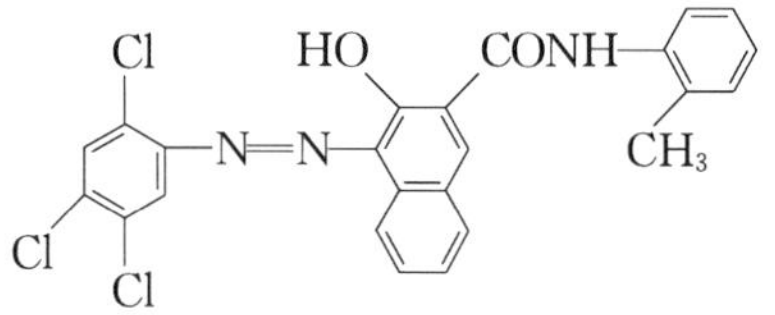

Cl　HO　CONH—(2-甲基苯基)　CH₃ … N=N … Cl　Cl

## 1. 产品性能

本品为艳红色粉末。遇浓硫酸呈红紫色,稀释呈蓝光桃红色。具有良好的耐晒性和耐热性。

## 2. 生产原理

2,4,5-三氯苯胺重氮化后与色酚 AS-D 偶合制得。

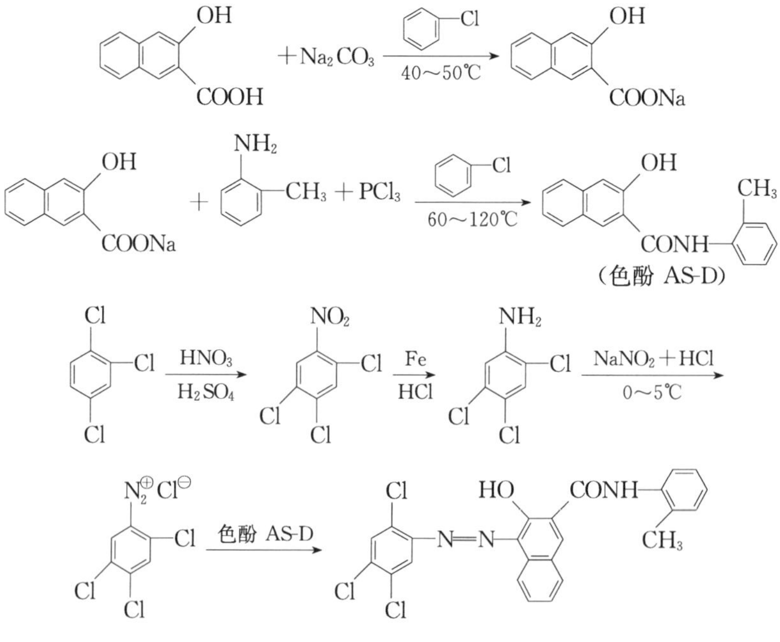

2-羟基-3-萘甲酸(OH, COOH) $+ Na_2CO_3$ $\xrightarrow[40\sim50℃]{\text{氯苯}}$ 2-羟基-3-萘甲酸钠(OH, COONa)

2-羟基-3-萘甲酸钠(OH, COONa) + 邻甲苯胺($NH_2$, $CH_3$) $+ PCl_3$ $\xrightarrow[60\sim120℃]{\text{氯苯}}$ (OH, CONH—邻甲苯基, $CH_3$)(色酚 AS-D)

1,2,4-三氯苯(Cl, Cl, Cl) $\xrightarrow[H_2SO_4]{HNO_3}$ 2,4,5-三氯硝基苯($NO_2$, Cl, Cl, Cl) $\xrightarrow[HCl]{Fe}$ 2,4,5-三氯苯胺($NH_2$, Cl, Cl, Cl) $\xrightarrow[0\sim5℃]{NaNO_2+HCl}$

($N_2^{\oplus}Cl^{\ominus}$, Cl, Cl, Cl) $\xrightarrow{\text{色酚 AS-D}}$ (Cl, HO, CONH—, $CH_3$, N=N, Cl, Cl)

### 3. 工艺流程

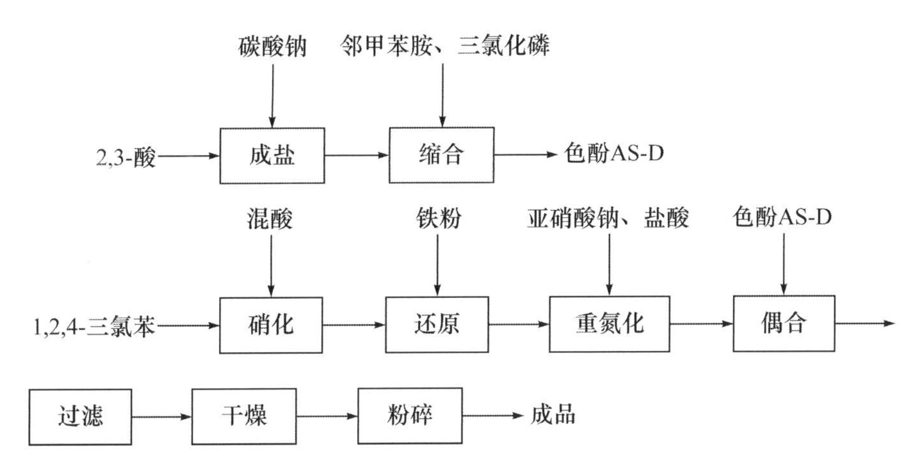


### 4. 技术配方

| | |
|---|---|
| 2,4,5-三氯苯胺(工业品) | 276 |
| 亚硝酸钠(98%) | 98 |
| 色酚 AS-D(工业品) | 420 |

### 5. 生产工艺

1) 色酚 AS-D 的制备

在脱水锅中加入氯苯 4300L、100% 2,3-酸 630kg、碳酸钠 280kg,加热至 45℃左右,待二氧化碳逸出后加热升温脱水,温度升高至 134～135℃,待蒸出的氯苯透明无水时停止加热,体积控制在 2900L。

将脱水物压至缩合锅中,冷却至 90℃左右,加入 430kg 98%邻甲苯胺,冷却至 65～70℃,在 2h 内均匀加入三氯化磷-氯苯混合液(230kg 三氯化磷用无水氯苯配成 55%～60%混合液),加完时温度为 118～120℃,保温 2h。

在蒸馏锅中加 1000L 水和 30% 碱液 330L,将缩合物压入。压完后搅拌 15min。取样测定 pH 在 8～8.5,如 pH 低于 8 加碱调整。用直接蒸汽蒸馏至蒸出物澄清无氯苯为止。加 90℃以上的热水至 5000L,过滤。滤饼用 90℃以上热水洗涤至滤液澄清,抽干,干燥,得 885kg 色酚 AS-D。

2) 2,4,5-三氯苯胺的制备

加 95%硫酸 1500kg 及 1,2,4-三氯苯 3000kg 至硝化锅中,搅拌混合。于 40～50℃加入混酸($HNO_3$ 35%,$H_2SO_4$ 65%)3000kg,于 48～50℃搅拌 2h,然后加水 150kg 稀释成 75%硫酸,分离出上层油状物,水洗,得粗品 3650kg。

加水125L、铁粉125kg、苯150kg、纯三氯硝基苯150kg和甲酸1kg至还原锅，注意反应自始至终加热保证沸腾。如果锅内物料振荡追加铁粉125kg，如无振荡继续通蒸汽煮沸3h后，虹吸出苯并蒸馏出苯，然后真空蒸馏出2,4,5-三氯苯胺。

3）重氮化

将500L冰醋酸加入重氮化反应锅中，加热至60℃，在其中溶解276kg三氯苯胺。将此溶液转至3500L水中，加入1120L 5mol/L盐酸，加冰冷却至0℃，用98kg 98%亚硝酸钠配制成的40%溶液进行重氮化，反应温度为0℃。2h后加入107kg轻质碳酸钙悬浮在水中，稀释至体积为8500L，加15kg活性炭，过滤，得重氮盐液。

4）偶合

将420kg色酚AS-D溶于32.2L 33%氢氧化钠溶液及3000L水中。温度为90℃下，加10kg硅藻土，过滤，稀释至体积为14000L。用冰冷却至3℃，快速加入235L冰醋酸，酸化析出沉淀，然后加热至38℃，得偶合组分。从偶合组分液面下在3h内加入重氮液偶合，温度为38℃。过滤，水洗，在50～55℃下干燥，得700kg永固红FGR。

**6. 产品标准**

| | |
|---|---|
| 外观 | 艳红色粉末 |
| 色光 | 与标准品近似 |
| 着色力/% | 为标准品的100±5 |
| 水分含量/% | ≤1.5 |
| 水溶物含量/% | ≤2.0 |
| 细度(过80目筛余量)/% | ≤5.0 |
| 耐晒性/级 | 7～8 |
| 耐热性/℃ | 180 |
| 耐酸性/级 | 5 |
| 耐碱性/级 | 5 |
| 耐水渗透性/级 | 5 |
| 耐乙醇渗透性/级 | 5 |
| 耐石蜡渗透性/级 | 5 |
| 耐油渗透性/级 | 3～4 |

**7. 产品用途**

主要用于油墨、涂料印花和文教用具的着色。

**8. 参考文献**

[1] 范军，云山. 永固红颜料研制成功[J]. 精细与专用化学品，1993，10：25.
[2] 吕东军，张继昌. C. I. 颜料红 146 的合成和改性[J]. 染料与染色，2007，06：6-8.

# 2.47 塑料红 B

塑料红 B(Plastic Red B)又称苝朱红。国外主要商品名：Graphtol Red CI-RL、PV Fast Red B、Permanent Red BL。染料索引号参照 C. I. 颜料红 149 (71137)及 C. I. 颜料红 123(71145)。结构式为

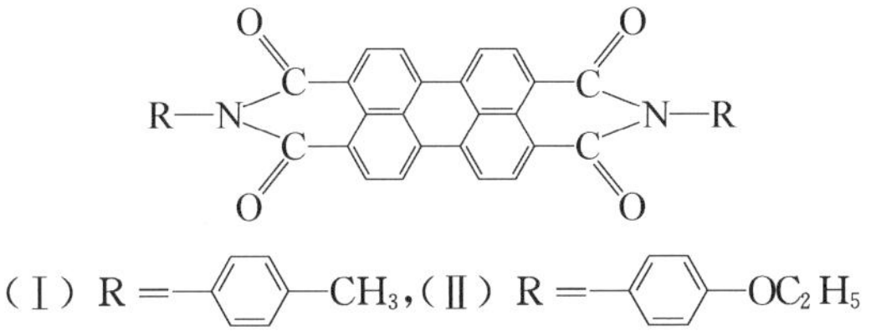

(Ⅰ) R = —$C_6H_4$—$CH_3$，(Ⅱ) R = —$C_6H_4$—$OC_2H_5$

**1. 产品性能**

本品为黄光红色粉末。耐晒性能优异，耐热性能好。在聚氯乙烯中不迁移。

**2. 生产原理**

苝四甲酸酐与对乙氧基苯胺(或对甲苯胺)缩合，过滤，经后处理得塑料红 B。

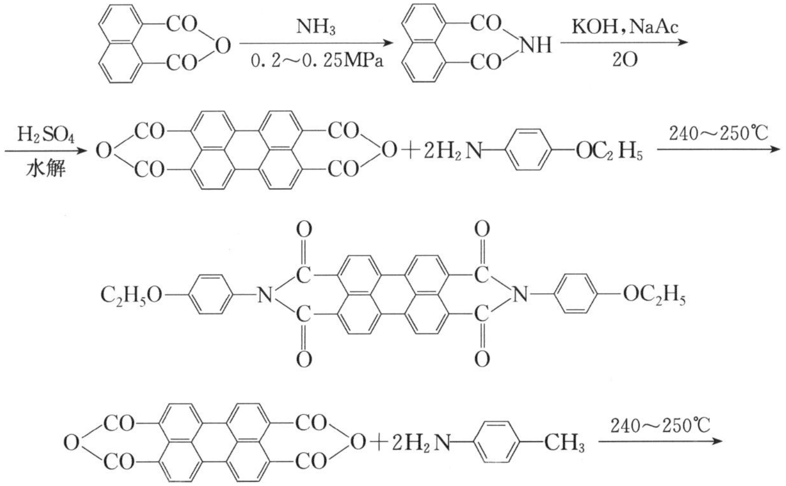

$\xrightarrow[0.2\sim0.25MPa]{NH_3}$ $\xrightarrow[2O]{KOH,NaAc}$ $\xrightarrow[水解]{H_2SO_4}$ $+2H_2N$—$C_6H_4$—$OC_2H_5$ $\xrightarrow{240\sim250℃}$

$C_2H_5O$—$C_6H_4$—N … N—$C_6H_4$—$OC_2H_5$

$+2H_2N$—$C_6H_4$—$CH_3$ $\xrightarrow{240\sim250℃}$

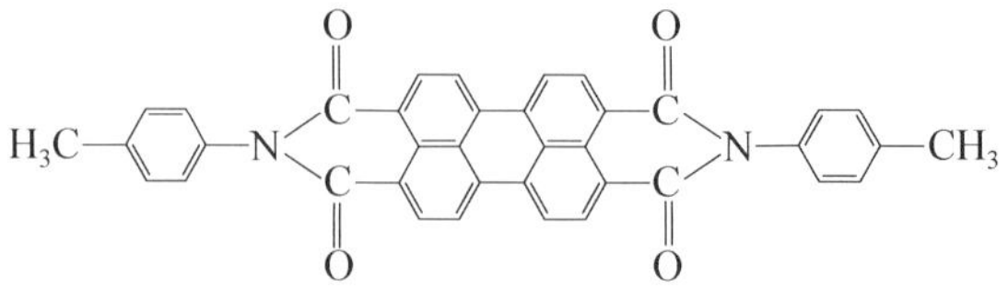

### 3. 工艺流程

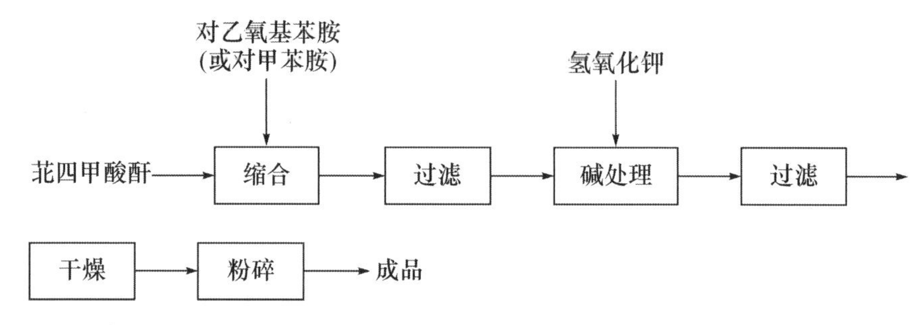


### 4. 生产工艺

在碱熔缩合反应锅中，将 1,8-萘二甲酰亚胺在 210℃下、3h 内加到 90%氢氧化钾及乙酸钠混合物(混合物质量比为 10∶1)中，并在 200～225℃下保温 3h。为容易出料，加入密度为 1.38kg/m$^3$ 的氢氧化钠。将反应物料放至水中，搅拌下压入空气，在 16～20h 内进行氧化反应。过滤，水洗得苝四羧酰亚胺。

将 150kg 苝四羧酰亚胺在 200℃下，1h 内加到 1500kg 96%硫酸中，在 216℃下保温 1h 进行水解成酐，放料冷至 30℃，过滤用硫酸洗涤。将粗品加到 80℃水中，再加入 65kg 90%氢氧化钠及 300L 水，在 100℃加热至溶解。加入 250kg 氯化钾，保温 2h，过滤，用 0.5%氯化钾溶液洗涤，80℃下干燥得产物苝四甲酸酐。

将 50kg 苝四甲酸酐及 272kg 对甲苯胺(或 348kg 对乙氧基苯胺，或 136kg 对甲苯胺和 174kg 对乙氧基苯胺的混合物)在 5h 内加热至 200℃，继续保温 5h 直至苝四甲酸酐消失，冷却至 100℃，加入乙醇，过滤，并用乙醇及水洗涤。滤饼用氢氧化钾溶液在 95℃下处理 1h，过滤，水洗，得粗产品。再将粗产品加入 900L 水、50kg 氢氧化钠组成的溶液中，搅拌成膏状物，加 30kg 保险粉，在 40℃下处理，放入 6000L 冷水中，搅拌进行氧化反应，过滤，水洗，干燥得塑料红 B。

### 5. 产品标准

| 项目 | 指标 |
|---|---|
| 外观 | 黄光红色粉末 |
| 色光 | 与标准品近似 |
| 着色力/% | 为标准品的 100±5 |
| 水分含量/% | ≤2 |
| 细度(过 80 目筛余量)/% | ≤5 |
| 耐晒性/级 | 7～8 |
| 耐热性/℃ | 200 |

### 6. 产品用途

用于塑料、涂料的着色以及合成纤维的原浆着色。

### 7. 参考文献

[1] 李梅彤,张天永,李绍武. 苝系颜料的制备方法研究[J]. 天津理工大学学报,2006,01:19-22.

[2] 郑治甄,周鸣风,庄莆,等. 苝四羧酸系颜料的合成研究[J]. 染料工业,1990,05:2-5.

## 2.48　永固红 BL

永固红 BL(Permanent Red BL)又称 Graphtol Red CIRL、PV-Fast Red B、PVC Red K381。染料索引号 C. I. 颜料红 149(71137)。分子式 $C_{40}H_{26}N_2O_4$,相对分子质量 598.63。结构式为

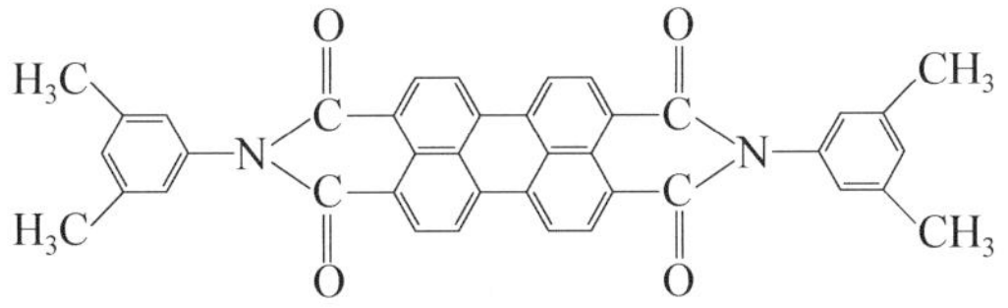

### 1. 产品性能

本品为黄光红色粉末。相对密度为 1.38。不溶于烷烃类和乙醇。在二甲苯中稳定。溶于浓硫酸。对光、热和还原剂均稳定。耐晒性极佳。

### 2. 生产原理

1,8-萘二甲酰亚胺在氢氧化钾、乙酸钠存在下,于高温下缩合成环,得到苝四甲酰亚胺,酸解得到苝四甲酸酐,然后与 3,5-二甲基苯胺缩合,得到永固红 BL。

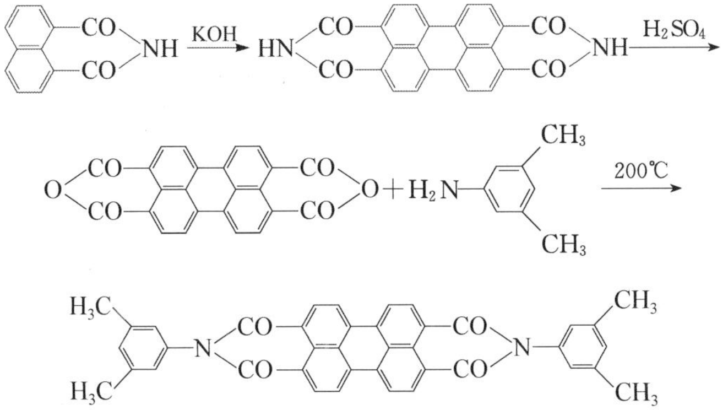

KOH　$H_2SO_4$　200℃

### 3. 工艺流程

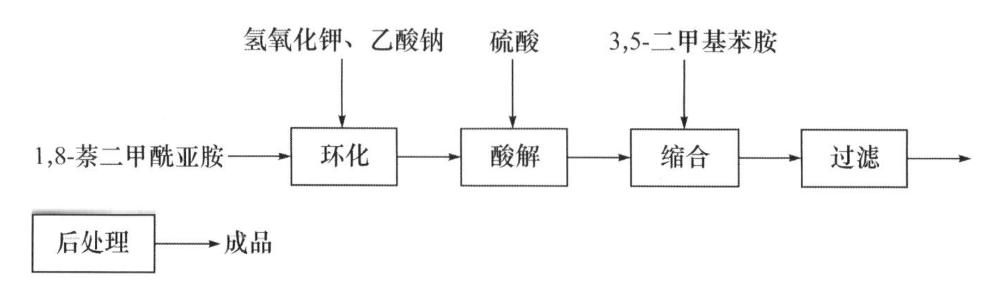


### 4. 生产工艺

将 200kg 1,8-萘二甲酰亚胺在 210℃下、3h 内加到 600kg 90%氢氧化钾及 60kg 乙酸钠混合物中，并在 200～225℃保温 3h，为更易出料应加入 60kg 1.38kg/m³ 氢氧化钠。放料至 7000L 水中，搅拌下压入 0.3MPa 的空气，每隔 1h 换 1 次空气，在 16～20h 内进行氧化反应，过滤，水洗，得苝四羧酰亚胺。

将 150kg 苝四羧酰亚胺在 200℃下、1h 内加到 1500kg 96%硫酸中，在 216℃下保温 1h，放料冷却至 30℃，过滤用 1500kg 96%硫酸洗涤。将粗品加到 180℃水中，再加入 65kg 90%氢氧化钠及 300L 水，在 100℃加热至溶解。加入 250kg 氯化钾，保温 2h，过滤，用 0.5%氯化钾溶液洗涤，80℃下干燥得产物苝四甲酸酐。

将 50kg 苝四甲酸酐及 310kg 3,5-二甲基苯胺在 5h 内加热至 200℃，继续保温 5h 直到苝四甲酸酐消失，冷却至 100℃，加入乙醇，过滤，并用乙醇及水洗涤。滤饼用氢氧化钾溶液在 95℃下处理 1h，过滤，水洗，得 63kg 产物。再以 900L 水、50kg 50%氢氧化钾搅拌成膏状物，加 30kg 保险粉在 40℃下处理，放入 6000kg 冷水，进行搅拌氧化，过滤，水洗，干燥，制得产物。

### 5. 产品标准

| | |
|---|---|
| 外观 | 黄光红色粉末 |
| 色光 | 与标准品近似 |
| 着色力/% | 为标准品的 100±5 |
| 水分含量/% | ≤2 |
| 吸油量/% | 45±5 |
| 耐晒性/级 | 6～7 |
| 耐热性/℃ | 200 |
| 细度(过 80 目筛余量)/% | ≤5 |

### 6. 产品用途

主要用于聚乙烯、PVC 等类塑料着色，是一种性能优越的高级有机颜料，也用于合成纤维原浆着色和纺织品的涂料印花着色。其本身也是一种优良的还原染料。

**7. 参考文献**

［1］王杏娣. 永固红 58B 颜料［J］. 浙江科技简报，1984，03：17.
［2］陈焕林，陶桂玉，沈永嘉. 永固红 HF3S 的晶型与色光研究［J］. 染料工业，1990，02：36-38.

# 2.49 颜料红 171

颜料红 171（颜料红 171）又称 Benzimidazolone Maroon HFM、Novoperm Maroon HFM01，染料索引号 C. I. 颜料红 171（12512）。分子式 $C_{25}H_{18}N_6O_6$，相对分子质量 498.45。结构式为

H O N NH OCH₃ HO CONH $O_2N$—N=N—

**1. 产品性能**

本品为红色粉末，属苯并咪唑酮系偶氮颜料。具有优良的耐旋光性和耐热性，且耐候性、耐迁移性好。

**2. 生产原理**

红色基 B 重氮化后，与 5-［2′-羟基-3′-萘甲酰胺基］-2-苯并咪唑酮偶合，经后处理得颜料红 171。

$O_2N$—(OCH$_3$)—$NH_2$ + $NaNO_2$ + HCl ⟶ $O_2N$—(OCH$_3$)—$\overset{\oplus}{N}\equiv NCl^{\ominus}$

$O_2N$—(OCH$_3$)—$\overset{\oplus}{N}\equiv NCl^{\ominus}$ + HO CONH— NH C=O NH $\xrightarrow{NaOH}$

$O_2N$—(OCH$_3$)—N=N— HO CONH— NH C=O NH

**3. 工艺流程**

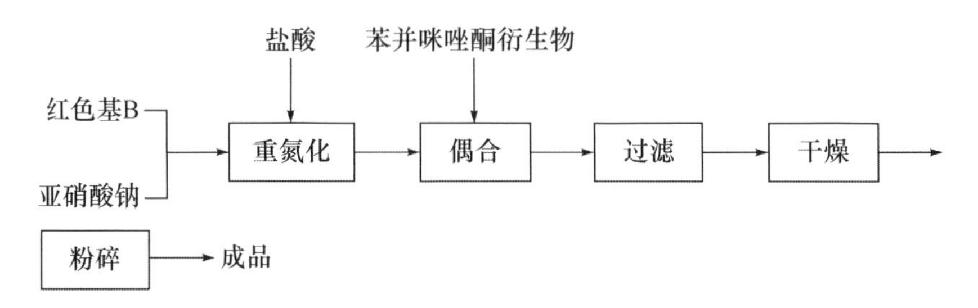


**4. 技术配方**

| | |
|---|---|
| 红色基 B(100%计) | 168 |
| 亚硝酸钠(98%) | 70 |
| 5-[2′-羟-3′-萘甲酰胺基]-2-苯并咪唑酮 | 309 |

**5. 生产工艺**

1) 重氮化

在重氮化反应锅中，将 8.7g 97.4%红色基 B 加至 100mL 2mol/L 盐酸中，加热至溶解，再加入 100mL 水，红色基 B 以细小颗粒析出。冷却至 5℃，搅拌下在 10min 内滴加 25mL 2mol/L 亚硝酸钠溶液进行重氮化，搅拌 1h，过滤，加入 75mL 2mol/L 乙酸钠，pH 为 5.4，得重氮盐溶液。

2) 偶合

在溶解锅中将 19g 84% 5-[2′-羟基-3′-萘甲酰胺基]-2-苯并咪唑酮和 75mL 2mol/L 氢氧化钠溶液、900mL 水搅拌加热至 60～65℃，过滤除去不溶物，得偶合组分。

将偶合组分冷却至 10℃，在 2h 内滴加至上述重氮液中，pH 为 5～6，偶合完毕继续搅拌 1h，加热至沸腾，热过滤，水洗至中性，干燥得 26g 粗品颜料。

将 26g 粗品颜料与 260mL DMF 在充分搅拌下加热至 140℃，保温 2h 后，冷却至 100℃，过滤、水洗、干燥、粉碎得颜料红 171。

说明：颜料红 171 生产时重氮化、偶合反应与传统的单偶氮颜料合成工艺相似。一般在弱酸介质(pH 为 5～6)中进行偶合，反应温度 5～10℃。由于苯并咪唑酮偶合组分只能溶解于强碱性水溶液中，在酸性介质中极易析出，因此，通常采用倒偶合(将偶合组分加入重氮盐溶液中)或并流偶合法。偶合时为了稳定 pH，可加入乙酸钠作为缓冲剂。偶合时要控制加料速度，不宜过快，否则会造成偶合组分过快析出，偶合不完全，影响颜料制品的质量。颜料粗制品晶型为 α-型，体质坚硬、色光暗、着色力低、耐光、耐迁移性差，不能直接作为颜料成品使用。必须经过颜料化处理。可供颜料化处理选择的溶剂有醇类、羧酸、甲苯、二甲苯、一氯苯、邻二氯苯、*N*,*N*-二甲基甲酰胺、二甲基亚砜、吡啶、*N*-甲基吡咯烷酮等。其中以 *N*,*N*-二甲基甲酰胺、*N*-甲基吡咯烷酮、吡啶效果较好。

**6. 产品标准**

| | |
|---|---|
| 外观 | 红色粉末 |
| 色光 | 与标准品近似 |
| 着色力/% | 为标准品的 100±5 |
| 细度(过 80 目筛余量)/% | ≤5 |

**7. 产品用途**

适用于硬软聚氯乙烯、聚乙烯、聚丙烯、有机玻璃、丁酸纤维等塑料的着色和聚氨基甲酸酯的涂层着色，也用于橡胶、油墨、涂料的着色。

**8. 参考文献**

[1] 沈继军，黄海. 苯骈咪唑系列有机颜料的研究与应用[J]. 染料工业，1999，05：19-21.
[2] 肖刚，孙朝晖. 杂环有机颜料的最新技术进展[J]. 染料工业，2002，01：3-8.

## 2.50　永固红 HST

永固红 HST 又称 Benzimidazolone Red HFF，属苯并咪唑酮系偶氮颜料。染料索引号 C. I. 颜料红 175(12513)。1964 年德国赫斯特公司首先以商品供应市场。分子式 $C_{26}H_{19}N_5O_5$，相对分子质量 481.46。结构式为

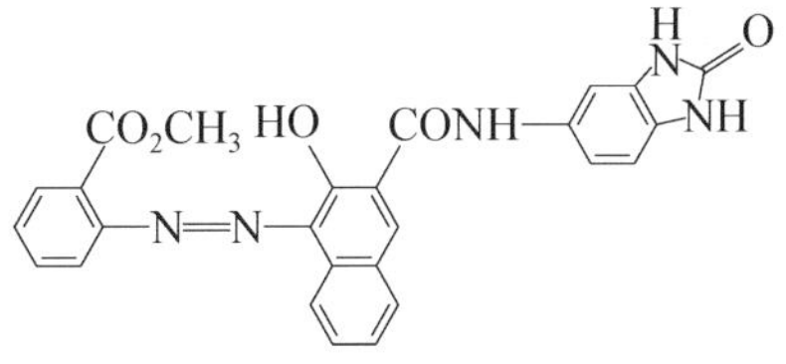

**1. 产品性能**

本品为红色粉末。具有优良的耐热性、耐旋光性和耐候性，耐迁移性好。熔点 340℃，相对密度 1.40～1.52。吸油量 65～70g/100g。

**2. 生产原理**

邻氨基苯甲酸甲酯重氮化后与 5-[2′-羟基-3′-萘甲酰胺基]-2-苯并咪唑酮偶

合，偶合物经颜料化处理后得到永固红 HST。

$$\text{(2-}CO_2CH_3\text{)}C_6H_4\text{—}NH_2 + NaNO_2 + HCl \longrightarrow \text{(2-}CO_2CH_3\text{)}C_6H_4\text{—}\overset{\oplus}{N}{\equiv}NCl^{\ominus}$$

$$\text{(2-}CO_2CH_3\text{)}C_6H_4\text{—}\overset{\oplus}{N}{\equiv}NCl^{\ominus} + \text{HO, CONH—(苯并咪唑酮, NH—C=O—NH)萘} \xrightarrow{NaOH}$$

$$\text{(2-}CO_2CH_3\text{)}C_6H_4\text{—N=N—(HO, CONH—苯并咪唑酮)萘}$$

### 3. 工艺流程

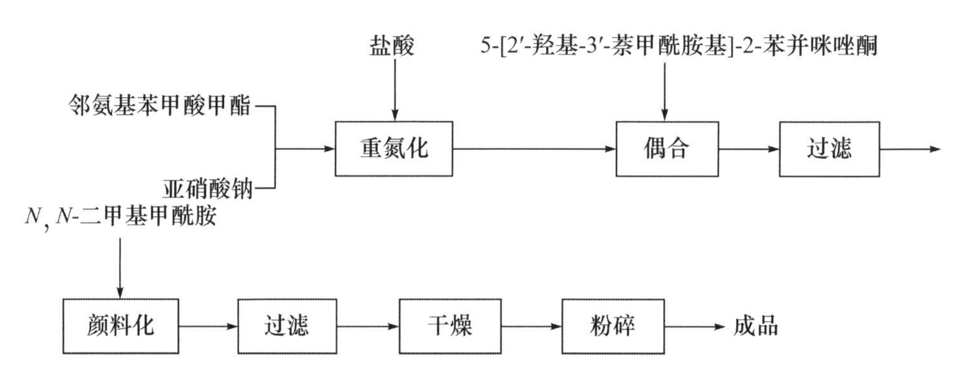


### 4. 技术配方

| | |
|---|---|
| 邻氨基苯甲酸甲酯(100%) | 151 |
| 亚硝酸钠(98%) | 70 |
| 5-[2′-羟基-3′-萘甲酰胺基]-2-苯并咪唑酮 | 318 |
| 氢氧化钠 | 119 |

### 5. 生产工艺

1) 重氮化

在重氮化反应锅中，将 7.6g 邻氨基苯甲酸甲酯、100mL 2mol/L 盐酸和 100mL 水搅拌至溶解，冷却至 6℃，快速加入 25mL 5mol/L 亚硝酸钠溶液，搅拌 1h，除去过量的亚硝酸，加入 60mL 2mol/L 乙酸钠，pH 为 6，得偶氮盐溶液。

2）偶合

将16g 0.05mol/L 5-[2′-羟基-3′-萘甲酰胺基]-2-苯并咪唑酮与75mL 2mol/L氢氧化钠溶液、300mL水搅拌加热至溶解，得偶合组分。

将偶合组分冷却至10℃，在2h内滴加上述重氮液，pH为5～6，偶合完毕加热至85℃，过滤，水洗，得23g红色颜料（α-型）。

3）颜料化

将23g研细的上述红色颜料加到230mL *N*,*N*-二甲基甲酰胺中，搅拌加热至140℃，保持2h，冷却至90℃，过滤，水洗，得22g永固红HST。

说明：颜料粗品晶型为α-型，体质硬、色光暗、着色力低，耐光、耐迁移性差，不能直接作为颜料成品，必须经过颜料化处理。可供颜料化处理的溶剂有甲苯、二甲苯、醇类、羧酸、吡啶、*N*,*N*-二甲基甲酰胺、二甲亚砜、*N*-甲基吡咯烷酮。效果较好的有*N*,*N*-二甲基甲酰胺和*N*-甲基吡咯烷酮。

### 6. 产品标准

| | |
|---|---|
| 外观 | 红色粉末 |
| 色光 | 与标准品近似 |
| 着色力/% | 为标准品的100±5 |
| 水分含量/% | ≤2 |
| 细度(过80目筛余量)/% | ≤5 |
| 吸油量/% | 60±5 |
| 耐晒性/级 | 6 |
| 耐热性/℃ | 150 |

### 7. 产品用途

用于硬软聚氯乙烯、聚乙烯、聚丙烯、聚苯乙烯、有机玻璃、丁酸纤维等塑料的着色，还用于橡胶、涂料、油墨的着色。

### 8. 参考文献

[1] 王杏娣. 永固红58B颜料[J]. 浙江科技简报，1984，03：17.
[2] 陈焕林，陶桂玉，沈永嘉. 永固红HF3S的晶型与色光研究[J]. 染料工业，1990，02：36-38.

## 2.51　颜料红176

颜料红176（Pigment Red 176）又称颜料红PV，Carmine HF3C、Benzimidazole

Carmine HF3C。染料索引号 C. I. 颜料红 176(12515)。分子式 $C_{32}H_{24}N_6O_5$，相对分子质量 572.57。结构式为

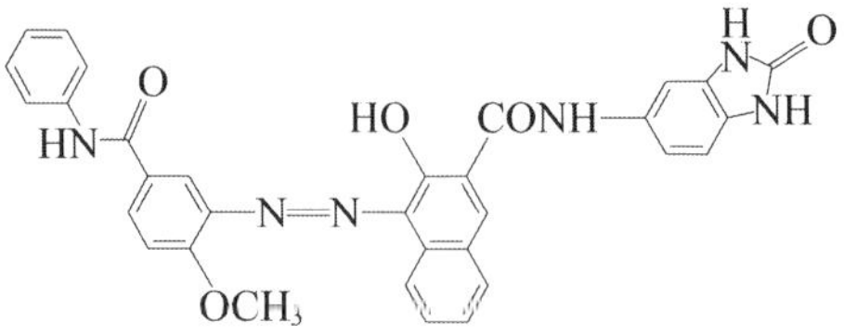

### 1. 产品性能

本品为红色粉末，属苯并咪唑酮系偶氮颜料。熔点 345～355℃。相对密度 1.35～1.40。吸油量 70～88g/100g。具有优良的耐晒性、耐热性和耐候性。

### 2. 生产原理

红色基 KD 重氮化后，与 5-[2′-羟基-3′-萘甲酰胺基]-2-苯并咪唑酮偶合，偶合物粗颜料经颜料化处理得颜料红 176。

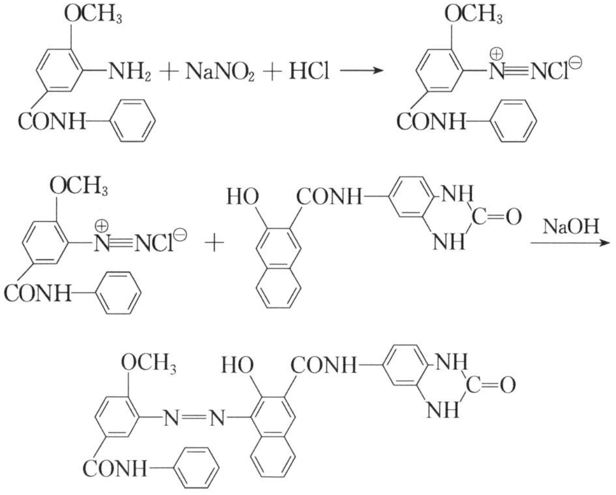

### 3. 工艺流程

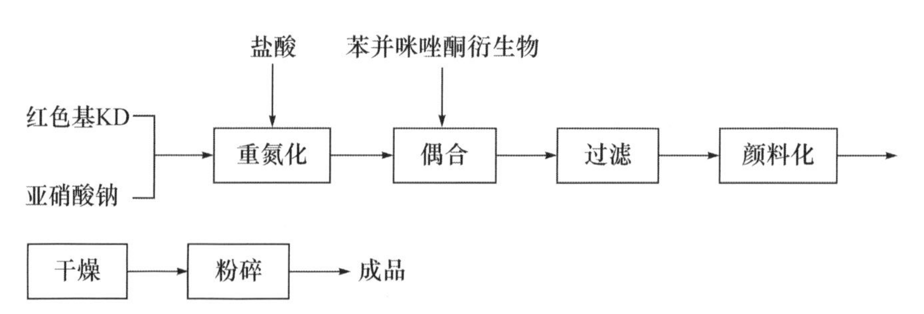

## 4. 技术配方

| | |
|---|---|
| 红色基 KD(100%) | 242 |
| 亚硝酸钠(98%) | 70 |
| 盐酸(30%) | 488 |
| 氢氧化钠(98%) | 122 |
| 5-[2′-羟基-3′-萘甲酰胺基]-2-苯并咪唑酮 | 380 |

## 5. 生产工艺

1) 重氮化

在重氮化反应锅中，将 12.1g 99.2%红色基 KD 加至 100mL 2mol/L 盐酸及 150mL 水中，搅拌加热至 65℃使之全部溶解，冷却至 5℃，析出细微颗粒，在 0.5h 内滴加 25mL 2mol/L 亚硝酸钠溶液，搅拌 1h 进行重氮化，过滤，加入 60mL 2mol/L乙酸钠溶液，pH 为 5.4，得重氮盐溶液。

2) 偶合

在溶解锅中，将 19g 84% 5-[2′-羟基-3′-萘甲酰胺基]-2-苯并咪唑酮与 75mL 2mol/L 氢氧化钠溶液及 300mL 水搅拌加热至 65℃，过滤，除去不溶物，得偶合组分。

将偶合组分冷却至 10℃，在 2h 内滴加到上述重氮液中，pH 为 5～6，继续搅拌 1h，加热至沸腾，过滤，水洗至中性，得 25g 粗品颜料。

3) 颜料化

将 25g 粗品颜料与 250mL *N*,*N*-二甲基甲酰胺在充分搅拌下加热至 140℃，保温 2h，冷却至 100℃，过滤，水洗，制得颜料红 176。

## 6. 产品标准

| | |
|---|---|
| 外观 | 红色粉末 |
| 色光 | 与标准品近似 |
| 着色力/% | 为标准品的 100±5 |
| 水分含量/% | ≤2 |
| 细度(过 80 目筛余量)/% | ≤5 |

## 7. 产品用途

用于塑料、油墨及涂料的着色。

### 8. 参考文献

[1] 吕凤.颜料红 176 的合成和颜料化过程的探讨[J].科技资讯,2006,11:8.
[2] 沈永嘉.苯并咪唑酮颜料及其应用[J].化工科技市场,2001,04:7-11.
[3] 王永华,杨林涛,朱红卫,等.苯并咪唑酮系列颜料的研究与发展概况[J].染料与染色,2011,06:1-5.

## 2.52 颜料红 254

颜料红 254(Pigment Red 254)又称 Irgazine Red DPP BO。染料索引号 C.I.颜料红 254(56110)。分子式 $C_{18}H_{10}N_2O_2Cl_2$,相对分子质量 357.19。结构式为

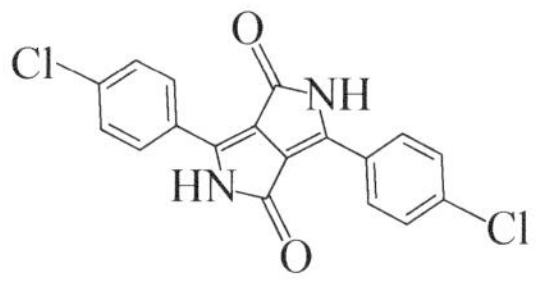

### 1. 产品性能

本品为红色粉末。

### 2. 生产原理

在醇钠存在下,对氯苯腈与丁二酸二乙酯缩合环化,缩合环化物进一步与对氯苯腈缩合,得到颜料红 254。

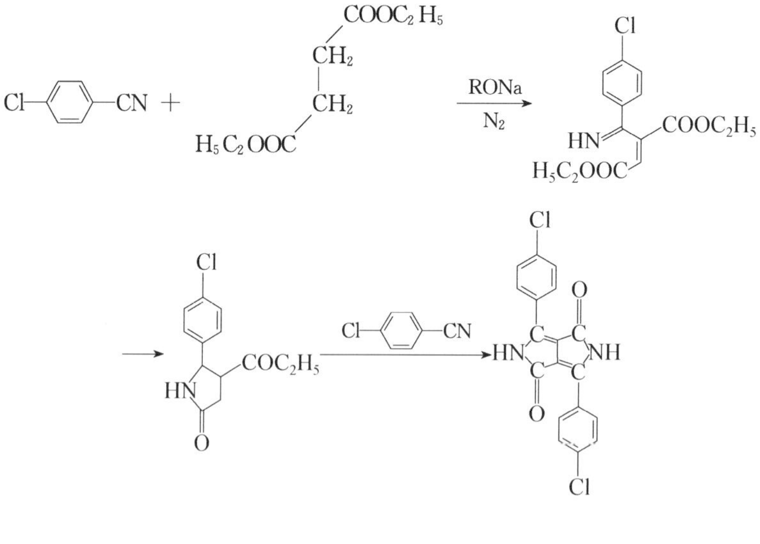

### 3. 工艺流程

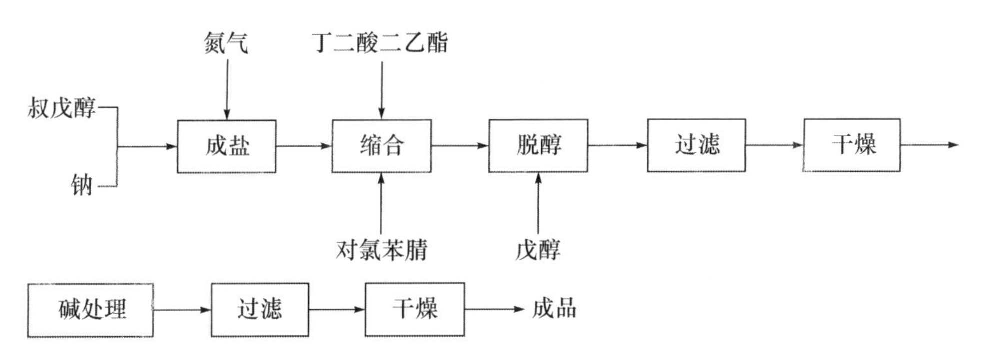


### 4. 技术配方

| | |
|---|---|
| 对氯苯腈 | 206 |
| 丁二酸二乙酯 | 110 |

### 5. 生产工艺

在反应瓶中加入叔戊醇、金属钠及渗透剂 OT，通入氮气，升温到 100～105℃，搅拌 2～3h 至金属钠全部溶解，制得叔戊醇钠。在 80～90℃下加入对氯苯腈，再在 110℃、3h 内加入丁二酸二乙酯，搅拌反应 2h，用水蒸气蒸馏除去叔戊醇，过滤，水洗，干燥得二对氯苯基吡咯酮并吡咯酮粗产物，收率为 70%～80%。

将粗产物加到 5%氢氧化钠溶液中，在 70～80℃下搅拌数小时，过滤，水洗至中性得颜料红 254。

### 6. 产品标准(参考指标)

| | |
|---|---|
| 外观 | 红色粉末 |
| 色光 | 与标准品近似 |
| 着色力/% | 为标准品的 100±5 |
| 细度(过 80 目筛余量)/% | ≤5% |

### 7. 产品用途

用于油墨、涂料及油彩颜料的着色。

### 8. 参考文献


[1] 吕艳英，杨久霞，李宏彦，等. C. I. 颜料红 254 分散体制备及其在彩色滤光片中的应用[J]. 华东理工大学学报(自然科学版)，2008，02：252-255.

[2] 肖刚，孙朝晖. 杂环有机颜料的最新技术进展[J]. 染料工业，2001，06：1-8.

# 2.53 颜料红 255

颜料红 255(Pigment Red 255)又称 Irgazine Red DPP5G。染料索引号 C. I. 颜料红 255(561050)。分子式 $C_{18}H_{10}N_2O_2$，相对分子质量 288.30。结构式为

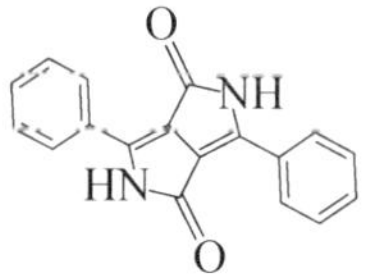

## 1. 产品性能

本品为红色粉末，属 1，4-二酮吡咯类颜料，分子具有很好的对称性。具有优异的耐光、耐热、耐溶剂性能。色光鲜艳，着色力高。

## 2. 生产原理

1）α-卤代酯法

α-卤代酯与苯腈在锌存在下发生缩合，生成的有机锌中间体进一步与另一分子 α-卤代酯、苯腈反应，生成 2，5-二苯基 1，4-二酮吡咯并吡咯颜料，即颜料红 255。

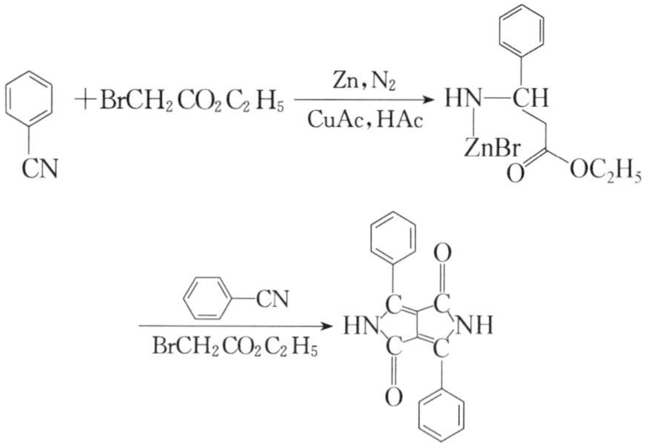

$$C_6H_5CN + BrCH_2CO_2C_2H_5 \xrightarrow[CuAc,\ HAc]{Zn,\ N_2} \text{HN(ZnBr)–CH}(C_6H_5)\text{–}CH_2\text{–C(=O)}OC_2H_5$$

$$\xrightarrow[BrCH_2CO_2C_2H_5]{C_6H_5CN} \text{颜料红 255}$$

2）丁二酸酯法

在强碱醇钠存在下，苯腈与丁二酸二乙酯或丁二酸二丙酯缩合成环，以 60%～70%收率得到颜料红 255。

$$C_6H_5\text{—}CN + \begin{matrix} CH_2CO_2C_2H_5 \\ | \\ CH_2CO_2C_2H_5 \end{matrix} \xrightarrow[N_2]{t\text{-BuONa}} \text{(HN—C—C(O)—NH 吡咯并吡咯二酮，两个苯基取代)}$$

由于 $\alpha$-卤代酯法收率较低，所以，具有实际工业意义的方法是丁二酸酯法。

### 3. 工艺流程

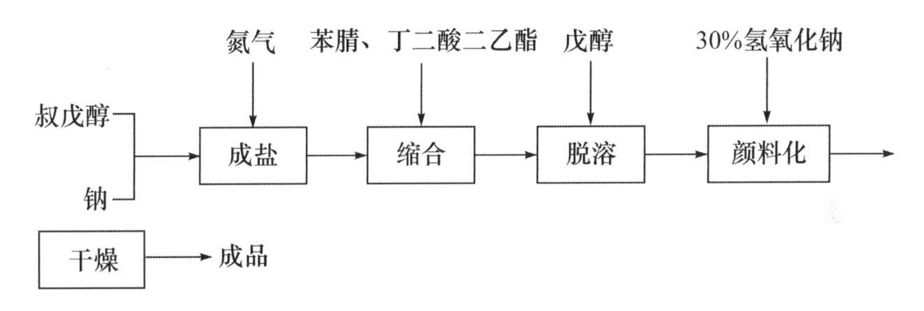


### 4. 生产工艺

将金属钠加至叔戊醇中，通入氮气，升温至 100℃，回流反应 3～5h 至钠全部溶解。降温至 80℃加入苯腈，升温至 110℃，在 4～5h 内滴加丁二酸二乙酯叔戊醇溶液，温度为 105～110℃下保温反应 3h。经水蒸气馏蒸出溶剂，制得红色二苯基吡咯并吡咯颜料，收率为 62%。

将粗品二苯基吡咯并吡咯、30%氢氧化钠溶液及甲醇在 20～50℃下球磨 10h，水洗，干燥得颜料红 255。

### 5. 产品标准

| | |
|---|---|
| 外观 | 红色粉末 |
| 色光 | 与标准品近似 |
| 着色力/% | 为标准品的 100±5 |
| 水分含量/% | ≤2 |
| 细度(过 80 目筛余量)/% | ≤5 |
| 耐晒性/级 | 6 |
| 耐热性/℃ | ≥300 |

### 6. 产品用途

适用于高档汽车涂层及树脂的着色，也用于油墨等文化用品的着色。

**7. 参考文献**


[1] 章杰. 高性能颜料的技术现状和创新动向[J]. 染料与染色，2013，03：1-7.

[2] 肖刚，孙朝晖. 杂环有机颜料的最新技术进展[J]. 染料工业，2001，06：1-8.


# 2.54 苝　　红

苝红染料索引号 C. I. 颜料红 190（71140）。分子式 $C_{38}H_{22}N_2O_6$，相对分子质量 602.59。结构式为

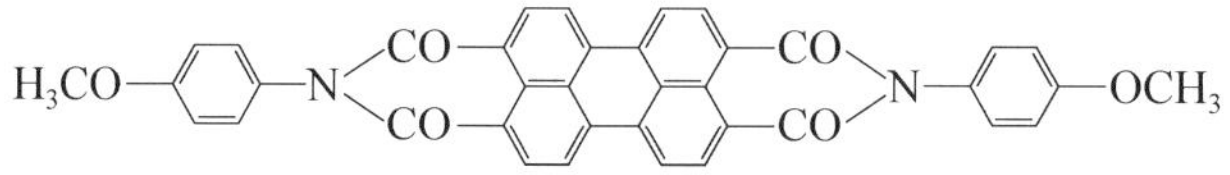

**1. 产品性能**

本品为红色粉末。具有优异的化学稳定性、耐渗性、耐光牢度和耐迁移牢度。吸油量 42～48g/100g，相对密度 1.43～1.54。

**2. 生产原理**

将苝四甲酸酐与两分子对乙氧基苯胺缩合，经后处理得苝红。

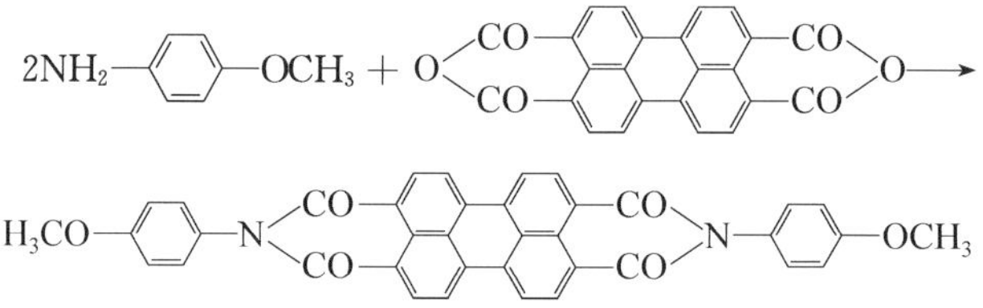

**3. 工艺流程**

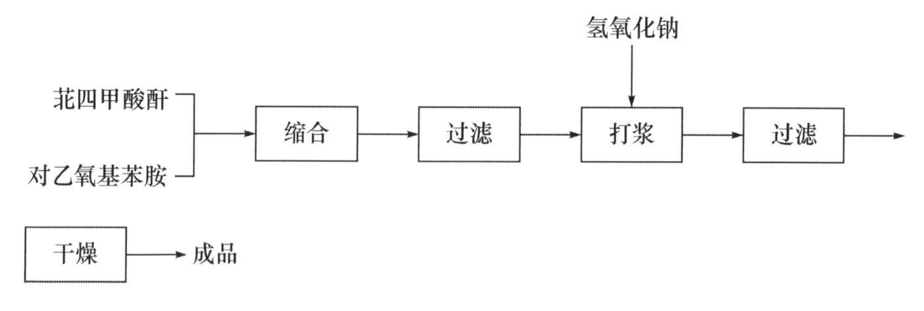


**4. 技术配方**

| | |
|---|---|
| 苝四甲酸酐 | 120 |
| 对乙氧基苯胺 | 600 |

| | |
|---|---|
| 盐酸(30%) | 54 |
| 氢氧化钠(98%) | 62 |

**5. 生产工艺**

将 500kg 对乙氧基苯胺加热至 80℃使其熔化，搅拌下加入苝四甲酸酐 100kg，加热至 100℃蒸出水分。升温至 200℃，保温 4h，当试样的碱性溶液不显示苝四甲酸酐的荧光即为反应终点。冷却至 70～90℃，加入 450kg 30%盐酸，加 1000L 水，冷却至 50℃，过滤，水洗，滤饼用 1000L 水打浆，加入 170kg 30%氢氧化钠溶液，加热至 90℃，保温 2h。冷却至 50℃，过滤，水洗，滤饼再用 2000L 水打浆，加入 20kg 次氯酸钠溶液，加热至 70℃，搅拌 2h，过滤，水洗，干燥，得 400kg 苝红。

**6. 产品标准(参考指标)**

| | |
|---|---|
| 外观 | 红色粉末 |
| 色光 | 与标准品近似 |
| 着色力/% | 为标准品的 100±5 |
| 水分含量/% | ≤2.5 |
| 细度(过 80 目筛余量)/% | ≤5 |

**7. 产品用途**

用于聚乙烯、聚丙烯、乙烯基聚合物以及纤维素塑料的着色，也用于油墨和涂料的着色。

**8. 参考文献**

[1] 刘东志. 苝红系列颜料的荧光性能及光电性能研究[J]. 染料工业，1994，01：17-19.
[2] 李梅彤，张天永，李绍武. 苝系颜料的制备方法研究[J]. 天津理工大学学报，2006，01：19-22.
[3] 郑治甄，周鸣凤，庄莆，等. 苝四羧酸系颜料的合成研究[J]. 染料工业，1990，05：2-5.

## 2.55 入　漆　朱

入漆朱又称甲苯胺红、吐鲁定红(toluidine Red)、571 甲苯胺红、1207 甲苯胺红。染料索引号 C.I. 颜料红 3(12120)。该颜料虽早已问世，但至今仍是用量极大的品种之一。其分子式 $C_{17}H_{13}N_3O_3$，相对分子质量 307.3。结构式为

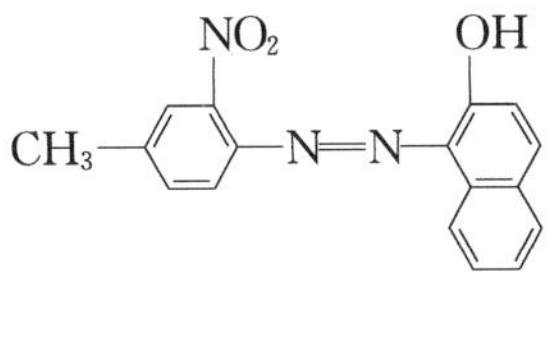

## 1. 产品性能

本品为鲜艳的红色粉末，熔点258℃。相对密度1.34～1.52。不溶于水，微溶于乙醇、丙酮和苯，于浓硫酸中为深红紫色，稀释后生成橙色沉淀，于浓硝酸中为暗朱红色，于稀氢氧化钠中不变色。

## 2. 生产原理

将红色基GL与亚硝酸重氮化后，与2-萘酚偶合，过滤、干燥、粉碎得颜料入漆朱。

$$H_3C-C_6H_3(NO_2)-NH_2 \xrightarrow[0\sim5℃]{NaNO_2/HCl} H_3C-C_6H_3(NO_2)-\overset{\oplus}{N}\equiv NCl^{\ominus}$$

$$\xrightarrow[pH\ 8\sim8.5]{C_{10}H_7OH} H_3C-C_6H_3(NO_2)-N=N-C_{10}H_6(OH)$$

## 3. 工艺流程

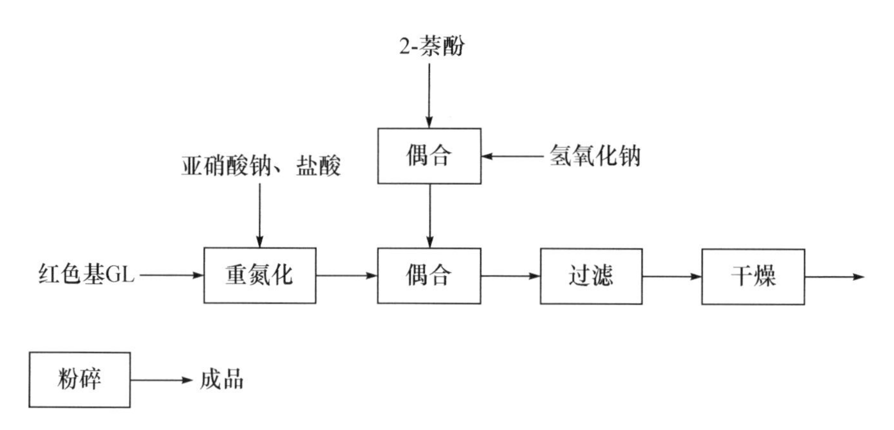


## 4. 技术配方

| | |
|---|---|
| 红色基GL(100%) | 520 |
| 2-萘酚(100%) | 500 |
| 亚硝酸钠 | 237 |
| 拉开粉 | 14 |
| 碳酸钠(98%) | 200 |
| 氢氧化钠(100%) | 174 |

| | |
|---|---|
| 盐酸(31%) | 1314 |
| 活性炭 | 22 |
| 碳酸氢钠 | 458 |
| 土耳其红油 | 30 |

### 5. 生产工艺

1）工艺一

于 0℃下，将 456kg 红色基 GL 加至 1700L 5mol/L 盐酸溶液及 396L 40%亚硝酸钠溶液中重氮化，使总液量达 10 000L，将重氮化的溶液过滤，使其成为透明溶液备用。

将 480kg 2-萘酚溶于 300L 33%NaOH 溶液及 10 000L 水中，然后加入 700L 5mol/L 盐酸溶液，2-萘酚即被悬浮于溶液中，加入粉末状碳酸钙 350kg，溶液总体积为 20 000L，温度为 36℃。然后从溶液底部加入重氮盐溶液，控制 3h 左右加完。偶合结束，加 300L 5mol/L 盐酸以中和碳酸钙，在 56℃加热 1h，再加入少量碳酸钙中和过量盐酸。过滤，水洗，滤饼在 50～55℃干燥。

注意：商品入漆朱有许多牌号，它们可以形成多种色光。色光变动于黄光猩红到蓝光红之间。这种差异并非由于多晶现象所致。实验表明，它们的晶型是相同的，不同之处仅在于粒子的大小和聚集状态不同。粒子越细，黄光越强。粒子大小与偶合条件有关。为了获得性能和质量稳定的产品，必须严格控制工艺条件(反应浓度、温度、pH、偶合速率等)。

2）工艺二

将 450L 水和 740L 5mol/L 盐酸加入反应锅，再加入 228kg 红色基 GL，搅拌过夜。次日加冰降温至 0℃，然后用 196L 40%亚硝酸钠溶液重氮化，稀释至总体积为 3000L，加 4kg 活性炭，过滤，得重氮盐溶液。

将 225kg 2-萘酚溶于 137L 33%氢氧化钠和 4000L 水中，总体积为 4500L。温度 25℃下，加入 4.5kg 土耳其红油，然后加入 360L 5mol/L 盐酸沉淀 2-萘酚悬浮体使其对刚果红试纸显酸性，加入 37kg 石灰与 1500L 10%氢氧化钠溶液(171kg 氢氧化钠溶于 1500L 水中)，得到偶合组分溶液。

将重氮液加入 2-萘酚悬浮体中，同时加入氢氧化钠溶液，使反应液显碱性。偶合反应时间为 1h，开始时显强碱性，后期显弱碱性。偶合后再搅拌 1h，然后加入约 100L 5mol/L 盐酸，使其对刚果红试纸显弱酸性，加热至 95℃，保温 0.5h，过滤，水洗，在 45℃下干燥，得 440kg 入漆朱。

### 6. 产品标准(GB 3678)

| | |
|---|---|
| 外观 | 红色粉末 |
| 色光 | 与标准品近似 |
| 着色力/% | 为标准品的100±5 |
| 水分含量/% | ≤1 |
| 水溶物含量/% | ≤1 |
| 吸油量/% | 45±5 |
| 细度(过80目筛余量)/% | ≤5 |
| 耐热性/℃ | 180 |
| 耐晒性/级 | 7 |
| 耐酸性/级 | 3 |
| 耐碱性/级 | 3 |
| 耐水渗透性/级 | 2 |
| 耐乙醇渗透性/级 | 2 |
| 耐石蜡渗透性/级 | 1～2 |
| 耐油渗透性/级 | 1～2 |

### 7. 产品用途

本颜料用途十分广泛。用于造漆、制造印泥、印油、铅笔、蜡笔、水彩和油彩颜料及橡胶制品的着色,还可用于漆布、塑料和天然生漆的着色,也用于涂刷纱管、工艺美术制品和化妆品的着色。

### 8. 参考文献

[1] 罗钰言. 甲苯胺红的制备工艺[J]. 染料工业,1989,02:65.

# 第 3 章　紫色和蓝色有机颜料

## 3.1　颜 料 紫 1

颜料紫 1(Pigment Violet 1)又称 Rhodamine B、Resiton Pink VCG。染料索引号 C. I. 颜料紫 1(45170：2)。结构式为

$$\left[(C_2H_5)_2N\text{-xanthene-}\overset{\oplus}{N}(C_2H_5)_2\text{, C-}C_6H_4\text{-}COOH\right]_4\left[H_3P(W_2O_7)_x\cdot(Mo_2O_7)_{6-x}\right]^{4\ominus}\cdot Al(OH)_3\cdot BaSO_4$$

### 1. 产品性能

本品为艳红光紫色粉末。溶于水和乙醇,易溶于溶纤素。相对密度 2.25～2.46。吸油量 39～68g/100g。

### 2. 生产原理

间羟基二乙基苯胺与邻苯二甲酸酐缩合,经碱溶、酸溶得碱性玫瑰精。碱性玫瑰精与磷钨钼酸及铝钡白发生色淀化,得颜料紫 1。

$$Al_2(SO_4)_3+3Na_2CO_3+3H_2O\longrightarrow 2Al(OH)_3\downarrow+3CO_2\uparrow+3Na_2SO_4$$

$$BaCl_2+Na_2SO_4\longrightarrow BaSO_4\downarrow+2NaCl$$

$$2xNa_2WO_4+2(6-x)Na_2MoO_4+Na_2HPO_4+26HCl\longrightarrow$$
$$H_7P(W_2O_7)_x\cdot(Mo_2O_7)_{6-x}+26NaCl+10H_2O(0<x<6)$$

$$\left[(C_2H_5)_2N\text{-xanthene-}\overset{\oplus}{N}(C_2H_5)_2\text{, C-}C_6H_4\text{-}COOH\right]Cl^{\ominus}+H_7P(W_2O_7)_x\cdot(Mo_2O_7)_{6-x}+Al(OH)_3+BaSO_4\longrightarrow$$

$$\left[(C_2H_5)_2N\text{-xanthene-}\overset{\oplus}{N}(C_2H_5)_2\text{, C-}C_6H_4\text{-}COOH\right]_4\left[H_3P(W_2O_7)_x\cdot(Mo_2O_7)_{6-x}\right]^{4\ominus}\cdot Al(OH)_3\cdot BaSO_4$$

**3. 工艺流程**

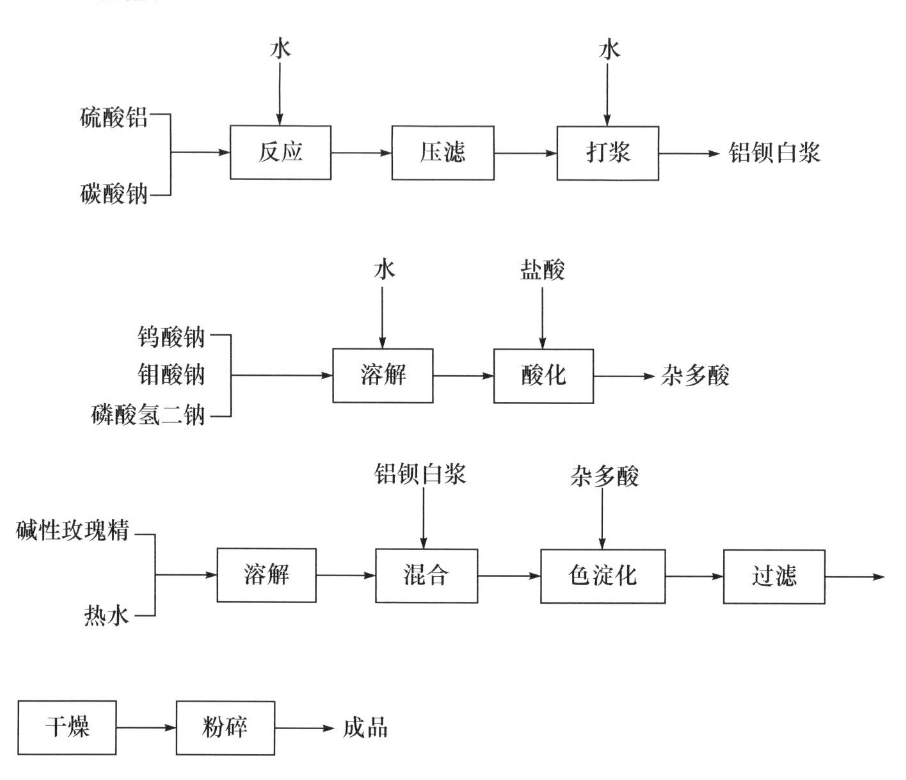


**4. 技术配方**

| | |
|---|---|
| 硫酸铝 | 216.0 |
| 碳酸钠 | 97.5 |
| 氯化钡 | 72.0 |
| 钨酸钠 | 51.0 |
| 钼酸钠 | 17.4 |
| 磷酸氢二钠 | 7.8 |
| 碱性玫瑰精 | 39.6 |

**5. 生产工艺**

将 144kg 硫酸铝、65kg 碳酸钠及 48kg 氯化钡在 40℃的水中溶解，合成铝钡白，过滤，水洗，并用水打浆，得铝钡白浆。

将 34kg 钨酸钠、11.6kg 钼酸钠及 5.2kg 磷酸氢二钠依次用 60℃水溶解，搅拌混合，再加入 12kg 盐酸酸化至 pH 为 1～2，生成磷钨钼酸溶液(杂多酸溶液)。

取 26.4kg 碱性玫瑰精用 90℃热水溶解，将其加至 60℃的铝钡白浆料中，再加入磷钨钼酸溶液，生成色淀，升温至 95℃，过滤，水洗，干燥，得耐晒玫瑰红色淀。

**6. 产品标准**

| | |
|---|---|
| 外观 | 艳红光紫色粉末 |
| 色光 | 与标准品近似 |
| 着色力/% | 为标准品的 100±5 |
| 水分含量/% | ≤5 |
| 细度(过 80 目筛余量)/% | ≤5 |
| 耐晒性/级 | 6～7 |
| 耐热性/℃ | 120 |
| 耐酸性(5% HCl)/级 | 4～5 |
| 耐碱性(5% $Na_2CO_3$)/级 | 2 |

**7. 产品用途**

用于油墨、油彩颜料及室内涂料的着色。

**8. 参考文献**

[1] 柳任飞. 喹吖啶酮及其衍生物的合成和颜料化研究[D]. 南京:南京林业大学,2010.
[2] 孙雄平,蒋晓庄,宋悦佳. 优质紫色颜料——永固紫 R[J]. 上海化工,1994,01:12-15.
[3] 蒋晓庄. 咔唑二噁嗪紫颜料化工艺的探讨[J]. 化学世界,1995,05:257-260.

## 3.2　耐晒射光青莲色淀

耐晒射光青莲色淀(Light Fast Reflex Violet Lake)又称耐晒射光青莲、耐晒碱性射光青莲、6250 耐晒青莲色原 R、3501 射光青莲色淀、Iigalite Paper Violet M、Iigalite Paper Violet MNC、Shangdament Fast Violet Toner R3250。染料索引号 C. I. 颜料紫 3(42535：2)。相对分子质量 6850～7819。结构式为

$$\left[(H_3C)_2N-C_6H_4-C(C_6H_4NHCH_3)=C_6H_4=\overset{\oplus}{N}(CH_3)_2\right]_4[H_3P(W_2O_7)_x\cdot(Mo_2O_7)_{6-x}]^{4\ominus}\cdot Al(OH)_3/BaSO_4$$

**1. 产品性能**

本品为深紫色粉末。颜色鲜艳，着色力高，刮涂于纸上，闪射铜光，持久不褪

色，加于黑油墨中可提高其黑度，无水渗性和油性。相对密度 2.15～2.30。吸油量41～77g/100g。

**2. 生产原理**

碱性紫 5BN 与杂多酸作用形成色淀。

$$2xNa_2WO_4+2(6-x)Na_2MoO_4+Na_2HPO_4+26HCl \longrightarrow$$
$$H_7P(W_2O_7)_x \cdot (Mo_2O_7)_{6-x}+26NaCl+10H_2O(0<x<6)$$

$(H_3C)_2N$　$NHCH_3$　C　$N^{\oplus}(CH_3)_2Cl^{\ominus}$

$$+H_7P(W_2O_7)_x \cdot (Mo_2O_7)_{6-x} \longrightarrow$$

$$\left[ (H_3C)_2N\text{—}C\text{—}\overset{\oplus}{N}(CH_3)_2 \quad NHCH_3 \right]_4 [H_3P(W_2O_7)_x \cdot (Mo_2O_7)_{6-x}]^{4\ominus}\downarrow$$

**3. 工艺流程**

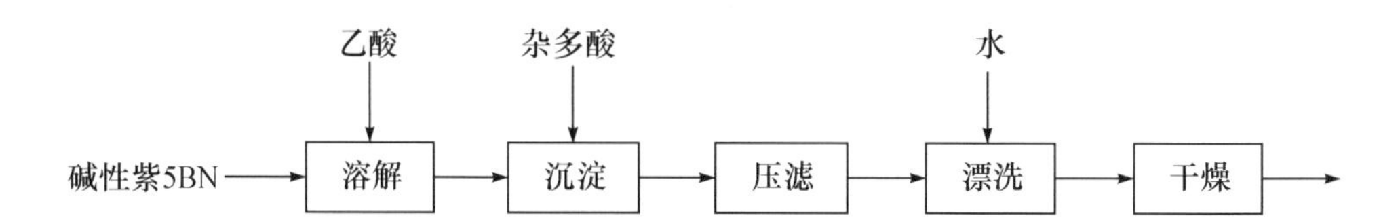

**4. 技术配方**

| | |
|---|---|
| 碱性紫 5BN(100%) | 571 |
| 冰醋酸 | 130 |
| 钨酸钠(工业品) | 125 |
| 钼酸钠(工业品) | 925 |
| 磷酸氢二钠(工业品) | 170 |
| 盐酸(31%) | 645 |

## 5. 生产工艺

1）工艺一

将100%钨酸钠($Na_2WO_4 \cdot 2H_2O$)、100%钼酸钠($Na_2MoO_4 \cdot 2H_2O$)、100%磷酸氢二钠($Na_2HPO_4 \cdot 12H_2O$)在70℃热水中溶解，加入30%盐酸调至pH 2～2.5，继续搅拌15min。

将100%碱性紫5BN染料溶于90℃水中，加冷水调整温度70℃，将杂多酸用量的90%加入染料溶液中，时间10～15min，然后升温至90℃，5min后加冷水立即降温至70℃，加余下的沉淀剂搅拌10min，终点检验以碱性嫩黄O染料溶液检验滤液应有黄色沉淀出现，表示杂多酸已过量，如不足应补加杂多酸，加冷水降温至60℃以下，防止色光转蓝和着色力下降，压滤，漂洗，漂洗终点以1%硝酸银溶液检验。于60～70℃干燥，粉碎得耐晒射光青莲色淀。

2）工艺二

将50kg碳酸钠、108kg氯化钡、102kg硫酸铝以40℃水溶解，合成铝钡白，过滤，水洗。

将9kg磷酸氢二钠、72.4kg钨酸钠、7kg钼酸钠以60℃热水溶解，然后加入52.3kg盐酸，pH为2～2.5，制备成杂多酸。

将38kg碱性紫5BN用90℃水溶解，降温至60℃，加至上述制得的铝钡白中，搅拌下再加入制备好的杂多酸，生成色淀，升温至95℃，过滤，水洗，70℃下干燥，粉碎得耐晒射光青莲色淀。

3）工艺三

将5500L水及10kg冰醋酸加入反应锅中，加入55kg碱性紫5BN，于95℃下溶解，将900L水升温至90℃，依次加入87kg钨酸钠、1.6kg钼酸钠、8.8kg磷酸氢二钠，搅拌溶解，用75kg 30%盐酸进行酸化，使pH为1，制备出杂多酸PTMA。

在充分搅拌下将杂多酸加至上述染料溶液中，搅拌形成色淀。过滤，水洗，于60～65℃下干燥，得50kg耐晒射光青莲色淀。

## 6. 产品标准(HG 15-1132)

| | |
|---|---|
| 外观 | 深紫色粉末 |
| 色光 | 与标准品近似 |
| 着色力/% | 为标准品的100±5 |
| 水分含量/% | ≤3 |

| | |
|---|---|
| 吸油量/% | 50±5 |
| 水溶物含量/% | ≤1.5 |
| 耐热性(微红)/℃ | 120 |
| 耐酸性/级 | 5 |
| 耐碱性/级 | 4 |
| 耐水渗透性/级 | 4 |
| 耐石蜡渗透性/级 | 5 |
| 耐油渗透性/级 | 4 |
| 细度(过 80 目筛残余量)/% | ≤5 |

**7. 产品用途**

主要用于油墨和文教用品的着色。

**8. 参考文献**

[1] 穆振义，王国义. 液相法合成碱性紫 5BN 的研究[J]. 染料工业，1993，03：19-22.
[2] 高林柏. 生产碱性紫的非酚新工艺[J]. 染料工业，1985，04：64.

## 3.3　耐晒青莲色淀

耐晒青莲色淀(Light Rsistant Violet Lake)又称 6240 耐晒青莲色淀、2308 耐晒青莲色淀(Light Fast Violet Lake、Irgalite Paper Violetm)。染料索引号参照 C. I. 颜料紫 3(42535∶2)。结构式为

$$\left[ \text{H}_2\text{N}-\text{C}_6\text{H}_3(\text{CH}_3)-\text{C}(=\text{C}_6\text{H}_4=\overset{\oplus}{\text{N}}\text{H}_2)-\text{C}_6\text{H}_4-\text{NH}_2 + (\text{H}_3\text{C})_2\text{N}-\text{C}_6\text{H}_3(\text{CH}_3)-\text{C}(=\text{C}_6\text{H}_4=\text{N}^{\oplus}(\text{CH}_3)_2)-\text{C}_6\text{H}_4-\text{NHCH}_3 \right]_2 [\text{H}_3\text{P}(\text{W}_2\text{O}_7)_x \cdot (\text{Mo}_2\text{O}_7)_{6-x}]^{4\ominus}$$

**1. 产品性能**

本品为深紫色粉末。不溶于水。耐晒、耐热性能良好。

**2. 生产原理**

碱性品红、碱性紫 5BN 在氢氧化铝和硫酸钡浆液中与杂多酸反应，得到耐晒青莲色淀。

$$+H_7P(W_2O_7)_x\cdot(Mo_2O_7)_{6-x}\longrightarrow$$

$$[H_3P(W_2O_7)_x\cdot(Mo_2O_7)_{6-x}]^{4\ominus}$$

### 3. 工艺流程

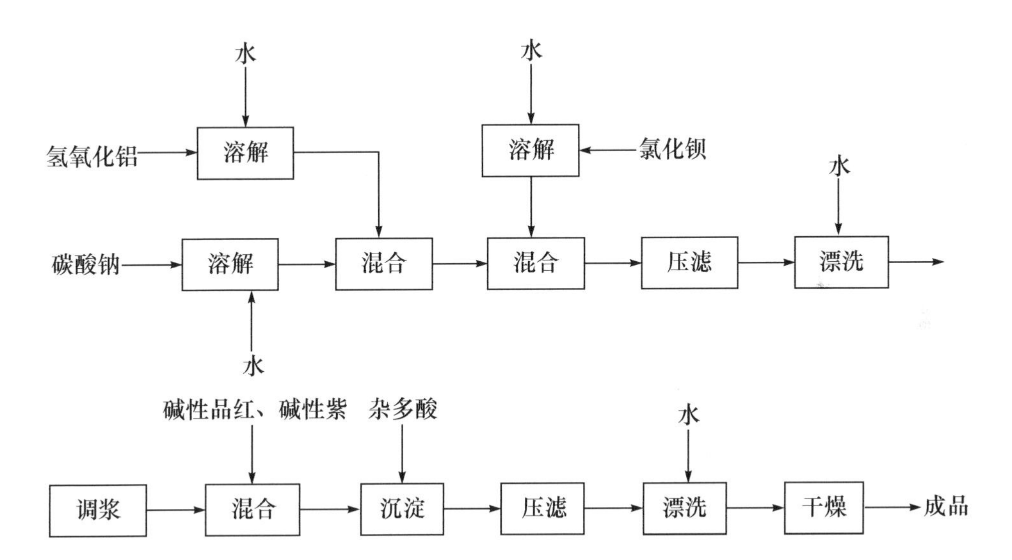


### 4. 技术配方

| | |
|---|---|
| 硫酸铝(精制品) | 680kg/t |
| 碳酸钠(98%) | 296kg/t |
| 氯化钡(工业品) | 548kg/t |
| 磷酸氢二钠(工业品) | 32kg/t |
| 盐酸(30%) | 200kg/t |
| 碱性品红(100%) | 9kg/t |
| 碱性紫 5BN(100%) | 142kg/t |

| | |
|---|---|
| 钨酸钠(工业品) | 278kg/t |
| 钼酸钠(工业品) | 27kg/t |

**5. 生产设备**

溶解锅,混合锅,压滤机,漂洗锅,沉淀锅,干燥箱。

**6. 生产工艺**

在溶解锅中加入一定量的水,然后加入硫酸铝,使其在85℃溶解,制得硫酸铝溶液。将碳酸钠加入一定量的水,在45℃使其溶解,将此溶液加入硫酸铝溶液中,经搅拌混合均匀。溶液pH为6.5左右,得氢氧化铝。将工业氯化钡加入适量的水,于45℃使其溶解,将此溶液加入氢氧化铝溶液中,溶液pH为6.5左右,料液经过滤、漂洗,滤饼用水调成浆液即制得氢氧化铝和硫酸钡浆液,备用。将钨酸钠、钼酸钠、磷酸氢二钠加入已盛有水的溶解锅中,于75℃溶解,加入30%盐酸后使溶液pH为2.0左右,制得杂多酸溶液。然后在沉淀锅中加入一定量的水,在搅拌下加入碱性品红染料、碱性紫5BN染料,在90℃下溶解,将此溶液加入氢氧化铝和硫酸钡浆液中,经混合均匀后再加入杂多酸溶液总量的90%,于90℃左右混合均匀后,降温至65℃加完余下的杂多酸,混合均匀,料液经压滤、漂洗,滤饼于65℃下干燥,最后经粉碎得到耐晒青莲色淀。

**7. 产品标准(沪Q1HG 14-209)**

| | |
|---|---|
| 外观 | 深紫色粉末 |
| 水分含量/% | ≤3 |
| 吸油量/% | 30.0~40.0 |
| 细度(过60目筛余量)/% | ≤5.0 |
| 着色力/% | 为标准品的100±5 |
| 色光 | 与标准品近似 |
| 耐晒性/级 | 6 |
| 耐热性/℃ | 120 |
| 耐酸性/级 | 5 |
| 耐碱性/级 | 3~4 |
| 耐水渗透性/级 | 5 |
| 耐油渗透性/级 | 4 |
| 耐石蜡渗透性/级 | 5 |

**8. 产品用途**

用于制造胶印油墨、凹印油墨、印铁油墨和室内涂料着色，也用于水彩、油彩颜料和各种文教用品着色。

**9. 参考文献**

[1] 周春隆. 有机颜料工业新技术进展[J]. 染料与染色，2004，01：33-42.
[2] 穆振义，王国义. 液相法合成碱性紫 5BN 的研究[J]. 染料工业，1993，03：19-22.

# 3.4 紫　色　淀

紫色淀(Violet Lake)的染料索引号为 C. I. 颜料紫 5∶1(58055∶1)。国外主要商品名：Alizarine Maroon MV-7013(HAR)、Irgalite Maroon BN(CGY)、Lake Violet 15515(ICI)、Maroon Toning Lake(DUP)、Polymo Red Violet FR(KKKHIK)、Vynamon Violet R(ICI)。分子式 $C_{14}H_7O_7SAl_{1/3}$，相对分子质量 328.27。结构式为

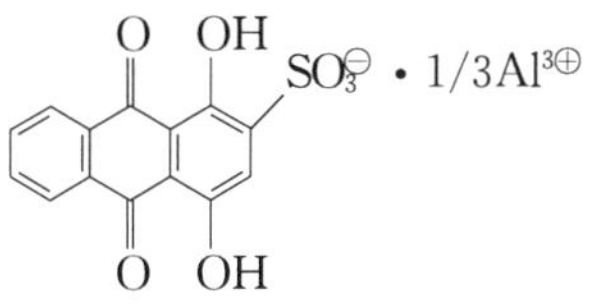

O　OH
$SO_3^{\ominus} \cdot 1/3Al^{3\oplus}$
O　OH

**1. 产品性能**

本品为红光紫色粉末。不溶于水。具有很好的耐晒性。吸油量 40～71g/100g。

**2. 生产原理**

1，4-二羟蒽醌与亚硫酸氢钠、硼酸和二氧化锰发生磺化得到 1，4-二羟基蒽醌-2-磺酸，然后与氢氧化铝发生色淀化得紫色淀。

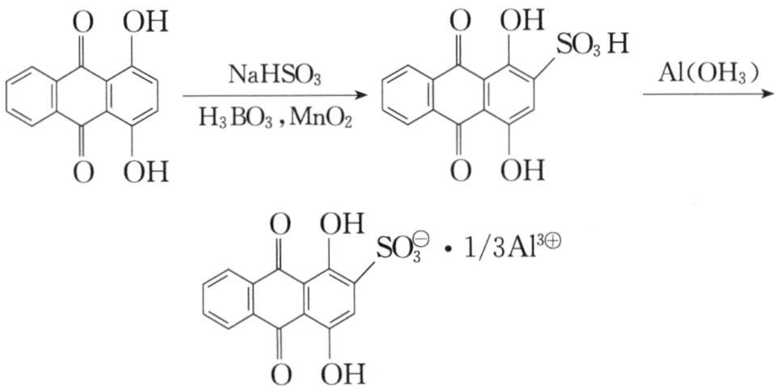

$$\xrightarrow[H_3BO_3,MnO_2]{NaHSO_3} \qquad (SO_3H) \qquad \xrightarrow{Al(OH_3)}$$

O　OH
$SO_3^{\ominus} \cdot 1/3Al^{3\oplus}$
O　OH

**3. 工艺流程**

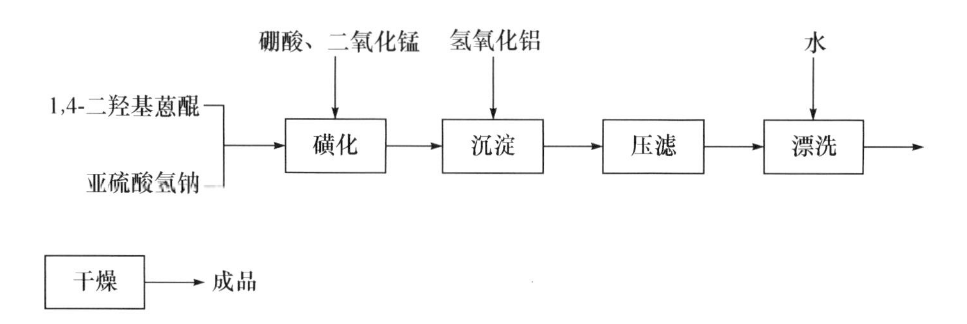


**4. 生产工艺**

1）磺化

在磺化反应锅中加入5000L水，加热至50℃，向水中加入200kg 1,4-二羟基蒽醌、420kg亚硫酸氢钠、105kg硼酸及126kg二氧化锰，在2h内升温至98℃，并反应4～5h，将反应物加至600L盐酸中，冷却至45℃，过滤，用稀盐酸(20L盐酸用1000L水稀释)洗涤，干燥，得1,4-二羟基蒽醌-2-磺酸。

2）沉淀

将工业用的硫酸铝溶于80℃水中，冷却至40℃；将95%碳酸钠溶于40℃水中，然后在1h内将其分批加至硫酸铝溶液中，pH为6～7，生成氢氧化铝沉淀，过滤水洗得浆状物，将1,4-二羟基蒽醌-2-磺酸在60℃下溶于水中，加入制得的氢氧化铝浆状物，于45℃下搅拌使其反应，pH为5.5～6.0，过滤，水洗，于60～70℃下干燥，得紫色沉淀。

**5. 产品标准**

| 外观 | 红光紫色粉末 |
|---|---|
| 色光 | 与标准品近似 |
| 着色力/% | 为标准品的100±5 |
| 水分含量/% | ≤2 |
| 细度(过80目筛余量)/% | ≤5 |
| 耐晒性/级 | 5 |
| 耐酸性/级 | 1 |
| 耐溶剂渗透性/级 | 4～5 |
| 耐水渗透性/级 | 4～5 |

**6. 产品用途**

主要用于油漆、醇酸树脂、印刷油墨、墙纸及皮革的着色，也用于橡胶及涂料印花的着色。

**7. 参考文献**

[1] 苏桂田．1,4-二羟基蒽醌生产工艺改进的试验研究[J]. 沈阳师范学院学报(自然科学版),1996,01:54-56.

## 3.5　油溶青莲

油溶青莲(Oil Violet)又称 6901 油溶青莲、油溶紫 5BN(Oil Soluble Violet 5BN)、6901 Oil Violet、Aizen Crystal Violet Base、Base Violet 618。染料索引号 C. I. 溶剂紫 9(42555：1)。分子式 $C_{25}H_{31}N_3O$，相对分子质量 389.53。结构式为

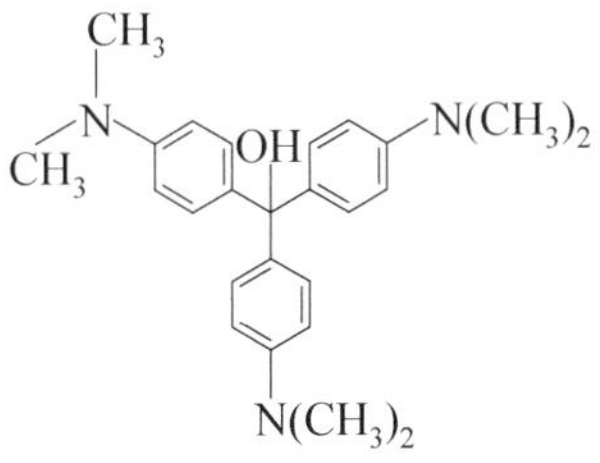

**1. 产品性能**

本品为灰紫色粉末。耐水渗透性 3～4 级，溶于油酸，溶于乙醇呈紫色，溶于冷水和热水呈紫色。遇浓硫酸呈红黄色，稀释后呈暗绿老黄色，并变成蓝色和紫色。其水溶液遇氢氧化钠生成紫色沉淀。

**2. 生产原理**

碱性紫 5BN 用碱沉淀后，压滤、漂洗、干燥即得。

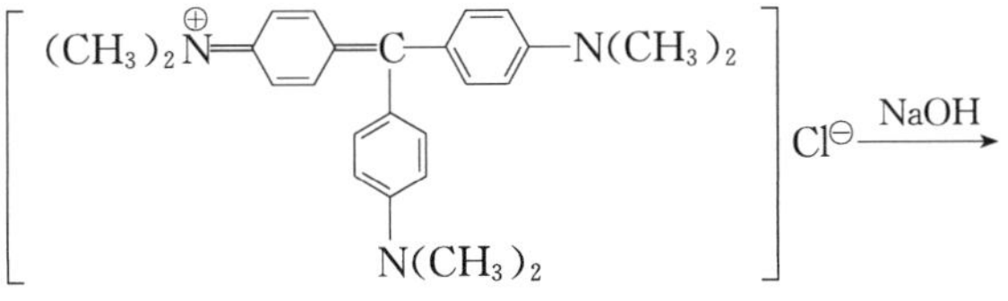

$$[(CH_3)_2N-C_6H_4]_3C-OH \quad + NaCl$$

### 3. 工艺流程

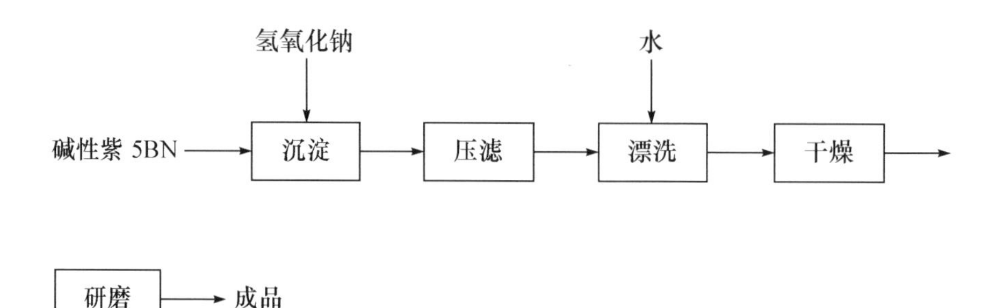


### 4. 技术配方

| | |
|---|---|
| 碱性紫 5BN | 361kg/t |
| 氢氧化钠(30%) | 1360kg/t |

### 5. 生产设备

反应锅,压滤机,干燥箱,研磨机。

### 6. 生产工艺

在反应锅中投入 361kg 125%碱性紫 5NB,然后加入 1360kg 30%氢氧化钠,沉淀反应完成后,压滤,滤饼漂洗后脱水,干燥后研磨得到油溶青莲。

### 7. 产品标准

| | |
|---|---|
| 外观 | 灰紫色粉末 |
| 色光 | 与标准品近似 |
| 着色力/% | 为标准品的 100±5 |
| 水分含量/% | ≤4 |
| 耐热性/℃ | ≥100 |
| 耐水渗透性/级 | 3～4 |
| 熔点/℃ | ≥100 |

### 8. 产品用途

主要用于复写纸、圆珠笔笔油的着色及油溶染料。

### 9. 参考文献

[1] 穆振义,王国义. 液相法合成碱性紫5BN的研究[J]. 染料工业,1993,03:19-22.
[2] 金浩军,刘胜,陈韬. 液体碱紫5BN的制备研究[J]. 安徽化工,2000,06:21.

## 3.6　喹吖啶酮紫

喹吖啶酮紫(Quinacridone Violet)又称酞菁紫、Cinquasia Violet RRT-201-D、Cinquasia Violet RRT-791-D、Cinquasia Violet RRT-795-D、Cinquasia Violet RRT-887-D、Cinquasia Violet RRT-891-D、Cinquasia Violet RRT-899-D、Cinquasia Violet RRW-767-P、Hostaperm Red Violet ER、Monastral Violet RRT-201-D、Monastral Violet RRT-791-D、Monastral Violet RRT-795-D、Monastral Violet RRT-887-D、Monastral Violet RRT-891-D、Monastral Violet RRW-767-D、Paliogen Violet L 5100、Sandorin Violet 4RL。染料索引号C.I.颜料紫19(73900)。分子式$C_{20}H_{12}O_2N_2$,相对分子质量312.32。结构式为

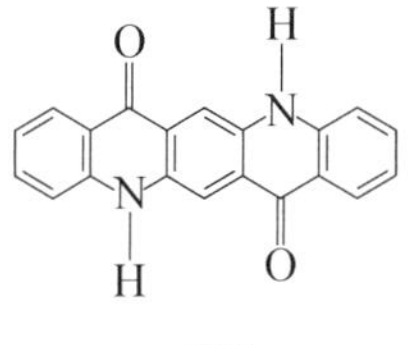

β型

### 1. 产品性能

本品为艳紫色粉末。色光鲜艳。耐热稳定到165℃。不溶于水和乙醇。

### 2. 生产原理

丁二酸二乙酯自身缩合后,再与苯胺缩合,经闭环、精制、氧化成β型喹吖啶酮,即喹吖啶酮紫。

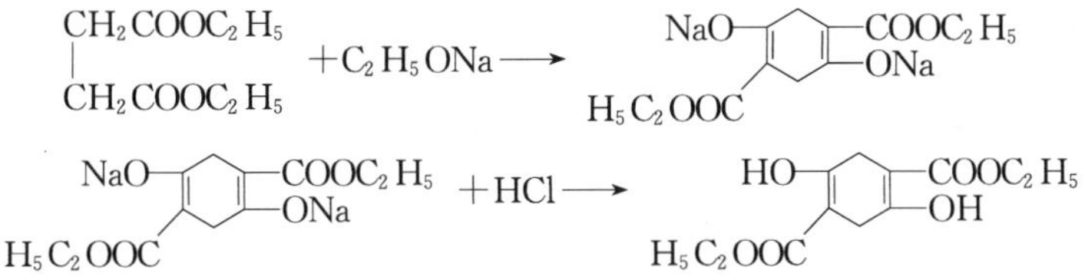

$$\begin{matrix} CH_2COOC_2H_5 \\ | \\ CH_2COOC_2H_5 \end{matrix} + C_2H_5ONa \longrightarrow$$

$$\text{NaO}-\ldots-COOC_2H_5,\ -ONa,\ H_5C_2OOC- + HCl \longrightarrow \text{HO}-\ldots-COOC_2H_5,\ -OH,\ H_5C_2OOC-$$

$HO$, $COOC_2H_5$, $OH$, $H_5C_2OOC$ + $NH_2$(苯胺) $\longrightarrow$ $NH$, $COOC_2H_5$, $H_5C_2OOC$, $NH$ $\xrightarrow{闭环}$

$\xrightarrow{氧化}$ (β型)

### 3. 工艺流程

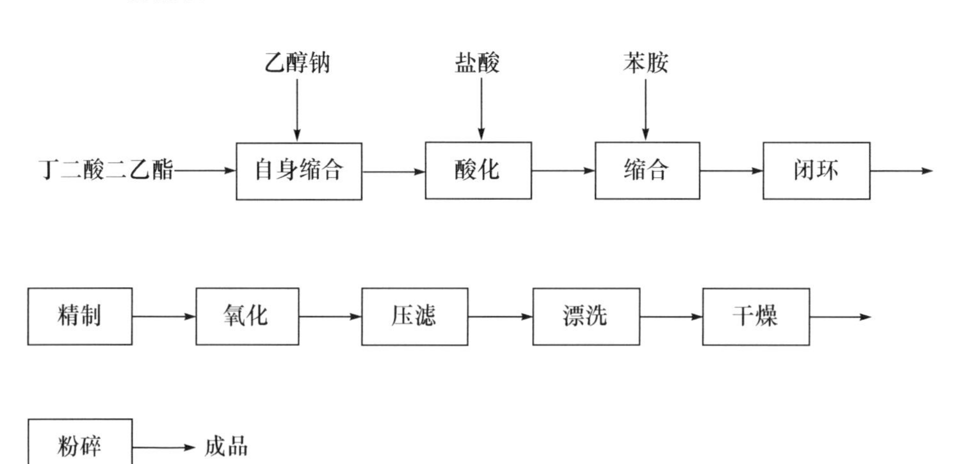


### 4. 技术配方

| | |
|---|---|
| 苯胺(工业品) | 846 |
| 丁二酸二乙酯(工业品) | 2900 |
| 道生(工业品) | 870 |
| 乙醇钠(工业品) | 7800 |

### 5. 生产原料规格

1）苯胺

苯胺为无色油状易燃液体。有强烈气味，暴露于空气中或日光下易分解变成棕色，纯度≥99.2%。有毒。

2）乙醇钠

乙醇钠为白色或微黄色吸湿性粉末，在空气中易分解。在乙醇中则不被分解。

外观淡黄色或棕色液体。乙醇钠含量16.5%～18%。

3）丁二酸二乙酯

丁二酸二乙酯为无色液体，能与醇醚混合，熔点－21℃，沸点217.7℃，相对密度1.420，纯度≥98%。

4）道生

道生为联苯23.5%与联苯醚76.5%混合物，是工业上良好的安全的高温有机载体。在350℃以下可长期使用。

**6. 生产工艺**

1）自身缩合

在干燥的反应锅中加入17%工业乙醇钠的乙醇溶液，加热，蒸出乙醇，浓缩乙醇钠至28%左右。将丁二酸二乙酯于1h内加入，同时蒸出乙醇，浓缩至乙醇钠含量为38%～40%，冷却至室温加入30%盐酸至pH为2～3，搅拌1h，过滤，水洗，抽干，80℃干燥得缩合中间体。

2）缩合

在缩合锅内加98%苯胺、93%乙醇、浓盐酸，搅拌，加入干燥好的上述缩合物。通氮气沸腾回流5h，冷至室温静置12h，抽滤，稀盐酸洗，然后漂洗至中性，抽干、70℃干燥。

3）环化

在溶解锅中加入道生和上述缩合物，通氮气加热至120℃保持溶解锅中压力0.05MPa。于另一反应锅中加入道生，升温至256～260℃即将上述溶解液于2h加入，保持锅内256～260℃，保持反应1h，同时蒸出乙醇，冷却至220℃左右，过滤，洗涤，将滤饼取出精制。在精制锅中加入工业乙醇、水、30%氢氧化钠，搅拌下加入粗制品，加热回流2h，冷却至室温，搅拌1h，压滤，漂洗得1,3-二氢喹吖啶酮中间产物。

4）氧化

在氧化锅中加入93%工业乙醇、水和98%氢氧化钠。搅拌下加入1,3-二氢基喹吖啶酮粗品滤饼，搅拌0.5h，加入固体92%间硝基苯磺酸钠，升温回流4h，冷却至室温，放入冷水（事先溶入0.5kg乳化剂A-105）稀释，搅拌0.5h，压滤，热水漂洗至中性，70℃干燥，粉碎得喹吖啶酮紫。

### 7. 产品标准

| | |
|---|---|
| 外观 | 艳紫色粉末 |
| 色光 | 与标准品近似 |
| 着色力/% | 为标准品的 100±5 |
| 吸油量/% | 45±5 |
| 耐热性/℃ | 165 |

### 8. 产品用途

主要用于涂料、塑料和油墨的着色。

### 9. 参考文献

[1] 李银艳. 芳基金属酞菁的合成与表征[D]. 长春:东北师范大学,2004.
[2] 林宁,董志军,潘大伟,等. 纳米喹吖啶酮颜料制备[J]. 染料与染色,2007,05:14-16.

## 3.7 喹吖啶酮红

喹吖啶酮红(Quinacridone Red)又称酞菁红(Phthalocyanine Red)、3501 大分子红 Q3B。国外主要商品名:Cinquasia Red B RT-742-D、Cinquasia Red B RT-790-D、Cinquasia Red B RT-796-D、Cinquasia Red B RW-768-P、Cinquasia Red Y RT-759-D、Cinquasia Red Y RT-859-D、Cinquasia Red Y-RT-959-D、Cinquasia Violet R RT-201-D、Cinquasia Violet R RW-769-D、Paliogen Violet L 5100、PV Fast Red E5B、Sandorin Violet 4RL、Shangdament Red Q3B 3501、Hostaperm Red Violet ER。染料索引号 C. I. 颜料紫 19(73900)。分子式为 $C_{20}H_{12}N_2O_2$,相对分子质量 312.32。结构式为

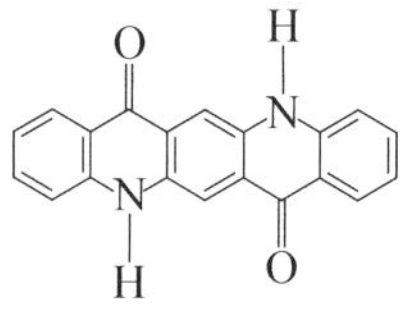

γ型

### 1. 产品性能

本品为色泽鲜艳的红色粉末。具有优良的耐有机溶剂,耐晒性、耐热性均优良,尤其是耐晒性,即使在高度冲淡下仍不降低日晒牢度。在各种塑料中无迁移

性。与聚四氟乙烯混合，经 430℃高温挤压不变色。

### 2. 生产原理

在乙醇钠作用下，丁二酸二乙酯自身缩合成环，经酸化后与两分子苯胺缩合，进一步在 250～260℃下缩合环化，最后经精制得到 $\gamma$ 型酞菁红即喹吖啶酮红。

$$\begin{matrix} CH_2COOC_2H_5 \\ | \\ CH_2COOC_2H_5 \end{matrix} + C_2H_5ONa \xrightarrow{\text{回流}} \text{(NaO, } COOC_2H_5\text{, } H_5C_2OOC\text{, ONa 取代环己二烯)}$$

$$\text{(NaO, } COOC_2H_5\text{, } H_5C_2OOC\text{, ONa 取代环己二烯)} + HCl \xrightarrow{<40℃} \text{(HO, } COOC_2H_5\text{, } H_5C_2OOC\text{, OH 取代环己二烯)}$$

$$\text{(HO, } COOC_2H_5\text{, } H_5C_2OOC\text{, OH 取代环己二烯)} + \text{苯胺}(NH_2) \xrightarrow[\text{回流，通氮}]{\text{乙醇}} \text{(苯基-NH, } COOC_2H_5\text{, } H_5C_2OOC\text{, NH-苯基 取代环己二烯)}$$

$$\text{(苯基-NH, } COOC_2H_5\text{, } H_5C_2OOC\text{, NH-苯基 取代环己二烯)} \xrightarrow[256\sim260℃]{\text{溶剂(道生 A)}N_2} \text{二氢喹吖啶酮}$$

$$\xrightarrow[KOH,H_2O,\text{回流}]{\text{乙醇，间硝基苯磺酸钠}} \text{喹吖啶酮}\ (\gamma\text{型})$$

### 3. 工艺流程

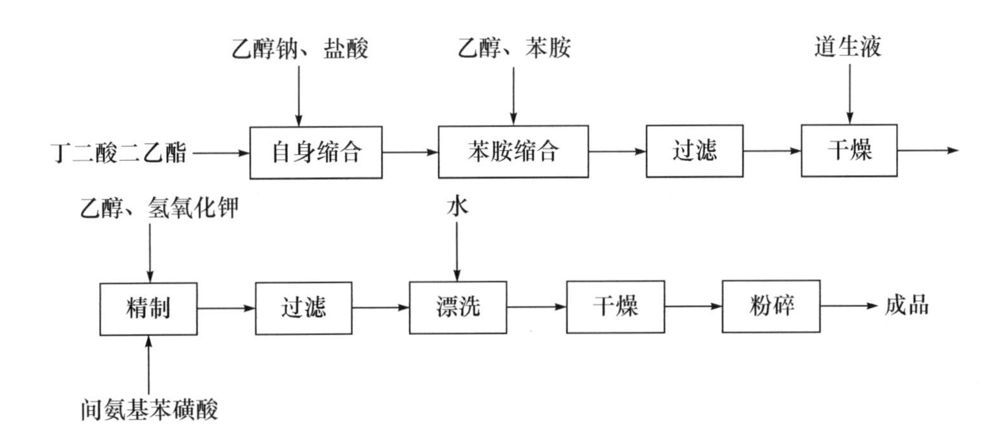

### 4. 技术配方

| | |
|---|---|
| 丁二酸二乙酯(工业品) | 2720 |
| 道生液(联苯 23.5%,联苯醚 76.5%) | 1560 |
| 乙醇钠 | 7335 |

### 5. 生产原料规格

1) 丁二酸二乙酯

丁二酸二乙酯又称琥珀酸二乙酯。无色透明液体。密度 1.0402g/cm$^3$,凝固点−21℃,沸点 217~218℃,折射率 1.4201,闪点 110℃。能与乙醇及乙醚混溶,不溶于水。

| | |
|---|---|
| 丁二酸二乙酯含量/% | ≥98 |
| 酸度/% | ≤0.20 |
| 水分含量/% | ≤0.05 |

2) 乙醇钠

乙酸钠为白色或微黄色吸湿性粉末,在空气中易分解,储存中会变黑。遇水迅速分解成氢氧化钠和乙醇,置于无水乙醇中则不分解。有强腐蚀性。乙醇钠乙醇溶液为棕红色或淡黄色液体。

| | |
|---|---|
| 外观 | 棕红色或淡黄色液体 |
| 乙醇钠含量/% | 16.5~18 |
| 苯含量/% | ≤3 |
| 游离碱含量/% | ≤0.1 |

3) 道生

道生又称道氏热载体 A,是一种换热剂,联苯及联苯氧化物的混合体,这里组成是联苯 23.5%,联苯醚 76.5%。

4) 间硝基苯磺酸钠

间硝基苯磺酸钠为结晶体,熔点 70℃,溶于水和乙醇。有毒,其毒性比硝基苯略小。

| | |
|---|---|
| 外观 | 黄色均匀粉末 |
| 间硝基苯磺酸钠含量/% | ≥90 |
| 溶解度/(g/L) | 25 |

### 6. 生产设备

缩合锅，打浆锅，抽滤机，缩合锅，过滤器，储槽，溶解锅，闭环反应锅，氮气源，精制锅，压滤机，干燥箱，氧化锅。

### 7. 生产工艺

在干燥的反应锅中加入165kg 17%乙醇钠，加热蒸至含量达28%。然后在1h内加入59.8kg 100%丁二酸二乙酯进行缩合反应，反应结束冷却到60℃，加入80kg无水乙醇打浆，冷却到室温，然后加入54kg 30%盐酸在40℃以下进行酸化，使溶液pH为2.5，搅拌1h后，抽滤，水漂洗至中性，滤饼在80℃下干燥，制得丁二酰丁二酸二乙酯约31kg。在搪瓷反应锅中加入30kg苯胺、150kg乙醇和3.2kg 30%盐酸，混合均匀后，加入33.3kg干燥的丁二酰丁二酸二乙酯，在氮气保护下加热至沸腾，停止通氮气后再回流5h，冷却结晶，过滤(回收乙醇)，滤饼用0.3%盐酸洗涤和冷水漂洗至中性，滤饼于70～78℃下干燥即得2,5-双苯胺基-3,6-二氢对苯二甲酸二乙酯约50kg。

在溶解锅中加入66kg道生液和30kg干燥的2,5-双苯胺基-3,6-二氢对苯二甲酸二乙酯，在搅拌下通入氮气鼓泡，并加热到120℃使其溶解，并使锅内压力维持在$0.5\times10^5$Pa，制得2,5-双苯胺基-3,6-二氢对苯二甲酸二乙酯溶液。再在闭环反应锅中加入道生液60kg加热到258℃，将上述制得的2,5-双苯胺基-3,6-二氢对苯二甲酸二乙酯溶液加入反应锅，控制锅内温度为258℃，加料完毕后在258℃下沸腾1h，蒸出乙醇后冷却到220℃，经过滤回收道生液，滤饼冷却到50℃加入乙醇，加热洗涤后再过滤回收乙醇，如此反复5次，得到滤饼即为6,13-二氢喹吖啶酮。在反应锅内加入200kg乙醇、80L水和40.3kg 30%氢氧化钠，搅拌均匀后，加入上述制备的6,13-二氢喹吖啶酮，加热回流2h，冷却到室温再搅拌1h，经压滤(回收乙醇)，滤饼用冷水漂洗到中性，得到精制6,13-二氢喹吖啶酮。在氧化锅中加入180kg 93%乙醇、60L水和9kg 50%氢氧化钾，搅拌均匀后，加入上述精制的6,13-二氢喹吖啶酮，经打浆0.5h，再加热到55℃搅拌1h，然后加入27.4kg 92%间硝基苯磺酸钠盐的水溶液，加热回流5h后趁热压滤，滤饼用85℃热水漂洗到中性，在70℃下干燥，经粉碎后得到喹吖啶酮红($\gamma$型酞菁红)约16kg。

### 8. 产品标准

| | |
|---|---|
| 外观 | 红色粉末 |
| 色光 | 与标准品近似 |
| 着色力/% | 为标准品的100±5 |
| 水分含量/% | ≤1.5 |

| | |
|---|---|
| 吸油量/% | 50±5 |
| 水溶物含量/% | ≤1.5 |
| 耐晒性/级 | 7～8 |
| 耐热性/℃ | 400 |
| 耐酸性/级 | 5 |
| 耐碱性/级 | 4～5 |
| 耐水渗透性/级 | 5 |
| 耐乙醇渗透性/级 | 5 |
| 耐油渗透性/级 | 5 |
| 增塑性(DOP)渗透性/级 | 5 |

**9. 产品用途**

广泛用于塑料、油漆、涂料印花、橡胶、树脂、有机玻璃、油墨、合成纤维原浆的着色,可配制成红、橙、酱、紫、栗等色调。

**10. 参考文献**

[1] 蔡小飞,王利民,王峰,等. 喹吖啶酮类颜料及其功能化研究进展[J]. 染料与染色,2013,03:24-27.

[2] 张志军. 绿色合成喹吖啶酮工艺研究[D]. 赣州:江西理工大学,2012.

[3] 柳任飞. 喹吖啶酮及其衍生物的合成和颜料化研究[D]. 南京:南京林业大学,2010.

# 3.8 永固紫 RL

永固紫 RL(Permanent Violet RL)又称 6520 永固紫 RL,染料索引号 C. I. 颜料紫 23(51319)。国外商品名较多,主要有 Helie Fast Violet EB、Fastogen Super Violet BBL、RBL、RN、RN-F、Monolite ViolotR、Acramin Violet FFR、Aquadispers Violet RL-EP、RL-FG、Colanyl、Violet RL、Lionogen Violet RL、Microlith Violet RL-WA、Paliogen Violet L5890、Predisol Violet BL-CAB-1、Paliogen Violet RL-C、Paliogen Violet RL-V、Sandorin Violet BL、Sanyo Fast Violet BLD、Shangdament Violet RL 6520、Sumitone Fast Violet RLS、Sumitone Fast Violet RSB RW。分子式 $C_{34}H_{22}Cl_2N_4O_2$、相对分子质量 589.47。结构式为

Cl　$C_2H_5$
N　O　N
N　O　N
$C_2H_5$　Cl

### 1. 产品性能

本品为蓝光紫色粉末。色泽鲜艳，着色强度高，耐晒牢度好，耐热性及耐渗性优异，熔点 430～455℃，相对密度 1.40～1.60。吸油量 35～78g/100g。

### 2. 生产原理

将 *N*-乙基咔唑用混酸在氯苯中硝化，硝化产物用硫化钠还原，还原产物与四氯苯醌缩合，缩合物在对甲苯磺酰氯中闭环、氧化、再经过滤、干燥、粉碎得到永固紫 RL。

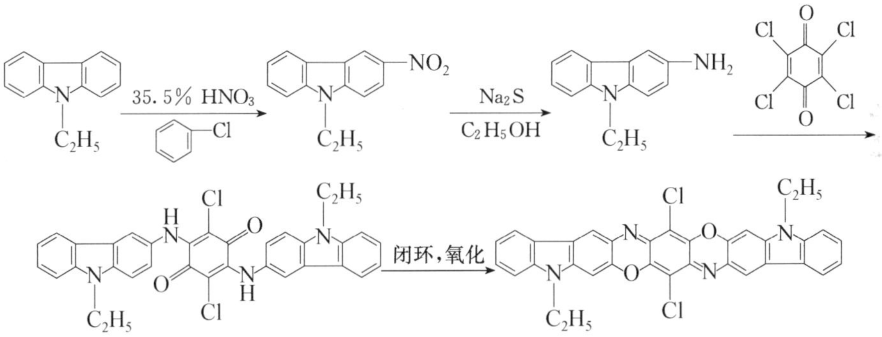

### 3. 工艺流程

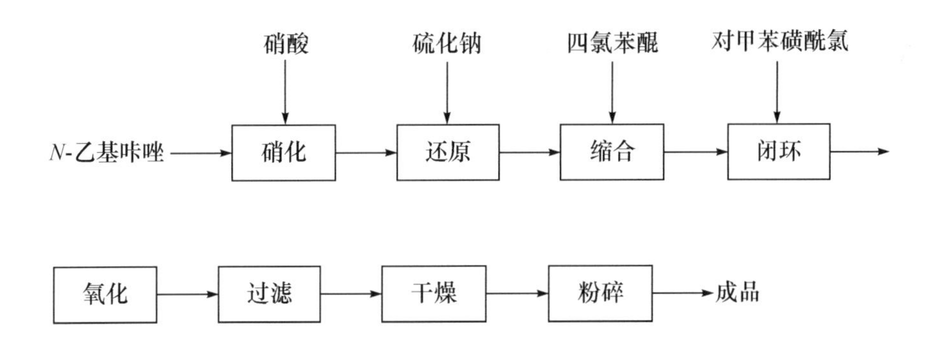


### 4. 技术配方

| | |
|---|---|
| *N*-乙基咔唑 | 1100kg/t |
| 四氯苯醌 | 865kg/t |
| 对甲苯磺酰氯 | 590kg/t |
| 硝酸(硝化用 35.5%) | 1678kg/t |
| 硫化钠(100%) | 275kg/t |

**5. 生产原料规格**

1) *N*-乙基咔唑

*N*-乙基咔唑又称9-乙基咔唑、乙基氮芴。分子式$C_{14}H_{13}N$,相对分子质量195.26。本品为白色叶状晶体,熔点69～70℃。溶于热乙醇和乙醚,不溶于水。

试剂级规格:

| | |
|---|---|
| *N*-乙基咔唑含量/% | ≥98 |
| 熔点/℃ | 68.5～70.5 |
| 灼烧残渣含量/% | 0.1 |

2) 四氯苯醌

四氯苯醌(Tetrachloroquinone)又称四氯代醌、氯醌、四氯代对苯醌。分子式$C_6Cl_4O_2$,相对分子质量245.9。本品为金黄色片状或柱状晶体。熔点290℃,相对密度1.67。溶于氢氧化钠,溶液呈紫红色。不溶于冷醇、冷石油醚、水。

化学纯规格:

| | |
|---|---|
| 四氯苯醌含量/% | ≥98 |
| 灼烧残渣含量/% | ≤0.1 |
| 游离酸含量(HCl计)/% | ≤0.05 |

**6. 生产设备**

硝化锅,还原锅,缩合锅,环化锅,压滤机,水蒸气蒸馏锅,储槽,干燥箱,粉碎机。

**7. 生产工艺**

(1) 乙基化。将12.8kg 95%咔唑、60L苯、400L 50%氢氧化钠溶液及适量相转移催化剂加入反应器中,于30℃在1h内滴加82L溴乙烷,反应3h后进行水蒸气蒸馏,加入热水搅拌打浆,过滤水洗,收率为95%,重结晶后得黄色针状晶体*N*-乙基咔唑。熔点为68～69℃。

(2) 硝化。200kg *N*-乙基咔唑(熔点64.5～65℃)在常温下加入180kg氯苯中,搅拌1h使其溶解并呈透明,在20～25℃下将300kg 35.5%硝酸于4～6h加至上述溶液中,在25～30℃下反应搅拌过夜。取反应试样过滤,用氯苯洗涤、水洗,其熔点应在128～130℃。反应到达终点时,冷却反应液至10℃,并在10℃下搅拌10h,过滤,用30kg氯苯分三次洗涤滤饼,再用50L水洗,在50～60℃下干燥,得黄色产物,熔点为128～129℃。氯苯从母液中回收,残渣为易爆炸的多硝基咔唑。

(3) 还原。在4.5$m^3$的反应锅中,将200kg 2-硝基-*N*-乙基咔唑加入由1622kg 95%乙醇和400kg硫化钠组成的乙醇溶液中,加热至70℃关闭反应锅,在80～85℃

下还原反应24h，冷却至40℃，停止搅拌，分出硫化碱层，进一步冷却至20℃，在12h内结晶出还原氨基物，过滤后用乙醇-水(1∶1)洗，再用3000L水打浆，过滤水洗至中性，在50～60℃干燥，收率为94%～96%。纯度为96%～99%，熔点为127℃。

(4) 缩合与闭环。在2000L搪瓷反应锅中加入1940kg邻二氯苯，在50℃下加入100kg氨基乙基咔唑、42.5kg无水乙酸钠及87.5kg四氯苯醌，上述物料在使用前需干燥，物料在60～65℃搅拌2h，在真空下逐渐加热至115℃直到在馏出物中不含乙酸，然后常压下再加热至150℃，并在此温度下加入40～50kg苯甲酰氯，加热至176～180℃，搅拌4～8h，冷却后用500kg邻二氯苯稀释，压滤并用200L邻二氯苯洗涤直到反应物煮沸滤液不显示蓝色，反应物呈红色荧光。水蒸气蒸馏除去滤饼中的邻二氯苯，产物过滤，水洗，100℃下干燥，得永固紫RL。

(5) 成品颜料化。采用球磨工艺或酸溶工艺均可，这里介绍酸溶法。将40kg浓硫酸搅拌下加入8kg甲苯，升温至40℃反应1h，再加入4L水冷却至30℃，加入永固紫RL粗品4kg，搅拌3～4h，然后于水中稀释，搅拌过滤。再加入400L水并以5%氢氧化钠溶液调pH为9～10，在90℃下搅拌1h，热过滤，水洗至中性，干燥得暗紫色产物。

### 8. 产品标准

| | |
|---|---|
| 外观 | 蓝光紫色粉末 |
| 色光 | 与标准品近似 |
| 着色力/% | 为标准品的100±5 |
| 水分含量/% | ≤3 |
| 吸油量/% | 38 |
| 耐热性/℃ | 200 |
| 耐晒性/级 | 7～8 |
| 耐乙醇渗透性/级 | 4 |
| 耐油渗透性/级 | 5 |
| 耐水渗透性/级 | 5 |
| 耐酸性(5% HCl)/级 | 5 |
| 耐碱性(5% $Na_2CO_3$)/级 | 5 |
| 细度(过80目筛余量)/% | ≤5 |

### 9. 产品用途

适用于油漆、油墨及橡胶、塑料制品的着色，也可用于合成纤维原浆的着色。

### 10. 参考文献

[1] 谢秋生. 永固紫RL及其中间体的合成[J]. 染料与染色，2003，04：198-200.

[2] 王洪钟，刘亚华，周心如. 永固紫 RL 的合成工艺研究[J]. 化学世界，1997，08：412-414.

[3] 张澍声. 永固紫 RL 环化工艺的改进[J]. 染料工业，1989，02：65.

## 3.9　碱性品蓝色淀

碱性品蓝色淀(Basic Royal Blue Lake)又称 4234、3402 耐晒品蓝色淀、3402 品蓝色淀、2398 碱性品蓝色淀。国外相应的商品名：Enceprint Blue 6390、Enceprint C Blue 6390、Fanal Blue D 6340、Fanal Blue D 6390、Irgalite Blue TNC、Shangdament Blue PTMA。染料索引号 C. I. 颜料蓝 1(42595∶2)。结构式为

$$\left[\ (C_2H_5)_2N-C_6H_4-C(=C_6H_4=N^{\oplus}(C_2H_5)_2)-C_{10}H_6-NHC_2H_5\ \right]_4 [H_3P(W_2O_7)_x \cdot (Mo_2O_7)_{6-x}]^{4\ominus} \cdot Al(OH)_3 \cdot BaSO_4$$

### 1. 产品性能

本品为纯蓝色粉末。微溶于冷水，能溶于水呈蓝色，易溶于乙醇为蓝色，不溶于石蜡。在浓硫酸中呈棕光黄色，在稀硫酸中为红光黄色。其水溶液遇氢氧化钠为红棕色。色泽鲜艳，着色力强。

### 2. 生产原理

碱性紫 5BN 和碱性艳蓝 BO 与铝钡白混合，然后与杂多酸发生色淀化，经后处理得碱性品蓝色淀。

$$Al_2(SO_4)_3 + Na_2CO_3 + H_2O \longrightarrow Al(OH)_3 \downarrow + CO_2 \uparrow + Na_2SO_4$$

$$BaCl_2 + Na_2SO_4 \longrightarrow BaSO_4 \downarrow + NaCl$$

$$2xNa_2WO_4 + 2(6-x)Na_2MoO_4 + Na_2HPO_4 + 26HCl \longrightarrow$$

$$H_7P(W_2O_7)_x \cdot (Mo_2O_7)_{6-x} + 26NaCl + 10H_2O(6>x>0)$$

$$(C_2H_5)_2N-C_6H_4-C(=C_6H_4=N^{\oplus}(C_2H_5)_2Cl^{\ominus})-C_{10}H_6-NHC_2H_5 + H_7P(W_2O_7)_x \cdot (Mo_2O_7)_{6-x} \longrightarrow$$

碱性艳蓝 BO

$$\left[(C_2H_5)_2N\text{-}\cdots\text{-}C(\text{-}NHC_2H_5)\text{=}\cdots\text{=}N^{\oplus}(C_2H_5)_2\right]_4\left[H_3P(W_2O_7)_x\cdot(Mo_2O_7)_{6-x}\right]^{4\ominus}$$

$$(H_3C)_2N\text{-}\cdots\text{-}C(\text{-}N(CH_3)_2)\text{=}\cdots\text{=}N^{\oplus}(CH_3)_2Cl^{\ominus} + H_7P(W_2O_7)_x\cdot(Mo_2O_7)_{6-x} \longrightarrow$$

碱性紫 5BN

$$\left[(H_3C)_2N\text{-}\cdots\text{-}C(\text{-}N(CH_3)_2)\text{=}\cdots\text{=}N^{\oplus}(CH_3)_2\right]_4\left[H_3P(W_2O_7)_x\cdot(Mo_2O_7)_{6-x}\right]^{4\ominus}$$

## 3. 工艺流程

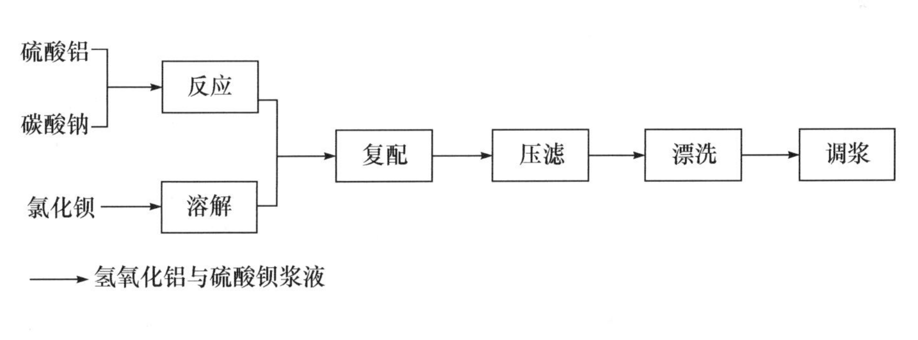


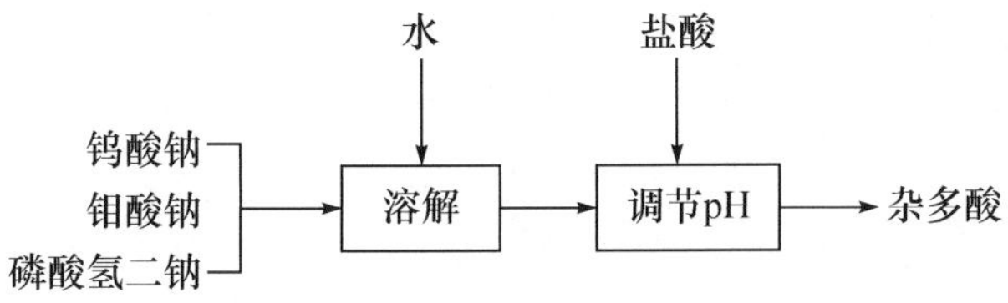

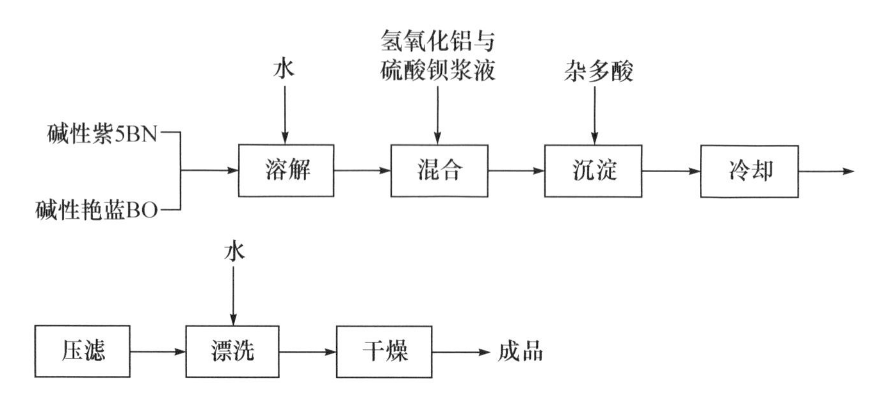


**4. 技术配方**

| | |
|---|---|
| 碱性艳蓝 BO(100%) | 145 |
| 碱性紫 5BN | 12 |
| 硫酸铝(精制级) | 142 |
| 碳酸钠(95%) | 97 |
| 氯化钡(98%) | 26 |
| 结晶钨酸钠(100%) | 164 |
| 结晶钼酸钠(100%) | 69 |
| 结晶磷酸氢二钠(100%) | 72 |
| 盐酸(30%) | 675 |

**5. 生产工艺**

在溶解锅中，加入水，加热至 85℃，加入工业硫酸铝，溶解，制得硫酸铝溶液。将 95%碳酸钠于 45℃热水中溶解后分批加入上述制备好的硫酸铝溶液中，制得氢氧化铝悬浮液，此时溶液 pH 为 6.6 左右。将 98%氯化钡溶于 45℃热水中，加入上述制备好的氢氧化铝悬浮液，使溶液 pH 为 6.6 左右，料液经压滤，水漂洗，滤饼用水调成浆，制得氢氧化铝与硫酸钡浆液。将结晶钨酸钠、结晶钼酸钠及结晶磷酸氢二钠溶于 75℃热水中，加入 30%盐酸使溶液 pH 为 3 左右，制得杂多酸。

在色淀化反应锅中加入水，加热至 95℃，将碱性艳蓝 BO 和碱性紫 5BN 加入 95℃热水中，搅拌溶解后，加入上述制备好的氢氧化铝与硫酸钡浆液中，在 98℃下将上述制备好的杂多酸溶液分批加入进行沉淀反应，控制加料时间为 15min 左右，加料完毕，搅拌混合 15min 后，于 65℃下将料液过滤，水漂洗，滤饼于 65℃下干燥，得碱性品蓝色淀。

### 6. 产品标准(HG 15-157)

| 外观 | 纯蓝色粉末 |
|---|---|
| 水分含量/% | ≤4 |
| 吸油量/% | 40～50 |
| 细度(过 80 目筛余量)/% | ≤5 |
| 挥发物含量/% | ≤4 |
| 耐晒性/级 | 3 |
| 耐热性/℃ | 140 |
| 耐酸性/级 | 3 |
| 耐碱性/级 | 4 |
| 耐水渗透性/级 | 4～5 |
| 耐石蜡渗透性/级 | 5 |
| 耐油渗透性/级 | 3 |

### 7. 产品用途

主要用于油墨、文教用品、美术颜料和室内涂料的着色。

### 8. 参考文献

[1] 穆振义,王国义. 液相法合成碱性紫 5BN 的研究[J]. 染料工业,1993,03:19-22.
[2] 吕向阳. 碱性品蓝与硫酸铝共溶调色效果好[J]. 纸和造纸,1994,01:19.

## 3.10　耐晒品蓝色淀 BO

耐晒品蓝色淀 BO(Light Resistant Royal Blue Chromogen BO)又称 3402 品蓝色淀、2398 耐晒品蓝色淀、耐晒品蓝色淀 BOC。染料索引号 C.I. 颜料蓝 1 (42595∶2)。结构式为

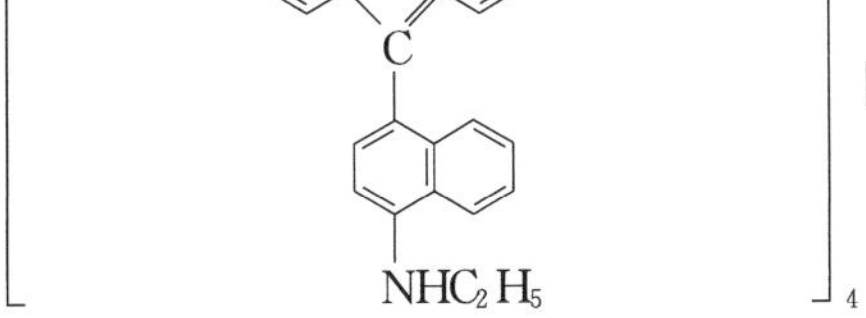

$(C_2H_5)_2N$　　$N^{\oplus}(C_2H_5)_2$

C

$NHC_2H_5$

$$[\ \cdots\ ]_4\ [H_3P(W_2O_7)_x \cdot (Mo_2O_7)_{6-x}]^{4\ominus} \cdot Al(OH)_3 \cdot BaSO_4$$

## 1. 产品性能

本品为纯蓝色粉末。吸油量 57～69g/100g。微溶于冰水，溶于热水呈蓝色，易溶于乙醇呈蓝色，不溶于石蜡。在浓硫酸中呈棕光黄色，在稀硫酸中呈红光黄色。其水溶液遇氢氧化钠为红棕色。耐热性优良。

## 2. 生产原理

碱性艳蓝 BO 与铝钡白混合，再与杂多酸沉淀得到耐晒品蓝色淀 BO。

$$Al_2(SO_4)_3+3Na_2CO_3+H_2O \longrightarrow 2Al(OH)_3\downarrow+3CO_2\uparrow+3Na_2SO_4$$

$$BaCl_2+Na_2SO_4 \longrightarrow BaSO_4\downarrow+2NaCl$$

$$2xNa_2WO_4+2(6-x)Na_2MoO_4+Na_2HPO_4+26HCl \longrightarrow$$
$$H_7P(W_2O_7)_x\cdot(Mo_2O_7)_{6-x}+26NaCl+10H_2O\ (6>x>0)$$

$(C_2H_5)_2N$　　$N^{\oplus}(C_2H_5)_2Cl^{\ominus}$

4　C　　$+H_7P(W_2O_7)_x\cdot(Mo_2O_7)_{6-x} \longrightarrow$

$NHC_2H_5$

$(C_2H_5)_2N$　　$N^{\oplus}(C_2H_5)_2$

C　　$[H_3P(W_2O_7)_x\cdot(Mo_2O_7)_{6-x}]^{4\ominus}\downarrow+4HCl$

$NHC_2H_5$　　（方括号外下标 4）

## 3. 工艺流程

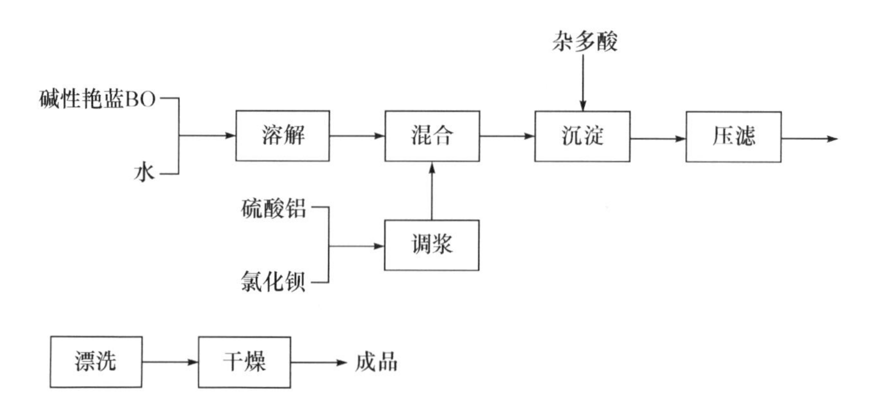

## 4. 技术配方

| | |
|---|---|
| 碱性艳蓝 BO(100%计) | 146 |
| 氯化钡 | 611 |
| 硫酸铝(精制) | 580 |
| 冰醋酸(98%) | 33 |
| 钼酸钠 | 160 |
| 磷酸氢二钠 | 29 |
| 钨酸钠 | 109 |
| 碳酸钠 | 282 |
| 盐酸 | 211 |

## 5. 生产设备

溶解锅,反应锅,混合锅,沉淀反应锅,压滤机,储槽,调浆锅,干燥箱。

## 6. 生产工艺

1) 工艺一

将精制硫酸铝于 85℃热水中溶解,制得硫酸铝溶液备用。将 95%碳酸钠于 45℃热水中溶解后分批加入上述制备好的硫酸铝溶液中,制得氢氧化铝悬浮液备用,此时溶液 pH 为 6.5 左右。将 98%氯化钡溶于 45℃热水中,加入上述制备好的氢氧化铝悬浮液,使溶液 pH 为 6.5 左右,料液经压滤,水漂洗,滤饼用水调成浆,制得氢氧化铝与硫酸钡浆液备用,将钨酸钠、钼酸钠及磷酸氢二钠溶于 75℃热水中,加入 30%盐酸使溶液 pH 为 3 左右,制得杂多酸备用。在 95℃热水中加入碱性艳蓝 BO 染料,经搅拌溶解后加入上述制备好的氢氧化铝与硫酸钡浆液中,在 98℃下将上述制备好的杂多酸溶液分批加入进行沉淀反应,控制加料时间为 15min 左右,加料完毕,搅拌混合 15min 后于 65℃下将料液过滤,水漂洗,滤饼于 65℃下干燥,得产品。

2) 工艺二

将 40～50℃热水加入溶解锅,再加入 89kg 硫酸铝、43kg 碳酸钠及 93.6kg 氯化钡溶解,并制备铝钡白浆料。

将 4.7kg 磷酸氢二钠、17.5kg 钼酸钠及 25.7kg 钨酸钠用 60℃热水溶解,搅拌下加入 28.4kg 30%盐酸,pH 为 2～2.5,生成杂多酸。

再将 23.3kg 碱性艳蓝 BO 用 1200L 90℃热水溶解,搅拌下加到制得的上述铝钡白浆料中，再将合成的磷钨钼酸溶液加入，生成色淀，过滤，水洗，在 60～70℃下干燥，制得耐晒品蓝色淀 BO 产品。

3）工艺三

将 53.7kg 结晶的钨酸钠、36.5kg 结晶的钼酸钠及 10kg 磷酸氢二钠溶于 1400L 75℃热水中，加入 30%盐酸调整 pH 为 2～3，生成杂多酸。

在 5000L 100℃热水中，将 26kg 碱性艳蓝 BO 及 26.8kg 碱性艳蓝 R 加入，搅拌全溶，加至制得的铝钡白浆料中，升温至 100℃，再将制备的杂多酸溶液在 15min 内逐渐地加到上述混合物中进行色淀化反应，反应结束后，冷却至 60℃，过滤，水洗，在 60～70℃下干燥，得 385kg 耐晒品蓝色淀 BO（该产品为两种蓝色碱性染料的混合色淀）。

### 7. 产品标准（HG 15-1151）

| 项目 | 指标 |
|---|---|
| 外观 | 纯蓝色粉末 |
| 水分含量/% | ≤5.0 |
| 吸油量/% | 40±5.0 |
| 细度（过 80 目筛余量）/% | ≤5.0 |
| 耐晒性/级 | 3 |
| 耐热性/℃ | ≥140 |
| 耐酸性/级 | 1 |
| 耐碱性/级 | 4～5 |
| 耐水渗透性/级 | 5 |
| 耐油渗透性/级 | 1 |
| 耐石蜡渗透性/级 | 5 |
| 色光 | 与标准品近似 |
| 着色力/% | 为标准品的 100±5 |

### 8. 产品用途

主要用于油墨和文教用品的着色。

### 9. 参考文献

［1］王永华，李德芳. 还原蓝 RS 颜料化制 C. I. 颜料蓝 60 的研究进展［J］. 染料工业，1997，01：27-29.

［2］沈永嘉. 有机颜料的新品种与新技术［J］. 染料与染色，2004，01：30-32.

# 3.11　耐晒品蓝色原 R

耐晒品蓝色原 R(Light Resistant Royal Blue Chromogen R)又称 4238 耐晒品蓝色淀 R、4233 耐晒品蓝色淀(Light Fast Royal Blue Toner R、Shangdament Fast Blue Toner R 4250)。染料索引号 C. I. 颜料蓝 10(44040∶2)。结构式为

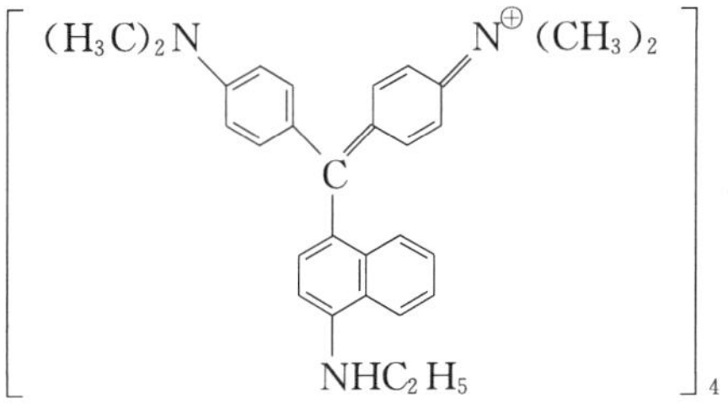

$(H_3C)_2N$　$N^{\oplus}(CH_3)_2$　C　$NHC_2H_5$　$]_4$　$[H_3P(W_2O_7)_x \cdot (Mo_2O_7)_{6-x}]^{4\ominus}$

## 1. 产品性能

本品为深蓝色粉末。色泽鲜艳,着色力强。微溶于冷水,溶于热水和乙醇中呈蓝色。其水溶液遇氢氧化钠生成棕色絮状沉淀。在浓硫酸中呈棕黄色,在稀硫酸中呈浅绿到蓝色。

## 2. 生产原理

碱性艳蓝 R 与杂多酸反应得到耐晒品蓝色原 R。

$$2xNa_2WO_4+2(6-x)Na_2MoO_4+Na_2HPO_4+26HCl \longrightarrow$$
$$H_7P(W_2O_7)_x \cdot (Mo_2O_7)_{6-x}+26NaCl+10H_2O(6>x>0)$$

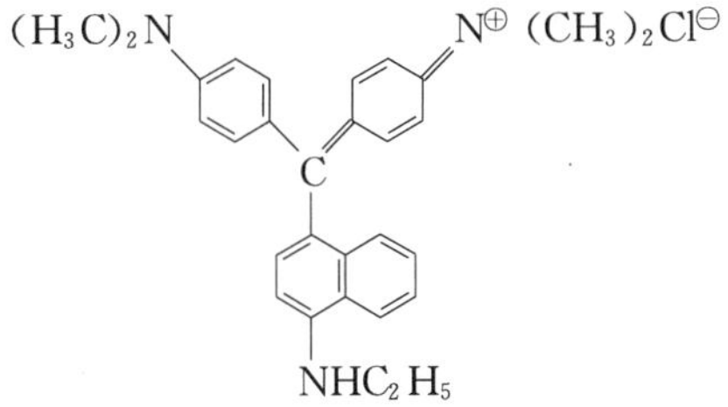

$(H_3C)_2N$　$N^{\oplus}(CH_3)_2Cl^{\ominus}$　C　$NHC_2H_5$　$+H_7P(W_2O_7)_x \cdot (Mo_2O_7)_{6-x} \longrightarrow$

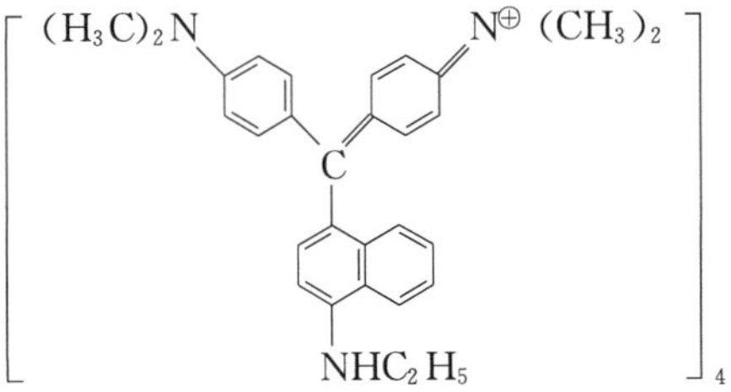

$(H_3C)_2N$　$N^{\oplus}(CH_3)_2$　C　$NHC_2H_5$　$]_4$　$\cdot [H_3P(W_2O_7)_x \cdot (Mo_2O_7)_{6-x}]^{4\ominus}\downarrow$

### 3. 工艺流程

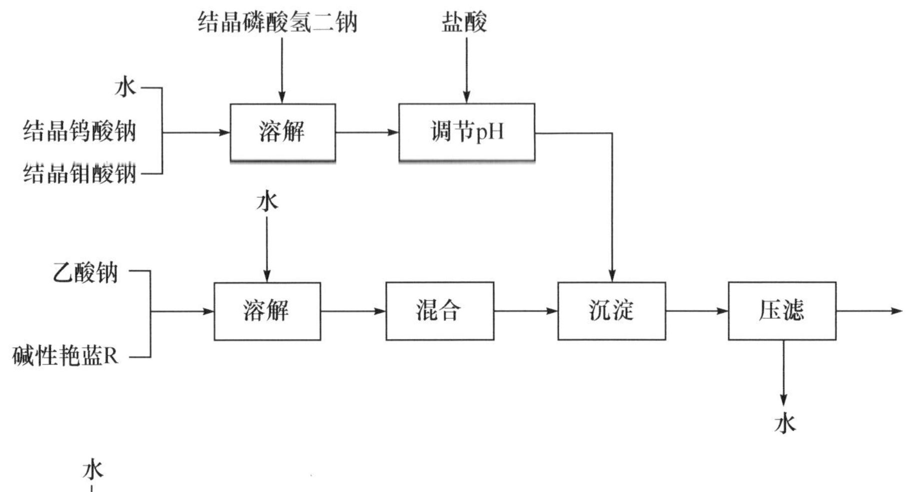


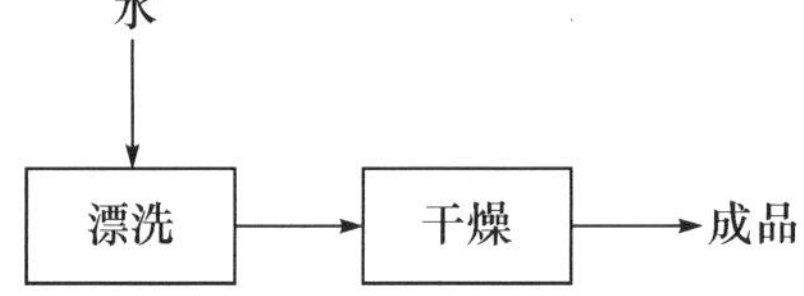


### 4. 技术配方

| | |
|---|---|
| 碱性艳蓝 R(工业品) | 492kg/t |
| 盐酸(30%) | 60kg/t |
| 钨酸钠(工业品) | 592kg/t |
| 磷酸氢二钠(工业品) | 80kg/t |
| 钼酸钠(工业品) | 290kg/t |

### 5. 生产设备

溶解锅,沉淀锅,压滤机,漂洗锅,干燥箱,粉碎机。

### 6. 生产工艺

在溶解锅中,加入水,加热至 90～95℃,加入结晶钨酸钠、结晶钼酸钠和磷酸氢二钠,经搅拌溶解加入 30%盐酸,使溶液 pH 为 1.5～2.0 即制得杂多酸溶液备用。在反应锅中加入一定量水,在 98℃下加入 98%乙酸钠,分批加入碱性艳蓝 R,然后保温搅拌 25min,制得染料溶液,将上述制备的杂多酸溶液分批加入,加料完毕于 98℃下保温搅拌 0.5h,反应结束溶液 pH 为 4.0 左右,物料在 70℃下经过滤、水漂洗,滤饼于 65℃下干燥,最后经粉碎得到耐晒品蓝色原 R。

### 7. 产品标准(HG 15-1148)

| | |
|---|---|
| 外观 | 深蓝色粉末 |
| 色光 | 与标准品近似 |
| 着色力/% | 为标准品的100±5 |
| 水分含量/% | ≤2.5 |
| 吸油量/% | 50±5 |
| 水溶物含量/% | ≤2.0 |
| 细度(过80目筛余量)/% | 5.0 |
| 耐晒性/级 | 5～6 |
| 耐热性/℃ | 180 |
| 耐酸性/级 | 2 |
| 耐碱性/级 | 4～5 |
| 耐水渗透性/级 | 5 |
| 耐油渗透性/级 | 2 |
| 耐石蜡渗透性/级 | 5 |

### 8. 产品用途

主要用于油墨和文教用品的着色。

### 9. 参考文献

[1] 周春隆. 有机颜料工业新技术进展[J]. 染料与染色,2004,01:33-42.

## 3.12 酞菁蓝B

酞菁蓝B(Phthalocyanine Blue B)又称酞菁蓝、精制酞菁蓝、酞菁蓝PHBN、4352、4402酞菁蓝。染料索引号为:C.I.颜料蓝15(74160)。国外主要商品名:Cyamine Blue BB、Cyamine Blue BF、Cyamine Blue GC、Cyamine Blue HB、Cyamine Blue LB、Helio Fast Blue B、Helio Fast Blue BB、Helio Fast Blue BF、Helio Fast Blue BBN、Helio Fast Blue BT、Helio Fast Blue GO、Helio Fast Blue GOT、Helio Fast Blue HB。分子式$C_{32}H_{16}CuN_8$,相对分子质量576.08。结构式为

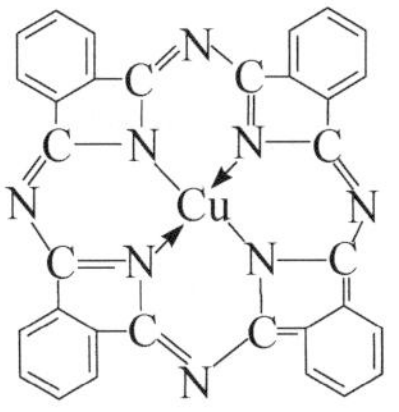

## 1. 产品性能

本品为红光深蓝色粉末，属于不稳定的α-型铜酞菁颜料。相对密度 1.50～1.79，吸油量 30～80g/100g。不溶于乙醇、水和烃类。色泽鲜艳，着色力高，为群青的 20～40 倍，具有优良的耐热和耐晒性能，颗粒细，极易扩散，具研磨性能。溶于浓硫酸呈橄榄色溶液，稀释后生成蓝色沉淀。

## 2. 生产原理

以三氯苯为溶剂，邻苯二甲酸酐与尿素在氯化亚铜、钼酸铵存在下于 160～205℃经氨化缩合成环得粗酞菁蓝，再经精制、颜料化后得到产品。

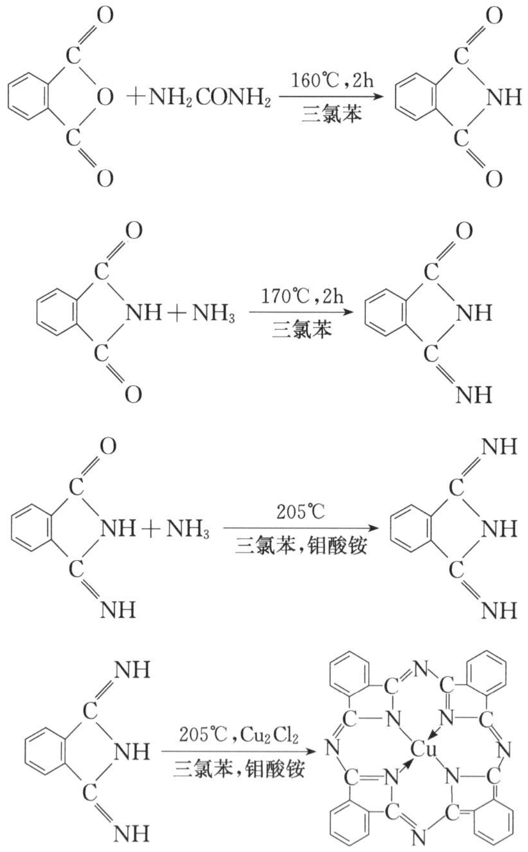

$$+NH_2CONH_2 \xrightarrow[\text{三氯苯}]{160℃,2h}$$

$$+NH_3 \xrightarrow[\text{三氯苯}]{170℃,2h}$$

$$+NH_3 \xrightarrow[\text{三氯苯,钼酸铵}]{205℃}$$

$$\xrightarrow[\text{三氯苯,钼酸铵}]{205℃,Cu_2Cl_2}$$

**3. 工艺流程**

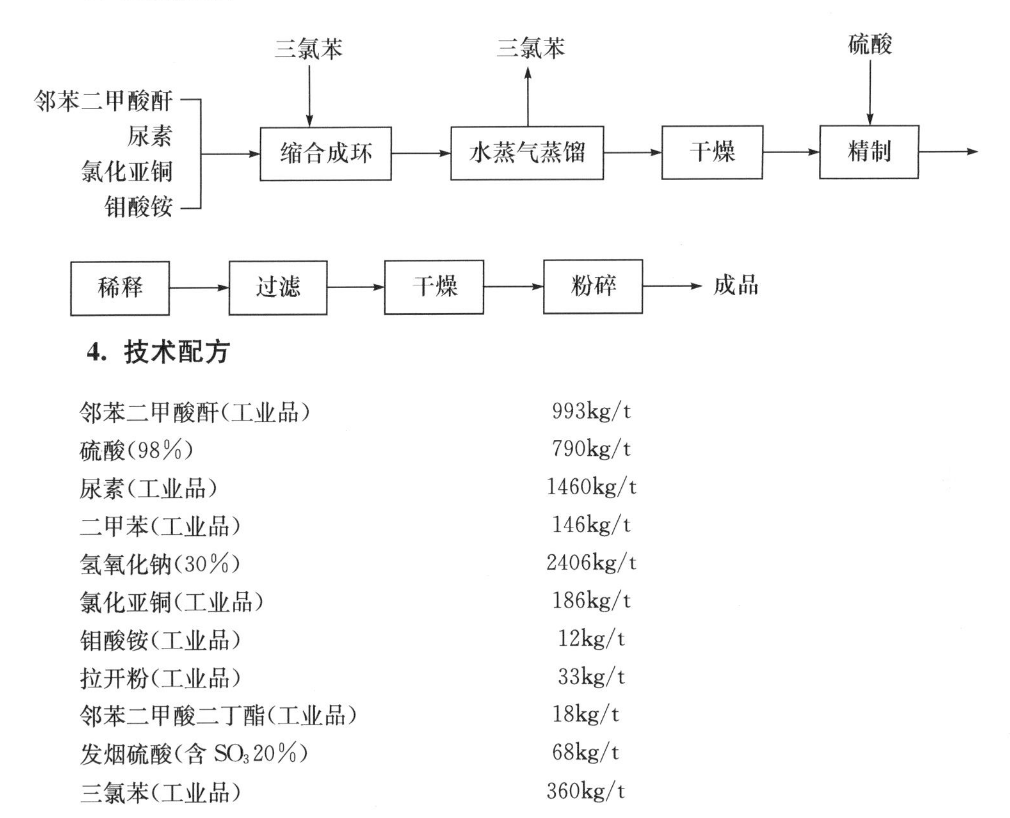


**4. 技术配方**

| | |
|---|---|
| 邻苯二甲酸酐(工业品) | 993kg/t |
| 硫酸(98%) | 790kg/t |
| 尿素(工业品) | 1460kg/t |
| 二甲苯(工业品) | 146kg/t |
| 氢氧化钠(30%) | 2406kg/t |
| 氯化亚铜(工业品) | 186kg/t |
| 钼酸铵(工业品) | 12kg/t |
| 拉开粉(工业品) | 33kg/t |
| 邻苯二甲酸二丁酯(工业品) | 18kg/t |
| 发烟硫酸(含 $SO_3$ 20%) | 68kg/t |
| 三氯苯(工业品) | 360kg/t |

**5. 生产设备**

缩合锅,水蒸气蒸馏锅,薄膜干燥器,酸溶锅,稀释锅,干燥箱,研磨机。

**6. 生产工艺**

1) 溶剂法

在缩合锅中加入2500kg三氯苯、1051kg邻苯二甲酸酐和863kg尿素,加料完毕,升温到160℃保温2h后再次加入1540kg三氯苯、762kg尿素和207kg氯化亚铜,然后升温至170℃保温3h,第三次加入780kg三氯苯和12kg钼酸铵,在5～6h内升温到205℃,保温5～6h,物料进入蒸馏锅,加入540kg 30%氢氧化钠,用直接蒸汽蒸出三氯苯,用水漂洗5～6次,直至pH为7.5,物料经干燥得到粗酞菁蓝约1125kg。在酸溶锅内加入1000kg 98%硫酸,在搅拌下,加入159kg粗酞菁蓝,在40℃保温4h,再加入20kg二甲苯,加热到60～70℃,保温20min,然后在1h内冷却到24℃,用含有2.4kg拉开粉的4700L冷水稀释,搅拌0.5h,经静止分层后吸去上层废酸。重复上述三次后用30%氢氧化钠中和到pH为8～9，加入2.4kg拉开粉、2.4kg邻苯二甲酸二丁酯，经搅拌均匀后，用直接蒸汽煮沸0.5h，经过滤、水洗，最后经干燥、粉碎、拼混得酞菁蓝B(α型酞菁蓝)。

2）固相熔烧法

将90kg尿素(纯度为98.6%)加至反应锅中，再将50kg 99%邻苯二甲酸酐加入，搅拌下用直接火加热至120～130℃使之完全熔化，加入1.3kg细粉状钼酸铵和8.5kg氯化亚铜，物料稍带蓝绿色，在130～140℃有大量气泡生成，物料逐渐变稠。将物料移出置于搪瓷盘中，物料厚度5～6cm，待固化后盖好，移到预热至100℃的焙烧炉中，各料盘相距2cm，关闭焙烧炉，用直接火以每小时升温20℃的速度加热，大约5h后，升到内温为230℃，在220～230℃保温8h，降温冷却至50℃，出料，粉碎，得粗品酞菁蓝。产品精制与溶剂法相同。

3）固相法

将225kg邻苯二甲酸酐、360kg尿素、40kg氯化亚铜及7.2kg钼酸铵依次加入固相反应炉中，炉内放置直径10cm的铜球70个。然后盖紧炉料口，装好出气管路和疏通出气口导管，防止升华物堵塞。加热升温至110℃，保温4h，再以每小时10℃的速度升温至170℃，再升温至190℃，反应6～8h。反应完毕冷却1～3h，停机放料得粗产物。

在酸溶锅中加入850kg 98%浓硫酸，搅拌下加入135kg粗品酞菁蓝，在40℃下保温搅拌4h。加入17kg二甲苯，升温至70℃，保温15min，慢慢冷却至24℃，稀释于含有2kg拉开粉的4000L水中，温度20℃，搅拌0.5h，静置，吸出上层废酸，反复进行三次，再以30%氢氧化钠溶液中和至pH为8～9，加入2kg拉开粉和2kg邻苯二甲酸二丁酯，搅拌2h，以直接蒸汽煮沸0.5h，过滤，水洗至不含硫酸根离子，干燥得118kg α型酞菁蓝(酞菁蓝B)。

**7. 产品标准(GB 3674)**

| | |
|---|---|
| 外观 | 红光深蓝色均匀粉末 |
| 色光 | 与标准品近似 |
| 着色力/% | 为标准品的100±5 |
| 挥发物含量/% | ≤1.5 |
| 水分含量/% | ≤2.0 |
| 水溶盐含量/% | ≤1.5 |
| 吸油量/% | 40±5 |
| 细度(过80目筛余量)/% | ≤5.0 |
| 耐晒性/级 | 7～8 |

| | |
|---|---|
| 耐水渗透性/级 | 5 |
| 耐油渗透性/级 | 5 |
| 耐酸性/级 | 5 |
| 耐碱性/级 | 5 |
| 耐石蜡渗透性/级 | 5 |
| 耐热性/℃ | 200 |

**8. 产品用途**

广泛用于油墨、印铁油墨、涂料、绘画水彩、油彩颜料、涂料印花以及橡胶塑料制品的着色；还用于文教用品及合成纤维原浆的着色，可单独使用，也可拼色。一般用量为0.02%。

**9. 参考文献**

[1] 陆蕾蕾. 酞菁蓝B的制备[J]. 河北化工,2012,12:39-40.
[2] 张明俊,杜长森,田安丽,等. 乳液聚合法包覆酞菁蓝的制备及性能[J]. 精细化工,2011,06:589-593.
[3] 李学平,秦梅素. 酞菁蓝B合成方法改进[J]. 河北师范大学学报,2000,04:531-532.

## 3.13 酞菁蓝BX

酞菁蓝BX(Phthalocyanine Blue BX)又称6001酞菁蓝BX、4322酞菁蓝BX、颜料酞菁蓝BX。索引号C.I.颜料蓝15(74160)。国外主要商品名：Cyanine Blue GC、Cyanine Blue LB、Helio Fast Blue BF、Helio Fast Blue BT、Monastral Blue B、Monastral Blue BX、Vynamon Blue BX。分子式$C_{32}H_{16}CuN_8$，相对分子质量576.08。结构式为

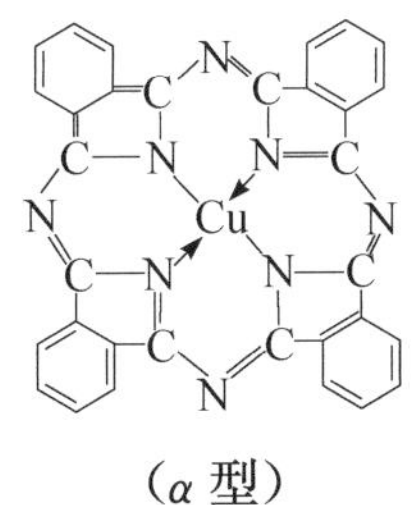

(α型)

**1. 产品性能**

本品为红光深蓝色的鲜艳粉末，属不稳定α型铜酞菁。结构与酞菁蓝B相同，但生产工艺、色、光、着色力和使用性能不同。色光鲜艳，着色力强，具有优良的耐酸性、耐碱性、耐热和耐晒性。不褪色，抗化学性强，颗粒细，易扩散，易加工研磨。

不溶于水、乙醇和其他有机溶剂，可溶于浓硫酸。

**2. 生产原理**

邻苯二甲酸酐与尿素在氯化亚铜、钼酸铵存在下缩合成环得粗酞菁铜 BX，经精制等后处理得成品。

$$C_6H_4(CO)_2O + NH_2CONH_2 \xrightarrow{180℃} C_6H_4(CN)_2$$

$$C_6H_4(CN)_2 \xrightarrow[\text{三氯苯，钼酸铵，210℃}]{Cu_2Cl_2} \text{酞菁铜}$$

**3. 工艺流程**

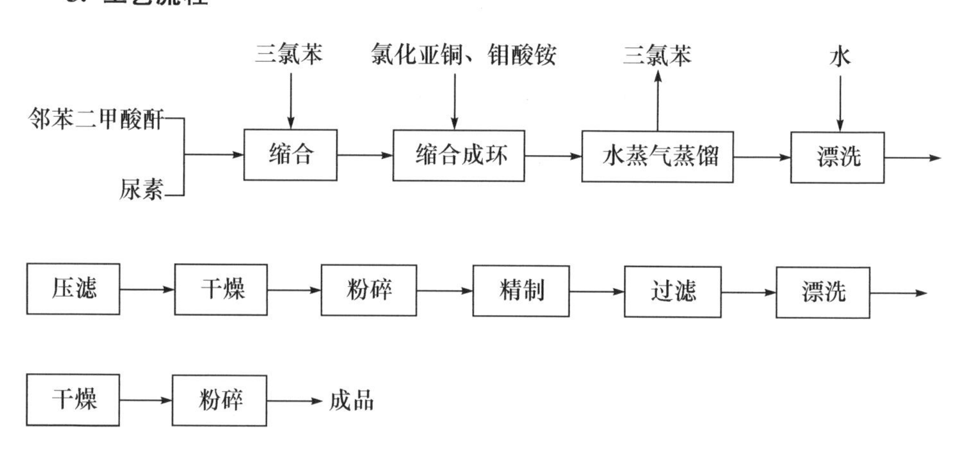


**4. 技术配方**

| | |
|---|---|
| 邻苯二甲酸酐(工业品) | 1132kg/t |
| 尿素(工业品) | 1700kg/t |
| 硫酸(98%) | 8440kg/t |
| 氢氧化钠(30%) | 4500kg/t |
| 邻苯二甲酸二丁酯(工业品) | 13kg/t |
| 二甲苯(工业品) | 370kg/t |
| 三氯苯(工业品) | 230kg/t |
| 钼酸铵(工业品) | 15kg/t |
| 氯化亚铜(工业品) | 220kg/t |

### 5. 生产设备

缩合锅，水蒸气蒸馏锅，稀释锅，漂洗锅，过滤器，粉碎机，酸溶锅，漂洗锅，打浆锅，压滤机，干燥箱，研磨机。

### 6. 生产工艺

在缩合锅中加入 2000kg 三氯苯、413kg 邻苯二甲酸酐和 308kg 尿素，加热至 180℃搅拌溶解，再加入 308kg 尿素、81.3kg 氯化亚铜，经溶解后加入 5.3kg 钼酸铵逐步升温到 200～210℃，保温 5～6h，制得缩合物转入水蒸气蒸馏锅内，加入 67kg 30％氢氧化钠，通入水蒸气蒸出三氯化苯（三氯化苯回收循环使用），加入热水漂洗，移去上层废液后再加入 200kg 30％氢氧化钠，再次用水蒸气直接蒸馏，用热水第二次漂洗，直至溶液 pH 为 7.5 左右即为终点（此时物料呈颗粒状），最后移去上层废液，水蒸气蒸馏至物料中无三氯苯为止，经过滤，滤饼干燥，粉碎得粗酞菁蓝 400kg。酸溶锅内加入 2800kg 98％硫酸、400kg 粗酞菁蓝，开始搅拌，酸溶 9～10h，再加入 100kg 二甲苯升温到 65～75℃，混合 20min，再冷却到 15℃，将物料放入溶解有 5kg 拉开粉 BX 的 1000L 水中，经混合 0.5h 进行过滤、水漂洗，得到的滤饼与 200kg 15％氨水、5kg 拉开粉 BX 和 5kg 邻苯二甲酸二丁酯于 90～100℃下混合 1.5～2h 后，经过滤、水漂洗，滤饼干燥，最后经粉碎得酞菁蓝 BX。

### 7. 产品标准(HG 15-1136)

| 项目 | 指标 |
| --- | --- |
| 外观 | 红光蓝色粉末 |
| 色光 | 与标准品近似 |
| 着色力/％ | 为标准品的 100±5 |
| 水分含量/％ | ≤1.5 |
| 水溶物含量/％ | ≤1.5 |
| 吸油量/％ | 35.0～45.0 |
| 细度(过 80 目筛余量)/％ | ≤5.0 |
| 耐水渗透性/级 | 5 |
| 耐油渗透性/级 | 5 |
| 耐酸性/级 | 5 |
| 耐碱性/级 | 5 |
| 耐石蜡渗透性/级 | 5 |
| 耐晒性/级 | 8 |
| 耐热性/℃ | 200 |

**8. 产品用途**

用于油墨、塑料、橡胶、乳化漆、漆布、漆纸、人造革、涂料、印花、文教用品和合成纤维原浆的着色。

**9. 参考文献**

[1] 郑少琴. 有机颜料酞菁蓝的合成及颜料化[J]. 染料与染色,2008,03:15-180.
[2] 郑少琴. 高档有机颜料酞菁蓝的合成及深加工[J]. 汕头科技,2008,01:41-48.

## 3.14 酞菁蓝 BS

酞菁蓝 BS(Phthalocyanine Blue BS)又称 4303 稳定型酞菁蓝 BS、6003 稳定型酞菁蓝 BS、4353 稳定型酞菁蓝。国外主要商品名:Microlith Blue GS-T、Fastogen Blue 5050、Euvingl Blue 69-0202。染料索引号 C. I. 颜料蓝 15∶1(74160)。分子式为 $C_{32}H_{15}ClCuN_8$,相对分子质量为 610.52。实际产品是 α-氯化铜酞菁($C_{32}H_{15}ClCuN_8$)与酞菁蓝 BX 拼混物。结构式为

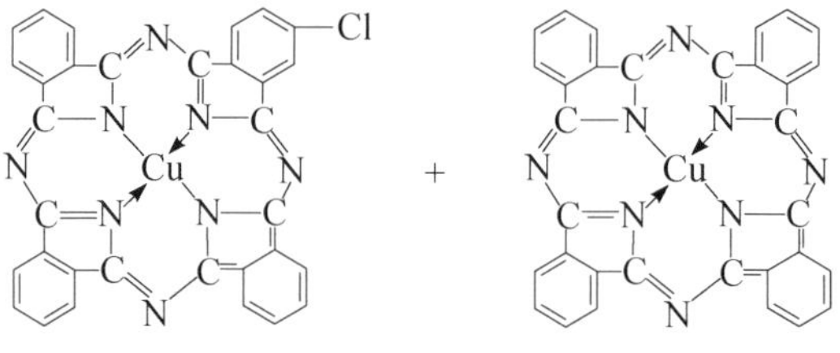

**1. 产品性能**

本品为艳蓝色粉末。熔点 480℃,相对密度 1.42～1.80。不溶于水和乙醇,几乎不溶于有机溶剂。色光鲜艳,着色力强,耐热性优良。对酸碱具有良好的稳定性。

**2. 生产原理**

首先,邻苯二甲酸酐与尿素缩合得苯二腈,再与氯化亚铜进一步缩合得粗酞菁。精制后在硫酸介质中以碘为催化剂与氯发生低度氯化得 α-氯化铜酞菁,再与酞菁蓝 BX 拼混。

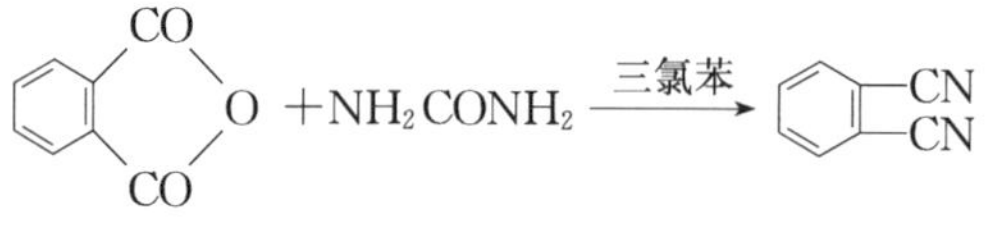

$$C_6H_4(CO)_2O + NH_2CONH_2 \xrightarrow{\text{三氯苯}} C_6H_4(CN)_2$$

$$\text{C}_6\text{H}_4(\text{CN})_2 \xrightarrow[\text{Cu}_2\text{Cl}_2]{\text{三氯苯,钼酸铵}} \text{(Cu)}$$

$$\text{(Cu)} + \text{Cl}_2 \xrightarrow[5\sim7℃]{\text{碘,硫酸}} \text{(Cu, Cl)}$$

### 3. 工艺流程

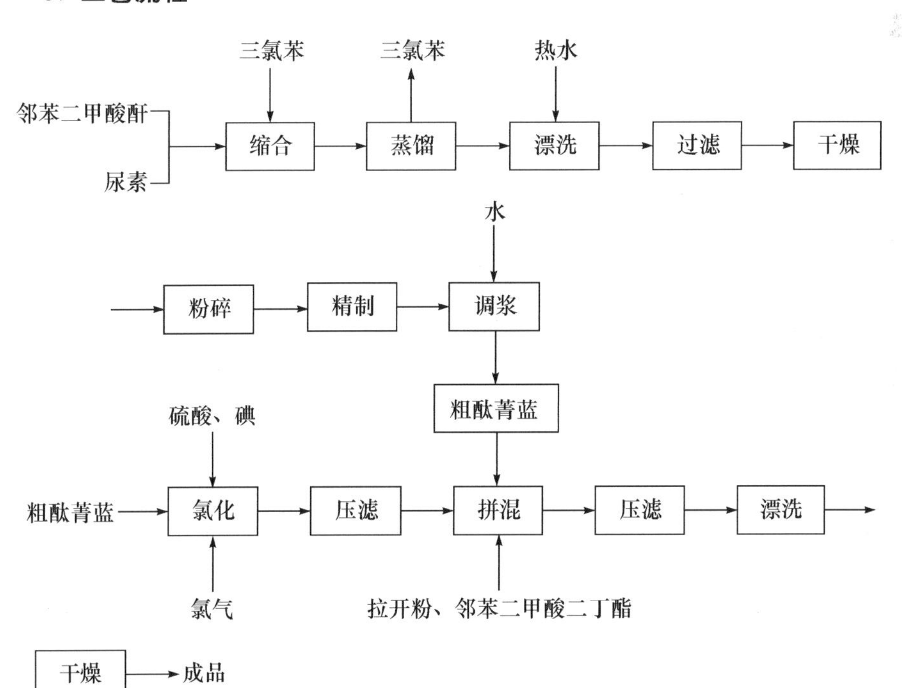


### 4. 技术配方

| | |
|---|---|
| 邻苯二甲酸酐(工业品) | 1132 |
| 硫酸(98%) | 9590 |
| 氢氧化钠(30%) | 3080 |
| 邻苯二甲酸二丁酯(工业品) | 13 |
| 二甲苯(工业品) | 372 |

| 原料 | 用量 |
|---|---|
| 尿素(工业品) | 1690 |
| 氯化亚铜(工业品) | 220 |
| 钼酸铵(工业品) | 15 |
| 三氯苯(工业品) | 230 |
| 发烟硫酸(20% $SO_3$) | 3000 |
| 拉开粉(工业品) | 20 |

### 5. 生产设备

缩合锅,水蒸气蒸馏锅,漂洗锅,过滤器,粉碎机,酸溶锅,稀释锅,压滤机,调浆锅,氯化锅,打浆锅,漂洗锅,干燥箱。

### 6. 生产工艺

1) 工艺一

在缩合锅中加入 2000kg 三氯苯、413kg 邻苯二甲酸酐和 308kg 尿素,经加热到 180℃左右搅拌溶解后加入 308kg 尿素和 81.3kg 氯化亚铜,经溶解后加入 5.3kg 钼酸铵逐步升温到 200～210℃,保温 5～6h,制得缩合物转入水蒸气蒸馏锅内,加入 67kg 30%氢氧化钠,直接通入蒸汽蒸出三氯苯(三氯苯可回收利用),加热水漂洗,移去上层废液后再加入 200kg 30%氢氧化钠,再次用水蒸气直接蒸馏,用热水第二次漂洗,直至溶液 pH 为 7.5 左右即为终点(此时物料呈颗粒状)。最后移去上层废液,水蒸气蒸馏至物料中无三氯苯为止,经过滤、干燥、粉碎得到粗酞菁蓝 400kg。在酸溶锅中加入 2800kg 98%硫酸和 400kg 粗酞菁蓝,在 35～40℃下搅拌溶解 9～10h,加入 100kg 二甲苯在 70℃混合 15～20min,然后将物料放入溶有 5kg 拉开粉的水中,经过滤、水漂后溶于 15%氨水调成浆状物 A。在氯化锅中,加入粗品酞菁蓝、硫酸,在 35～40℃搅拌 2h,加入碘粉,于 5～7℃通入氯气氯化,除氯后,将物料放入水中,经过滤、水漂,滤饼用 15%氨水调成浆状物 B。将 A、B 两种浆状物混合,加入 5kg 拉开粉、5kg 邻苯二甲酸二丁酯于 90～100℃搅拌 2h 后,经过滤、水漂洗,滤饼干燥,最后经粉碎得 430kg 酞菁蓝 BS。

2) 工艺二

$$\text{CuPc} \xrightarrow{99\%\ H_2SO_4} \xrightarrow{H_2O} \text{酸溶酞菁蓝(A)}$$

$$\text{CuPc} \xrightarrow[100\%\ H_2SO_4]{HCHO} \text{酞菁蓝甲醛缩合物(B)}$$

$$\text{CuPc} + HO\text{—}CH_2\text{—}N(CO)_2C_6H_4 \xrightarrow{H_2SO_4}$$

$$\text{(CuPc)}-\left[CH_2-N\begin{matrix}CO\\ \\CO\end{matrix}C_6H_4\right]_n ,n=0.2\sim2\text{(C)}$$

在1500L搪瓷锅内放入1200kg 100%硫酸,冷却至20℃加入200kg酞菁蓝,在45℃下保温4h,在1～1.5h内加入67kg二甲苯,升温至75℃,保温1h,在25℃下析出得组分A。

(A+B+C) --混合--> 过滤 ------> 干燥 ------> 酞菁蓝BS

将20kg酞菁蓝加到200kg 100%硫酸中,温度低于30℃将5.4kg 37%甲醛溶液滴入,加完后搅拌0.5h,在1.5h内将温度升至90～95℃,保温3h后生成酞菁蓝甲醛缩合物(B)。

在20kg酞菁蓝加至280kg 100%硫酸中,保持温度低于30℃。在1.5h内升温至55℃,保温1.5h后,加入*N*-羟甲基苯二甲酰亚胺,并在1.5h内升温至85℃,保温2.5h后,再于2h内加入40kg二甲苯,保温反应1h,生成*N*-羟甲基苯二甲酰亚胺基酞菁蓝(C)。

拼混:在析出锅中放入规定量的水,在低于40℃的条件下先后将*N*-羟甲基苯二甲酰亚胺酞菁蓝(C)、酸溶酞菁蓝(A)及酞菁蓝甲醛缩合物(B)析出,搅拌混合2h,温度升到70℃,压滤,水洗,打浆,进行喷雾干燥,制得稳定$\alpha$-型铜酞菁即酞菁蓝BS。

### 7. 产品标准

| | |
|---|---|
| 外观 | 艳蓝色粉末 |
| 色光 | 与标准品近似 |
| 着色力/% | 为标准品的100±5 |
| 水分含量/% | ≤1.5 |
| 水溶物含量/% | ≤1.5 |
| 吸油量/% | 35±5 |
| 细度(过80目筛余量)/% | ≤5.0 |
| 耐晒性/级 | 7～8 |
| 耐热性/℃ | 200 |
| 耐水渗透性/级 | 5 |
| 耐油渗透性/级 | 5 |
| 耐酸性/级 | 5 |
| 耐碱性/级 | 5 |
| 耐石蜡渗透性/级 | 5 |

**8. 产品用途**

广泛用于塑料制品、树脂、油漆、油墨、漆布、橡胶制品以及含有机溶剂产品的着色。可单独使用，也可拼色。塑料制品着色用量一般为 0.02%。

**9. 参考文献**

[1] 张明俊，杜长森，田安丽，等. 乳液聚合法包覆酞菁蓝的制备及性能[J]. 精细化工，2011，06：589-593.

[2] 郑少琴. 高档有机颜料酞菁蓝的合成及深加工[J]. 汕头科技，2008，01：41-48.

[3] 文忠和. 酞酐法合成高级有机颜料——酞菁蓝[J]. 化工之友，1999，01：13.

# 3.15 酞菁蓝 FGX

酞菁蓝 FGX(Phthalocyanine Blue FGX)又称β型酞菁蓝、稳定型酞菁蓝、4354 酞菁蓝 BG、4302 酞菁蓝 FBG、4382 酞菁蓝 BGS、Aquadisperse Blue GB-EP、Aquadisperse Blue GB-FG、Fastogen Blue 5320、Fastogen Blue 5375、Fastogen Blue 5381、Fastogen Blue 5380E、Fastogen Blue 5380R、Fastogen Blue 5380-SD、Fastogen Blue TGR、Filofin Blue 4G、Heliogen Blue D7030、Heliogen Blue D7032DD、Heliogen Blue D7035、Heliogen Blue D7070DD、Heliogen Blue D7072D、Heliogen Blue D7089TD、Sandorin Blue 2GLS、Sicofil Blue 7030、Sicoversal Blue 70-8005、Vynaman Blue G-FW、Vynaman Blue 4G-FW。染料索引号 C. I. 染料蓝 15：3(74160)。分子式 $C_{32}H_{16}CuN_8$，相对分子质量 576.08。结构式为

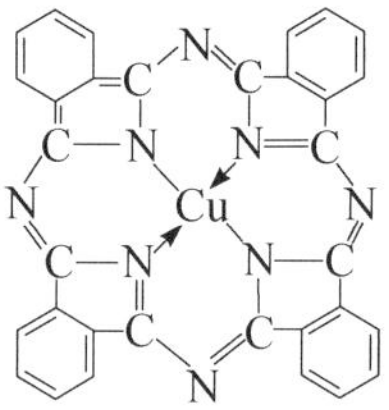

**1. 产品性能**

本品为深蓝色粉末。熔点 480℃。相对密度 1.40～1.70。吸油量 30～94g/100g。具有优异的耐晒性、耐热性、耐化学品性和耐渗性。色泽鲜艳，着色力强。

**2. 生产原理**

由邻苯二甲酸酐、尿素、氯化亚铜、钼酸铵缩合得到粗品酞菁蓝。再与氯化钙、精盐和二甲苯研磨，然后经酸碱处理、漂洗、过滤、干燥、粉碎得酞菁蓝 FGX。

$$\text{邻苯二甲酸酐}\xrightarrow[\text{PhCl,钼酸铵}]{NH_2CONH_2,Cu_2Cl_2}\text{CuPc(粗品)}$$

$$\text{CuPc}\xrightarrow[\text{NaCl,钼酸铵}]{CaCl_2,\text{二甲苯}}\beta\text{型 CuPc}$$

### 3. 工艺流程

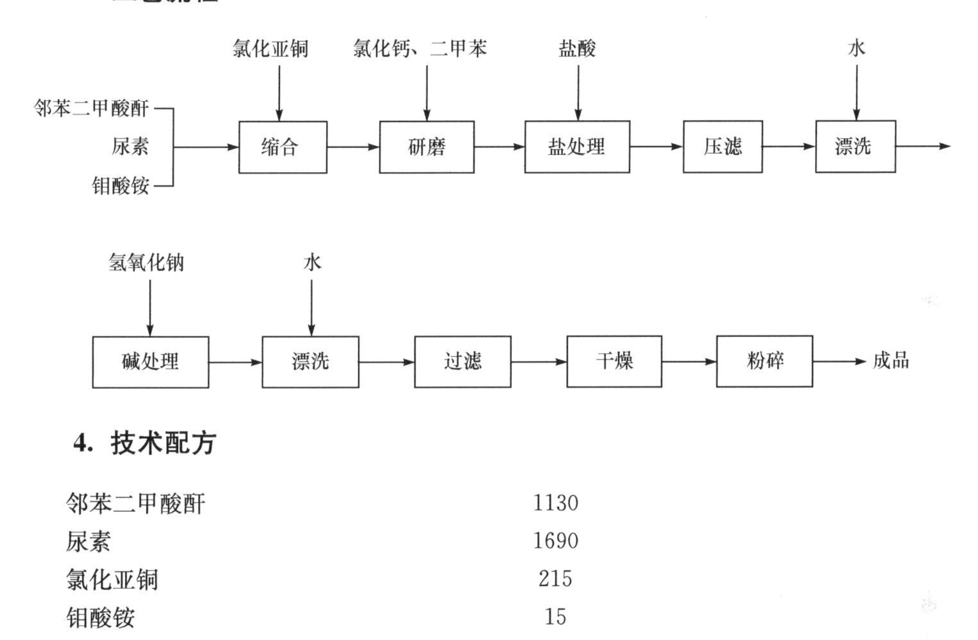


### 4. 技术配方

| | |
|---|---|
| 邻苯二甲酸酐 | 1130 |
| 尿素 | 1690 |
| 氯化亚铜 | 215 |
| 钼酸铵 | 15 |

### 5. 生产工艺

在反应锅中加入 1500kg 三氯苯，搅拌下依次加入 310kg 邻苯二甲酸酐、231kg 尿素，在 4h 内升温至 170℃，保温 2h，再加入 231kg 尿素和 61kg 氯化亚铜，在 2h 内升温至 170℃，保温 2h，加入 4kg 钼酸铵，升温至 200℃，保温 6h。反应完毕，物料放至蒸馏锅中，加入 50kg 30%氢氧化钠溶液，用直接蒸汽蒸出三氯苯，呈黏稠状时加入热水漂洗 2h，抽走上层废液，再加入 150kg 30%氢氧化钠溶液，继续蒸馏直到物料呈颗粒状，加热水漂洗至 pH 为 7～8，过滤，干燥得粗品酞菁蓝 300kg（纯度约为 90%）。

将 10kg 粗品酞菁蓝与 18kg 无水氯化钙（含量 90%以上）及 1.2L 二甲苯加至立式球磨机中，内置 70～90kg 直径为 4～6mm 的钢球，研磨 2～3h，将物料抽至置有清水的储槽内，球磨料集中用酸碱进行热煮处理，得粗品酞菁蓝。

将球磨的 210kg 粗品酞菁蓝加入 490kg 30%盐酸中，再加水至总体积为 3600L，加热至 90～95℃，煮沸 9h，过滤，冲洗至碱煮锅中。加水打浆，加入 76kg 氢氧化钠，加水至 3600L，在 90～95℃煮沸 3h，过滤，水洗，干燥得酞菁蓝 FGX 120kg。

**6. 产品标准(参考指标)**

| 外观 | 深蓝色粉末 |
|---|---|
| 色光 | 与标准品近似 |
| 着色力/% | 为标准品的 100±5 |
| 水分含量/% | ≤1.0 |
| 吸油量/% | 50±5 |
| 水溶物含量/% | ≤1.5 |
| 遮盖力(以干颜料计)/($g/m^2$) | ≤20 |
| 细度(过 80 目筛余量)/% | ≤5 |
| 耐晒性/级 | 7～8 |
| 耐热性/℃ | 200 |
| 耐酸性/级 | 5 |
| 耐碱性/级 | 5 |
| 耐水渗透性/级 | 5 |
| 耐乙醇渗透性/级 | 5 |
| 耐二甲苯渗透性/级 | 5 |

**7. 产品用途**

用于油墨、涂料、塑料制品、文教用品、橡胶制品、漆布、涂料印花等着色。

**8. 参考文献**

[1] 李学平，秦梅素. 酞菁蓝 B 合成方法改进[J]. 河北师范大学学报，2000，04：531-532.
[2] 王志坚，林森，赵云波. 酞菁蓝 BGS 的制备及应用[J]. 辽宁化工，1998，01：15-17.

## 3.16 ε 型酞菁蓝

ε 型酞菁蓝(ε-phthalocyanine Blue)又称 Phthalocyanine NCNF、ε-铜酞菁。染料索引号 C.I. 颜料蓝 15：6(74160)。结构式为

$X = -(SO_2NHR)_{0\sim2}$

ε 型

### 1. 产品性能

本品为深蓝色粉末，属于磺酰氨代铜酞菁不褪色颜料。色光鲜艳，着色力强。不溶于水、乙醇和有机溶剂。各项牢度性能优异。

### 2. 生产原理

铜酞菁与氯磺酸发生磺酰氯化，然后与有机胺缩合，经后处理得 ε 型酞菁蓝。

$\xrightarrow[\text{PhCl}_3\text{，钼酸铵}]{NH_2CONH_2\text{，}Cu_2Cl_2}$ $\xrightarrow{ClSO_3H}$ $\xrightarrow[\text{或 }ArNH_2]{RNH_2}$

$X = \leftarrow SO_2NHR)_{0\sim2}$
或 $X = \leftarrow SO_2NHAr)_{0\sim2}$

### 3. 工艺流程

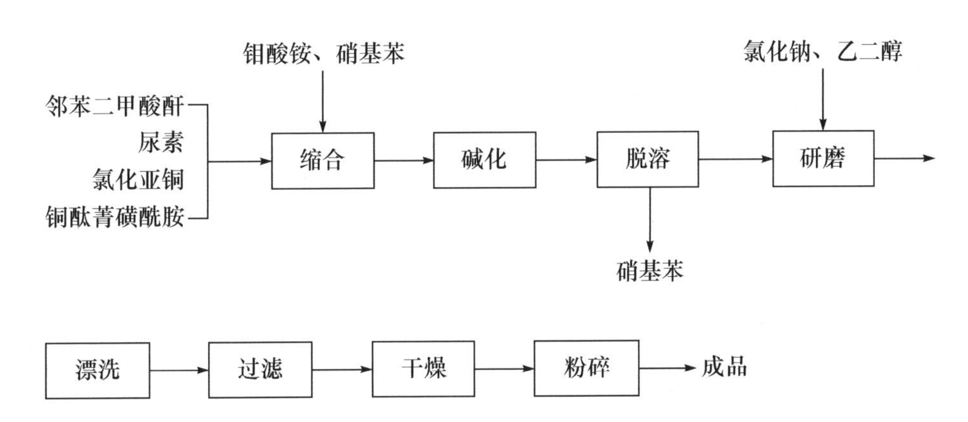


### 4. 生产工艺

将 18g 邻苯二甲酸酐、33g 尿素、4.3g 氯化亚铜、0.1g 钼酸铵以及生成铜酞菁颜料质量 7%～10%的铜酞菁磺酰胺衍生物[$(CuPc)(SO_2NH$*i*-Pr、$SO_3H)_{3\sim4}$]加入 40mL 硝基苯中，搅拌升温至 170℃，保温反应 15h。反应完毕加入 130mL

(10%)氢氧化钠溶液，水蒸气蒸馏蒸出硝基苯，过滤水洗至中性，制得粗品ε型铜酞菁。

将50g粗品ε型铜酞菁、500g氯化钠、少量表面活性剂及乙二醇加到捏合机中，于90～100℃下捏合5～6h，水洗，过滤，干燥得ε型铜酞菁。

**5. 产品标准**

| | |
|---|---|
| 外观 | 深蓝色粉末 |
| 色光 | 与标准品近似 |
| 着色力/% | 为标准品的100±5 |
| 吸油量/% | 35±5 |
| 水分含量/% | ≤2 |
| 水溶物含量/% | ≤1.5 |
| 遮盖力/($g/m^2$) | ≤20 |
| 细度(过80目筛余量)/% | ≤5 |
| 挥发物/% | ≤5 |
| 耐晒性/级 | 7～8 |
| 耐热性/℃ | 190 |
| 耐酸性/级 | 5 |
| 耐水渗透性/级 | 5 |
| 耐石蜡渗透性/级 | 5 |
| 耐油渗透性/级 | 5 |

**6. 产品用途**

用于油墨、涂料、塑料、橡胶及文教用品的着色。

**7. 参考文献**

[1] 文忠和. 酞酐法合成高级有机颜料——酞菁蓝[J]. 化工之友，1999，01：13.
[2] 郑少琴. 高档有机颜料酞菁蓝的合成及深加工[J]. 汕头科技，2008，01：41-48.

## 3.17 油漆湖蓝色淀

油漆湖蓝色淀(Light Resistant Lacquer Sky Blue Lake)又称耐晒油漆湖蓝色淀、耐晒湖蓝色淀、4231耐晒油漆湖蓝色淀、2331油漆湖蓝色淀、Sanyo Sky Blue、Shangdament Fast Sky Blue Lake 4230。染料索引号C.I.颜料蓝17(74180：1)。分子式$C_{32}H_{16}BaCuN_8O_6S_2$，相对分子质量873.53。结构式为

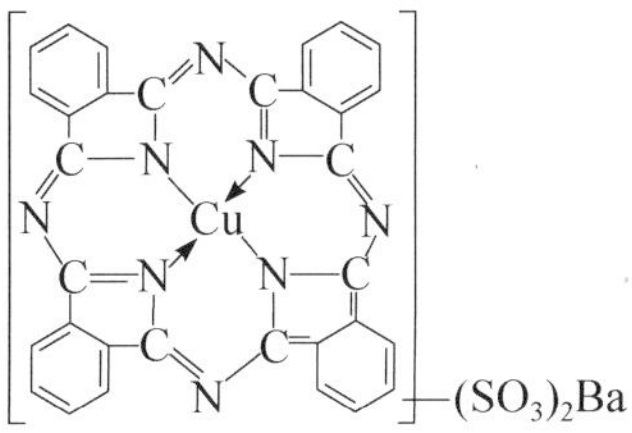

$-(SO_3)_2Ba$

### 1. 产品性能

本品为天蓝色粉末，色光较鲜艳。不溶于水。具有良好的耐热性和耐晒性。遇浓硫酸呈黄光绿色，稀释后呈绿光蓝色(带有蓝光绿色沉淀)。

### 2. 生产原理

首先由氯化钡与硫酸钠制得硫酸钡。直接耐晒翠蓝 GL 与固色剂 Y、乳化剂 A-105、氯化钡反应后，沉淀于硫酸钡载体上。

$$BaCl_2 + Na_2SO_4 \longrightarrow BaSO_4 \downarrow + 2NaCl$$

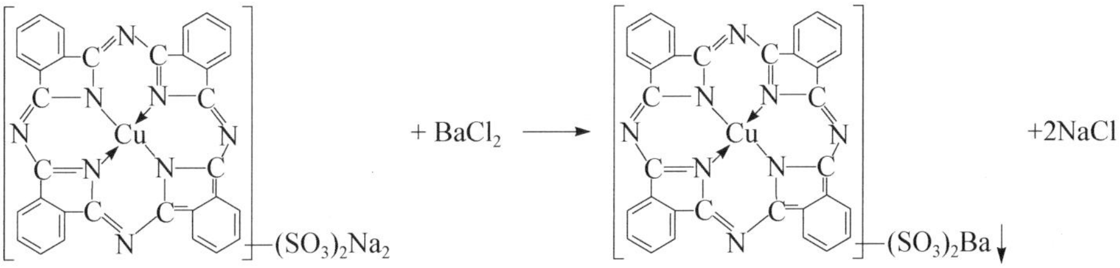

$-(SO_3)_2Na_2$ $+ BaCl_2 \longrightarrow$ $-(SO_3)_2Ba\downarrow$ $+2NaCl$

### 3. 工艺流程

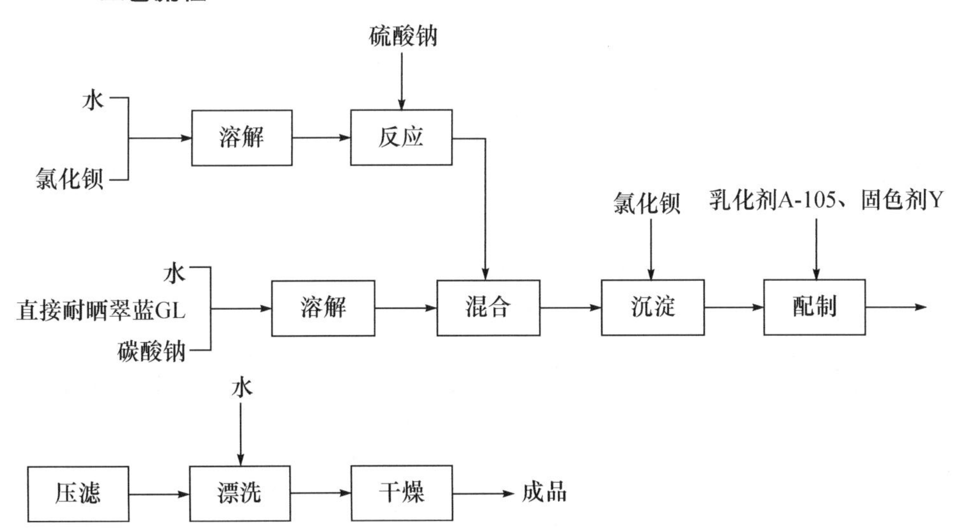

### 4. 技术配方

| | |
|---|---|
| 直接耐晒翠蓝 GL(100%) | 15kg/t |
| 乳化剂 A-105(工业品) | 25kg/t |
| 碳酸钠(98%) | 53kg/t |
| 固色剂 Y(工业品) | 57kg/t |
| 氯化钡(98%) | 1015kg/t |
| 硫酸钠(96%) | 498kg/t |

### 5. 生产设备

溶解锅,反应锅,压滤机,漂洗锅,储槽,干燥箱。

### 6. 生产工艺

将 370kg 96%无水硫酸钠溶解于 45℃热水中,制得硫酸钠溶液后将其加入由 480kg 氯化钡配制好的氯化钡溶液中进行反应,制得硫酸钡悬浮液。将 30kg 98%碳酸钠和 120kg 100%直接耐晒翠蓝 GL 溶解于 2500L 85~90℃热水,并将其加入上述硫酸钡悬浮液中制得混合液。将 320kg 98%氯化钡溶解于 1800L 85℃热水中分批加入上述混合液中,依次加入用水已稀释好的 19kg 乳化剂 A-105 和用水稀释好的 60kg 固色剂 Y。搅拌混合 2~3h 后,经过滤、水漂洗,滤饼于 60~70℃下干燥,最后经粉碎得到 848kg 油漆湖蓝色淀。

### 7. 产品标准

| | |
|---|---|
| 外观 | 天蓝色粉末 |
| 水分含量/% | ≤4.0 |
| 吸油量/% | 20.0~30.0 |
| 细度(过 60 目筛余量)/% | ≤6.0 |
| 着色力/% | 为标准品的 100±5 |
| 色光 | 与标准品近似 |
| 耐晒性/级 | 6 |
| 耐热性/℃ | ≥80 |
| 耐酸性/级 | 3 |
| 耐碱性/级 | 3 |
| 耐水渗透性/级 | 2 |
| 耐油渗透性/级 | 4 |
| 耐石蜡渗透性/级 | 5 |

### 8. 产品用途

主要用于涂料、橡胶和文教用品的着色。

### 9. 参考文献

[1] 郑少琴. 有机颜料酞菁蓝的合成及颜料化[J]. 染料与染色,2008,03:15-18.

## 3.18　耐晒孔雀蓝色淀

耐晒孔雀蓝色淀(Light Resistant Malachite Blue lake)又称 4230 耐晒孔雀蓝色淀、2360 耐晒孔雀蓝色淀、260 耐晒孔雀绿蓝色淀、2330 耐晒孔雀蓝色淀、4322 耐晒孔雀蓝色淀、Lake Blue 2G、Shangdament Fast sky Blue Lake 4230。染料索引号 C. I. 颜料蓝 17∶1(74180∶1)。分子式 $C_{32}H_{16}N_{18}Cu(SO_3)_2Ba \cdot xAl(OH)_3 \cdot yBaSO_4 \cdot hH_2O$。结构式为

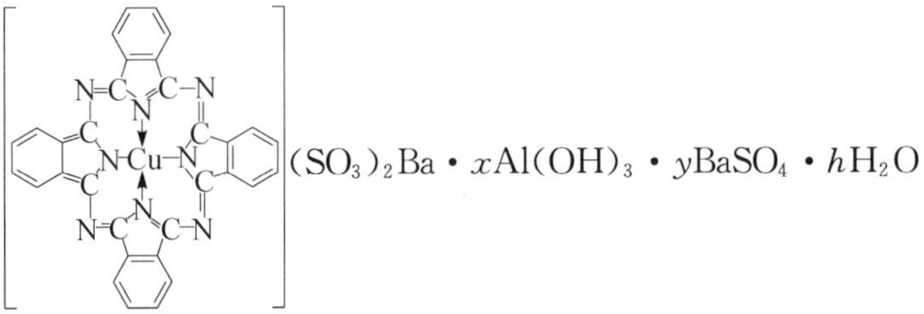

$$[\text{CuPc}](SO_3)_2Ba \cdot xAl(OH)_3 \cdot yBaSO_4 \cdot hH_2O$$

### 1. 产品性能

本品为天蓝色粉末,为酞菁系颜料。不溶于水。透明度较好,色泽鲜艳。质地柔软,具有良好的耐晒性。

### 2. 生产原理

首先硫酸铝与氯化钡在碱性中生成铝钡白,然后铝钡白与直接耐晒翠蓝 GL 发生色淀化,经压滤、漂洗、干燥、粉碎得成品颜料。

$$[CuPc]\text{-}(SO_3Na)_2 + BaCl_2 \longrightarrow [CuPc\text{-}(SO_3)_2]Ba\downarrow + 2NaCl$$

$$BaCl_2 + SO_4^{2-} \longrightarrow BaSO_4\downarrow + 2Cl^-$$

$$K_2Al_2(SO_4)_4 + 3Na_2CO_3 + 3H_2O \longrightarrow 2Al(OH)_3\downarrow + 3Na_2SO_4 + K_2SO_4 + 3CO_2\uparrow$$

### 3. 工艺流程

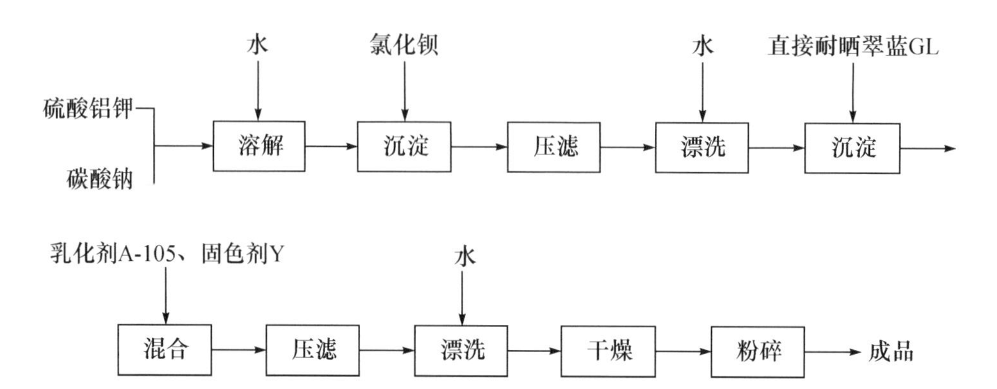


### 4. 技术配方

1）消耗定额

| | |
|---|---|
| 直接耐晒翠蓝 GL | 33kg/t |
| 氯化钡 | 850kg/t |
| 精制硫酸铝 | 950kg/t |
| 碳酸钠(98%) | 560kg/t |
| 乳化剂 A-105 | 50kg/t |
| 固色剂 Y | 70kg/t |

2）投料比

| 原料名称 | 相对分子质量 | 物质的量/kmol | 投料量 | | 实际用量/kg | 物质的量比 |
|---|---|---|---|---|---|---|
| | | | 100%用量 | 工业纯度/% | | |
| 明矾 | 948.8 | 0.337 | 320 | 100 | 320 | 1 |
| 碳酸钠 | 106 | 1.02 | 108 | 96 | 112.5 | 3.06 |
| 芒硝 | 142 | 0.282 | 40 | 100 | 40 | 0.836 |
| 直接耐晒翠蓝 GL | 779 | — | 62.4 | 150 | 41.6 | — |
| 氯化钡 | 244.3 | 0.653 | 160 | 98 | 163 | 0.94 |
| 土耳其红油 | — | — | — | — | 5 | — |

### 5. 生产原料规格

1）直接耐晒翠蓝 GL

直接耐晒翠蓝 GL 又称锡利翠蓝 GL、磺化钛菁、直接耐晒宝石蓝。染料索引号 C.I. 直接蓝 86(74180)。为蓝色粉末。遇浓硫酸呈红光绿色。

| | |
|---|---|
| 强度(分) | 为标准品的 100±3 |
| 水分含量/% | ≤4 |
| 不溶水杂质含量/% | ≤0.5 |
| 细度(过 80 目筛余量)/% | ≤2 |

2）氯化钡

分子式 $BaCl_2 \cdot 2H_2O$，相对分子质量 244.3，密度 3.097。为无色有光泽的单斜晶体。溶于水。有毒。

一等品规格：

| | |
|---|---|
| $BaCl_2 \cdot 2H_2O$ 含量/% | ≥98 |
| 钙含量/% | ≤0.09 |
| 水不溶物含量/% | ≤0.1 |
| 硫化物含量/% | ≤0.008 |

### 6. 生产设备

反应锅(制 $BaSO_4$)，色沉化锅，压滤机(2 台)，干燥箱，笼式粉碎机。

### 7. 生产工艺

1）配料

将明矾以 3 倍热水溶化，澄清后，清液稀释为 2600L，温度 46℃。碳酸钠以 860L 水溶化后，温度 40℃。在 40～45min 内将碳酸钠均匀加入明矾溶液中，加后搅拌 0.5h，pH 7～8。余碱量滴定度在 4.6～5mL，测定方法是以母液 10mL，用 0.1mol/L 盐酸滴定，以甲基橙作指示剂，因酸碱性对色光影响较大。使母液中含有 40kg 硫酸钠，即可备用。

颜料溶液是将颜料以 1000L 温水溶解来制备的，温度 40℃，搅拌到全部溶化，溶液滴于滤纸上没有固体粒子。

氯化钡溶液是将氯化钡以 4 倍水溶化制得的，温度 40℃。

2）色淀化

将备好的填料放入沉淀锅中，温度 35℃。染料溶液搅拌下加入填料中，加完后，搅拌 15min。再加入氯化钡溶液，时间 0.5h 左右，在加入 2/3 量时，以滤纸做渗圈试验，直到氯化钡的加入量使渗圈试验无色为止，加完氯化钡溶液后，继续搅拌 1h，再加土耳其红油溶液，搅拌 40min，即可压滤。

3）后处理

经泵将色浆打入压滤机，漂洗后即可卸料于色盘上，在 60℃的干燥箱内干燥磨粉即得产品。

**8. 产品标准(HG 15-1133)**

| 项目 | 指标 |
|---|---|
| 外观 | 天蓝色粉末 |
| 色光 | 与标准品近似 |
| 着色力/% | 为标准品的 100±5 |
| 吸油量/% | 45±5 |
| 水分含量/% | ≤6 |
| 细度(过 80 目筛余量)/% | ≤5 |
| 耐晒性/级 | 4～5 |
| 耐热性/℃ | 70 |
| 耐酸性/级 | 4～5 |
| 耐碱性/级 | 1 |
| 耐水渗透性/级 | 3 |
| 耐油渗透性/级 | 3 |
| 耐乙醇渗透性/级 | 5 |
| 耐石蜡渗透性/级 | 5 |

**9. 产品用途**

用于油墨，尤其适用于三色胶版油墨的制造；也用于水彩、油彩颜料、蜡笔等文教用品及涂料着色。

**10. 参考文献**

[1] 陆蕾蕾. 酞菁蓝 B 的制备[J]. 河北化工，2012，12：39-40.
[2] 张明俊，付少海. 超细酞菁蓝颜料水基体系的制备与性能[J]. 印染，2009，21：14-17.
[3] 郑少琴. 高档有机颜料酞菁蓝的合成及深加工[J]. 汕头科技，2008，01：41-48.

## 3.19 靛 蒽 酮

靛蒽酮又称 Indanthren Blue、Anthraquinoid Blue。染料索引号 C. I. 颜料蓝 60(69800)。分子式为 $C_{28}H_{14}N_2O_4$，相对分子质量 442.42。结构式为

## 1. 产品性能

本品为深蓝色粉末。熔点 300℃，相对密度 1.45～1.54，吸油量 27～80g/100g。属蒽酮类颜料，有较好的耐光、耐候和耐溶剂性能。

## 2. 生产原理

2-氨基蒽醌碱熔缩合，经精制、氧化及颜料化处理得靛蒽酮。

$\xrightarrow[\text{NaAc, NaNO}_2\text{, 220℃}]{\text{NaOH, KOH}}$

$\xrightarrow{\text{颜料化}}$ 靛蒽酮

也可用还原蓝 RSN 经颜料化处理得到靛蒽酮。

## 3. 工艺流程

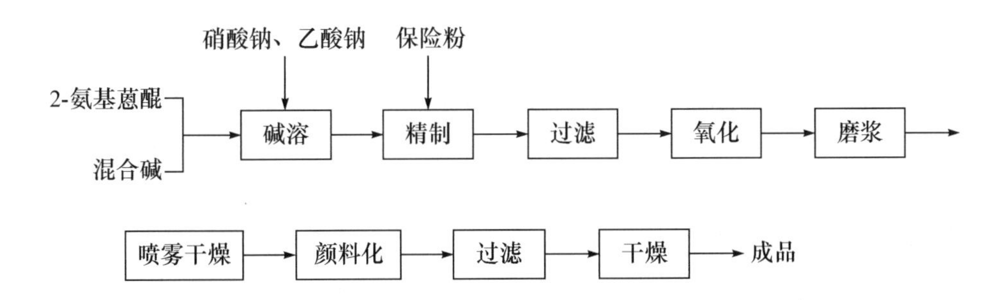

**4. 技术配方**

| | |
|---|---|
| 2-氨基蒽醌(100%) | 832 |
| 氢氧化钾(100%) | 125 |
| 氢氧化钠(100%) | 550 |
| 硝酸钠(98%) | 80 |
| 无水乙酸钠 | 428 |
| 保险粉 | 362 |
| 扩散剂 NNO(100%) | 600 |

**5. 生产工艺**

1）工艺一

在反应锅中加入混合碱 595kg(含氢氧化钾 68%),加热搅拌,加入 131kg 无水乙酸钠和 1.5kg 油酸,充氮气,在 190℃下,0.5h 内加入 263kg 2-氨基蒽醌,在 220～230℃下、2h 内再加入 25kg 硝酸钠进行缩合反应。将反应物稀释于 8000L 水中,搅拌降温至 50℃,加入 85%保险粉 110kg,过滤得隐色体钠,投入氧化-砂磨锅中,在 60℃下吹入空气,氧化使物料呈天蓝色针状晶体,继续砂磨 8h,加入 50～100kg 扩散剂 NNO,得到还原蓝 RSN 细浆,喷雾干燥得 138kg 产物。

将还原蓝 RSN 用有机溶剂(氯苯、二氯苯)在回流温度下搅拌处理 1h,冷却至 40℃,过滤,水洗,干燥得到稳定的 $\alpha$-型产品靛蒽酮。

2）工艺二

在反应锅中,将 60℃水 400L 中加入 20kg 30%氢氧化钠溶液,再加入 10kg 还原蓝 RSN,搅拌均匀后保持 60℃,加入 18kg 保险粉,搅拌得深蓝色溶液。10～15min 后加冷水或冰降温到 40℃,使还原蓝 RSN 析出成深蓝色悬浮体,过滤去掉母液,并用水洗涤,将滤饼加入 400L 水及 1kg 土耳其红油的溶液中,搅拌 0.5h 成颜料悬浮体,加入 15kg 30%氢氧化钠溶液、1kg 硝酸钠,降温到 10～15℃,吹入空气氧化 18～20h,检验颜料颗粒成均匀的微细粒子即为氧化终点。然后加入 6kg 冰醋酸用 30L 水稀释的溶液,使 pH 为 7～8,微细颜料粒子凝集成较大的晶体,即可过滤水洗,70～80℃下干燥,得靛蒽酮产品。

**6. 产品标准**

| | |
|---|---|
| 外观 | 深蓝色粉末 |
| 色光 | 与标准品近似 |

| | |
|---|---|
| 着色力/% | 为标准品的 100±5 |
| 细度(过 80 目筛余量)/% | ≤5 |

**7. 产品用途**

用于油漆、油墨及文化用品的着色。

**8. 参考文献**

[1] 费学宁,周春隆. 4,4′-二氨基-1,1′-二蒽醌(C.I 颜料红 177)合成及其颜料化的研究[J]. 现代涂料与涂装,1996,04:4-10.
[2] 林宁. 高性能纳米喹吖啶酮颜料的制备[D]. 南京:东华大学,2007.

## 3.20　射光蓝浆 AG

射光蓝浆 AG(Light Emitted Blue Paste AG)又称射光蓝 7001、4991 射光蓝浆 AG、射光蓝浆 AGR。染料索引号 C.I. 颜料蓝 61(42765∶1)。国外主要商品名:Mordorant blue R、Shangdament Flushed Reflex Blue AG 4991、Reflex Blue Paste AG、Reflex blue AG。分子式 $C_{37}H_{29}N_3O_3S$,相对分子质量 595.71。结构式为

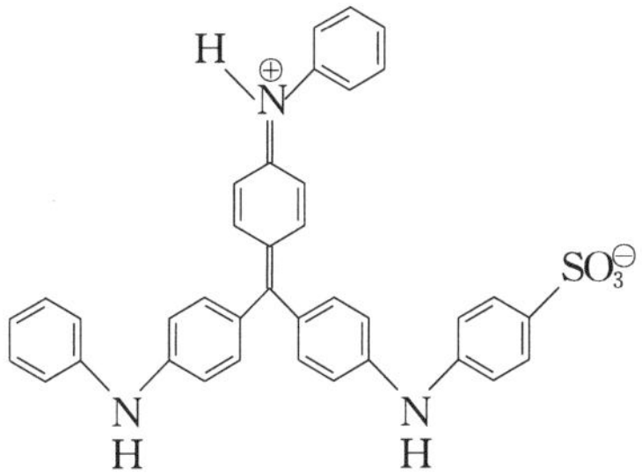

**1. 产品性能**

本品为蓝色浆状物。颜色鲜艳,刮涂于纸上能闪射明显的金属光泽。不溶于冷水,溶于热水(蓝色)、乙醇(绿光蓝色)。遇浓硫酸呈红棕色,稀释后生成蓝色沉淀。有很高的着色力和良好的耐热性。能使黑色油墨增加艳度。熔点 280℃,相对密度1.23～1.28。

**2. 生产原理**

苯胺蓝经磺化、中和、碱溶、酸化及轧浆加工后得成品。

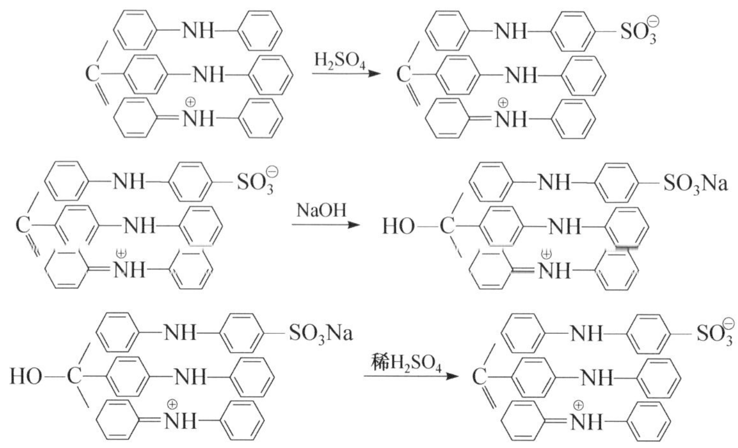

### 3. 工艺流程

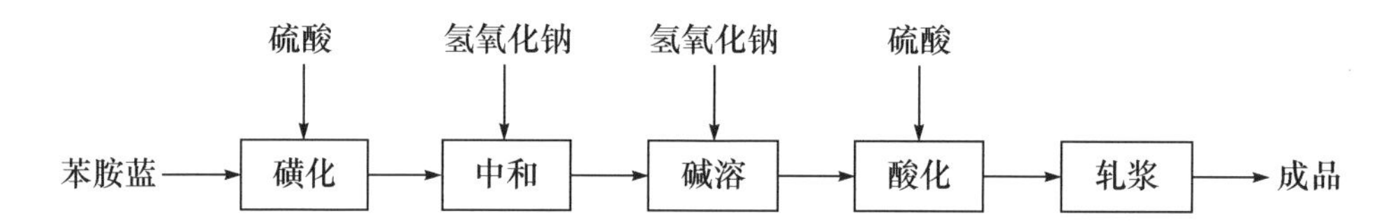


### 4. 技术配方

| | |
|---|---|
| 苯胺蓝(86%) | 450kg/t |
| 硫酸(98%) | 1190kg/t |
| 氢氧化钠(98%) | 160kg/t |
| 调墨油(工业品) | 21kg/t |

### 5. 生产设备

磺化锅,过滤器,储槽,中和锅,打浆锅,三辊机。

### 6. 生产工艺

1) 工艺一

在磺化锅中,加入 360kg 98%硫酸、20kg 冰,冷却至 20℃,于 3h 内加入 225kg 86%苯胺蓝,搅拌 2h 左右,直至物料中只有极微小颗粒或无颗粒存在,升温到 40~42℃,保温制得磺化物备用。在中和锅中放入清水,加入上述制备的磺化物,经静置沉淀 5h,进行第一次虹吸除去废酸,这样共经 3 次加水稀释、沉淀、虹吸后,加入 30%氢氧化钠中和至 pH 为 7 左右,制得中和物,升温到 55℃加入第二批

30%氢氧化钠，并在100℃保温30～40min，此时物料呈酱油色，快速加入约350kg 65%硫酸使物料pH下降到1.7左右，于100℃保温5min后降温，经过滤、水漂洗，制得含固量16%的滤饼，加入上批留存的捏合脱水块状物和调墨油进行捏合，流出水澄清时，移去水分，继续捏和5h，物料呈块状时，取出部分块状物进入轧浆工序(其余作下批捏合时循环之用)。把捏合后的物料在三辊机上轧浆，轧至第三道、第四道轧浆时检验光彩，适当控制和调节油量，共轧五道得到浆状产品。

2) 工艺二

将460kg对位品红、2400kg苯胺、8.5kg苯甲酸在铸铁锅中混合，加热至180～185℃，保持60～80min，然后将熔融物快速冷却至140℃，再在蒸馏锅中蒸出苯胺，直到物料很黏稠，倒出，冷却，打碎研磨，得蓝色产品，产品含有约5%的苯胺，产量845kg。

将180kg蓝色基加至900kg 95.5%硫酸中，温度20～25℃，搅拌2h，加热到43℃，然后迅速放到4000L冷水中，再压滤，洗出游离酸。所得滤饼依据对产品的要求可用下述两种方法进行处理。

(1) 回收碱性蓝。把滤饼重新溶解于含有足够的氢氧化钠的冷水中，得到澄清的暗蓝色溶液，将该溶液蒸发至含有45%的固体时，在100～110℃下干燥，得184kg碱性蓝。

(2) 将滤饼溶解于含有90kg 33%氢氧化钠的溶液中，温度80℃。再加热至沸腾，将46kg 96%硫酸快速加入，并保持沸腾数分钟，然后用水稀释，降温至80℃，过滤，水洗除去游离酸，得含固量30%的产品。将300kg含固量30%的膏状物与2kg二苯基喹尼啶(Diphenylquinidine)混合，加入135kg亚麻子油，再加入118kg乳化剂FM及0.75kg碳酸镁，并通过三辊机处理，直至全部水分被分离出来，制得245kg射光蓝浆AG。

### 7. 产品标准

| 项目 | 指标 |
| --- | --- |
| 外观 | 深蓝色浆状物 |
| 色光 | 与标准品近似 |
| 着色力/% | 为标准品的100±5 |
| 水分含量/% | ≤2.5 |
| 耐晒性/级 | 3～4 |
| 耐热性/℃ | 180 |
| 耐水渗透性/级 | 5 |
| 耐油渗透性/级 | 4～5 |
| 耐酸性/级 | 5 |
| 耐碱性/级 | 3 |

## 8. 产品用途

主要用于黑色印刷油墨,加入可消除黑色油墨的标色底,使黑色加深;也用于制造印铁油墨。

## 9. 参考文献

[1] 周春隆. 有机颜料商品化及表面改性(修饰)技术[J]. 染料工业,2002,05:1-5.

# 第4章　其他颜色的有机颜料

## 4.1　耐晒绿PTM色淀

耐晒绿PTM色淀(Fanal Green PTM)的索引号为C. I. 颜料绿1(14060)。国外主要商品名：Fastel Green G、Bronze Green、Fanal Green PTM 8340、Irgalite Green BNC、Helmerco Green BGM、Solar Green BMN。结构式为

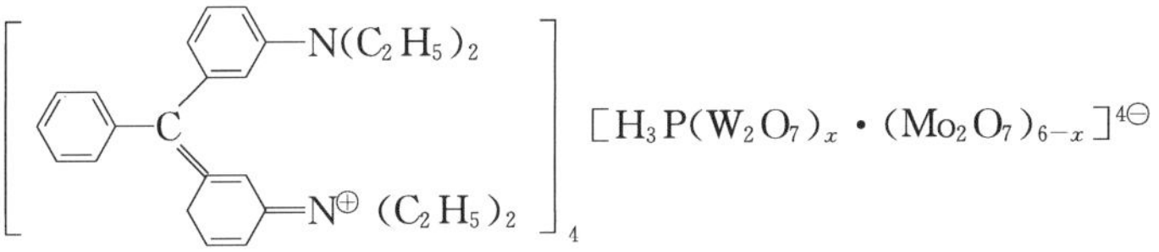

$$\left[\begin{array}{c} N(C_2H_5)_2 \\ C \\ =N^{\oplus}(C_2H_5)_2 \end{array}\right]_4 [H_3P(W_2O_7)_x\cdot(Mo_2O_7)_{6-x}]^{4\ominus}$$

### 1. 产品性能

本品为艳绿色粉末。色调鲜艳，着色力强，透明性好，色光清晰。相对密度1.95～2.71。吸油量50～55g/100g。铝钡白中，再加入杂多酸，生成色淀。抽滤，水洗，干燥得耐晒绿PTM色淀。

### 2. 生产原理

*N*,*N*-二乙基苯胺与苯甲醛缩合得到隐色体，在盐酸介质中用二氧化铅氧化，再用硫酸钠脱铅得到染料(碱性绿)。染料与铝钡白混合后再与磷钨钼酸发生色淀化反应，经压滤、漂洗、干燥得颜料成品。

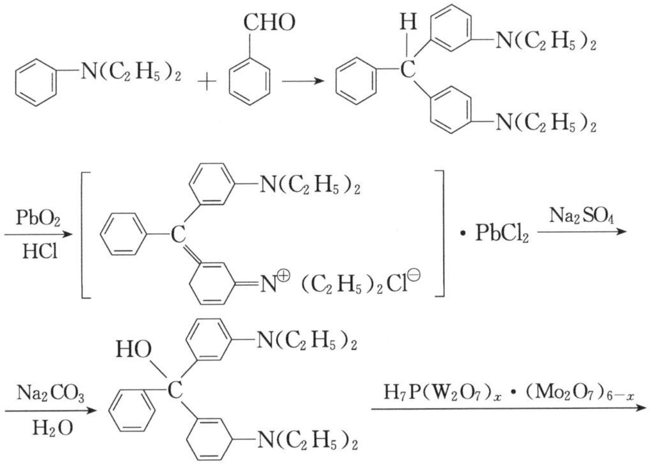

$$N(C_2H_5)_2 + CHO \longrightarrow H\text{—}C(N(C_2H_5)_2)(N(C_2H_5)_2)$$

$$\xrightarrow[HCl]{PbO_2} \left[ C,\ N(C_2H_5)_2,\ =N^{\oplus}(C_2H_5)_2Cl^{\ominus} \right]\cdot PbCl_2 \xrightarrow{Na_2SO_4}$$

$$\xrightarrow[H_2O]{Na_2CO_3} HO\text{—}C(N(C_2H_5)_2)(N(C_2H_5)_2) \xrightarrow{H_7P(W_2O_7)_x\cdot(Mo_2O_7)_{6-x}}$$

$$\left[\text{C}_6\text{H}_5\text{—C}(\text{C}_6\text{H}_4\text{—H}(\text{C}_2\text{H}_5)_2)=\text{C}_6\text{H}_4=\text{N}^{\oplus}(\text{C}_2\text{H}_5)_2\right]_4 \left[H_7P(W_2O_7)_x \cdot (Mo_2O_7)_{6-x}\right]^{4\ominus}$$

**3. 工艺流程**

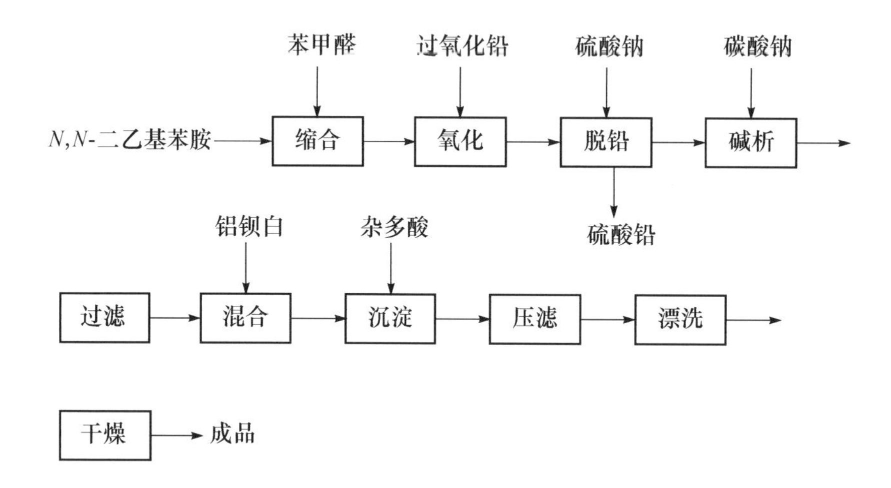


**4. 技术配方**

| | |
|---|---|
| *N*,*N*-二乙基苯胺 | 284 |
| 苯甲醛 | 90 |
| 硫酸(98%) | 53.5 |
| 硫酸钠(98%) | 1010 |
| 盐酸(31%) | 550 |
| 过氧化铅($PbO_2$,100%计) | 792 |
| 元明粉(硫酸钠) | 101 |
| 硫酸铝 | 1910 |
| 氯化钡 | 1870 |
| 钨酸钠 | 840 |
| 钼酸钠 | 260 |
| 磷酸氢二钠 | 130 |

**5. 生产设备**

缩合锅,氧化锅,过滤器,脱铅锅,配料锅,储槽,混合锅,沉淀锅,压滤机,干燥箱,粉碎机。

### 6. 生产工艺

在缩合锅中，加入 53.5kg 98%硫酸、40L 水、284kg *N*,*N*-二乙基苯胺、90kg 苯甲醛，搅拌回流反应 12h，加入 110kg 50%碳酸钠中和，水蒸气蒸馏，静置分层弃去水层，油层水洗分水后，加 186L 水和 297kg 盐酸，使其溶解后进入氧化工序。

取上述缩合反应溶液的 1/2，加入冰水，调整体积至 3700L，温度为 5℃左右。在搅拌下加入 660kg 60%过氧化铅悬浮液，保持 0～10℃搅拌 2h，加入食盐 446kg，再保持 0～10℃ 2h，析出复盐。过滤。滤饼加水 300L，升温至 50℃，加入 50.5kg 元明粉，搅拌 0.5h 过滤。滤饼加水 446L，加热至 50℃，搅拌 0.5h，静置 1h，过滤。如此反复洗涤四次，滤饼为硫酸铅。将滤液和洗涤液合并，于 38～40℃加入碳酸钠 48kg 进行碱析，过夜，压滤，水洗至酚酞不呈红色，得碱性绿染料约 170kg。

将 382kg 硫酸铝、172kg 碳酸钠和 374kg 氯化钡以 0℃水溶解反应，制得铝钡白，洗涤后过滤，滤饼用水打浆制得 3000kg 铝钡白浆液。

将 164kg 钨酸钠、52kg 钼酸钠和 26kg 结晶磷酸氢二钠溶于 2000L 60℃热水中，加盐酸调 pH 至 1.5～2.0。

将上述染料 68kg 溶于 2600L 90℃热水中，加至已盛有铝钡白浆液的沉淀反应锅中，然后加入杂多酸溶液，生成色淀，升温至 90℃，压滤，水洗，滤饼于 60～70℃下干燥得耐晒绿 PTM 色淀。

### 7. 产品标准

| | |
|---|---|
| 外观 | 艳绿色粉末 |
| 色光 | 与标准品近似 |
| 着色力/% | 为标准品的 100±5 |
| 水分含量/% | ≤1 |
| 耐晒性/级 | 4 |
| 耐热性/℃ | 150 |
| 耐水渗透性/级 | 4～5 |
| 耐碱性(5% $Na_2CO_3$)/级 | 5 |
| 耐酸性(5% HCl)/级 | 5 |
| 耐增塑剂/级 | 5 |
| 吸油量/% | 45±5 |
| 细度(过 80 目筛余量)/% | ≤5 |

### 8. 产品用途

用于油墨、油漆、醇酸树脂漆和乳化油漆着色，也用于包装纸板、罐头盒、墙纸、包书纸的印色以及纺织物的印花，还用于塑料、橡胶及文具的着色。

### 9. 参考文献

[1] 兰泽冠，罗海航，左新举，等. 颜料绿 B 生产工艺和质量改进[J]. 染料工业，1994，02：10-11.

[2] 俞鸿安. C. I. 颜料绿 36 的制备和应用[J]. 染料工业，1995，06：14-18.

## 4.2　耐晒碱性纯品绿

耐晒碱性纯品绿（Malachte Green）又称艳绿色淀、3605 耐晒碱性纯品绿、Dainichi Fast Green B、Permanent Green BM Toner、Tungstate Green Toner GT-116。染料索引号 C. I. 颜料绿 4（42000：2）。结构式为

$$\left[(H_3C)_2N-C_6H_4-C(C_6H_5)=C_6H_4=\overset{\oplus}{N}(CH_3)_2\right]_4\left[H_3P(W_2O_7)_x(Mo_2O_7)_{6-x}\right]^{4\ominus}$$

### 1. 产品性能

本品为深绿色粉末。耐晒性较好，耐热性良好。溶于冷水和热水呈蓝绿色，易溶于乙醇呈蓝绿色。遇浓硫酸呈黄色，稀释后呈暗橙色，其水溶液遇氢氧化钠成绿光白色沉淀。

### 2. 生产原理

碱性绿与杂多酸发生色淀化，经后处理得耐晒碱性纯品绿。

### 3. 工艺流程

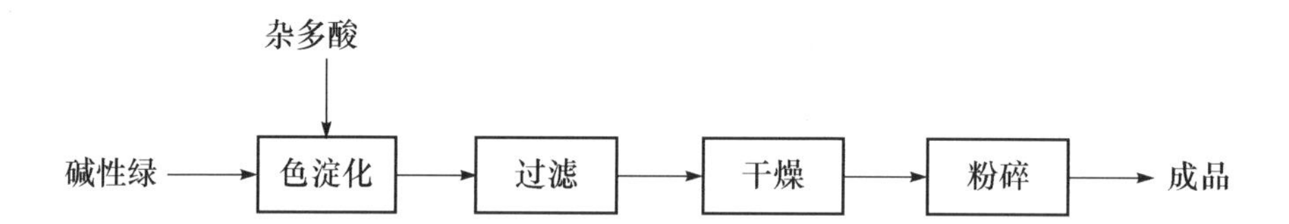


### 4. 技术配方

| | |
|---|---|
| 碱性绿 | 52 |
| 钨酸钠 | 168 |
| 钼酸钠 | 52 |

| | |
|---|---|
| 磷酸氢二钠 | 26 |
| 碱性槐黄 | 17 |

### 5. 生产工艺

将84kg钨酸钠、26kg钼酸钠、13kg磷酸氢二钠溶于1000L水中，加入盐酸调pH为2，生成杂多酸溶液。

将26kg碱性绿溶于90℃ 1300L热水中，将8.5kg碱性槐黄溶于50℃ 500L的热水中，再将制备的杂多酸溶液立即加入，温度45℃下生成沉淀，到达终点时升温至90℃，过滤，水洗，60～70℃下干燥，制得耐晒碱性纯品绿。

### 6. 产品标准

| | |
|---|---|
| 外观 | 深绿色粉末 |
| 色光 | 与标准品近似 |
| 着色力/% | 为标准品的100±5 |
| 水分含量/% | ≤1 |
| 吸油量/% | 65±5 |
| 水溶物含量/% | ≤3 |
| 细度(过80目筛余量)/% | ≤5 |
| 耐晒性/级 | 4～5 |
| 耐热性 | 良好 |

### 7. 产品用途

用于油墨、文教用品的着色。

### 8. 参考文献

[1] 宋力，许春萱，薛灵蕴. 碱性绿-4的合成及性能[J]. 信阳师范学院学报(自然科学版)，2001，04:446-447.

## 4.3 酞菁绿G

酞菁绿G(Phthalocyanine Green G)又称5319酞菁绿G、多氯代铜酞菁。染料索引号C. I. 颜料绿7(74260)。国外主要商品名：Cromophtal Green GF、Cyanine Fast Green G、Cyanine Fast Green GP、Helio Fast Green G、Helio Fast Green GT、Shargdament Fast Green PHG、Sicopot Green 86-8007。分子式$C_{32}H_{12}Cl_{14\sim15}CuN_8$，相对分子质量1085.31～1092.75。结构式为

## 1. 产品性能

本品为深绿色粉末。熔点 480℃。相对密度 1.80～2.47。吸油量 22～62g/100g。不溶于水和一般有机溶剂。在浓硫酸中为橄榄绿色，稀释后生成绿色沉淀。颜色鲜艳，着色力强，耐晒性和耐热性优良，属不褪色颜料，耐酸碱性和耐溶剂性亦佳。

## 2. 生产原理

粗酞菁蓝与三氯化铝、氯化亚铜、氯化钠共熔，于 180～230℃通氯气氯化，经稀释、水煮后，用邻二氯苯吸附，脱溶、过滤、干燥、粉碎得酞菁绿 G。

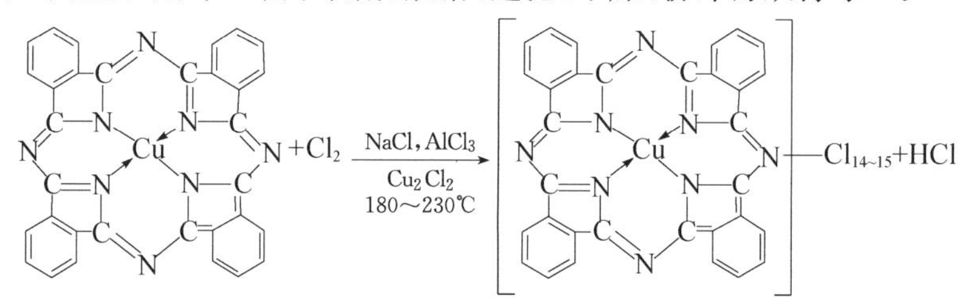


## 3. 工艺流程

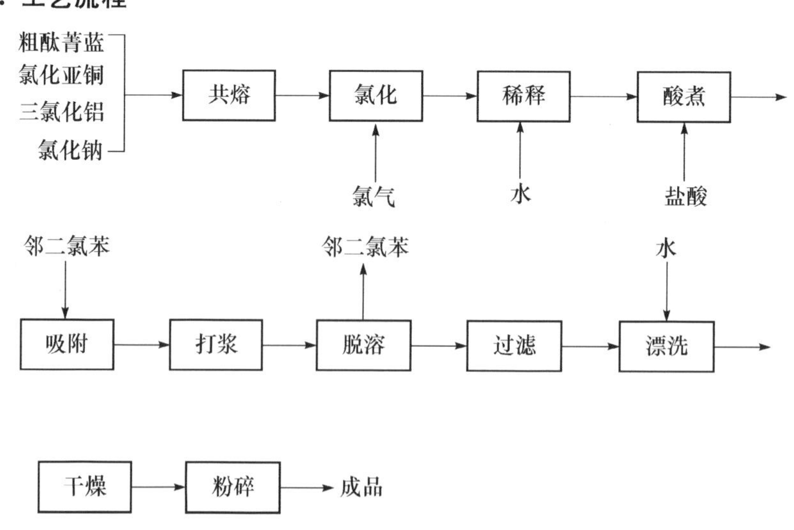

### 4. 技术配方

| | |
|---|---|
| 邻苯二甲酸酐(工业品) | 550kg/t |
| 三氯化苯(工业品) | 200kg/t |
| 三氯化铝(工业品) | 235kg/t |
| 乳化剂 EL(工业品) | 4kg/t |
| 氢氧化钠(30%) | 1810kg/t |
| 氯化钠(精制品) | 495kg/t |
| 氯化铜(工业品) | 82kg/t |
| 松香(特级) | 32kg/t |
| 尿素(工业品) | 820kg/t |
| 邻二氯苯(工业品) | 180kg/t |
| 氯化亚铜(工业品) | 185kg/t |
| 液氯(工业品) | 190kg/t |
| 钼酸铵(工业品) | 7kg/t |
| 盐酸(30%) | 615kg/t |

### 5. 生产设备

氯化锅,稀释锅,酸煮锅,吸附锅,蒸馏锅,储槽,过滤机,干燥箱,粉碎机。

### 6. 生产工艺

1) 工艺一

粗酞菁蓝的制备见酞菁蓝B操作工艺。在氯化锅中,加入三氯化铝、氯化钠、粗酞菁蓝、氯化亚铜,在搅拌下加热到190～200℃共熔,然后通入干燥氯气氯化,氯化温度220℃,到达反应终点停止通氯,将物料降温到180℃出料。料液放入盛有水的稀释锅内,经搅拌后沉淀分层,移去上层水分,在搅拌下再次加水,沉淀分层吸去上层水后,将物料转入酸煮锅内。在搅拌下加入30%盐酸、乳化剂EL,加热至沸保温1h,再降温到65℃转入吸附锅中,加入邻二氯苯进行溶剂吸附,此时物料呈粒状。将物料中水分吸除后转入蒸馏锅内,加入30%氢氧化钠进行搅拌打浆,加入已溶解好的特级松香、水、30%氢氧化钠和扩散剂NNO,然后通入水蒸气,进行水蒸气蒸馏,直至无邻二氯苯流出为止。将蒸馏好的物料加入一定量水,静止分层移去上层水分后,物料经过滤,水漂洗,滤饼干燥,最后经粉碎得到酞菁绿G。

2) 工艺二

将880kg三氯化铝、220kg氯化钠、220kg粗酞菁蓝及24kg氯化亚铜以交替方式加至预热的氯化锅中,搅拌0.5h,待温度达到190℃时,通入干燥的氯气,通气流量为40kg/h。当通入量为500kg时,降低通气速度至30kg/h,通气量约为650kg时认为到达终点。温度在200～230℃时取样测定终点(试样中滴加1%氢氧化钠溶液,色相为黄光绿),停止通氯,降温至180℃,在0.5h内放料至5000L水中,再补加1000L,搅拌0.5h后静置,虹吸上层废水,再加水9000L,重复虹吸上层水。

在经过两次虹吸水的物料中加入220kg盐酸、11kg乳化剂EL,搅拌升温至沸腾保持2h。加水至总体积为4000L。在65℃下喷入350kg雾状的邻二氯苯,将物料吸附成粒状。停止搅拌,加水至总体积为6500L,静置。虹吸水层后,放入蒸馏锅中,加入500kg 30%氢氧化钠溶液,搅拌下加入11kg松香、80L水、5kg 30%氢氧化钠溶液及2kg扩散剂NNO的透明热溶液。然后用直接水蒸气蒸馏2～3h至无邻二氯苯流出为止。加水至总体积为6 500L,静置6h,虹吸上层水,过滤,水洗至中性,干燥得410kg酞菁绿产物。

### 7. 产品标准

| | |
|---|---|
| 外观 | 深绿色粉末 |
| 色光 | 与标准品近似 |
| 着色力/% | 为标准品的100±5 |
| 水分含量/% | ≤2.0 |
| 水溶物含量/% | ≤1.5 |
| 吸油量/% | 40±5 |
| 细度(过80目筛余量)/% | ≤5.0 |
| 耐晒性/级 | 7 |
| 耐热性/℃ | 180～200 |
| 耐水渗透性/级 | 5 |
| 耐油渗透性/级 | 5 |
| 耐酸性/级 | 5 |
| 耐碱性/级 | 5 |
| 耐石蜡渗透性/级 | 5 |

### 8. 产品用途

用于涂料、油墨、树脂、涂料印花、漆布、文教用品、塑料制品和橡胶制品的着色。可单独使用,也可拼色。一般用量为0.05%。

### 9. 参考文献

[1] 张丹,刘静,胡厚峰. 酞菁绿颜料的氯磺酸法清洁生产工艺[J]. 化工环保,2009,03:260-263.

[2] 应秀玲. 捏合法制备高档酞菁绿G的研究[J]. 安徽化工,2010,02:13-14.

[3] 冯薇,王申,王丽. 原位聚合法制备酞菁绿G颜料微胶囊[J]. 精细化工,2002,09:538-540.

## 4.4　颜料绿 B

颜料绿 B(Pigment green B)又称颜料绿、1601 颜料绿、5952 颜料绿 B。染料索引号 C. I. 颜料绿 8(10006)。国外相应的商品名：Painichi Pigment Green B、Graphtol Green B、Monolite Green B、Monilite Green BP、Monilite Green BPL、Pigment Green 9780、Euvinyl Green 97-8102。分子式为 $C_{30}H_{18}FeN_6O_6Na$，相对分子质量为 595.33。结构式为

$$\left[\text{1-(N–O}^{\ominus}\text{)-2-oxo-naphthalene}\right]_3 Fe^{2\oplus}Na^{\oplus}$$

### 1. 产品性能

本品为深绿色粉末。不溶于水和一般有机溶剂。着色力好，遮盖力强，耐晒性、耐热性、耐油性优良，无迁移性。

### 2. 生产原理

2-萘酚用碱溶生成萘酚钠，在盐酸介质中用亚硝酸钠进行亚硝化生成 1-亚硝基-2-萘酚，然后与亚硫酸氢钠生成加成产物，再与硫酸亚铁生成铁的化合物，得到颜料绿 B。

$$\text{C}_{10}\text{H}_7\text{–OH} + NaOH \longrightarrow \text{C}_{10}\text{H}_7\text{–ONa} + H_2O$$

$$\text{C}_{10}\text{H}_7\text{–ONa} + 2HCl + NaNO_2 \longrightarrow \text{1-NO-2-OH-naphthalene} \rightleftharpoons \text{1-NOH-2-oxo-naphthalene}$$

$$\text{1-NOH-2-oxo-naphthalene} + NaHSO_3 \longrightarrow \text{(NOH, OH, SO}_3\text{Na adduct)} + \left[\text{(NOH, OH, H, SO}_3\text{Na adduct)}\right]$$

$$\text{(NOH, OH, SO}_3\text{Na adduct)} + \left[\text{(NOH, OH, H, SO}_3\text{Na adduct)}\right] + FeSO_4 + 3Na_2CO_3 \longrightarrow$$

$$\left[\text{1-(N–O}^{\ominus}\text{)-2-oxo-naphthalene}\right]_3 Fe^{2\oplus}Na^{\oplus} + 3Na_2SO_3 + Na_2SO_4 + 3H_2O + 3CO_2\uparrow$$

### 3. 工艺流程

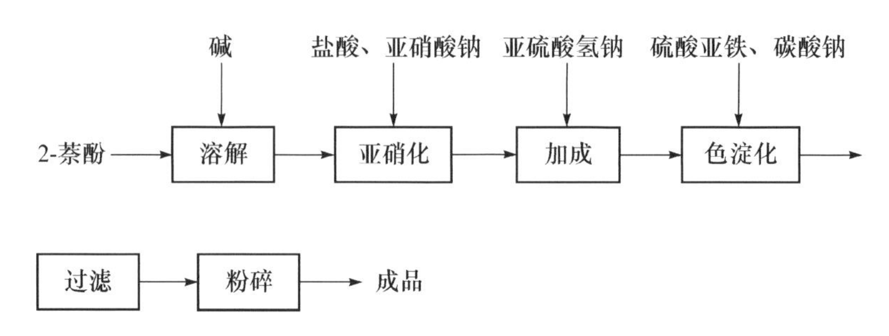


### 4. 技术配方

| | |
|---|---|
| 2-萘酚(98.5%) | 566kg/t |
| 氢氧化钠(98%) | 210kg/t |
| 盐酸(31%) | 1040kg/t |
| 亚硝酸钠(98%) | 274kg/t |
| 亚硫酸氢钠(98%) | 517kg/t |
| 土耳其红油 | 20kg/t |
| 硫酸亚铁($FeSO_4 \cdot 7H_2O$) | 347kg/t |
| 碳酸钠(98%) | 830kg/t |
| 硫酸铝(含 $Al_2O_3$ 15.7%) | 780kg/t |

### 5. 生产原料规格

1) 2-萘酚

2-萘酚为无色或黄色的菱形结晶或粉末。可燃,有毒。能溶于苯、乙醇、乙醚、氯仿及碱液,不溶于水。相对密度 1.224,熔点 96℃,沸点 278℃。遇光变黑,应避光保存。

| | |
|---|---|
| 2-萘酚含量/% | ≥97 |
| 熔点/℃ | ≥91.5 |

2) 三氯化铁

三氯化铁又称氯化铁。六水物为黄色晶体,熔点 37℃;无水物背光观察为绿色,熔点 301℃。

这里使用的是六水三氯化铁。

### 6. 生产设备

溶解锅,碱计量槽,酸计量槽,过滤器,亚硝化锅,色淀化锅,压滤机,干燥箱,粉碎机,拼混机。

## 7. 生产工艺

1）工艺一

在溶解锅内放 1400L 30℃水，加入 47kg 氢氧化钠和 145.2kg 2-萘酚，搅拌约 0.5h 使其全部溶解。在亚硝化反应锅内先放水 1500L，将溶解后的 2-萘酚溶液通过 40 目网筛过滤放入反应锅内，使温度在 10℃以下，在盐酸稀释锅内放水 1000L，放入 267kg 盐酸使其稀释后，开动亚硝化锅搅拌，将稀盐酸慢慢放入约 50%，析出 2-萘酚悬浮体，pH 为 6.5～7。再将 70kg 亚硝酸钠加入，并加冰降温到 0℃。在有效的搅拌下将余下的 50%稀盐酸慢慢从液面下注入 2-萘酚悬浮体中，保持温度在 0～2℃，并不断用淀粉碘化钾试纸测试应显稍蓝，如蓝色较深应控制稀盐酸流量。加完酸后，用刚果红试纸测试应显蓝色。淀粉碘化钾试纸呈蓝色，继续搅拌 1h 以上，充分反应后，再用淀粉碘化钾试纸测试显微蓝或稍蓝，即为亚硝化反应已达终点。在稀释锅内放水 150L，加入 6.6kg 98%氢氧化钠，溶解后，慢慢加入反应锅内，将亚硝化物中和到 pH 为 7～7.5，再用蒸汽加热到 22～23℃。在溶解锅内放水 700L，用蒸汽加热到 30℃，在搅拌下加入 130kg 亚硫酸氢钠，使之溶解。放入亚硝化物内，搅拌 1～1.5h，使亚硝化物全部溶解。pH 为 6.5，即成 1-亚硝基-2-萘酚的亚硫酸钠加成物。将 5kg 土耳其红油溶于水 30L，加入加成物溶液内，搅拌 10min，停止搅拌静置 2h 后，凝聚物沉淀后即可进行过滤，将滤液放入色淀化锅内，滤渣弃之。

将加成物溶液调整温度 25℃，开动搅拌，将 90kg 硫酸亚铁溶于 800L 水中，溶解后加入加成物溶液中并搅拌 15min 后，即进行中控试验：取加完硫酸亚铁的溶液两滴，置于白瓷板上，再加入 10%碳酸钠液 4 滴，用玻璃棒搅匀，取过滤纸条，一端浸入试样中，使水向上渗出，取出将蘸色部分去掉，再将纸条有水印部分浸入硫酸亚铁溶液内片刻即取出，再将纸条在 10%稀乙酸内洗涤片刻，取出观察纸条的水印部分有无显出绿色，如有绿色为硫酸亚铁不足，必须补加硫酸亚铁至测试时呈微绿色。

中控原理：加硫酸亚铁的物料，加碳酸钠中和后，脱去亚硫酸盐形成不溶性的色素。如铁盐不足，在母液内有过剩的加成物随母液渗在滤纸条上，经硫酸亚铁液中浸入片刻，使过剩的加成物在纸条上形成铁化合物的绿色色素。但由于母液是碱性的，渗在纸条上的碱性母液遇硫酸亚铁又生成棕色的碱性铁盐，因此，必须在稀乙酸中洗去碱性铁盐，使纸条上显出绿色色素，测试结果是纸条上绿色越深，证明母液中加成物过量越多，即硫酸亚铁量不足越多。加完硫酸亚铁后搅拌 15min，再在溶解锅内放水 1200L，温度 30℃，加入碳酸钠 213kg 搅拌溶解后，慢慢放入色淀化锅内的物料，加毕搅拌 0.5h 即生成绿色色素。再在溶解锅内放水 1200L，升温到 50℃，加入 200kg 硫酸铝搅拌溶解后，慢慢加入色淀化锅内的物料内，生成氢氧化铝体质颜料。加毕搅拌 15min 后，用蒸汽加热到 70℃，即可将物料打入板框过滤机内过滤，并用水洗涤到水溶盐合格为止。可用 1%氯化钡溶液或用电导仪测试洗涤液与洗涤用水近似为止。滤饼在 70～80℃干燥，粉碎，得颜料绿 B 约 260kg。

2）工艺二

在亚硝化锅中，将 150kg 2-萘酚溶于 85kg 50%氢氧化钠溶液和 800L 水中，温度 45℃，体积稀释到 2000L，用冰冷却到 0℃，在充分搅拌下向溶液中加入稀硫酸刚好使 2-萘酚析出，对亮黄试纸显弱碱性，温度 0℃(如果悬浮体呈弱酸性，可用碳酸钠中和)。

稀硫酸的溶液制备：185kg 1.53kg/$m^3$ 硫酸用冰水稀释至体积为 1200L，温度 0℃备用。

在已中和的 2-萘酚中快速地加入 315L 23%亚硝酸钠溶液，余下的稀硫酸从液面下在 3～4h 内加入，加冰使温度始终保持在 0℃，加完酸后，反应物对刚果红试纸显强酸性。搅拌过夜，亚硝基萘酚为纯黄色，次日，用约 15kg 50%氢氧化钠溶液中和至 pH 为 6，然后加入 1.83kg/$m^3$ 亚硫酸氢钠，加热至 20℃，搅拌使亚硝基萘酚全部溶解，稀释到 9000L。加热到 22℃，再加入用 96kg 硫酸亚铁($FeSO_4 \cdot 7H_2O$)和 300L 水配成的溶液，用过量的碳酸钠溶液检验硫酸亚铁是否足够。然后连续地加入溶液 A 和溶液 B。

溶液 A：250kg 无水碳酸钠与 2000L 水，温度 30℃下，加入 2.5kg 土耳其红油。

溶液 B：10kg 硫酸铝在 1000L 20℃水中搅拌过夜使之溶解。硫酸铝溶液的加入过程需要 20min，再搅拌 0.5h，过滤，得滤饼质量为 800kg，经后处理得颜料绿 B。

3）工艺三

在亚硝化锅中，先将 219kg 2-萘酚用 300L 水、210kg 氢氧化钠溶液及土耳其红油搅拌溶解，加冰降温，将 200kg 1.16kg/$m^3$ 盐酸加入进行酸析，使 pH 为 7～8。再将 101kg 亚硝酸钠加至上述的 2-萘酚悬浮体中，把稀释的 200kg 盐酸在 3.5h 内自液面下加入，温度为 0℃，搅拌 1h 进行亚硝化反应。

将 30kg 1.36kg/$m^3$ 氢氧化钠溶液加至上述亚硝化产物中，加热至 22℃，再将 200kg 亚硫酸氢钠加至反应物中，使亚硝化产物溶解，并过滤生成的加成产物(媒染绿)。

调整反应物温度为 25℃，再加入 137kg 硫酸亚铁搅拌溶解，pH 为 4.5～5。将 320kg 碳酸钠溶于 1500L 水中，并缓慢加至上述反应物中，搅拌，反应生成绿色色淀。将 200kg 硫酸铝及 22kg 1.84kg/$m^3$ 硫酸用 1200L 水溶解，慢慢加至色淀中，搅拌加热至 70℃，与碳酸钠生成氢氧化铝，并与色淀均匀吸附，最后过滤，在 70～80℃下干燥，制得颜料绿 B。

### 8. 产品标准(津 QIHG 2-1715)

| 外观 | 深绿色粉末 |
|---|---|
| 色光 | 与标准品近似 |
| 着色力/% | 为标准品的 100±5 |
| 水分含量/% | ≤5 |
| 吸油量/% | 40±5 |
| 水溶物含量/% | ≤8 |
| 细度(过 80 目筛余量)/% | ≤5 |
| 耐晒性/级 | 7 |
| 耐热性/℃ | 140 |
| 耐酸性/级 | 3 |
| 耐碱性/级 | 4 |
| 耐水渗透性/级 | 3～4 |
| 耐石蜡渗透性/级 | 5 |
| 耐油渗透性/级 | 4～5 |

### 9. 产品用途

用于橡胶杂品、人造大理石、瓷砖、水磨石、塑料制品、油墨及涂料的着色。

### 10. 参考文献

[1] 柳波，严宏宾，沈永嘉，等. 高级有机颜料品种——黄光酞菁绿[J]. 染料工业，1994，06：14-15.
[2] 周春隆. 有机颜料商品化及表面改性(修饰)技术[J]. 染料工业，2002，05：1-5.

## 4.5　黄光酞菁绿

黄光酞菁绿(Phthalocyanine Green)染料索引号 C. I. 颜料绿 36(74256)。分子式为 $C_{32}Br_6Cl_{10}CuN_8$，相对分子质量 1 394。结构式为

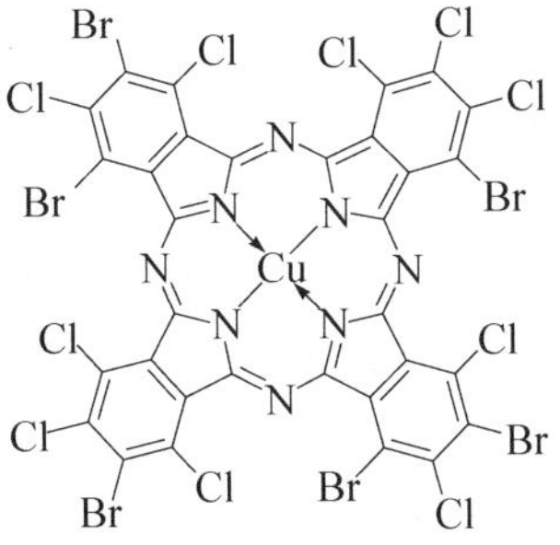

**1. 产品性能**

本品为黄光深绿色粉末。颜色鲜艳，着色力强。不溶于水和一般溶剂。属于氯溴代不褪色颜料。熔点 480℃，相对密度 2.31～3.19。吸油量 40～46g/100g。

**2. 生产原理**

粗制铜酞菁在无水三氯化铝存在下，与氯气、氯化钠、溴化钠反应生成氯溴代铜酞菁，经颜料化处理，得到黄光酞菁绿。

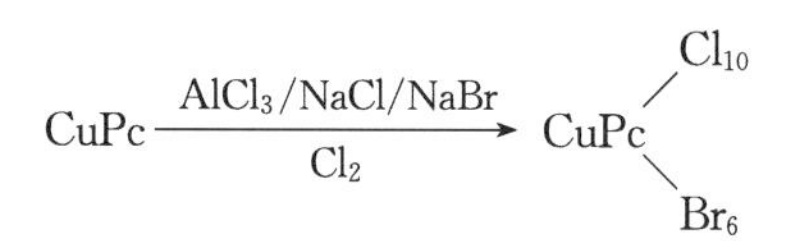


**3. 工艺流程**

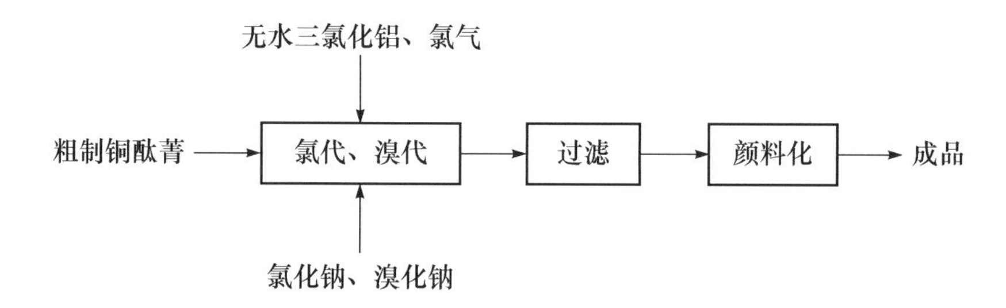


**4. 技术配方**

| | |
|---|---|
| 铜酞菁 | 210 |
| 无水三氯化铝 | 874 |
| 溴化钠 | 56 |
| 氯化钠 | 350 |
| 液氯 | 690 |

**5. 生产工艺**

1）卤代

在卤代锅中，将 105kg 铜酞菁加至由 437kg 无水三氯化铝、175kg 氯化钠及 28kg 溴化钠加热到 150℃的混合物中，搅拌下通入氯气至恒重，在 3h 内逐渐升温至 190℃，保温搅拌反应 19h，再通入 248L 氯气。反应完毕，将此熔融反应物倒入 110L 盐酸与 4500L 冷水中，过滤、水洗至不含游离酸，在 100℃下干燥，制得 214kg 氯溴代铜酞菁。

2）颜料化

将上述制得的 10kg 固体产物加至 120L 96％硫酸中，在 0～5℃下搅拌 16h，然后在 70～75℃搅拌下倒入 1000L 水中，过滤，干燥，制得低溴化的氯溴铜酞菁（分子中含 1.2 个溴原子及 14 个氯原子）。增加反应物溴化钠的物质的量比，可提高产物分子中溴原子的含量，如含 5.9 个溴原子及 9.8 个氯原子的黄光酞菁绿产品。

### 6. 产品标准

| 外观 | 黄光深绿色粉末 |
|---|---|
| 色光 | 与标准品近似 |
| 着色力/％ | 为标准品的 100±5 |
| 吸油量/％ | 40±5 |
| 水分含量/％ | ≤2 |
| 细度（过 100 目筛余量）/％ | ≤5 |
| 水溶物含量/％ | ≤1.5 |
| 耐晒性/级 | 7～8 |
| 耐热性/℃ | 200 |

### 7. 产品用途

用于涂料、油墨、塑料、橡胶、涂料印花浆、漆布等着色。

### 8. 参考文献

[1] 柳波，严宏宾，沈永嘉，等. 高级有机颜料品种——黄光酞菁绿[J]. 染料工业，1994，06：14-15.

[2] 徐燕莉，贺黎明，刘维. 酞菁绿颜料的表面处理[J]. 染料工业，1998，02：17-20.

[3] 黄柏玲，彭小平，熊伯元，等. 合成酞菁绿的研究[J]. 湖南化工，1989，02：26-30.

## 4.6　有机中绿 G

有机中绿 G（Organic Middle Green）又称 5315 有机中绿。结构式为

$$H_3C-C_6H_3(NO_2)-N=N-CH(COCH_3)CONH-C_6H_5$$

### 1. 产品性能

本品为绿色粉末。色光鲜艳，着色力强。

**2. 生产原理**

红色基 GL 重氮化后，与乙酰乙酰苯胺缩合，经后处理得有机中绿 G。

$$H_3C-C_6H_3(NO_2)-NH_2 + NaNO_2 + HCl \longrightarrow H_3C-C_6H_3(NO_2)-\overset{\oplus}{N}\equiv NCl^{\ominus}$$

$$H_3C-C_6H_3(NO_2)-N\equiv\overset{\oplus}{N}Cl^{\ominus} + CH_3\overset{O}{\overset{\|}{C}}CH_2\overset{O}{\overset{\|}{C}}NH-C_6H_5 \longrightarrow$$

$$H_3C-C_6H_3(NO_2)-N=N-\underset{COCH_3}{\underset{|}{CH}}CONH-C_6H_5$$

**3. 工艺流程**

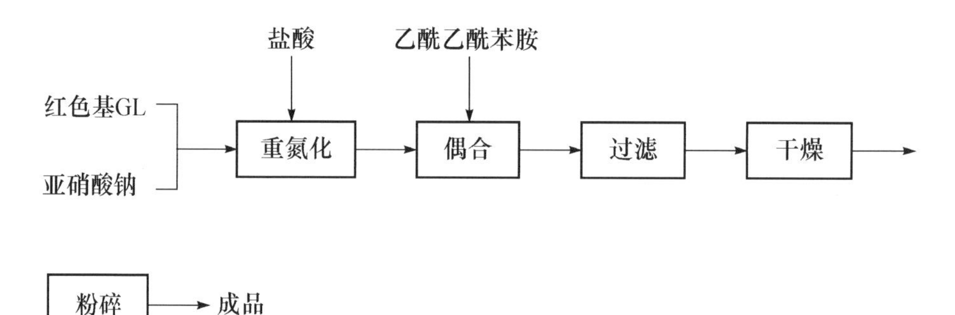


**4. 技术配方**

| | |
|---|---|
| 红色基 GL(100%) | 152 |
| 亚硝酸钠(98%) | 70 |
| 乙酰乙酰苯胺 | 177 |

**5. 生产工艺**

在重氮化反应锅中，加入盐酸、水，然后加入红色基 GL，在搅拌下，加入 30% 亚硝酸钠溶液进行重氮化。反应温度控制在 10℃ 以下。反应完毕，得重氮盐溶液。

将乙酰乙酰苯胺溶于碱溶液，然后与重氮盐溶液进行偶合反应，生成包核颜料，过滤后干燥，粉碎得有机中绿 G。

### 6. 产品标准(沪 Q/HG 15-1116)

| | |
|---|---|
| 外观 | 绿色粉末 |
| 色光 | 与标准品近似 |
| 着色力/% | 为标准品的 100±5 |
| 水溶物含量/% | ≤1.5 |
| 吸油量/% | 20±5 |
| 细度(过 80 目筛余量)/% | ≤5 |
| 耐晒性/级 | 6～7 |
| 耐热性/℃ | 120 |

### 7. 产品用途

用于涂料、油墨的着色。

### 8. 参考文献


[1] 苏砚溪,远振佩,刘宝玲. 红色基 GL 合成工艺的改进[J]. 河北化工,1998,02:19-20.

[2] 付强. 硝基苯胺类红色基的合成研究[D]. 天津:天津大学,2006.


## 4.7　耐晒翠绿色淀

耐晒翠绿色淀(Light Fast Jade Green Lake)又称 2600 翠绿色淀、5211 耐晒翠绿色淀、1600 耐晒锡利绿。结构式为

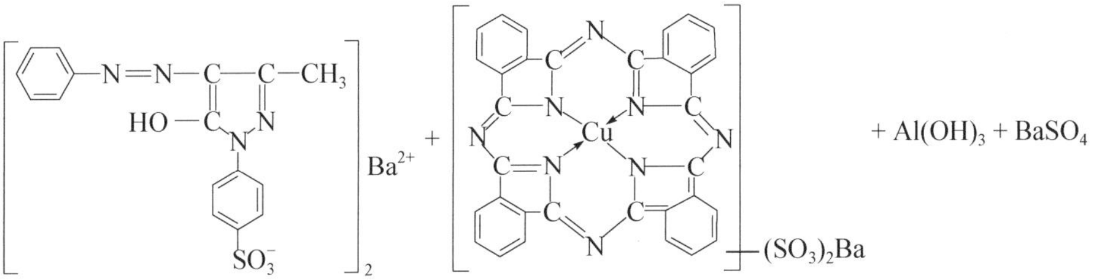

$$\left[\ \cdots\ \right]_2 Ba^{2+} + \left[\ \cdots\ \right]\!-\!(SO_3)_2Ba + Al(OH)_3 + BaSO_4$$

### 1. 产品性能

本品为翠绿色粉末。耐晒性、耐热性良好。

### 2. 生产原理

直接耐晒翠蓝 GL、耐晒嫩黄 G 与铝钡白发生沉淀反应,经后处理得到耐晒翠绿色淀。

$$[\text{酞菁铜}]\text{—}(SO_3Na)_2 + BaCl_2 \longrightarrow [\text{酞菁铜}]\text{—}(SO_3)_2Ba \downarrow$$

$$C_6H_5\text{—N=N—(HO, }CH_3\text{-吡唑啉)—}C_6H_4\text{—}SO_3Na + BaCl_2 \longrightarrow [C_6H_5\text{—N—N—(HO, }CH_3\text{-吡唑啉)—}C_6H_4\text{—}SO_3^{\ominus}]_2 Ba^{2\oplus} \downarrow$$

**3. 工艺流程**

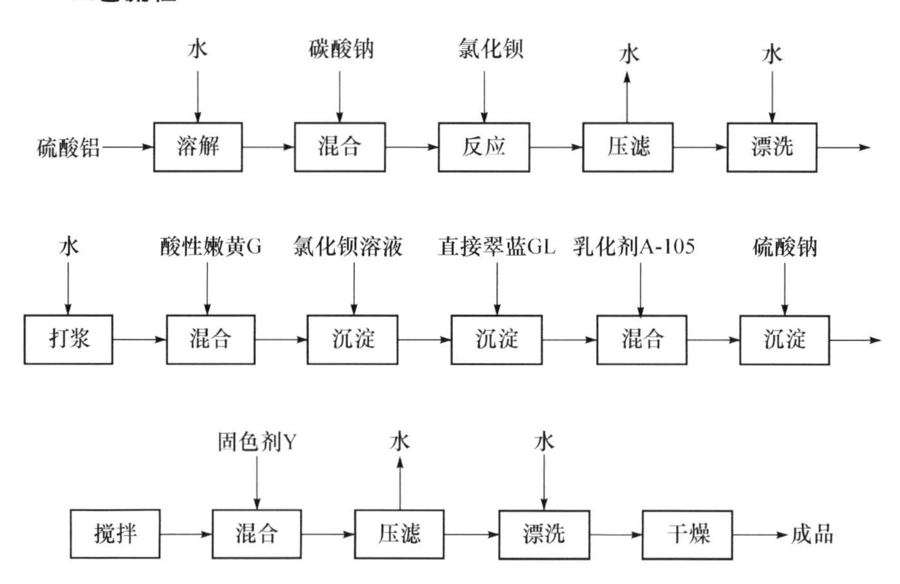


**4. 技术配方**

| | |
|---|---|
| 直接耐晒翠蓝 GL(工业品) | 270 |
| 氯化钡(工业品) | 1050 |
| 酸性嫩黄 G(工业品) | 140 |
| 乳化剂 A-105(工业品) | 64 |
| 硫酸铝(精制品) | 560 |
| 固色剂 Y(工业品) | 90 |
| 碳酸钠(98%) | 251 |
| 硫酸钠(98%) | 22 |

### 5. 生产设备

溶解锅，打浆锅，压滤机，沉淀反应锅，漂洗锅，干燥箱，粉碎机。

### 6. 生产工艺

在溶解锅中，加入适量水，70℃下加入结晶硫酸铝，搅拌溶解，溶液温度维持在58℃左右，备用。将 98%碳酸钠溶解于 45℃热水中，在 1h 内逐渐加到硫酸铝溶液中，加料完毕，搅拌 7～10min，溶液 pH 为 6.5 左右，制得氢氧化铝悬浮液。将98%氯化钡溶解于 45℃水中，加入氢氧化铝悬浮液，使溶液 pH 为 6.5 左右，经压滤，水漂洗，滤饼用水打浆，制得氢氧化铝与硫酸钡浆液。100%酸性嫩黄 G 用70～80℃热水溶解，98%氯化钡用 35℃热水溶解，然后将酸性嫩黄 G 染料溶液加入氢氧化铝与硫酸钡浆液中，再加入氯化钡溶液和直接翠蓝 GL 染料溶液进行分步沉淀，得到混合液。将乳化剂 A-105 加水稀释后也加入上述混合液中，经搅拌2.5～3.5h 后加入 98%硫酸钠溶液，搅拌 15min 后加入用水稀释的固色剂 Y，经过滤、水漂洗后脱水，滤饼于 65℃下干燥，最后经粉碎得到耐晒翠绿色淀。

### 7. 产品标准(沪 Q/HG 14-214)

| 项目 | 指标 |
|---|---|
| 外观 | 翠绿色粉末 |
| 水分含量/% | ≤5 |
| 吸油量/% | 45±5 |
| 细度(过 80 目筛余量)/% | ≤6 |
| 着色力/% | 为标准品的 100±5 |
| 色光 | 与标准品近似 |
| 耐晒性/级 | 5 |
| 耐热性/℃ | 100 |
| 耐酸性/级 | 3～4 |
| 耐碱性/级 | 3 |
| 耐水渗透性/级 | 3 |
| 耐油渗透性/级 | 3 |
| 耐石蜡渗透性/级 | 5 |

### 8. 产品用途

用于橡胶、油墨和文教用品的着色。

### 9. 参考文献

[1] 叶峰. 深色太阳热反射颜料制备及应用研究[D]. 广州：华南理工大学，2011.

## 4.8 耐晒品绿色淀

耐晒品绿色淀(Light Besistant Malachite green Lake)又称 2630 耐晒品绿色淀、3606 耐晒品绿色淀、5210 耐晒品绿色淀、5102 耐晒品绿色淀。结构为

$$\left[(H_3C)_2N-C_6H_4-\underset{\overset{\|}{NH_2^{\oplus}}}{C}-C_6H_4-N(CH_3)_2 + C_6H_5-\underset{\overset{\|}{C_6H_4=N^{\oplus}(CH_3)_2}}{C}-C_6H_4-N(CH_3)_2\right]_2$$

$$[H_3P(W_2O_7)_x \cdot (Mo_2O_7)_{6-x}]^{4\ominus}$$

### 1. 产品性能

本品为绿色粉末。颜色鲜艳，耐热性较好，耐晒性一般。不溶于水、亚麻仁油和石蜡。

### 2. 生产原理

由硫酸铝、碳酸钠和氯化钡制得的氢氧化铝、硫酸钡浆料(铝钡白)与碱性嫩黄 O、碱性绿混合，再与磷钼钨酸发生沉淀反应，经压滤、漂洗、干燥、粉碎得耐晒品绿色淀。

$$Al_2(SO_4)_3+3Na_2CO_3+3H_2O \longrightarrow 2Al(OH)_3\downarrow+3CO_2\uparrow+3Na_2SO_4$$

$$BaCl_2+Na_2SO_4 \longrightarrow BaSO_4\downarrow+2NaCl$$

$$2xNa_2WO_4+2(6-x)Na_2MoO_4+Na_2HPO_4+26HCl \longrightarrow H_7P(W_2O_7)_x(Mo_2O_7)_{6-x}+26NaCl+10H_2O(6>x>0)$$

$$C_6H_5-\underset{\overset{\|}{C_6H_4=N^{\oplus}(CH_3)_2Cl^{\ominus}}}{C}-C_6H_4-N(CH_3)_2 + H_7P(W_2O_7)_x(Mo_2O_7)_{6-x} \longrightarrow$$

$$\left[C_6H_5-\underset{\overset{\|}{C_6H_4=N^{\oplus}(CH_3)_2}}{C}-C_6H_4-N(CH_3)_2\right]_4[H_3P(W_2O_7)_x \cdot (Mo_2O_7)_{6-x}]^{4\ominus}\downarrow$$

$$(H_3C)_2N-C_6H_4-\underset{\overset{\|}{N^{\oplus}H_2Cl^{\ominus}}}{C}-C_6H_5 + H_7P(W_2O_7)_x(Mo_2O_7)_{6-x} \longrightarrow$$

$$\left[(H_3C)_2N-C_6H_4-\underset{\overset{\|}{N^{\oplus}H_2}}{C}-C_6H_4-N(CH_3)_2\right]_4[H_3P(W_2O_7)_x \cdot (Mo_2O_7)_{6-x}]^{4\ominus}\downarrow$$

**3. 工艺流程**

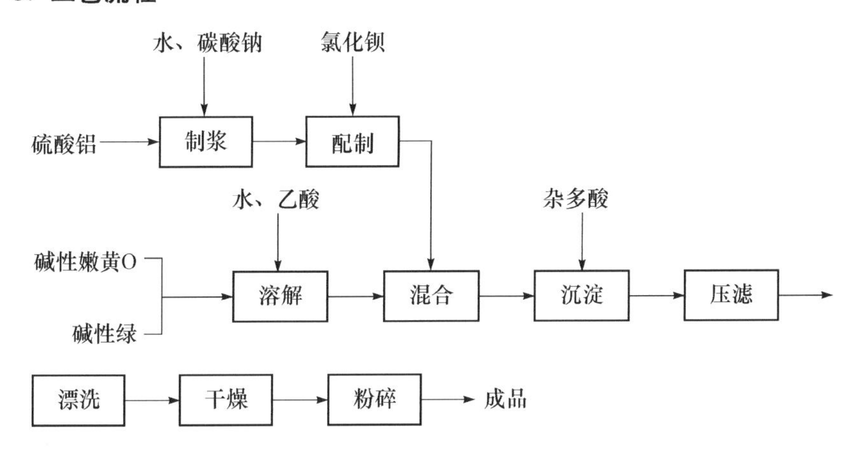


**4. 技术配方**

| | |
|---|---|
| 碱性嫩黄 O(工业品) | 22kg/t |
| 钼酸钠(工业品) | 15kg/t |
| 碱性绿(工业品) | 54kg/t |
| 磷酸氢二钠(工业品) | 20kg/t |
| 硫酸铝(精制品) | 785kg/t |
| 氯化钡(98%) | 625kg/t |
| 碳酸钠(95%) | 320kg/t |
| 盐酸(工业品) | 130kg/t |
| 钨酸钠(工业品) | 158kg/t |
| 冰醋酸(工业品) | 14kg/t |

**5. 生产设备**

溶解锅,配制槽,混合锅,沉淀锅,储槽,压滤机,干燥箱,粉碎机。

**6. 生产工艺**

将 380kg 工业硫酸铝溶于 3000L 85℃热水中,制得硫酸铝溶液备用。160kg 95%碳酸钠于 3000L 45℃热水中溶解后分批加入上述制备好的硫酸铝溶液中,经混合均匀,使溶液 pH 为 6.5 左右制得氢氧化铝悬浮液备用。将 313kg 氯化钡溶于 2000L 40℃热水中,溶解后加入上述制备的氢氧化铝悬浮液中,使溶液 pH 为 6.0～6.5,将料液过滤、水漂洗,滤饼用水打浆制得 3000kg 氢氧化铝与硫酸钡浆液备用。将 81.9kg 100%结晶钨酸钠、7.1kg 100%结晶钼酸钠和 9.2kg 100%结晶磷酸氢二钠溶于 2000L 热水中,在搅拌下加入 57kg 30%盐酸使溶液 pH 为 1.5～2.0 制得杂多酸备用。在 4000L 60℃热水中加入 7kg 98%乙酸、26.7kg 100%碱性绿染料及 10.7kg 100%碱性嫩黄 O 染料,经搅拌溶解后制得染料溶液加入上述制备好的氢氧化铝与硫酸钡的浆料中。当染料溶液加到一半量时，立即加入上述制备好的杂多酸溶液，边加料边搅拌，直至反应结束，终点物料 pH 为 5 左右，温度为 42～44℃。料液经过滤、水漂洗，滤饼于 60～70℃下干燥，最后经粉碎而得成品。

**7. 产品标准**

| 外观 | 绿色粉末 |
| --- | --- |
| 水分含量/% | ≤3.5 |
| 吸油量/% | 50±5 |
| 细度(过 80 目筛余量)/% | ≤5 |
| 着色力/% | 为标准品的 100±5 |
| 色光 | 与标准品近似 |
| 耐晒性/级 | 6 |
| 耐热性/℃ | 180 |
| 耐酸性/级 | 2 |
| 耐碱性/级 | 3 |
| 耐水渗透性/级 | 4 |
| 耐油渗透性/级 | 3 |
| 耐石蜡渗透性/级 | 5 |

**8. 产品用途**

用于油墨、文教用品、油画、水彩颜料和室内涂料、橡胶的着色。

**9. 参考文献**

[1] 李霜梅，李家瑶，吴琴芬，等. 合成颜料绿的几点改进[J]. 江西教育学院学报(综合版)，1989，01：52-55.

[2] 宋力，许春萱，薛灵蕴. 碱性绿-4 的合成及性能[J]. 信阳师范学院学报(自然科学版)，2001，04：446-447.

## 4.9　碱性品绿色淀

碱性品绿色淀(Basic Malachite Green Lake)又称 603 碱性品绿色淀、盐基品绿色淀、902 碱性品绿色淀、901 翠绿光碱性艳绿色淀、901 翠绿粉、5229 碱性品绿色淀、Basic Royal Green Lake。结构式为

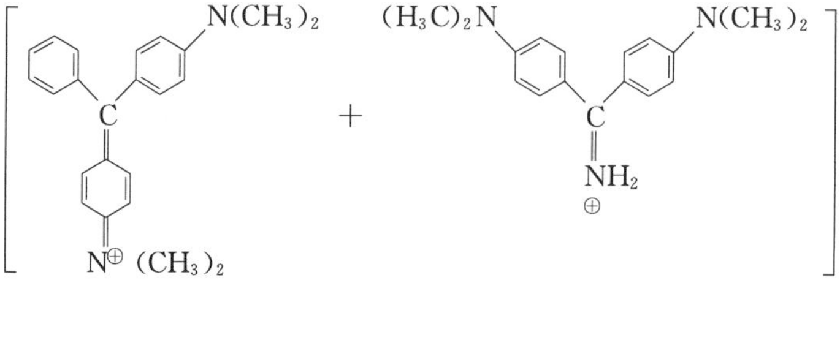

$$\left[\begin{array}{c}{}^{\ominus}OOC\text{-}C_6H_2(OH)_2\text{-}O\text{-}C(=O)\text{-}C_6H_2(OH)_3\end{array}\right]_2 \cdot BaSO_4 \cdot Al(OH)_3$$

## 1. 产品性能

本品为翠绿色粉末，色光鲜艳，质地柔软，具有耐硫化特性，但耐旋光性差。

## 2. 生产原理

以单宁酸为沉淀剂，将碱性嫩黄 O、碱性品绿混合染料固着在铝钡白载体上而制得。

$$Al_2(SO_4)_3 + 3Na_2CO_3 + 3H_2O \longrightarrow 2Al(OH)_3 \downarrow + 3CO_2 \uparrow + 3Na_2SO_4$$

$$BaCl_2 + Na_2SO_4 \longrightarrow BaSO_4 \downarrow + 2NaCl$$

$$\left[(C_6H_5)C(C_6H_4N(CH_3)_2)=C_6H_4=N^{\oplus}(CH_3)_2Cl\right] + NaOOC\text{-}C_6H_2(OH)_2\text{-}O\text{-}C(=O)\text{-}C_6H_2(OH)_3 \xrightarrow[BaSO_4]{Al(OH)_3}$$

$$\left[(C_6H_5)C(C_6H_4N(CH_3)_2)=C_6H_4=N^{\oplus}(CH_3)_2\right]\left[{}^{\ominus}OOC\text{-}C_6H_2(OH)_2\text{-}O\text{-}C(=O)\text{-}C_6H_2(OH)_3\right] \cdot BaSO_4 \cdot Al(OH)_3 + NaCl$$

$$\left[\text{碱性嫩黄O（}N(CH_3)_2\text{…}C{=}N^{\oplus}H_2Cl^{\ominus}\text{）}\right] + \text{NaOOC–单宁酸（OH, OH, O–C=O, HO, OH, OH）} \xrightarrow[BaSO_4]{Al(OH)_3}$$

$$\left[(H_3C)_2N\text{–}C_6H_4\text{–}C(=NH_2^{\oplus})\text{–}C_6H_4\text{–}N(CH_3)_2\right]\left[{}^{\ominus}OOC\text{–单宁酸（OH, OH, O–C=O, HO, OH, OH）}\right] \cdot BaSO_4 \cdot Al(OH)_3 + NaCl$$

**3. 工艺流程**

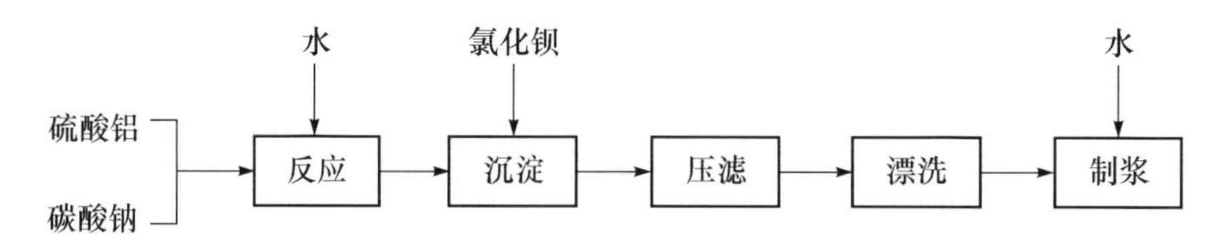


→ 铝钡白浆液

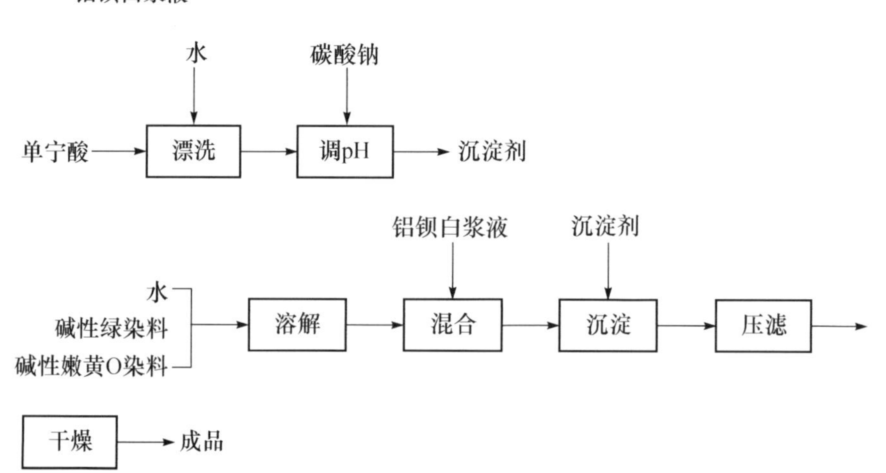

### 4. 技术配方

| | |
|---|---|
| 碱性绿(100%) | 40kg/t |
| 碱性嫩黄 O(100%) | 5kg/t |
| 精制硫酸铝 | 680kg/t |
| 碳酸钠(98%) | 312kg/t |
| 单宁酸(80%) | 280kg/t |
| 氯化钡(工业品) | 555kg/t |

### 5. 生产设备

铝钡白反应锅,溶解锅,压滤机,制浆机,溶解锅,混合锅,沉淀锅,干燥箱。

### 6. 生产工艺

将 340kg 精制硫酸铝于 85℃热水中溶解,制得硫酸铝溶液备用。将 156kg 98%碳酸钠在 45℃热水中溶解后将其加入硫酸铝溶液中,经混合均匀,使溶液 pH 为 6.5 左右,温度为 45～48℃,制得氢氧化铝悬浮液。将 277.5kg 98%氯化钡于 45℃热水中溶解后加入上述氢氧化铝悬浮液中,使溶液 pH 为 6.5 左右,料液经过滤、水漂洗、滤饼用水调浆,制得氢氧化铝与硫酸钡浆液。将 140kg 80%单宁酸溶解于 85℃热水中,加入 98%碳酸钠使溶液温度为 48～52℃,pH 为 6.0 左右,制得单宁酸沉淀剂,将 20kg 100%碱性绿染料和 2.5kg 100%碱性嫩黄 O 染料溶解于 60～65℃热水中,加入上述制备的氢氧化铝和硫酸钡浆料,经混合均匀后立即加入上述制得的单宁酸沉淀剂进行沉淀反应,使料液温度为 45℃ pH 为 5.5～6.0,反应结束料液经过滤、水漂洗、滤饼于 65℃下干燥最后经粉碎得碱性品绿色淀。

### 7. 产品标准(HG 15-1139)

| | |
|---|---|
| 外观 | 翠绿色粉末 |
| 水分含量/% | ≤5.5 |
| 吸油量/% | 45±5 |
| 细度(过 80 目筛余量)% | ≤6.6 |
| 着色力/% | 为标准品的 100±5 |
| 色光 | 与标准品近似 |
| 耐晒性/级 | 1 |
| 耐热性/℃ | 70 |
| 耐酸性/级 | 3 |
| 耐碱性/级 | 3 |
| 耐水渗透性/级 | 4 |

| | |
|---|---|
| 耐油渗透性/级 | 4 |
| 耐石蜡渗透性/级 | 5 |
| 挥发物含量/% | ≤5.5 |

### 8. 产品用途

主要用于橡胶、油墨和文教用品的着色。

### 9. 参考文献

[1] 王国华，陆春明. 溶剂法亚氨化反应合成碱性嫩黄 O[J]. 化工时刊，1998，03：36-37.
[2] 叶峰. 深色太阳热反射颜料制备及应用研究[D]. 广州：华南理工大学，2011.

## 4.10 永固棕 HSR

永固棕 HSR 又称 Hostaperm Brown HFR、Benzimidazole Brown HFR。属苯并咪唑酮系偶氮颜料。染料索引号 C.I. 颜料棕 25(12510)。分子式 $C_{24}H_{15}Cl_2N_5O_3$，相对分子质量 492.31。结构式为

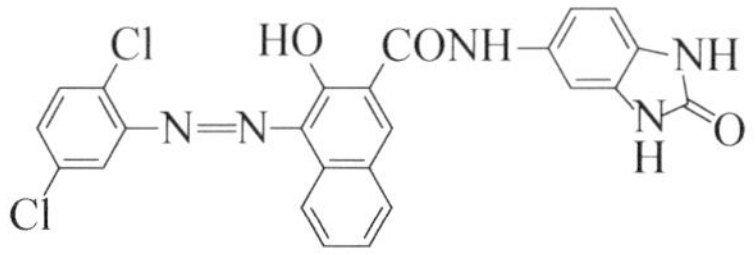

Cl HO CONH NH N=N N O H Cl

### 1. 产品性能

本品为棕色粉末。相对密度 1.45～1.50。吸油量 80～85g/100g。具有优异的耐热性、耐晒性和耐迁移性。

### 2. 生产原理

2,5-二氯苯胺重氮化后与 5-[2′-羟基-3′-萘甲酰胺基]-2-苯并咪唑酮偶合，经颜料化处理得永固棕 HSR。

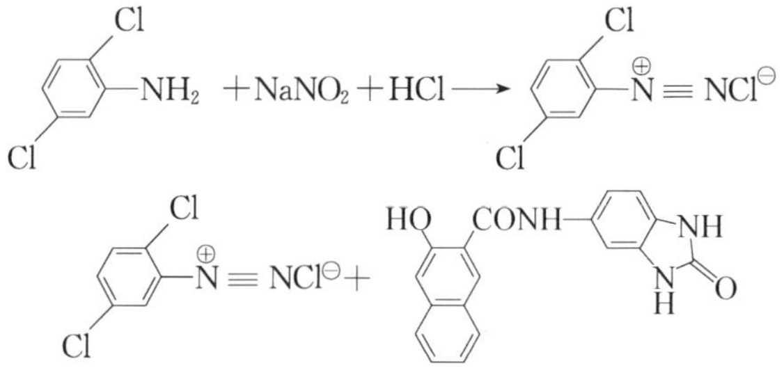

$$\text{2,5-Cl}_2\text{C}_6\text{H}_3\text{—NH}_2 + NaNO_2 + HCl \longrightarrow \text{2,5-Cl}_2\text{C}_6\text{H}_3\text{—}\overset{\oplus}{N}\equiv NCl^{\ominus}$$

$$\text{2,5-Cl}_2\text{C}_6\text{H}_3\text{—}\overset{\oplus}{N}\equiv NCl^{\ominus} + \text{(HO, CONH—苯并咪唑酮 NH, N, H, O)}$$

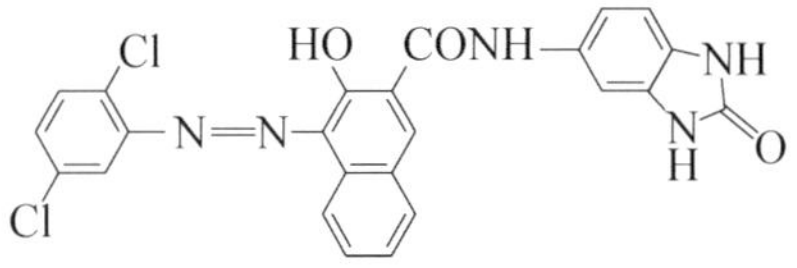

Cl　HO　CONH—
—N=N—　NH
Cl　N H　O

其中偶合组分 5-[2′-羟基-3′-萘甲酰胺基]-2-苯并咪唑酮由邻苯二胺制得：

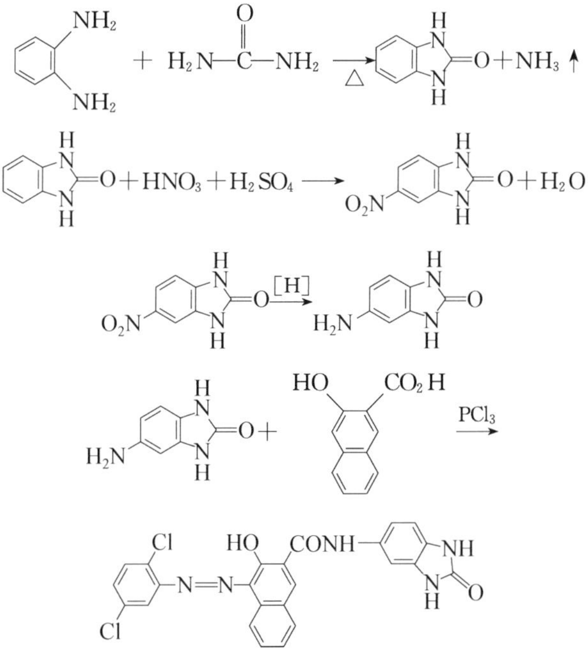

$NH_2$ / $NH_2$ + $H_2N—\overset{O}{\overset{\|}{C}}—NH_2 \xrightarrow{\triangle}$ (H N / N H) =O + $NH_3$↑

(H N / N H) =O + $HNO_3$ + $H_2SO_4$ ⟶ $O_2N$ (H N / N H) =O + $H_2O$

$O_2N$ (H N / N H) =O $\xrightarrow{[H]}$ $H_2N$ (H N / N H) =O

$H_2N$ (H N / N H) =O + HO　$CO_2H$ $\xrightarrow{PCl_3}$

Cl　HO　CONH—
—N=N—　NH
Cl　N H　O

### 3. 工艺流程

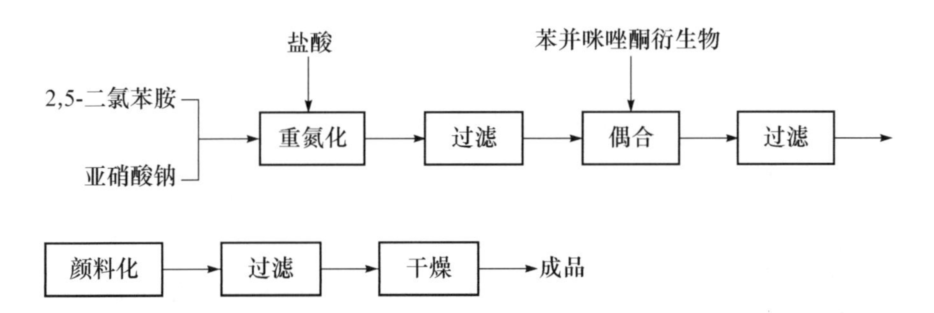

## 4. 技术配方

| | |
|---|---|
| 2,5-二氯苯胺(100%) | 162 |
| 亚硝酸钠(98%) | 70 |
| 盐酸(30%) | 122 |
| 5-[2′-羟基-3′-萘甲酰胺基]-2-苯并咪唑酮(84%) | 380 |
| 氢氧化钠(98%) | 122 |
| 乙酸钠 | 164 |

## 5. 生产工艺

1）重氮化

在重氮化反应锅中，将 8.1g 9.8% 2,5-二氯苯胺与 25mL 2mol/L 盐酸和 140mL 水搅拌加热至 90℃，使之完全溶解，冷却至 4℃析出细微粒子，在搅拌下一次加入 25mL 2mol/L 亚硝酸钠溶液进行重氮化，悬浮液逐渐变为澄清液，搅拌 1h 后，过滤，加水稀释至 500mL，得重氮盐溶液。

2）偶合

在溶解锅中，将 19g 84% 5-[2′-羟基-3′-萘甲酰胺基]-2-苯并咪唑酮与 75mL 2mol/L 氢氧化钠溶液及 300mL 水搅拌加热至 65℃，过滤除去不溶物，冷却至 10℃，加水稀释至总体积为 500mL，得偶合组分。

将 25mL 2mol/L 乙酸、50mL 2mol/L 乙酸钠与 50mL 水混合，pH 为 5.4，温度为 15℃，将上述重氮液及制得的偶合组分在 2h 内同时等速地滴加至此缓冲溶液中，然后继续搅拌 1h，升温至沸腾，过滤，用热水洗至中性，得 24g 粗品颜料。

3）颜料化

将 24g 粗品颜料与 240mL *N*,*N*-二基甲酰胺在充分搅拌下加热至 140℃，保持 2h，冷却至 100℃，过滤，水洗，得 22g 永固棕 HSR。

## 6. 产品标准(参考指标)

| | |
|---|---|
| 外观 | 深棕色粉末 |
| 色光 | 与标准品近似 |
| 着色力/% | 为标准品的 100±5 |
| 水分含量/% | ≤2 |
| 细度(过 80 目筛余量)/% | ≤5 |

### 7. 产品用途

用于塑料、橡胶、油墨及涂料的着色。

### 8. 参考文献

[1] 章杰. 高性能颜料的技术现状和创新动向[J]. 染料与染色，2013，03：1-7.

## 4.11 苝枣红紫

苝枣红紫又称 Perylene Bouoleux、Pyriogen Red Violet，属苝系颜料。染料索引号 C. I. 颜料棕 26(71129)。分子式 $C_{24}H_{10}N_2O_4$，相对分子质量 390。结构式为

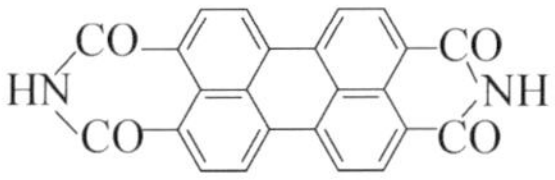

HN(CO)₂ 苝 (CO)₂NH

### 1. 产品性能

本品为暗红色粉末。具有优异的化学稳定性、耐渗性、耐光牢度以及耐迁移牢度。

### 2. 生产原理

苊氧化得萘二甲酐，萘二甲酐与液氨在一定压力下发生缩合，得到的 1，8-萘二甲酰胺在强碱中熔融氧化缩合，得到 3，4，9，10-苝四甲酸二亚酰胺，再在加压条件下与氨发生氨解得到苝枣红。

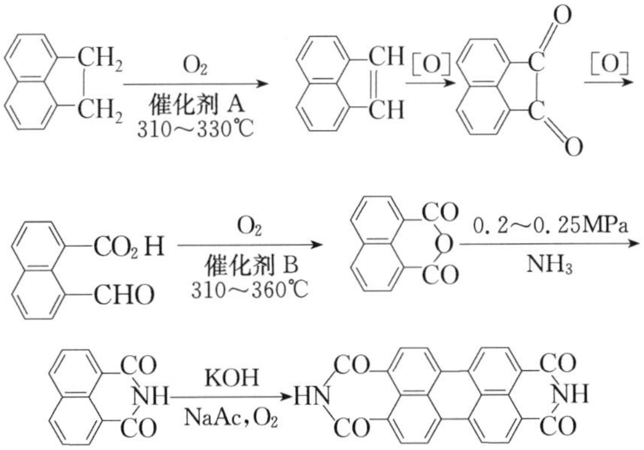

$O_2$，催化剂 A，310～330℃；[O]；[O]

$O_2$，催化剂 B，310～360℃；0.2～0.25MPa，$NH_3$

KOH，NaAc，$O_2$

生产中通常以萘二甲酰亚胺为原料，碱熔下氧化得到苝枣红。

### 3. 工艺流程

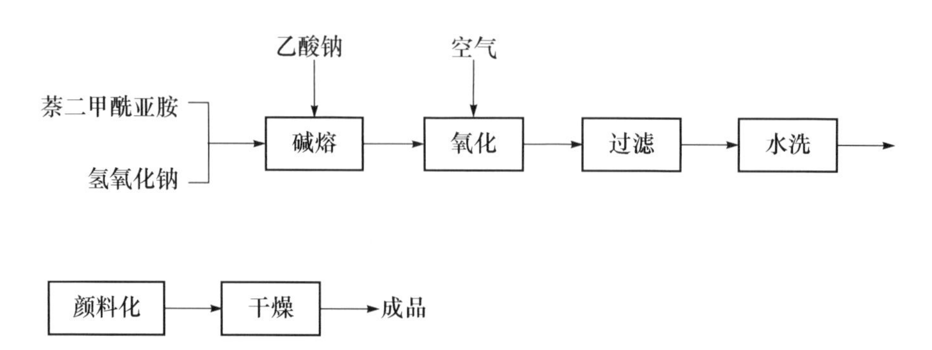


### 4. 技术配方

| | |
|---|---|
| 萘二甲酰亚胺 | 400 |
| 氢氧化钾(90%) | 1260 |
| 乙酸钠(98%) | 120 |
| 氢氧化钠 | 120 |

### 5. 生产工艺

在3h内，于210℃下将200kg萘二甲酰亚胺逐渐加至630kg 90%氢氧化钾与610kg乙酸钠的混合物中，并于200～225℃下保温搅拌3h，为方便出料，在出料15min前加入1.38kg/$m^3$氢氧化钠60kg，出料至12$m^3$内盛有7000L水的釜中，压入空气使隐色体氧化。在16～20h内，反应完毕。于70～80℃下过滤，热水洗涤，并经过颜料化处理得花枣红。

### 6. 产品标准(参考指标)

| | |
|---|---|
| 外观 | 暗红色粉末 |
| 色光 | 与标准品近似 |
| 着色力/% | 为标准品的100±5 |
| 水分含量/% | ≤2 |
| 细度(过80目筛余量)/% | ≤5 |
| 耐晒性/级 | 5～6 |
| 耐热性/℃ | 150 |

### 7. 产品用途

用于塑料、涂料及文化用品的着色。

### 8. 参考文献

[1] 李梅彤,张天永,李绍武. 苝系颜料的制备方法研究[J]. 天津理工大学学报,2006,01:19-22.

[2] 杨联明,王雷,李会玲,等. 苝系颜料的晶型调节与性能表征[J]. 信息记录材料,2003,02:3-5.

[3] 杨凤玲,程芳琴,杨荣. 1,6,7,12-四氯-3,4,9,10-苝四甲酸二酐合成[J]. 精细与专用化学品,2009,19:25-26.

## 4.12　颜料棕 28

颜料棕 28(Pigment Brown 28)又称 Perylene Fast Brown R。染料索引号 C.I. 颜料棕 28(69015)。分子式 $C_{42}H_{23}N_3O_6$,相对分子质量 665.65。结构式为

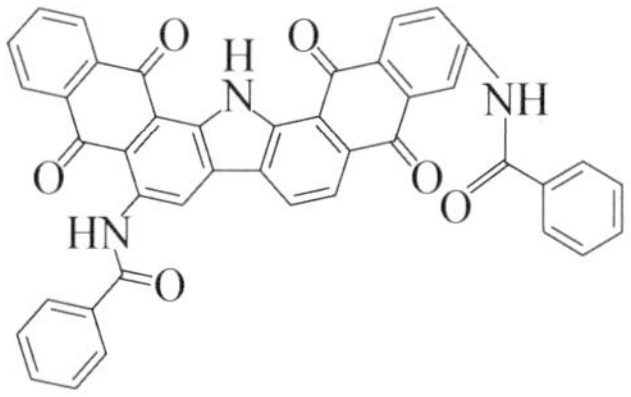

### 1. 产品性能

本品为深棕色粉末。

### 2. 生产原理

在铜粉存在下,1-氯-5-苯甲酰胺基蒽醌和 1-氨基-4-苯甲酰胺基蒽醌缩合,经酸化、颜料化处理得颜料棕 28。

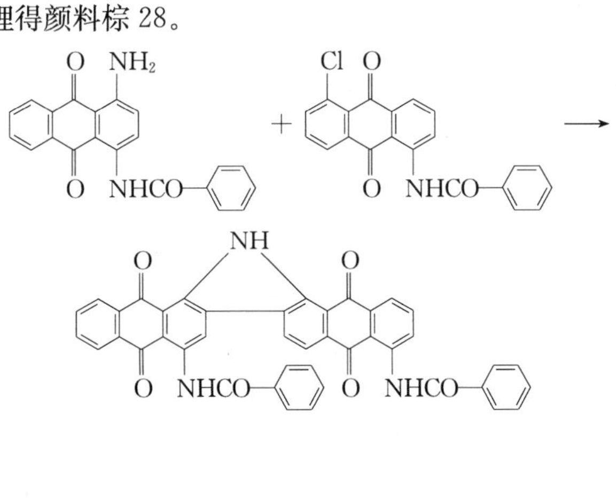

### 3. 工艺流程

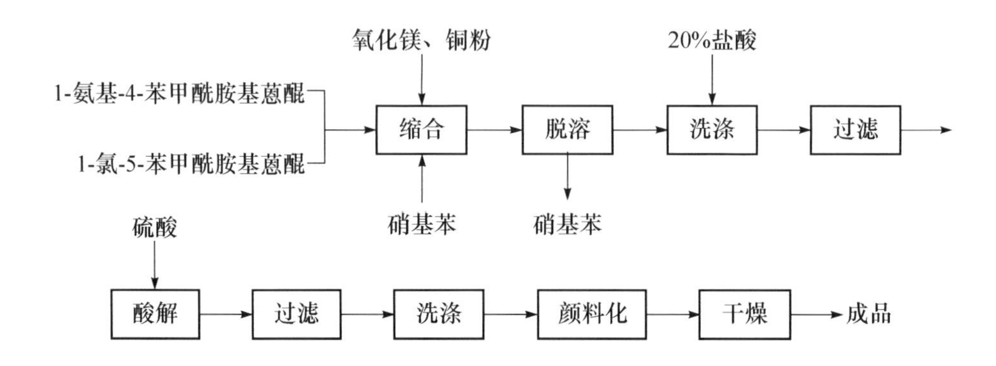


### 4. 技术配方

| | |
|---|---|
| 1-氨基-4-苯甲酰胺基蒽醌 | 228 |
| 1-氯-5-苯甲酰胺基蒽醌 | 240 |
| 氧化镁 | 60 |
| 乙酸钠 | 174 |
| 铜粉 | 4.56 |
| 浓硫酸 | 1733 |
| 发烟硫酸(20%) | 578 |

### 5. 生产工艺

将 190kg 1-氨基-4-苯甲酰胺基蒽醌、200kg 1-氯-5-苯甲酰胺基蒽醌、145kg 乙酸钠及 50kg 氧化镁加至 2000L 硝基苯中,在 5h 内搅拌加热至 210℃,然后冷却至 180℃,加入 3.8kg 铜粉,3h 后蒸出硝基苯。用 8000L 2%稀盐酸萃取反应物,过滤,得还原棕色基 361kg。

将 675kg 上述色基溶于 2700kg 浓硫酸及 900kg 20%发烟硫酸中,溶解温度不高于 30℃。然后在 1～2h 内将其稀释到水中,加入 45kg 氯化钠,加热至 90℃,反应 4h。反应完毕,降温至 50℃,过滤、水洗,经过颜料化处理,得到颜料棕 28。

### 6. 产品标准

| | |
|---|---|
| 外观 | 深棕色粉末 |
| 色光 | 与标准品近似 |
| 着色力 | 为标准品的 100±5 |
| 细度(过 80 目筛余量)/% | ≤5 |

### 7. 产品用途

用于涂料、塑料及文化用品的着色。

### 8. 参考文献

[1] 周璐璐. 苯并咪唑酮 C. I. 颜料棕 25 的合成[D]. 上海:华东理工大学,2010.
[2] 吕凤,裴文. 水相介质中合成颜料棕 25 研究[J]. 化工生产与技术,2008,02:10-12.

## 4.13 塑 料 棕

塑料棕(Plastic Brow)又称 7125 塑料棕。结构式为

[2-Cl-C₆H₄—NHCOCH(COCH₃)—N=N—(3-Cl-C₆H₃)—(3-Cl-C₆H₃)—N=N—CH(COCH₃)CONH—(2-CH₃O-C₆H₄)] · $Fe_2O_3$

[3-(⊖O₂C)-2-OH-萘-1-基—N=N—(Cl-C₆H₃)—(Cl-C₆H₃)—N=N—2-OH-3-($CO_2^{\ominus}$)-萘-1-基] $Ba^{2\oplus}$

### 1. 产品性能

本品为黄棕色粉末。颜色鲜艳,分散性好。耐热性高,无迁移性。

### 2. 生产原理

3,3′-二氯联苯胺在盐酸介质中与亚硝酸钠重氮化后,与邻甲氧基乙酰乙酰苯胺、2,3-酸钠盐进行偶合,同时与氧化铁红作用,然后偶合物中的羧基与氯化钡成盐,经过滤、干燥、粉碎得塑料棕。

$$NH_2\text{—}C_6H_3(Cl)\text{—}C_6H_3(Cl)\text{—}NH_2 + NaNO_2 \xrightarrow{HCl} Cl^{\ominus}N\equiv\overset{\oplus}{N}\text{—}C_6H_3(Cl)\text{—}C_6H_3(Cl)\text{—}\overset{\oplus}{N}\equiv NCl^{\ominus}$$

$$\text{3-羟基-2-萘甲酸}(OH,\ CO_2H) + NaOH \longrightarrow \text{3-羟基-2-萘甲酸钠}(OH,\ CO_2Na)$$

$$2\text{-}CH_3O\text{-}C_6H_4\text{—}NHCOCH_2COCH_3 \xrightarrow{NaOH} 2\text{-}CH_3O\text{-}C_6H_4\text{—}NHCOCH{=}C(ONa)\text{—}CH_3$$

$$^{\ominus}ClN\equiv\overset{\oplus}{N}-C_6H_3(Cl)-C_6H_3(Cl)-\overset{\oplus}{N}\equiv NCl^{\ominus} + 2\ (\text{3-羟基-2-萘甲酸钠},\ OH,\ CO_2Na) \longrightarrow$$

$$NaO_2C(HO)C_{10}H_5-N{=}N-C_6H_3(Cl)-C_6H_3(Cl)-N{=}N-C_{10}H_5(OH)CO_2Na \xrightarrow{BaCl_2}$$

$$\left[{}^{\ominus}O_2C(HO)C_{10}H_5-N{=}N-C_6H_3(Cl)-C_6H_3(Cl)-N{=}N-C_{10}H_5(OH)CO_2^{\ominus}\right]Ba^{2\oplus}$$

$$^{\ominus}ClN\equiv\overset{\oplus}{N}-C_6H_3(Cl)-C_6H_3(Cl)-\overset{\oplus}{N}\equiv NCl^{\ominus} + 2\ (OCH_3)C_6H_4-NHCOCH{=}C(ONa)-CH_3 \xrightarrow{xFe_2O_3}$$

$$\left[(Cl)C_6H_4-NHCOCH(COCH_3)N{=}N-C_6H_3(Cl)-C_6H_3(Cl)-N{=}N-CH(COCH_3)CONH-C_6H_4(OCH_3)\right]\cdot Fe_2O_3$$

**3. 工艺流程**

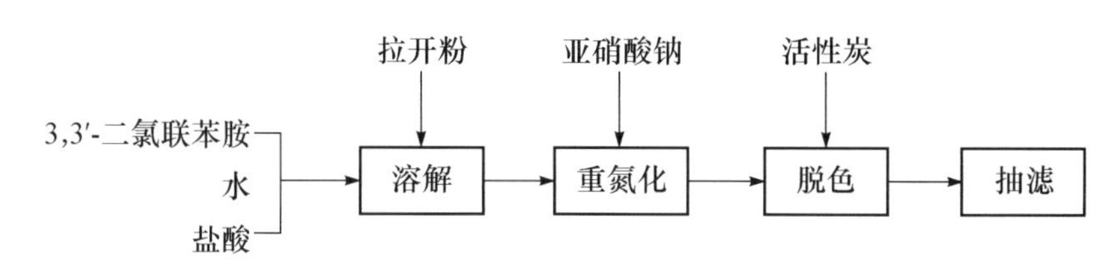


→重氮盐溶液

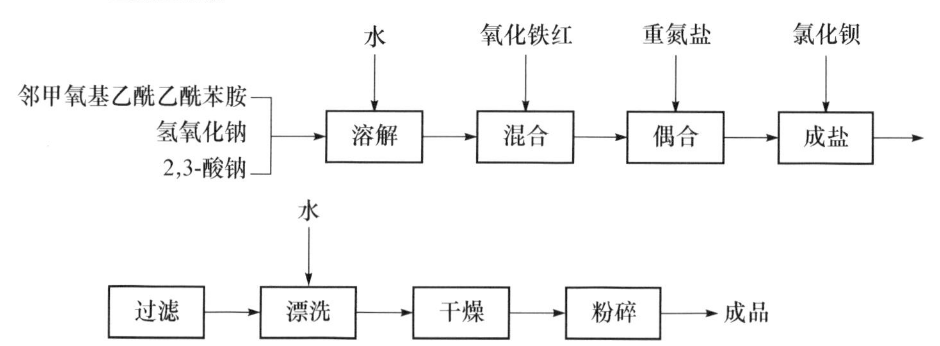

#### 4. 技术配方

| | |
|---|---|
| 邻甲氧基乙酰乙酰苯胺(98%) | 73kg/t |
| 3,3′-二氯联苯胺(98%) | 42kg/t |
| 2,3-酸(98%) | 4kg/t |
| 氯化钡(工业品) | 14kg/t |
| 氧化铁红(工业品) | 840kg/t |
| 亚硝酸钠(98%) | 24kg/t |

#### 5. 生产设备

溶解锅,重氮化反应锅,压滤机,偶合锅,成盐锅,过滤器,储槽,干燥箱,粉碎机。

#### 6. 生产工艺

在重氮化反应锅中加入 500L 水,搅拌下加入 42kg 3,3′-二氯联苯胺、30%盐酸、拉开粉,加热使之完全溶解后,加冰降温到 0℃,迅速加入 30%亚硝酸钠溶液(由 24kg 98%亚硝酸钠配制)进行重氮化反应,控制加料时间 15min 左右,过滤制得重氮盐。

在溶解锅内加入一定量的水、30%碳酸钠、40%土耳其红油、73kg 邻甲氧基乙酰乙酰苯胺、4kg 2,3-酸及 840kg 氧化铁红粉,经搅拌混合均匀制得偶合液转入偶合锅中。将上述制备好的重氮盐分批加入偶合锅中,控制加料时间 50min,继续反应 1h,终点时溶液 pH 为 8.8 左右。反应结束后加入 30%氢氧化钠、松香皂和 14kg 氯化钡配成的 20%水溶液,加热使之搅拌溶解,在 95℃下过滤、水漂洗,滤饼于75～85℃下干燥,最后经粉碎、过筛得塑料棕约 1000kg。

#### 7. 产品标准

| | |
|---|---|
| 外观 | 黄棕色粉末 |
| 水分含量/% | ≤1.5 |
| 吸油量/% | 20±5 |
| 水溶物含量/% | ≤3.5 |
| 细度(过 80 目筛余量)/% | ≤5.0 |
| 着色力/% | 为标准品的 100±5 |
| 色光 | 与标准品近似 |
| 耐晒性/级 | 4～5 |
| 耐热性 | 180℃于 30min 不变色 |
| 耐水渗透性/级 | 4 |

| | |
|---|---|
| 耐油渗透性/级 | 3 |
| 耐迁移性 | 140℃加压不迁移 |

**8. 产品用途**

用于塑料和橡胶制品的着色。

**9. 参考文献**

[1] 彭传国. PVC 颜色母料的试制、生产与应用[J]. 塑料,1991,04:40-43.

## 4.14 荧光颜料

荧光颜料又称有机荧光颜料。为了提高其着色力、耐旋光性、荧光度,往往把它们制成粉末型制品。这里介绍的是甲苯磺酰胺和三聚氰胺类塑料粉末型荧光颜料。

**1. 产品性能**

具有柔和、明亮、鲜艳的色调。与普通颜料相比,明亮度大约要高 1 倍。但日晒牢度较差,一般为 2 级左右。

**2. 生产原理**

将树脂用荧光颜料进行着色、干燥、熟化,经粉碎后,可制得具有荧光特性的树脂(塑料)型颜料。

**3. 技术配方**

| 颜料品种 | 颜料名称 | 用量比/份 |
|---|---|---|
| 红紫 | 碱性玫瑰精 B | 2.5 |
| | 碱性品蓝 OB | 0.45 |
| | 荧光增白剂 VBL | 0.5 |
| 大红 | 碱性玫瑰精 6GDN | 2.5 |
| | 分散荧光黄 8GFF | 2.5 |
| | 乙酸(98%) | 1.0 |
| 黄 | 分散荧光黄 8GFF | 6.0 |
| | 碱性玫瑰精 6GDN | 0.006 |

| | | |
|---|---|---|
| | 乙酸(98%) | 1.5 |
| 柠檬黄 | 分散荧光黄 8GFF | 6.0 |
| | 乙酸(98%) | 1.6 |
| 绿 | 荧光涂料黄 | 适量 |
| | 酞菁蓝 B | 适量 |
| 蓝 | 暂溶性艳蓝 C | 1.0 |
| | 酞菁蓝 B | 3.0 |
| | 荧光增白剂 DT | 0.5 |

**4. 生产工艺**

(1) B 型树脂的制备。在缩合反应器中加入对甲苯磺酰胺 51.3 份，pH 为 7.5～8 的甲醛溶液(100%计为 9 份)。搅拌，升温至 60℃，保温 1h，再于 80℃下保温0.5h，加入三聚氰胺 13.86 份，在 83～85℃下保温 0.5h。再加入甲醛溶液(100%计为 9.9 份)，于 80℃保温 1h；继续升温至 85℃，保温 0.5h，再升温至 90℃，保温 1h，即得到 B 型树脂。

(2)树脂的着色。先用水将着色剂(见前面配方)调成糊状，在 90℃下加入上述 B 型树脂。搅拌 0.5h 后，加入适量乙酸，搅拌 10min 后，用 85℃软水洗至洗涤液清澈为止。静止 0.5h，将下层已着色的 B 型树脂取出，进行烘干熟化。

(3)熟化和粉碎。将已着色的树脂，在烘干室内熟化到软化点 135℃时，即达到熟化要求。将熟化的上色树脂粉碎至 100 目，即得塑料粉末型荧光颜料。

**5. 产品用途**

用于塑料和涂料印花浆的着色，着色后的产品鲜艳夺目，富有立体感；也可用于制取荧光塑料制品。

**6. 参考文献**

[1] 王志刚，周毅，刘祖愉，等. 有机荧光颜料的制备方法[J]. 涂料工业，1995，02：15-18.
[2] 于桂贤，袁绍椴. 发光材料的研制及应用[J]. 化工新型材料，2001，06：1-5.

## 4.15　偶氮颜料

偶氮颜料是指颜料分子中含有偶氮基(—N═N—)的有机颜料。其色谱分布广泛，可获得红、橙、黄、紫、蓝、绿等颜色。广泛使用于油墨、涂料、造纸、塑料、橡胶、涂料印花色浆中。

偶氮颜料品种的发展从化学结构上分析主要有两个方面：一是增大相对分子质量和相应增加酰胺基团，以提高耐光、耐热、耐溶剂和耐迁移性能；二是在分子中引入杂环基团，特别是环状酰胺基团以改进上述性能，其中典型的品种是苯并咪唑酮系偶氮颜料。

偶氮颜料的基本生产方法包括重氮化反应和偶合反应。下面简要介绍工业生产中的两类反应。

### 1. 工业生产中的重氮化反应

在工业生产中实施重氮化反应，必须对原料进行测试分析，选择合适的反应条件，并有效地分离产物。这里主要介绍反应条件的选择和产物的分离。

#### 1）重氮化反应条件的选择

由芳香族伯胺（重氮组分）与亚硝酸在低温下反应，生成重氮化合物的反应称为重氮化反应。由于亚硝酸极易分解，在反应中通常用亚硝酸钠与无机酸或有机酸作用，生成的亚硝酸再与芳香伯胺反应。其反应通式可表示为

$$Ar—NH_2+2HX+NaNO_2 \longrightarrow Ar—N\equiv N^{\oplus}X^{\ominus}+NaX+2H_2O$$

式中，Ar—芳基；X＝Cl、Br、$HSO_4$ 等。

重氮化合物有多种结构形式，随着 pH 不同而变化。在酸性溶液中以重氮盐形式存在，而且能够电离：

$$Ar—\overset{+}{N}\equiv NCl^- \rightleftharpoons Ar—N\equiv\overset{+}{N}+Cl^-$$

随着 pH 升高，重氮盐转变成重氮酸和重氮酸盐：

$$\underset{\text{重氮盐}}{Ar—\overset{+}{N}\equiv NCl^-} \underset{H^+}{\overset{NaOH}{\rightleftharpoons}} \underset{\text{重氮酸}}{Ar—N=N—OH} \underset{H^+}{\overset{NaOH}{\rightleftharpoons}} \underset{\text{重氮酸盐}}{Ar—N=N—ONa}$$

重氮盐在受热或光照下容易分解放出氮气，分解速率随着温度的升高而加快。干燥的重氮化合物非常危险，遇到冲击、摩擦或高温极易爆炸。

根据重氮化反应的特点、重氮盐的性质和芳胺的化学结构，在选择反应条件时必须注意以下几个方面。

（1）酸的品种和用量。工业生产中常用的有盐酸和硫酸，其中使用较多的是盐酸。这是因为芳胺的盐酸盐在水中溶解度比芳胺硫酸盐大，易于配制成溶液；另外一个原因是重氮化反应速率用盐酸比稀硫酸快。浓硫酸只使用于用亚硝酰硫酸作重氮化剂的场合中。酸的用量和浓度与芳胺的结构有关。按照反应方程式计量，重氮化反应时酸的理论用量是芳胺∶酸＝1∶2（物质的量比），但实际生产上在芳胺碱性较强的情况下，成盐容易，而且酸的用量一般为芳胺∶酸＝1∶（2.25～2.5）（物质的量比）或更高。过量的盐酸可加速重氮化反应速率，有利于反应的完

成，又能使重氮化合物保持重氮盐形式不易分解，还可防止重氮氨基化合物的生成。当酸量不足时，部分已重氮化的芳胺和尚未重氮化的芳胺之间会发生自身偶合，形成不溶于水的淡黄色重氮氨基化合物，使重氮盐溶液中混有副产物，其反应方程式为

$$C_6H_5-NH_2 + NaNO_2 \xrightarrow{HCl} C_6H_5-\overset{+}{N}\equiv N\bar{C}l \xrightarrow{C_6H_5-NH_2} C_6H_5-N=N-NH-C_6H_5$$

该自身偶合反应为不可逆反应。

但重氮化时，必须注意盐酸浓度一般不能大于 20%，否则会产生氯气而破坏重氮化反应：

$$2HCl + 2HNO_2 \longrightarrow Cl_2\uparrow + 2H_2O + 2NO\uparrow$$

(2) 反应温度。升高温度能加快重氮化反应速率，但也能加快产物重氮化合物的分解。一般碱性较强的芳胺，所生成的重氮盐易于分解。因此，重氮化反应宜在低温下进行，如 0～10℃。碱性较弱的芳胺和芳胺磺酸盐，其重氮盐较稳定，重氮化反应温度可略高，如 10～20℃。弱碱性芳胺的重氮化反应温度可达 25～35℃。

(3) 亚硝酸盐用量及加入速度。在重氮化反应过程中，亚硝酸盐要保持稍过量，亚硝酸盐用量不足也会引起自身偶合。一般工业生产中用量为亚硝酸钠∶芳胺=1∶(1.01～1.05)(物质的量比)。亚硝酸钠一般配成 30%的水溶液，从反应液面下加至反应体系中。这是因为亚硝酸钠遇到酸立即生成亚硝酸，而亚硝酸容易分解生成三氧化二氮($N_2O_3$)，从液面下加入可以防止一部分亚硝酸在未反应前直接分解逸出，这种现象在温度稍高情况下进行重氮化反应时，尤为明显。

亚硝酸钠溶液加入的速度因芳胺的结构不同而有显著差异。一般加入速度以保持重氮盐溶液中有稍微过量的亚硝酸为宜。也就是亚硝酸钠加入速度必须大于重氮化反应消耗亚硝酸的速度。在碱性较强的芳胺重氮化时，由于重氮化反应速率较慢，故亚硝酸钠加入速度不宜过快，否则重氮液中亚硝酸来不及参加反应而积聚，使亚硝酸浓度增加而导致分解。对碱性较弱的芳胺，其重氮化反应速率较快且偶合能力又强，故亚硝酸钠加入速度要快；否则容易形成重氮组分的自身偶合副反应。

那么，如何控制亚硝酸钠稍过量呢？要使重氮化反应顺利进行，在反应中必须随时监测。亚硝酸可用淀粉碘化钾试纸测出，一般亚硝酸微过量时呈浅蓝色，随着亚硝酸浓度增加而使蓝色加深，其反应如下

$$2HNO_2 + 2KI + 2HCl \longrightarrow I_2 + 2KCl + 2NO\uparrow + 2H_2O$$

必须注意的是，检查程序应该是在保持反应液能使刚果红试纸呈蓝色($pH<4$)的前提下。如果酸量不足，往往无法查到过量的亚硝酸(而可能是以亚硝酸钠形式存在)。当重氮液滴于淀粉碘化钾试纸上时(亚硝酸将碘化钾中的碘离子氧化为单质碘，单质碘与淀粉形成的化合物呈蓝色)，瞬时出现蓝色色圈是亚硝酸过量的

指示，而间隔 1～2min 以后出现蓝色色圈是由于空气在酸性条件使碘离子氧化而呈现正反应。在酸性较浓时，两种色圈出现的间隔时间更短。两者的区别在于亚硝酸生成的蓝色色圈瞬时出现，位置在试纸润圈的中部，直径较小。由酸性条件下空气氧化生成的蓝色色圈出现稍晚，位置在试纸润圈外部，直径较大。

有时也采用 10% 4,4′-二氨基二苯甲烷-2,2′-砜的稀盐酸溶液作为测试试剂代替淀粉碘化钾试纸用于监测亚硝酸。测试时先滴上述试剂在滤纸上，然后加一滴重氮液，如有亚硝酸存在，呈蓝色反应。该试剂灵敏度较淀粉碘化钾试纸略低，但在酸较浓时比较实用。

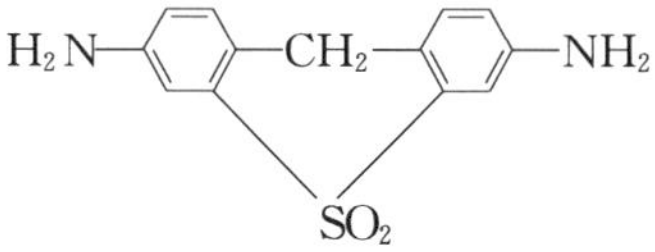

在适宜的重氮化反应条件下，过量的亚硝酸钠维持 5～10min 不变，也就是淀粉碘化钾试纸所呈的蓝色色圈在 5～10min 内不变浅，便可认为是重氮化反应到达终点。

(4) 反应浓度。反应浓度越高，重氮化反应速率越快。在工业生产时，常用的重氮化浓度范围为 0.1～0.4mol/L。重氮化反应多数在低温下进行，要用大量冰直接冷却，而冰的用量同气温有密切联系。为了恒定重氮化反应浓度，不受季节气温变化影响，在重氮化前，配制芳胺盐酸盐溶液(或悬浮体)时，要调整至恒温、恒定体积，然后加入亚硝酸盐进行重氮化反应。最佳的重氮化浓度条件不一定适合最佳偶合浓度的条件，因此，重氮化反应完成后，应当再次调整体积和温度，以使下一步偶合反应顺利进行。

(5) 搅拌强度。易溶于稀酸的芳胺(如苯胺)具有中等搅拌强度，符合液相反应要求。某些芳胺盐酸盐需要析出形成糊状细颗粒(如甲萘胺、对硝基苯胺)，其重氮化反应在悬浮状态下进行，所以不论析出或重氮化反应都需要在较强烈的搅拌下，才能使反应分子间充分接触碰撞，使反应迅速完成。

2) 重氮化产物的分离

重氮化反应结束后，如果下一步偶合反应是在碱性介质中进行，过量的亚硝酸与碱反应生成亚硝酸盐，对整个反应无妨碍。如果偶合反应在酸性介质中进行，则过量的亚硝酸必须清除，这是因为过量的亚硝酸会伴随产生亚硝化的副反应，从而降低产品质量。例如，颜料甲苯胺红的合成，其偶合反应为

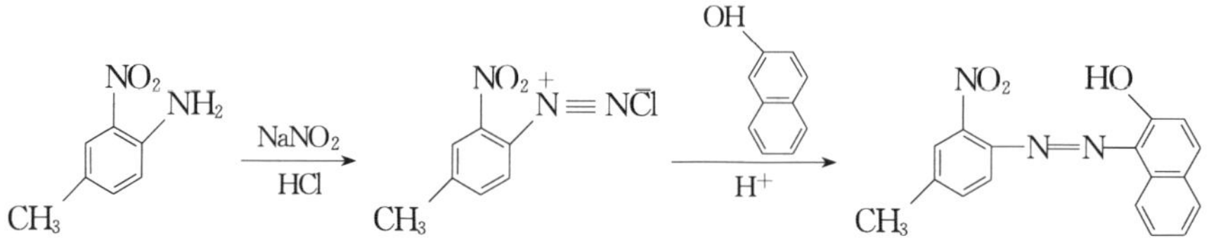

偶合在酸性条件下进行，如果有过量的亚硝酸存在，则生成亚硝基萘酚副产物。

$$HNO_2 + \text{(2-萘酚, HO)} \xrightarrow{H^+} \text{(1-亚硝基-2-萘酚, OH, —NO)} + H_2O$$

清除过量的亚硝酸，可加入尿素或氨基磺酸进行破坏，亚硝酸与尿素作用放出氮气，与氨基磺酸同样是通过氧化还原反应放出氮气。

$$NH_2CONH_2 + HNO_2 \longrightarrow N_2\uparrow + CO_2\uparrow + H_2O$$

$$H_2NSO_3H + HNO_2 \longrightarrow N_2\uparrow + H_2SO_4 + H_2O$$

氨基磺酸与亚硝酸的反应比尿素快，但价格较贵，工业上常使用尿素。在工业生产中，有时也采用加入少量芳胺盐酸盐的酸性溶液（或悬浮体）来平衡过量的亚硝酸。根据生产上的习惯，将经过分析投料的芳胺（加酸和水溶解或酸析成糊状），在重氮化以前先取出一小部分（1%～2%）作为平衡用料，另外储放。然后向釜内加入亚硝酸钠进行重氮化，反应将结束时，再加入储放的平衡用料以平衡多余的亚硝酸，这样操作比较简便。

在工业生产中，由于芳胺纯度不高或储存过程中被空气部分氧化，重氮化反应后的料液颜色较深，或有不溶物导致溶液浑浊。此时可加入 1%～5%的活性炭，搅拌脱色，过滤，提高重氮盐的质量和纯度。

**2. 工业生产中的偶合反应**

芳香族重氮盐和酚类、芳胺作用，生成偶氮化合物的反应称为偶合反应。反应通式如下

$$Ar—N{=}N—Cl + Ar'—ONa \longrightarrow Ar—N{=}N—Ar'OH + NaCl$$

$$Ar—N{=}N—Cl + Ar''NR_2 \longrightarrow Ar—N{=}N—Ar''NR_2 + HCl$$

这里的酚类和芳胺常称为偶合组分。苯酚类化合物偶合时，偶氮基进入羟基的对位，如对位已被其他基团取代，则进入羟基的邻位。萘酚类化合物偶合时，羟基在萘环的 1 位时偶氮基进入 4 位，如 4 位已被其他基团占领，则进入 2 位。羟基在 2 位时，偶氮基进入 1 位。苯胺与萘胺偶合时，偶氮基进入的位置与酚类相同。氨基萘酚磺酸进行偶合时，偶氮基进入的位置与 pH 有关。在酸性时，偶氮基进入氨基邻位；在碱性时，偶氮基进入羟基的邻位。如

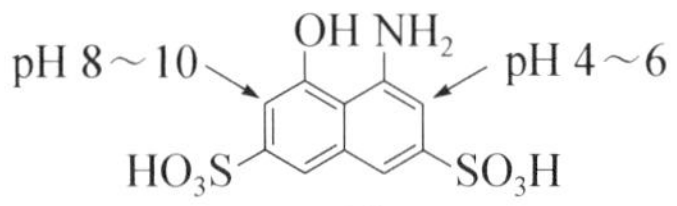

pH 8～10　OH　$NH_2$　pH 4～6

$HO_3S$　$SO_3H$

H 酸

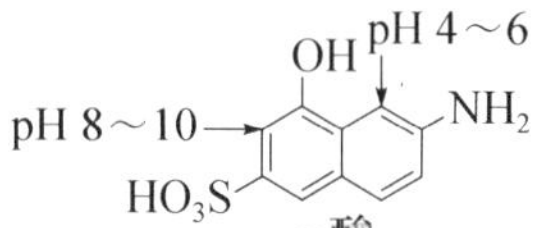

pH 4～6

OH　$NH_2$

pH 8～10

$HO_3S$

γ 酸

在偶氮颜料中，常用的偶合组分有 2-萘酚、2-羟基-3-萘甲酸、色酚 AS 及其同系物、乙酰基乙酰芳胺、1-芳基-3-甲基-5-吡唑啉酮等。

1）影响偶合反应的因素

当重氮盐和苯酚（或其他酚类）在碱性介质中偶合时，偶合速率与重氮盐正离子浓度和酚的负离子浓度成正比：

$$v=k[ArN_2^+][Ar'O^-]$$

在酸性介质中偶合时，偶合速率与重氮盐正离子浓度和游离芳胺浓度成正比：

$$v=k'[ArN_2^+][Ar'-NH_2]$$

除了有效的反应浓度外，影响偶合反应的主要因素还有重氮盐结构、偶合组分结构、反应介质的 pH、反应温度等。

(1) 重氮盐结构。重氮盐的芳环上含有吸电子基如硝基、磺酸基、卤素时，能增大偶合能力。反之，供电子基团如甲氧基、甲基等使偶合能力降低。取代基团越多，影响越大。不同的对位取代苯胺重氮盐，在偶合时的偶合速率相对值如下：

| 对位取代基 | $NO_2$ | $SO_3H$ | Br | H | $CH_3$ | $OCH_3$ |
|---|---|---|---|---|---|---|
| 相对偶合速率 | 1300 | 13 | 13 | 1 | 0.4 | 0.1 |

(2) 偶合组分结构。偶合组分的结构中含有吸电子基使偶合速率减慢，供电子基团则加快偶合速率。一般情况下，酚类比芳胺偶合速率快，而萘酚及其衍生物比苯酚及其衍生物偶合速率更快。

(3) 反应介质的 pH。当酚类作为偶合组分时，随着 pH 升高，偶合速率增大，pH 到 9 左右，偶合速率达到最大值，如果 pH 继续升高，则偶合速率反而降低。酚类的偶合常在弱碱性介质(pH 为 9～10)中进行。芳胺在强酸性介质中，氨基变成氨基正离子，成为一个吸电基团降低了芳环上的电子云密度，不利于重氮盐的进攻；随着介质 pH 的升高，增加了游离胺的浓度，偶合速率增大。当 pH 为 5 左右时，介质中已有足够的游离胺与重氮盐进行偶合。此时偶合速率和 pH 关系不大。当 pH 大于 9 时，由于活泼的重氮盐转变为不活泼的反式重氮酸盐，偶合速率下降。所以芳胺的偶合应在弱酸性介质(pH 为 3.5～7)中进行。

(4) 反应温度。升高反应温度，可加快偶合速率，每增加 10℃，偶合速率增加

2～2.4 倍。

2）偶合组分溶液(或悬浮体)的配制

制造偶氮颜料常用的偶合组分是萘酚及其衍生物和活泼的亚甲基化合物。在碱性介质偶合时，通常是将偶合组分溶解于碱中配制成溶液，碱的用量和品种根据偶合组分性质和反应介质而定。值得注意的是某些偶合组分，如色酚 AS 在溶解时，若处理不当，会产生分解，导致偶合时产生副产物。

$$\text{(萘环)}\begin{matrix}-OH\\-CONH-C_6H_4-R\end{matrix} + NaOH \xrightarrow{\triangle} \text{(萘环)}\begin{matrix}-OH\\-CO_2Na\end{matrix} + R-C_6H_4-NH_2$$

溶解色酚 AS 的合适条件是温度不宜太高，一般 65～75℃，搅拌要强烈，用碱量要少，冷却要快，可以防止分解。为了使色酚 AS 易于溶解，有时可以加少量乙醇、扩散剂等。但使用的助剂品种、数量，必须经过筛选，否则会造成严重的质量问题。例如，在制造金光红时，若在溶解色酚 AS 时，加入土耳其红油，所得到的成品带黄色且无红光。尽管颜料的化学结构没有变化，但改变了偶合条件，从而影响了颜料的物理性能。

偶合反应如果在酸性介质中进行，一般将偶合组分用碱溶解后，再加酸析出形成均匀的细颗粒，才能使偶合完全。此时，酸析的浓度、温度、搅拌速度和 pH 必须严格控制。应该强调的是：偶合组分溶解或酸析的最佳条件，绝不是偶合反应的最佳条件。因此，在偶合组分溶解或酸析以后，还需要选择最佳条件以适合偶合反应条件的要求。

3）偶合反应条件的选择

(1) 偶合方法。用间歇方法制造偶合染料时，多使用顺偶合方法，即偶合时将重氮液加至偶合组分中。随着反应的进行，重氮液加入量的增加，一部分偶合反应逐步完成，偶合组分的浓度相应降低，介质的 pH 和偶合温度也随之下降。倒偶合法是将偶合组分加入重氮液中，随着偶合反应的进行，重氮液的浓度逐渐降低，介质的 pH 和偶合温度逐渐升高。两种偶合方式中，偶合反应时的浓度、温度和 pH 都不是一个定值，而是在一定范围内变化。这些因素的变化都会影响偶合反应的产物——偶氮颜料的晶型、粒子大小、形态等物理构型的变化，最终表现在颜色的色光、着色力、坚牢度、吸油量等性能方面的不同。

(2) 介质的 pH。偶合反应时，介质的 pH 会影响偶合反应的速率、偶合反应完成的程度、重氮盐的分解以及其他副反应的产生。当酚类作为偶合组分时，pH 升高，偶合速率增大，这是因为在碱性条件下酚以活泼的酚负离子形式参与偶合。当芳胺作为偶合组分时，pH 升高，偶合速率也会加快，这是因为溶解的游离芳胺浓度增大。但当 pH 大于 7 以后，随着碱性的增加，重氮盐分解加快，活泼的重氮盐(特别是带有供电子基的芳胺重氮盐)会转变为不活泼的反式重氮酸盐,所以在偶合反应中,pH>9 时,偶合速率反而会下降。

偶合时,介质的 pH 与重氮盐的偶合能力也有密切关系。当同一偶合组分与不同结构的重氮盐偶合时,碱性较强的芳胺重氮盐,偶合能力较弱,因此需要较高的 pH;而碱性较弱的芳胺重氮盐,其偶合能力较强,在较低的 pH 就能使偶合完成。

在间歇式制造偶氮颜料时,不管是顺偶合还是倒偶合,偶合时介质的 pH 都是变值。而介质 pH 对偶合反应的影响又非常敏感,因此,在工业生产中常采用加入缓冲剂的方法来控制 pH,力求将 pH 控制在较小范围内变化。在酸性介质偶合时,常用的缓冲剂有甲酸钠和乙酸钠;碱性介质偶合时,常用碳酸钠和氯化铵作为缓冲剂。

在整个偶氮颜料生产控制中,为了提高产品纯度和收率,通常在保证反应完全的前提下,尽可能控制较低的 pH。

(3) 反应温度。提高偶合反应温度,能加快反应速率。但随着温度升高,重氮盐的分解速率加快。工业上制造偶氮颜料时,主要使用的偶合组分是萘酚及其衍生物和活泼的亚甲基化合物,在碱性介质中,偶合能力较强,一般可采用较低的偶合温度(5~15℃),以防重氮盐的分解及其他副反应。在酸性介质偶合时,偶合能力有所减弱,但重氮盐比较稳定,因此,可采用略高的偶合温度(如 15~35℃),以加速偶合反应的完成。

(4) 反应浓度。偶合反应的速率与反应物的浓度(或其离子浓度)成正比。但过高的浓度会使偶合时物料黏稠,搅拌困难,导致偶合不完全。过高的浓度也会造成颜料粒子凝聚程度增加,使质量变劣。工业上制造偶氮颜料常用偶合组分的浓度为 0.10~0.25mol/L。

(5) 加料速度。不论是重氮液还是偶合组分溶液,其加料速度与偶合速率相关。一般偶合速率进行较快时,加料速度也可相应加快,工业生产上加料时间一般 10~30min。在酸性介质中进行偶合时,其偶合速率减慢,加料速度也相应减慢,工业生产中加料长达 1~3h。

偶合反应自始至终保持强烈搅拌,以尽快分散加入的料液,防止局部浓度过高、pH 偏高或偏低,有利于偶合反应完全。一般加料后还应该继续搅拌 0.5~1h。

(6) 偶合反应终点的控制。加料完毕,并不意味着达到反应终点。整个偶合过程应随时取样检测。检测方法是取样滴于滤纸上,在其润圈边缘一侧,用 H 酸溶液检查,如果有红色或紫色色带,表示重氮盐尚未反应完毕。在润圈另一侧边缘滴一滴对硝基苯胺重氮盐液,有红色或黄色色带,表示有未反应的偶合组分。两种组分同时存在说明偶合尚未完全,应当继续搅拌一段时间。润圈试验的色带逐渐变浅,说明偶合反应逐步趋向完全。一般以重氮盐组分耗尽,偶合组分的微过量作为反应终点。在偶氮颜料生产中,不允许任一组分的大量过量,这是因为某一组分大量过量会导致颜料着色力大幅度下降,同时导致收率下降。这时必须补加另一组分来加以补救。

在酸性介质中进行偶合时，偶尔会遇到两种组分同时并存，长期不褪，这说明偶合条件选择不当，反应缓慢。一般可采用加入稀碱液、乙酸钠、氧化镁或其他弱碱溶液来提高 pH，以促使反应完成。

4）偶氮颜料的热处理和溶剂处理

由偶合反应生成的特定结构的偶氮化合物，如果不含极性基团（如磺酸基或羧基），便是不溶性偶氮颜料，也称颜料型染料。这类颜料通过偶合反应后的过滤、洗涤（洗去无机盐）、干燥、粉碎、标准化后便为商品颜料。有时为了提高产品质量和色光，某些产品需经过热处理，以改变颜料的晶型或粒度。加热处理一般在偶合反应完成后（必要时加入少量表面活性剂），于常压下加热至 75～100℃，在搅拌下保温数小时。例如，将滤饼用水和有机溶剂混合物加热至 100℃来处理永固黄 HR，则可使该颜料粒子增大，比表面积下降，遮盖力增大，耐光牢度提高。热处理根据不同结构的颜料，选用不同的有机溶剂和处理温度，以获得最佳的处理效果。

5）转化为色淀

偶氮染料中如果有磺酸或羧酸盐基，在水中有溶解倾向，则必须转化为不溶于水的钡、钙、锶、锰等盐，才能成为颜料。这类染料称为色淀染料。其转化过程一般在偶合反应完成后进行，加入氯化钡、氯化钙或其他盐的水溶液、助剂，然后搅拌，加热。转化温度 85～100℃，时间 0.5～2h。转化过程中，使用松香皂作为助剂具有重要的意义。松香皂由松香用碱液皂化制成，在转化过程中松香钠同时转变为松香钡或钙盐，混合于偶氮染料色淀中，其用量为 15%～30%。它的大量掺入，不但没有降低着色力，相反可以增加色淀的色彩、增强光泽，着色力也大为提高。

同偶合反应一样，转变为色淀时的条件如助剂的品种及用量、金属盐的配比、升温速度、pH 及处理时间都会影响产品的色光和性能。

### 3. 主要生产设备

1）酸、碱和亚硝酸溶液计量槽

计量槽的材质根据物料而定，碱液、浓硫酸和亚硝酸钠溶液一般用碳钢；盐酸用玻璃钢或钢内衬橡胶，也可采用硬质聚氯乙烯。液体原料一般储存于地下槽内，用泵压入车间计量槽内。

2）溶解锅、重氮化反应锅和偶合锅

溶解锅、重氮化反应锅和偶合锅一般是立式圆柱形容器，内装桨式或框式搅拌器，由电动机通过减速机驱动。锅一般采用碳钢、钢衬瓷砖、钢衬橡胶或塑料等制成。

3）过滤设备

传统使用的过滤装置为可洗式板框机或厢式压滤机，用机械或油泵液压装置绞紧，人工卸料。酸性介质的过滤多用木质板框，碱式过滤时采用铸铁板框。目前已逐步被塑料板框代替。板框规格为 800mm×800mm×40mm（外缘尺寸：宽×高×厚），每台装有 30～40 副板框，相当于过滤面积 25～34m$^2$，容量 500～675L，操作压力为 6Pa。现代化车间使用自动卸料压滤机。

4）干燥设备

（1）厢式干燥器。该设备装有热风强制循环的厢式干燥器，每批干燥时间18～24h，每台日干燥量150～300kg。其劳动强度大、热效率低，但易于小批量多品种的生产。

（2）带式干燥机。带式干燥机有一段式和多段式，后者适用于干燥时间长和安装场所狭小时使用。操作时，滤饼经成型机轧制成条状或粒状，落在干燥带上向前运行。输送带由金属丝编织而成或是多孔金属平板，送风机将空气压至热交热器加热，由垂直方向吹向物料。整个干燥机分成多个区段，每一区段都可以调整干燥温度和风速，一般滤饼刚进时含水多，温度可稍高，随着干燥带向前运行，吹入的热风的温度相应降低，接近卸料点的温度，一般吹入室温空气以冷却物料。宽 1.5m、长 7m 的带式干燥机日处理量为 500kg，干燥时间约 1h。

（3）喷雾干燥机。喷雾干燥机有多种设计流程，视生产需要选用。

5）粉碎机

$\phi$400mm 万能粉碎机，或 $\phi$800mm 双转子粉碎机。粉末细度一般 40～100 目。

6）混合设备锥形混合机

单螺杆或双螺杆，容量 2～10m$^3$，螺杆转速 70～140r/min，公转转速 2～3.5 r/min，容量 6m$^3$ 的锥形混合机，每批可混 800kg，每批混合时间 8～40min。

7）自动包装机

自动包装机对粉状、粒状物料能自动充料、计量，由过程控制系统操纵，装料启闭操作由气动阀门完成，计量由电脑控制。称量范围 10～50kg。

**4. 偶氮颜料的主要类型**

偶氮颜料可分为不溶性偶氮颜料、偶氮染料色淀和缩合型偶氮颜料。

不溶性偶氮颜料又分为单偶氮颜料和双偶氮颜料：

- 不溶性偶氮颜料
  - 单偶氮颜料
    - 乙酰基乙酰芳胺系，如耐晒黄 G
    - 芳基吡唑啉酮系，如 Hansa Yellow R
    - 乙萘酚系，如银朱 R、甲苯胺红
    - 2-羟基-3-萘甲酰芳胺系，如永固桃红 FB
    - 苯并咪唑酮系，如永固橙 HSL
  - 双偶氮颜料
    - 乙酰基乙酰芳胺系，如联苯胺黄 G
    - 芳基吡唑啉酮系，如永固橘黄 G
    - 乙酰乙酰芳胺系，如永固黄 H4G

偶氮染料色淀可分为 2-羟基-3-萘甲酸系（如永固红 2B、立索尔宝红 BK、橡胶大红 LG）、2-羟基-3-萘甲酰芳胺系（又称色酚 AS 系，如 PV Red BL）、乙酰基乙酰芳胺系（如 Lionol Yellow K-5G）、乙萘酚系（如金光红 C、酸性金黄色淀）和萘酚磺酸系（如 Pigment Scarlet 3B）。

缩合型偶氮颜料一般含有 2～4 个酰胺基团，几乎包含两个单偶氮颜料分子。缩合型颜料有黄、橙、红、棕等色谱。它的主要特点是浅色，仍能保持优良的耐晒牢度，耐热性优良、耐迁移性优良且无毒。

#### 5. 参考文献

[1] 张澍声. 偶氮颜料连续生产工艺的进展[J]. 染料工业，1986，06：19-24.

[2] 陈兆坤，严宏宾，蔡良珍，等. 色酚 AS-JH 类偶氮颜料的合成[J]. 上海化工，1998，10：29-30.

[3] 黄钧. 偶氮颜料及其环保性[J]. 网印工业，2011，02：36-38.

## 4.16　酞菁颜料

自 1933 年确定酞菁颜料的化学结构以来，已有 40 种以上金属酞菁和数千种酞菁化合物被合成。工业生产上占重要地位的是酞菁铜，其次为酞菁钴和酞菁镍。酞菁颜料具有优良的性能、制造方便、价格低廉等特点。因此，在颜料工业上的比例迅速上升，目前已占有机颜料总量的 25%。

#### 1. 酞菁颜料的结构及性能

1）酞菁颜料的化学结构

1927 年，Diesbach 等以邻二溴苯、氰化亚铜和吡啶加热反应得到蓝色物质，1933 年 Linstead 及同事确定了该类化合物的化学结构，并定名为酞菁(Phthalocyanine)。酞菁的化学结构是含有四个吡咯而具有四氮杂结构的化合物，与天然的叶绿素 A 和血红素的结构具有类似之处。酞菁的基本结构为

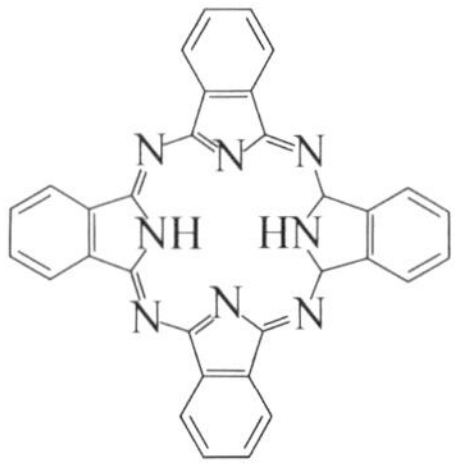

无金属酞菁 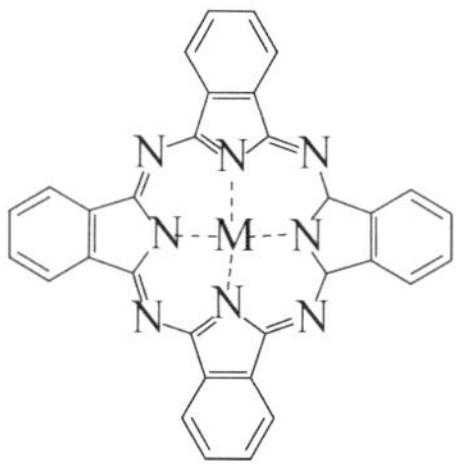　　　　金属酞菁

金属酞(MPc)有多种合成方法，主要有苯酐-尿素法、邻苯二腈法、1，3-二亚胺基异吲哚法和金属酞菁置换法。

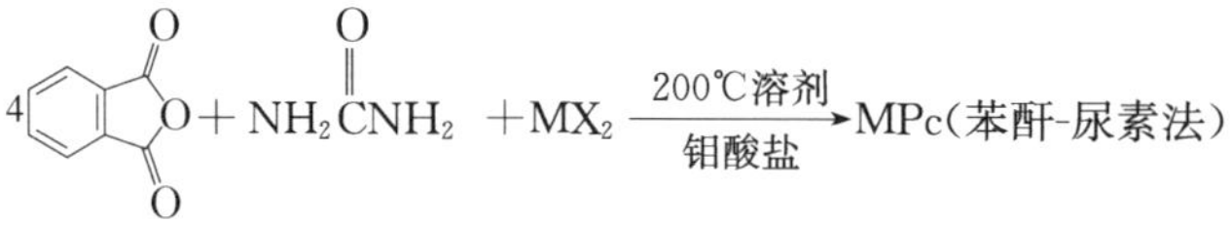

$$4\,C_6H_4(CO)_2O + NH_2CONH_2 + MX_2 \xrightarrow[\text{钼酸盐}]{200℃\text{溶剂}} MPc\text{（苯酐-尿素法）}$$

式中，M 为金属；MPc 为金属酞菁。

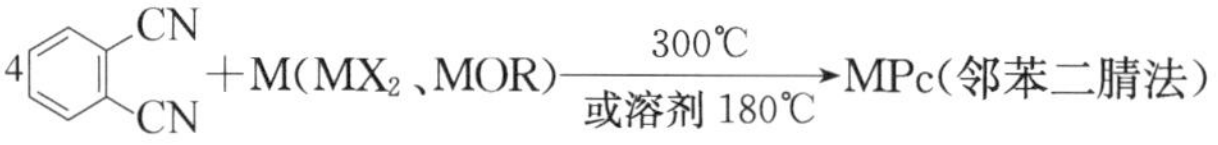

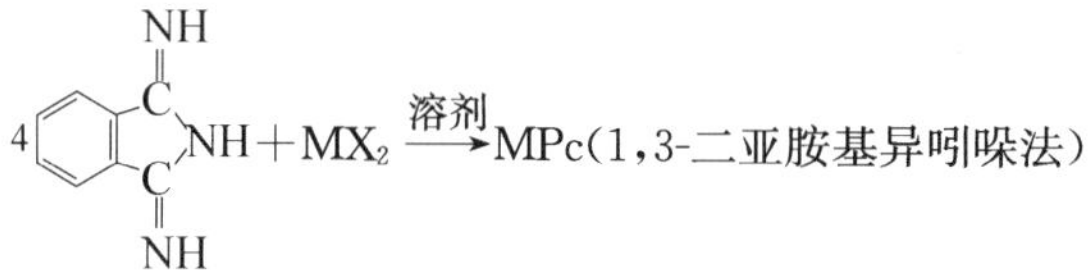

$$4\,C_6H_4(CN)_2 + M(MX_2、MOR) \xrightarrow[\text{或溶剂 }180℃]{300℃} MPc\text{（邻苯二腈法）}$$

$$4\,C_6H_4(C{=}NH)_2NH + MX_2 \xrightarrow{\text{溶剂}} MPc\text{（1，3-二亚胺基异吲哚法）}$$

$$Li_2Pc + MX_2 \xrightarrow{\text{溶剂}} MPc + 2LiX\text{（金属酞菁置换法）}$$

2）酞菁的主要性能

酞菁可以离子键方式与活泼金属如钠、钾、钙、钡等结合，这类金属酞菁几乎不溶于一般有机溶剂。酞菁还可以配位键方式与铜、镍、钴、锌、铁、铂、铝、钒等结合，这些金属酞菁能在 400～500℃真空（或惰性气体）中升华而不发生变化。由于酞菁铜稳定且易制备，所以大量用于有机颜料和染料工业。

酞菁一般不溶于水，但能溶于浓硫酸、磷酸、氯磺酸中形成酸式盐。所有酞菁都能被强氧化剂（如 $KMnO_4$、$HNO_3$）氧化而破坏。

**2. 酞菁蓝**

酞菁蓝是典型的酞菁类颜料。酞菁蓝主要组成是细结晶的铜酞菁，由于其多晶型性形成多种品种，主要品种有亚稳 $\alpha$ 型酞菁蓝（国产的酞菁蓝 B、酞菁蓝 BX）、抗结晶歧 $\alpha$ 型酞菁蓝（国产的酞菁 BS）、$\beta$ 型酞菁蓝（国产的酞菁蓝 BGS、酞菁蓝 4GN）、抗结晶抗絮凝 $\beta$ 型酞菁蓝和 $\varepsilon$ 型酞菁蓝。

酞菁蓝为红光深蓝色粉末，具有鲜明的蓝色，且具有优良的耐光、耐热、耐酸、耐碱和耐化学品性能。着色力强，为铁蓝的 2 倍，群青的 20 倍。极易扩散和加工研磨。不溶于水、乙醇和烃，溶于 98%浓硫酸。遇浓硫酸为橄榄色溶液，稀释后生成蓝色沉淀。

酞菁蓝广泛用于油墨、印铁油墨、绘画水彩、涂料、涂料印花及橡胶、塑料制品等着色。

酞菁蓝在工业上通常采用苯酐-尿素法或邻苯二腈法。类似的方法和工艺条件也可用于其他酞菁颜料的生产。

1) 苯酐-尿素法

(1) 烘焙法。将苯酐、尿素、氯化亚铜、钼酸铵按一定比例混合均匀，在反应锅中加热熔化(130～140℃)，然后装入金属盘内，放入密闭的烘箱内加热，在 240～260℃保温数小时，冷却后出料得酞菁蓝粗品。例如，将邻苯二甲酸酐 35kg、氯化亚铜 6.9kg、尿素 60kg 和钼酸铵 1kg 放入反应锅中，加热至 140℃，使其熔化，搅拌均匀。然后分装在金属盘内，送入电热烘箱，升温至 240～260℃，保温 4～5h，冷却后出料，得含量 60%左右的产品 44～46kg。然后经酸洗和碱洗得到 90%～92%的产品，收率 75%～80%。

烘焙法的产品的色光不及溶剂法，但烘焙法工艺简单，能耗低。

(2) 溶剂法。溶剂法是当前国内外普遍采用的生产粗酞菁的方法，收率一般可达 90%～92%。常用的溶剂有硝基苯、邻硝基甲苯、三氯化苯、煤油、烷基苯等。使用较多的有硝基苯和三氯化苯。常用的铜盐有氯化亚铜、氯化铜、硫酸铜等。催化剂的品种对收率影响较大。在同等条件下，不同催化剂的收率(%)为：

| 催化剂 | 收率(%) |
|---|---|
| 钼酸铵 | 96 |
| 磷钼酸 | 92 |
| 氧化钼 | 78 |
| 氧化锑 | 75 |
| 氧化锌 | 51 |
| 钒酸钾 | 40 |
| 三氯化铁 | 60 |
| 氯化铵 | 51.2 |
| 一氧化铅 | 65 |
| 硼酸 | 26.3 |

粗酞菁蓝的溶剂法生产一般在常压下进行，反应温度 190～210℃，反应时间 16～24h，反应为无水操作。例如，取 500 份邻苯二甲酸酐、1050 份尿素、100 份氯化亚铜和 1500 份三氯化苯，搅拌加热至 130℃，分小量加入无水三氯化铁 50 份和

无水三氯化铝 125 份的混合物，然后升温至 180～200℃，保温反应 7h。回收溶剂，得到粗酞菁蓝，收率 98%。

2）邻苯二腈法

（1）烘焙法。将邻苯二腈和氯化亚铜混匀，装入铁盘内，送入用蒸汽加热的密闭烘箱，加热驱除部分空气。待升温至 140℃时，发生放热反应，生产粗酞菁蓝。反应时产生的升华物和烟雾，经排气口排出，用水喷淋除去。冷却过夜，出料得粗酞菁蓝，收率 90%～93%。

（2）溶剂法。邻苯二腈和铜盐（氯化亚铜或氯化铜）、催化剂（钼或钛、铁化合物）在氨气饱和的溶剂（硝基苯或三氯苯）中一起加热到 170～220℃，在 10～20min 内生成酞菁蓝，过滤，用溶剂洗涤，水洗，干燥得粗酞菁蓝。例如，将 14.8 份氯化亚铜分散于 200 份硝基苯中，通氨气至饱和，升温至 20～40℃，加入邻苯二腈 80 份和钼酸 0.25 份，搅拌升温至 140℃。反应物由绿色变为黄色，逐渐变成红褐色，当温度达 145～150℃时，开始放热并生成粗酞菁蓝。升温至沸，搅拌 10～20min，趁热过滤，滤饼用 200 份 100℃硝基苯洗涤，再用 260 份甲醇及 15 倍热水洗粗品，得到粗酞菁蓝，收率 97.2%。

3）酞菁蓝的颜料化加工

粗酞菁蓝进行颜料化加工是为了改变晶型、提高纯度和着色力。工业上常用酸处理法和盐磨法对酞菁蓝进行颜料化加工。

（1）酸处理法。将粗酞菁蓝溶于 98%以上的浓硫酸中，然后用水稀释，使酞菁蓝析出。此法称为酸溶法。如果使用 70%硫酸，粗酞菁蓝不能溶解，只生成细结晶的铜酞菁硫酸盐悬浮液，然后用水稀释，使酞菁蓝析出，该法称为酸胀法（Acid Slurry Process）。两种酸处理法都生成 $\alpha$-型酞菁蓝，晶体大小一般为 0.01～0.02 μm。

例如，将 100kg 粗酞菁蓝溶解于 700～1000kg 98%硫酸中，搅拌，于 30～40℃酸溶 4～10h，加入二甲苯 20～30kg，升温至 70℃，使二甲苯磺化，冷却至 15～20℃，放至 2000～4000L 水中，析出沉淀，过滤，漂洗，干燥得亚稳 $\alpha$ 型酞菁蓝（酞菁蓝 BX）90kg 左右。

（2）盐磨法。盐磨法是将粗酞菁蓝与无机盐一起研磨，使晶体减小到 0.01～0.02 μm，用水溶解无机盐，便得到酞菁蓝。研磨时加入有机溶剂便得到 $\beta$-酞菁蓝（酞菁蓝 FGX）。研磨时不加有机溶剂或加入极性物质（如乙酸、甲酸）则生成 $\alpha$ 型酞菁蓝。

作为助磨剂的无机盐有食盐、无水硫酸钠、无水氯化钙等。常用的有机溶剂有甲乙酮、甲苯、二甲苯、邻二氯苯、$N,N'$-二甲基苯胺、四氯乙烯、乙二醇、二聚乙二醇等。

盐磨法又分为球磨法和捏合法。

球磨法：将粗酞菁蓝（60%左右）10kg，加入无水氯化钙 12～20kg，二甲苯 0.8～1.2kg，钢珠 70～90kg，在立式搅拌球磨机中研磨 3～4h 后取出，用 3%盐酸热处理，过滤，漂洗，再用 3%碱液热处理，过滤，漂洗，干燥后得 6kg β-型酞菁蓝。

捏合法：将粗酞菁蓝（92%左右）400kg、干燥食盐细粉（250～300 目）1600～2000kg、二聚乙二醇 300～400kg，捏合 6～8h。捏合时要求物料黏结成坚硬的块状，否则捏合效率会大大降低。取出物料，用水溶解，过滤，漂洗，滤液用真空浓缩回收食盐和二聚乙二醇，循环套用，回收率 95%以上。滤饼用 3%盐酸热处理，经过滤，漂洗，干燥，得 360kg β 型酞菁蓝（酞菁蓝 FGX）。

### 3. 酞菁绿

酞菁绿是多卤代铜酞菁，其中的卤原子主要为氯和溴，多溴代铜酞菁比多氯代铜酞菁色光偏黄相。酞菁绿与酞菁蓝一样具有优良的性能，是重要的绿色颜料。常见的商品有酞菁绿 G（含氯原子 14～15 个）、酞菁绿 3G（含溴原子 4～5 个、氯原子 8～9 个）、酞菁绿 6G（含溴原子 9～10 个、氯原子 2～3 个）。

酞菁绿 G 为深绿色粉末。颜色鲜艳，着色力强。不溶于水和一般溶剂。在浓硫酸中为橄榄绿色，稀释后为绿色沉淀。耐晒和耐热性能好。用于涂料、油墨、塑料、橡胶、文具用品的着色。

工业上，粗酞菁绿由粗酞菁氯代（或溴代）制成。其氯代反应一般在无水三氯化铝、氯化钠的低熔物中，以铜盐为催化剂，在 180～220℃时通氯进行氯化。氯代也可在惰性溶剂如三氯苯、硝基苯、四氯化碳中进行。

粗酞菁蓝在氯代反应的起始阶段，反应较快，因此通氯流量可稍快。当取代的氯原子达 8 个以后，氯代反应速率减慢，通氯流量也要相应减小。氯代反应的终点是检查反应生成物的颜色，参照通氯总量来判断。氯化锅一般采用搪玻璃锅，装有热载体的加热和冷却系统。氯气在进入氯化锅以前要经过浓硫酸干燥，防止水分带入。反应生成的尾气用水吸收，制成副产物盐酸。氯代反应完成后，将物料放入水中，加盐酸，加热煮沸，过滤，漂洗，得粗酞菁绿滤饼。

操作：将 120kg 约 90%的粗酞菁蓝投入氯化锅中，加入 400kg 无水三氯化铝、100kg 氯化钠、10～12kg 氯化铜，加热至 180℃，使之熔化，搅拌，将经硫酸干燥的氯气通入氯化锅中，控制反应温度 180～220℃，氯气流量先快后慢，通氯总量 300～360kg。氯代终点由取样检查生成物的色光而定。氯代反应结束后，将物料放入 2500～3000L 水中，加盐酸 80～100kg，加热煮沸，过滤，漂洗，即得粗酞菁绿滤饼。

将粗酞菁绿滤饼加水 2000L 打浆，加入二氯苯 150～200kg，搅拌吸附，使物料成粒状。通入蒸汽，蒸出二氯苯，过滤，洗涤，干燥得颜料化的酞菁绿G约215kg。

### 4. 参考文献

[1] 荀国华. 酞菁颜料生产中的多氯联苯问题[J]. 江苏化工，1993，02:29-31.

[2] 王敬波. 酞菁颜料的最近生产技术[J]. 染料工业，1980，04:57-62.

[3] 蔡强. 国外几家酞菁颜料的生产概况[J]. 染料工业，1983，02:1-4.

[4] 宋海平，刘熙雄. 酞菁颜料的研制[J]. 现代涂料与涂装，1997，03:28-31.

[5] 张志扬，庞维亮，贾丽云，等. 铜酞菁颜料废水处理工程设计及运行[J]. 中国给水排水，2012，14:83-85.

[6] 安鸿钧. 铜酞菁颜料化工艺——机械盐磨法探讨[J]. 甘肃化工，2002，04:30-32.

# 第5章　无机颜料

## 5.1　钛　　白

钛白化学名称为二氧化钛(Titanium Dioxide)。化学式 $TiO_2$,相对分子质量 79.90。

### 1. 产品性能

钛白是白色颜料中最好的颜料之一,白度高,具有较高的着色力和遮盖力。相对密度 3.9～4.2。能耐光、耐热、耐稀酸、耐碱。对大气中的氧、硫化氢、氨等都很稳定。钛白有两种结晶形态:一种是锐钛型,相对密度 3.84,折射率 2.55,耐光性差,容易泛黄,制品容易粉化,但白度较好;另一种是金红石型,相对密度 4.26,折射率 2.72,具有耐水性和不易变黄的特点,且不会粉化,但白度稍差。钛白是一种惰性物质,可与任何胶黏剂混合使用。

### 2. 生产原理

用浓硫酸将钛铁矿分解为可溶性钛盐和硫酸铁,用铁屑使硫酸铁还原为硫酸亚铁。分离除掉溶液中的硫酸亚铁,可溶性钛盐溶液经过水解变为偏钛酸,偏钛酸经煅烧分解制得钛白。

### 3. 工艺流程

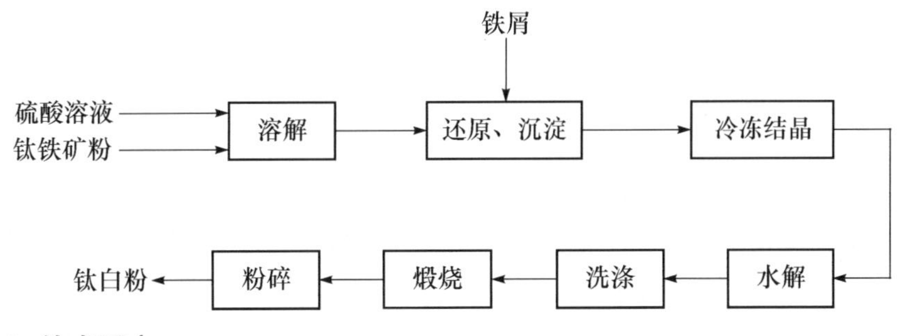


### 4. 技术配方

| | |
|---|---|
| 钛铁矿(50%) | 2800 |
| 硫酸(98%) | 4600 |

**5. 生产工艺**

1）工艺一

将研磨好的通过 325 目筛的钛铁矿粉用 92.5%硫酸在酸解锅内进行酸解。用蒸汽直接加热溶液至 110℃，反应一段时间后，再升至 200℃，待反应完毕后成为多孔状的固体产物，冷却 3h 后分出酸浸出液。将浸出的溶液导入还原锅中，加入铁屑，使硫酸铁还原为硫酸亚铁。其中一部分四价钛还原为三价的硫酸盐，而使溶液呈紫色。还原结束后，让溶液澄清，澄清后经过滤，将滤液送往冷冻锅去结晶，冷却至 0℃，使硫酸亚铁析出，至铁与二氧化钛之比为 0.2 时，将溶液取出，用离心机分离使硫酸亚铁的结晶与母液分开。将硫酸钛的母液在水解前取出 1%～3%，注入氢氧化钛，直到获得 pH 为 1.5～3 时为止。在不加热的条件下加入原溶液，搅拌后注入已盛有同体积煮沸水的反应锅中，加热煮沸，不断析出偏钛酸，吸去废酸再经过滤，得到偏钛酸。将偏钛酸反复冲洗至水溶液中无铁离子为止。将滤干的偏钛酸，在煅烧炉中于 900℃温度下，得二氧化钛，经过磨粉，即得成品。

2）工艺二

在衬铅的反应锅中加入浓硫酸，用蒸汽加热到 120℃左右，停止加蒸汽，慢慢加入磨细的矿砂，用压缩空气不断搅拌。剧烈的反应自此开始，温度逐渐上升，最后达到 200℃左右。反应排出大量的三氧化硫酸雾，并产生很多泡沫，体积膨胀很大，因此分解锅的利用率不能超过 50%，以防止溢出事故，剧烈反应在 5～15min 结束，全部反应在 1.5～2h 内完成，分解率达到 95%。反应完成后，当温度降到约 60℃时，用水将反应物稀释，并在用空气搅拌的情况下进行浸出。溶液的最终浓度以含 $TiO_2$ 100～120g/L 为标准。分解所得的溶液中含有杂质，其固体残渣用过滤的方法除去。其溶解态的三价铁，则用加入铁屑的办法，使其还原为二价铁，然后使其以 $FeSO_4 \cdot 7H_2O$（绿矾）结晶析出而除去。铁屑的加入量应比理论计算需要量（使 $Fe^{3+}$ 全部还原为 $Fe^{2+}$）略多一些。用离心机把绿矾与母液分开。

目前工业上通常采用两种水解方法，即稀释法和晶种法。下面介绍稀释法。此法将溶液加热到接近沸腾，以 1∶1 的热水放到锅内，加热到接近沸腾，保温 2～3h，再冷却到 70℃，硫酸钛就成为偏钛酸沉淀出来。

过滤、洗涤和漂白：在鼓式真空过滤机上进行过滤，在过滤机上用水洗涤沉淀，最后一次洗涤用 5%～10%的稀硫酸，以除去可能在洗涤时氧化生成的高价铁，再用清水洗一次。

漂白的目的是使所含痕量铬和钒及部分铁还原，使成品具有洁白的颜色与优良的遮盖力和着色力。漂白处理首先是用锌粉作还原剂，把其中所含的 $Fe^{3+}$ 还原为$Fe^{2+}$。把偏钛酸放在搅拌槽内加水打成浆状，加入浓硫酸使混合物含硫酸50～80g/L，加热至80～90℃，慢慢加入锌粉，其用量约为二氧化钛质量的0.5%，还原后进行过滤与洗涤。其次，再用碳酸钾与磷酸来处理，碳酸钾的作用是中和存在的硫酸，而磷酸与铁化合生成纯白的磷酸铁。这样，在煅烧后就不会生成黄色的氧化铁红。处理时，将偏钛酸打浆，加入为$TiO_2$质量1%的碳酸钾溶液，充分搅拌后再加入为$TiO_2$质量0.5%～1%的磷酸，继续搅拌均匀，再进行过滤。

煅烧：煅烧是从沉淀中排除水和$SO_3$并获得必要的颜料性质，经过煅烧得到锐钛型的$TiO_2$，这种$TiO_2$加热至850～900℃时才转化为金红石。一般情况下，在900℃以上煅烧时，遮盖力及着色力大大增加，这可能是由于转化成金红石型。由于盐处理及煅烧温度不同，以及处理工序中采用不同的后处理工艺和添加剂，可分别制得金红石型和锐钛型等不同规格的品种，以适应工业部门的需要。

**6. 产品标准**

1) 金红石型钛白粉(颜料用，沪Q/HG 11-105)

| 项　目 | 上海钛白粉厂 | 南京油脂化工厂 | |
|---|---|---|---|
| | R201一级品 | 一级品 | 二级品 |
| 外观 | 白色粉末(微黄) | | |
| 白度(与标准品相比) | 相似 | 不低于标准品 | 不低于标准品 |
| 二氧化钛含量/% | ≥94 | ≥95 | ≥94 |
| 着色力 | ≥90 | ≥90 | ≥85 |
| | (与R820比) | (与R820比) | (与R820比) |
| 吸油量/% | ≤26 | ≤30 | ≤30 |
| 水溶物含量/% | — | 0.5 | 0.5 |
| 水萃取液pH | 6.5～7.5 | 6.5～7.5 | 6.5～7.5 |
| 细度(过320目筛余量)/% | ≤0.1 | ≤0.1 | ≤0.1 |
| 水分含量/% | | ≤0.5 | ≤0.5 |

2) B101、B102锐钛型钛白粉(颜料用，GB 1706)

| 指标名称 | B-101一级 | B-101二级 | B-102 |
|---|---|---|---|
| 白度(与标准样品相比) | 不低于标准品 | 无明显差异 | 不低于标准品 |
| 二氧化钛含量/% | >97 | 97 | 95 |
| 着色力(与标准样品相比)/% | >100 | 90 | 95 |
| 吸油量/% | 30 | 35 | 25 |
| 细度[过320目筛(孔径49μm)筛余物]/% | <0.3 | 0.5 | 0.1 |
| 水溶物含量/% | <0.4 | 0.6 | 0.2 |

| 水萃取液 pH | 6.0～8.0 | 6.0～8.0 | 6.0～7.5 |
|---|---|---|---|
| 水分含量/% | <0.5 | 0.5 | 0.5 |

3）二氧化钛测定

（1）原理：将样品用硫酸溶解，加入盐酸及金属铝，在隔绝空气的情况下使四价钛还原成三价钛，以硫氰酸钾作指示剂，用硫酸铁铵滴定。

（2）试剂：硫酸、盐酸、硫酸铵、硫氰酸铵 10%溶液、金属铝箔（纯度 99.5%以上）、碳酸氢钠饱和溶液、二苯磺酸钠指示剂 0.5%溶液、重铬酸钾$\frac{1}{6}\times 0.1000$mol/L 标准溶液、硫酸铁铵 0.1mol/L 标准溶液、硫酸混合酸：硫酸：磷酸：冰为 1：1：5（体积比）的混合液。

（3）测定：准确称取 100℃干燥的试样 0.2～0.3g（准确至 0.0002g），放入 500mL 三角烧瓶中，加 10g 硫酸铵、20mL 硫酸，振荡使其充分混合。开始徐徐加热，约 5min 后，再加强热至试样全部溶解成澄清溶液，取下冷却后，加 50mL 水、25mL 盐酸，摇匀，再加 2.5g 金属铝箔，装入液封管，管口用胶塞塞紧，并在试管中加碳酸氢钠饱和溶液至该溶液体积 2/3 左右，小火加热，充分除去反应物中氢气，直至溶液变为透明清晰紫色为止。在流水中冷却至室温。在此过程中，应随时补充碳酸氢钠饱和溶液（注意不能让其吸入空气）。冷却后，除去三角烧瓶上的液封管，将管内碳酸氢钠饱和溶液慢慢倒入三角瓶中，立即以 0.1mol/L 硫酸铁铵标准溶液滴定，初滴时速度要快，不能摇动烧瓶，至液面气泡消失后才能摇动，继续快速滴定至紫色褪去，加入 5mL 10%硫氰酸溶液，缓慢滴定至试液呈微橙色为止。必须注意在除去三角烧瓶上的液封管前，应先将滴定管内标准溶液校正至零点，以便除去液封管时迅速滴定。

$$W_{CO_2}=\frac{V\times C\times 0.0799}{G}\times 100\%$$

式中，$V$——滴定耗用硫酸铁铵标准溶液体积，mL；$C$——硫酸铁铵溶液的浓度，mol/L；$G$——样品质量，g。

**7. 产品用途**

在涂料工业上，用来制造油性色漆、磁漆硝化纤维漆和醇酸漆，但作为室外涂料时有强烈的白垩化现象。在化纤工化中用于纺制人造丝前，将纯净的钛白粉加到胶黏丝溶液中，所以对人造丝起消碱光泽作用。在造纸工业上，钛白粉加到纸浆内，使纸具有不透明性，可在印刷中使用更薄的纸张，在橡胶工业中，用钛白粉可使橡胶和硬橡胶着白色，但存在锰、铬、铁等杂质，会产生不良影响。纯净的钛白粉无毒性，可用作制香粉、雪花膏、牙粉和香皂等化妆品。搪瓷工业中，钛白粉可使瓷釉的表面光滑，耐酸性增强，可作乳浊剂，使搪瓷制品具有强乳浊度和不透明性。此外，电容器级钛白粉是制造无线电、陶瓷材料的主要原料，具有高介电系数和良好的介电性能，还用于生产油墨、水彩、油彩的颜料等。

### 8. 参考文献

[1] 张鹏，刘代俊，毛雪华. 四氯化钛热水解制备钛白粉的研究[J]. 钢铁钒钛，2013，05：12.

[2] 金斌. 硫酸法钛白提高产品质量的系统性研究[J]. 攀枝花科技与信息，2013，02：15-30.

[3] 孙洪涛. 氯化法钛白生产装置三废处理工艺改进[J]. 钢铁钒钛，2012，06：35-39.

[4] 唐文骞，张锦宝. 硫酸法钛白清洁生产与三废治理[J]. 化工设计，2011，02：42-45.

[5] 申朝春，杨金珍. 环境保护视域下的硫酸法钛白清洁生产[J]. 绿色科技，2011，09：145-146.

## 5.2 氧　化　锌

氧化锌(Zine Oxide)又称锌白(Zinc White)、锌白粉、锌氧粉、锌华、亚铅华，分子式 ZnO，相对分子质量 81.37。

### 1. 产品性能

氧化锌为白色粉末，无臭、无味、无砂性。受热变成黄色，冷却后又恢复白色。密度为 5.606g/cm$^3$。熔点 1975℃。遇到硫化氢不变色。溶于酸、碱、氯化铵和氨水中，不溶于水和醇。吸收空气中二氧化碳时性质发生变化，变为碱式碳酸锌，也能被一氧化碳还原为金属锌。

### 2. 生产原理

1）直接法

将优质锌焙烧矿粉与无烟煤混合，加入一部分胶黏剂后压成团块，放在高温反射炉内加热，放出锌蒸气，再与空气中的氧、二氧化碳等化合成氧化锌。

$$ZnO + C \longrightarrow Zn(\text{蒸气}) + CO$$

$$CO + ZnO \longrightarrow Zn(\text{蒸气}) + CO_2$$

$$Zn(\text{蒸气}) + CO + O_2 \longrightarrow ZnO + CO_2$$

2）间接法

将用电解法制得的锌锭，在 600～700℃温度下熔融后，置于耐高温坩埚内，使其在 1250～1300℃高温下蒸发成锌蒸气，再用热空气进行氧化而生成氧化锌。经冷却、分离、捕集后即得成品。

$$2Zn(气) + O_2 \longrightarrow 2ZnO$$

**3. 工艺流程**

1）直接法

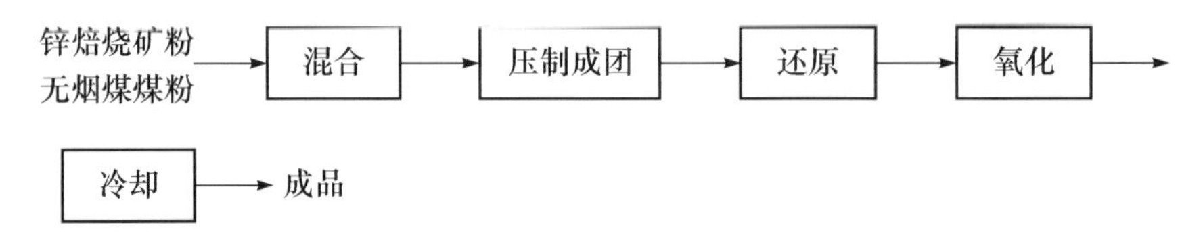


2）间接法

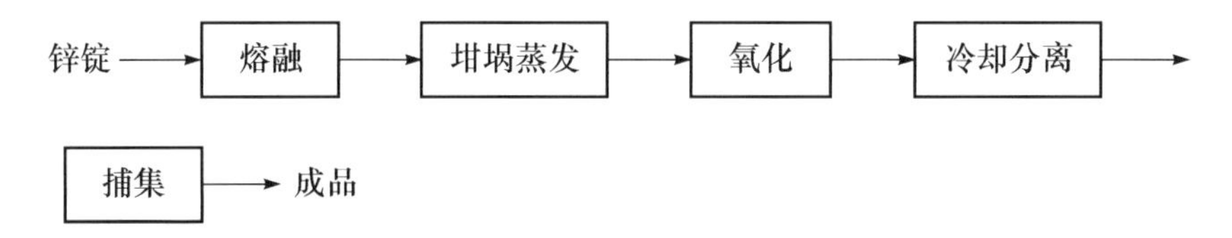


**4. 技术配方**

| 原料名称 | 直接法 | 间接法 |
|---|---|---|
| 锌焙烧矿粉(含量 50%) | 1700 | — |
| 锌锭 | — | 810 |

**5. 生产工艺**

1）直接法

将硫化锌精矿在 950℃下经氧化焙烧，获得焙砂。将焙砂与煤粉和石灰混合，压制成团块，自然风干，使它具有一定强度，将团块在 1300℃下煅烧，还原出锌蒸气。锌蒸气在通道中与空气中的氧混合并氧化生成氧化锌。经冷却、分离、捕集后得成品。

2）间接法

将锌锭放入石墨坩埚，加热到 550～650℃，熔化成液体，再将液体锌灌入陶土坩埚中，继续加热到 1200～1300℃的高温中气化，锌蒸气从坩埚上口喷出，在氧化室遇自然空气进行氧化，生成氧化锌粉末。热氧化锌粉末经过冷却管道进入捕集器，最后分级收集。

## 6. 产品标准(GB 3185)

1）质量指标

| 项　目 | B201 | | | B202 | | |
|---|---|---|---|---|---|---|
| | 一级品 | 二级品 | 三级品 | 一级品 | 二级品 | 三级品 |
| 颜色(与标准品相比) | 不低于标准品 | 不低于标准品 | 不低于标准品 | 不低于标准品 | 不低于标准品 | 不低于标准品 |
| 氧化锌含量(以干品计)/% | ≥99.70 | ≥99.50 | ≥99.40 | ≥99.70 | ≥99.50 | ≥99.40 |
| 金属物含量(以 Zn 计)/% | 无 | 无 | ≤0.08 | 无 | 无 | ≤0.008 |
| 氧化铅含量(以 Pb 计)/% | ≤0.037 | ≤0.056 | ≤0.014 | — | — | — |
| 锰的氧化物含量(以 Mn 计)/% | 0.0001 | 0.0001 | 0.0003 | — | — | — |
| 氧化铜含量(以 Cu 计)/% | ≤0.0001 | ≤0.0001 | ≤0.0005 | — | — | — |
| 盐酸不溶物含量/% | ≤0.006 | ≤0.008 | ≤0.05 | — | — | — |
| 灼烧减量含量/% | ≤0.2 | ≤0.2 | ≤0.2 | — | — | — |
| 细度(过 320 目筛余物)/% | ≤0.10 | ≤0.15 | ≤0.20 | ≤0.10 | ≤0.15 | ≤0.20 |
| 水溶物含量/% | ≤0.10 | ≤0.10 | ≤0.15 | ≤0.10 | ≤0.10 | ≤0.15 |
| 水分含量/% | — | — | — | ≤0.3 | ≤0.4 | ≤0.4 |
| 遮盖力/($g/m^2$) | — | — | — | ≤120 | ≤120 | ≤120 |
| 吸油量/% | — | — | — | ≤14 | ≤14 | ≤14 |
| 着色力/% | — | — | — | ≥100 | ≥95 | ≥95 |

2）氧化锌含量测定

(1) 原理。在 pH≈10 的氨-氯化铵缓冲溶液中。$Zn^{2+}$ 与 EDTA-Na(乙二胺四乙酸二钠)生成稳定的络合物,以铬黑 T 作指示剂,用乙二胺四乙酸二钠标准溶液滴定。

(2) 试剂。盐酸 1∶1 溶液,铬黑 T 指示剂:0.5%溶液,氨-氯化铵缓冲溶液甲(pH=10),氨水 1∶1 乙二胺四乙酸二钠溶液:0.5mol/L 标准溶液。

配制:称取 19g 乙二胺四乙酸二钠溶解于 1000mL 热水中,冷却后过滤,用精锌标定。

标定:称取 0.12g 经过表面处理干净的精锌(准确至 0.0002g),置于 500mL 锥形烧杯中,加少量水湿润,加 3mL 1∶1 盐酸加热溶解,冷却后加水至 200mL,用 1∶1 氨水中和至 pH 7~8,再加 10mL 缓冲溶液、5 滴铬黑 T 指示剂,用乙二胺四乙酸二钠标准溶液滴定至溶液由葡萄紫色变为蓝色即为终点。

计算:

$$T=G/V$$

式中,$T$——乙二胺四乙酸二钠对金属锌的滴定度,g/mL;$V$——滴定耗用乙二胺四乙酸二钠标准溶液的体积,mL;$G$——金属锌质量,g。

(3) 测定称取 0.13~0.15g 烘去水分的样品(准确至 0.0002g),置于 400mL 锥形烧杯中,加少量水润湿,加 3mL 1∶1 盐酸,加热溶解完全后,加水至 200mL 用 1∶1 氨水中和至 pH7~8,再加 10mL 缓冲液和 5 滴铬黑 T 指示剂用乙二胺四乙酸二钠标准溶液滴定至溶液由葡萄紫色变为蓝色即为终点。

$$W_{ZnO}=\frac{V\times T\times 1.2447}{G}\times 100\%$$

式中,$T$——乙二胺四乙酸二钠对 Zn 的滴定度,g/mL;$V$——滴定耗用乙二胺四乙酸二钠标准溶液的体积,mL;$G$——样品质量,g;1.2447——Zn 换算成 ZnO 的系数。

**7. 产品用途**

氧化锌在橡胶硫化过程中,可与有机促进剂、硬脂酸等发生反应生成硬脂酸锌,从而能增强橡胶硫化时的物理性能,同时能增强促进剂的活性,缩短硫化时间以及改进橡胶耐候性和抗拉机械性能,其次用作补强剂和着色剂(白色)也可用作氯丁橡胶硫化剂及增强导热性能的配合剂。

在涂料工业上,主要应用其着色力、遮盖力以及防腐、发光等作用,常可用作生产白色油漆和磁漆,因为氧化锌略带碱性,能与微量游离脂酸作用生成锌皂,使漆膜柔韧、坚固而不透水,以及阻止金属的锈蚀,氧化锌是白色着色力较好和不会粉化的颜料,它的遮盖力小于钛白粉和锌钡白,但它和钛白粉、立德粉等配合使用,能改善粉化情况和提高漆膜的牢固度,增强防锈能力,适宜作室外用漆,在油彩及水彩颜料工业中因氧化锌对皮肤无刺激作用，大量用于生产锌白品种的油彩和水彩颜料。

另外，氧化锌在印染工业、玻璃工业、医药工业、陶瓷工业、皮革工业中都有着广泛的应用。

**8. 参考文献**

[1] 张起，马勇，邓泉，等. 纳米氧化锌制备及应用研究进展[J]. 中国西部科技，2011，33：19-20.
[2] 杨丽萍，刘锋，韩焕鹏. 氧化锌材料的研究与进展[J]. 微纳电子技术，2007，02：81-87.
[3] 方佑龄，赵文宽，陈兴凡. 肤色超微粉末氧化锌的制备[J]. 涂料工业，1991，04：4-7.
[4] 盛裕明. 氨络合法生产氧化锌[J]. 化学工业与工程技术，1999，02：24.

## 5.3 铝　银　粉

铝银粉（Aluminium Silver Powder）又称银粉、铝粉。化学式 Al。

**1. 产品性能**

本品为银白色鳞片状粉末。遮盖力极强。耐气候性良好，耐含硫气体，但易受空气氧化而失光。铝粉质轻，易在空气中飞扬，遇火星易发生爆炸。为了防止爆炸，常加入溶剂油。铝粉遇酸能慢慢发生氢气，因而要防止铝粉与酸接触。

**2. 生产原理**

将铝锭熔化后喷成细雾，再经球磨机研细而成。或者用铝片经机械压延成铝箔，再经球磨机冲击而制成细小鳞片状。

**3. 工艺流程**

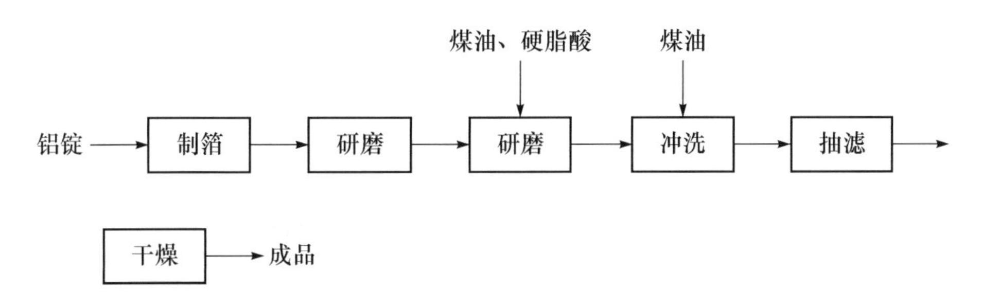


**4. 生产工艺**

将铝锭熔化后喷雾成粉末，或将铝箔经球磨机研磨后，加入硬脂酸和煤油再进行研磨，用煤油冲洗，抽滤，干燥而得成品。

**5. 产品标准**

1）质量指标

| 外观 | 银白色鳞片状粉末 |
|---|---|
| 铝含量/% | 96～98 |
| 细度(过 250 目筛余量)/% | ≤1.5 |

2）铝含量测定

(1) 仪器有柄蒸发皿；100W 封闭电炉；烘箱。

(2) 测定在已恒重的蒸发皿中，加入 5g 样品(准确至 0.01g)，放在密闭电炉上加热至不冒烟为止，取下放入(105±2)℃烘箱中烘 1h，冷却称量(准确至 0.0002g)，再继续烘至恒量。铝的百分含量按下式计算：

$$W_{Al}=[(G_1-G_2)/G]\times 100\%$$

式中，$G_1$——烘后有柄蒸发皿和样品的质量，g；$G_2$——有柄蒸发皿的质量，g；$G$——样品质量，g。

**6. 产品用途**

用于配制锤纹漆、底面两用漆及美术漆等。

**7. 参考文献**

[1] 许金木. 用废铝箔纸生产铝粉颜料技术[J]. 河南科技，1996，04：17.
[2] 薛福连. 废铝制取银粉技术[J]. 中国物资再生，1999，11：41-42.
[3] 易滨涛，田祖暄，李发勇，等. 塑胶专用条状金属铝颜料概述[J]. 塑胶工业，2007，02：32.

## 5.4 铝 银 浆

铝银浆(Aluminium Silver Paste)又称银粉浆、银浆、闪光浆。

**1. 产品性能**

本品为银白色鳞片浆状，通常有 101 铝银浆、102 优质浮型铝银浆和 101-1 非浮型铝银浆三种。

**2. 生产原理**

铝锭熔化后喷成细粉，加入溶剂调成浆状得产品。

### 3. 工艺流程

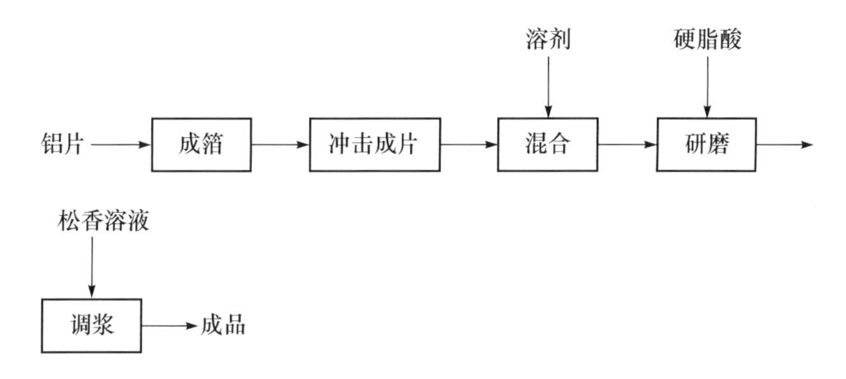


### 4. 生产工艺

将铝锭熔化后喷成细粉，经球磨机研磨（或将铝片经机械研磨成铝箔，再冲击）成细小鳞片状。

为了消除爆炸，加入溶剂；为减少摩擦及粉碎失光，常加入硬脂酸或石蜡作润滑剂研磨；为避免铝粉飞扬加入 3%松香溶液调成浆状而得成品。

### 5. 产品标准

1）质量指标

| 指标名称 | 101 | 102 | 101-1 |
|---|---|---|---|
| 外观 | 银白色的鳞片浆状 | | |
| 含固量/% | ≥64～66 | ≥66 | ≥6±2 |
| 漂浮力/% | ≥75 | ≥80 | — |
| 细度（过 320 目筛余量）/% | ≤2 | — | ≤2 |

注：101——铝银浆；102——优质浮型铝银浆；101-1——非浮型铝银浆。

2）漂浮力测定

(1) 试剂及仪器。松节油（CP 级）；古马隆树脂，25%古马隆松节油溶液：将 250g 古马隆树脂溶于 750g 松节油中加热溶解、冷却过滤而得；表面光滑，长 80～200mm、宽 10mm、厚 1mm 的钢匙；0～200mm 钢板尺；配有软木塞，塞上有一钢丝钩的 100mL 量筒；直径 18～20mm，高约 150mm 的试管。

(2) 测定。于 50mL 烧杯中，加入 3g 样品（准确至 0.1g）和 25mL 古马隆松节油溶液，用调墨刀搅拌至均匀溶液，迅速将上述溶液倒入试管中，将钢匙插入试管的底部轻轻做 90°旋转约 10s，再以每秒不低于 3cm 的速度垂直提出钢匙（从钢匙滴下的试液不多于 3～4 滴),不得碰试管壁,否则重做,立即垂直悬挂在量筒内,待 6min 后测量试液长度和钢匙上漂起长度(量至弯月面底部为准)以亮膜连续出现处为准。漂浮力按下式计算:

$$漂浮力=-[L_1/L_2]\times 100\%$$

式中,$L_1$——上浮之光亮部分的长度,mm;$L_2$——钢匙浸入试液内的长度,mm。

**6. 产品用途**

用于造漆、装潢及防腐。

**7. 参考文献**

[1] 竺玉书,魏仁华. 中国铝颜料行业发展现状[J]. 涂料工业,2012,01:75-79.
[2] 谭崇洋. 环保型非浮型铝银浆关键技术的改进性研究[D]. 南昌:南昌大学,2007.

## 5.5 碳 酸 铅

碳酸铅(Lead Carbonate)分子式 $PbCO_3$,相对分子质量 267.21。

**1. 产品性能**

本品为白色斜方晶系。折射率 2.0763。相对密度 6.6。加热时分解成氧化铅和二氧化碳。溶解度(水 20℃):0.000 11g/100mL。热水中能缓慢水解生成羟基碳酸铅,可溶于稀酸,放出二氧化碳。容易和硫化氢、硫化碳反应生成硫化铅。不溶于氨水和液氨,可溶于碱,易溶于柠檬酸水溶液。

**2. 生产原理**

硝酸铅与碳酸钠发生复分解反应,生成碳酸铅。

$$Pb(NO_3)_2+Na_2CO_3 \longrightarrow PbCO_3\downarrow +2NaNO_3$$

**3. 工艺流程**

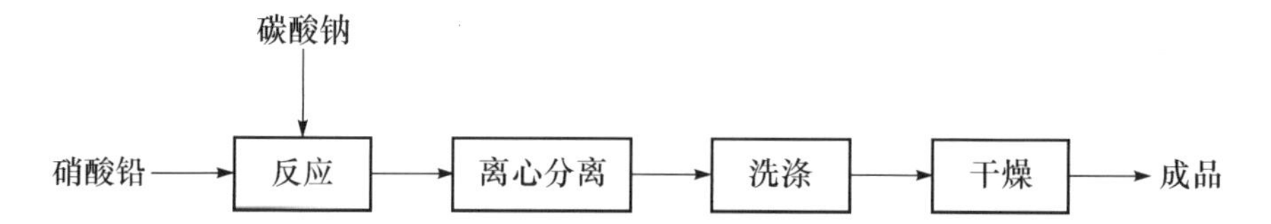

#### 4. 技术配方

| | |
|---|---|
| 碳酸钠(98%) | 560 |
| 硝酸铅(98%) | 1080 |

#### 5. 生产工艺

将碳酸钠溶解在水中制备碳酸钠溶液，过滤备用。再将硝酸铅晶体溶解在水中，过滤并转入反应器中。该反应器由碳钢制造，用不锈钢衬里(或衬以瓷砖)，并装有搅拌器在不断搅拌下将纯净的碳酸钠溶液缓缓加入盛有硝酸铅的反应器中，得碳酸铅白色沉淀。将反应混合物静置8～10h，然后虹吸除溶液上层清液，将碳酸铅浆料离心分离并用热水洗至无硝酸盐为止。碳酸铅沉淀物在70～75℃干燥得成品。

#### 6. 产品标准(参考指标)

| | |
|---|---|
| 外观 | 白色粉末 |
| 碳酸铅含量/% | ≥98 |
| 水分含量/% | ≤2 |

#### 7. 产品用途

用作颜料、涂料、化学助剂和橡胶填充增强着色剂，也用作玻璃及玻璃纤维的着色剂、脱色剂以及起泡剂等。

#### 8. 参考文献

[1] 董传山，李加智，孙中溪. 碳酸铅及碱式碳酸铅的合成与转化[J]. 济南大学学报(自然科学版)，2012，01：73-77.
[2] 曹学增，汪学英. 碱式碳酸铅的生产工艺研究[J]. 无机盐工业，2005，04：32-33.

## 5.6 立德粉

立德粉(Lithopone)又称锌钡白。分子式 $BaSO_4 \cdot ZnS$。

#### 1. 产品性能

立德粉是白色的晶状物质，由硫化锌和硫酸钡两种组分组成的混合物，含有少量的氧化锌杂质。密度4.3g/cm$^3$，平均粒径为0.3～0.5μm。具有良好的化学稳定性和耐碱性，遇酸类则使其分解而放出硫化氢。经长期日晒会变色，但放置于暗处仍可恢复原色。

**2. 生产原理**

重晶石用碳或一氧化碳还原为硫化钡，当硫化钡与硫酸锌混合反应时，即得立德粉。

$$BaSO_4 + 2C \longrightarrow BaS + 2CO_2 \uparrow$$

$$BaS + ZnSO_4 \longrightarrow ZnS + BaSO_4$$

**3. 工艺流程**

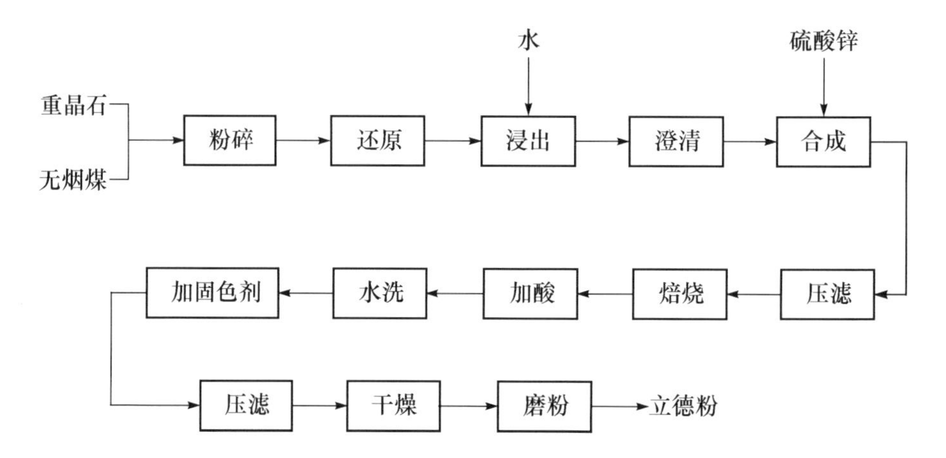


**4. 技术配方**

| | |
|---|---|
| 重晶石($BaSO_4$>95%，$SiO_2$<3%) | 1000 |
| 煤粉(320 目) | 3000 |

**5. 生产原料规格**

重晶石粉是白色或灰白色粉末。主要化学成分是硫酸钡($BaSO_4$)，相对分子质量为 233.40。密度为 4.5g/cm³，熔点 1580℃，硬度 2.5～3.5。性脆。不溶于水和酸，具有玻璃光泽。其质量指标如下

| 指标名称 | 指　标 |
|---|---|
| 硫酸钡含量/% | ≥95 |
| 细度(250～320 目/cm) | 全通过 |

### 6. 生产工艺

（1）硫酸锌制备。生产硫酸锌的原料是硫酸与各种含锌材料。这些含锌材料可应用煅烧过的锌精矿砂，或各种含锌废料等。例如，硫酸与氧化锌或锌反应生成硫酸锌。

$$ZnO + H_2SO_4 \longrightarrow ZnSO_4 + H_2O$$

$$Zn + H_2SO_4 \longrightarrow ZnSO_4 + H_2 \uparrow$$

在硫酸锌溶液中加入氧化剂（漂白粉、空气或高锰酸钾等），使二价铁氧化成三价铁沉淀出来。pH 维持在 5.0～5.5。然后在硫酸锌的溶液内加入锌粉或合金锌粉和少量硫酸铜，除铜、镉、镍和钴。最后在溶液内加入少许氧化剂，将残余的铁除清。

（2）立德粉的制备。将含硫酸钡大于 95％的天然重晶石与无烟煤以 3∶1 投料，经粉碎到 2cm 以下进入还原炉，控制炉温前段为 1000～1200℃，后段为 500～600℃，还原炉转速为每转 80s，反应转化率为 80％～90％，得到硫化钡含量为 70％，再进入澄清桶，澄清后加入硫酸锌反应，控制硫酸锌含量大于 28％，pH 为 8～9，得到硫酸钡和硫化锌混合物。反应液经板框过滤，得到的滤饼即浆状立德粉，含水量不大于 45％，进入干燥焙烧以改变立德粉晶格，然后在 80℃温度下用硫酸酸洗。最后经水洗，加固色剂，压滤、干燥和磨粉得立德粉。

### 7. 产品标准(HG 1-1059)

| 指标名称 | B-301 | | B-302 | |
|---|---|---|---|---|
| | 一级品 | 二级品 | 一级品 | 二级品 |
| 白度(与标准品相比) | 不低于标准品 | 不低于标准品 | 不低于标准品 | 不低于标准品 |
| 着色力(与标准品相比)/％ | ≥100 | ≥95 | ≥105 | ≥100 |
| 吸油量/％ | ≤14 | ≤16 | ≤11 | ≤13 |
| 总锌量(以 ZnS 计)/％ | ≥28.0 | ≥28.0 | ≥28.0 | ≥28.0 |
| 溶于乙酸的锌化合物含量(以 ZnO 计)/％ | ≤0.70 | ≤1.25 | ≤0.40 | ≤0.60 |
| 水溶物含量/％ | ≤0.40 | ≤0.50 | ≤0.40 | ≤0.40 |

| | | | | |
|---|---|---|---|---|
| 细度(通过 320 目筛筛余物)% | ≤0.30 | ≤0.50 | ≤0.20 | ≤0.30 |
| 水萃取液 pH | 6.8～8.0 | 6.8～8.3 | 6.8～7.5 | 6.8～7.5 |
| 遮盖力/($g/m^2$) | ≤100 | — | ≤90 | ≤100 |
| 耐光性(200W 汞灯 200～220V,距离 50cm,照 10min) | 不变 | — | 不变 | 不变 |
| 水分含量/% | ≤0.30 | ≤0.30 | ≤0.30 | ≤0.30 |

**8. 产品用途**

锌钡白被广泛用作室内涂料,由于产品本身对于大气作用不稳定,所以不适合用来制室外涂料。该产品除在涂料中应用外,在橡胶、油墨、造纸、水彩、油画颜料、漆布、油布、皮革和搪瓷等行业中也广泛使用。

**9. 参考文献**

[1] 曹迪华,郭秀香,杜建国.立德粉 B311 的生产工艺研究[J].河北化工,1996,01:23-24.

[2] 农永存,彭兵.提高立德粉白度质量的研究[J].广西质量监督导报,2010,08:30-32.

[3] 熊双喜,舒阶茂,陈大元,等.立德粉合成新方法的研究[J].湘潭大学自然科学学报,1995,02:78-80.

[4] 张桂文,李继睿.含锌废料制备立德粉[J].云南化工,2010,02:84-86.

## 5.7 碱式碳酸镁

碱式碳酸镁(Magnesium Carbonate)又称轻质碳酸镁。分子式为$x\,MgCO_3 \cdot y\,Mg(OH)_2 \cdot z\,H_2O$。

**1. 产品性能**

碱式碳酸镁为白色粉末,无味、无毒。在空气中稳定,300℃以上即分解。微溶于水,能使水呈弱碱性,易溶于酸。

**2. 生产原理**

1)纯碱法

将苦卤与纯碱反应,经真空过滤、洗涤、破碎、干燥、粉碎得成品。

$$5MgCl_2+5Na_2CO_3+5H_2O \longrightarrow 4MgCO_3 \cdot Mg(OH)_2 \cdot 4H_2O+CO_2+10NaCl$$

2）白云石法

将含17% MgO的白云石与煤粉碎后，于高温下煅烧，然后加水化灰，再碳化、压滤，用直接蒸汽热解后，再压滤、干燥、粉碎得轻质碳酸镁。

$$MgCO_3 \cdot CaCO_3 \longrightarrow MgO \cdot CaO + 2CO_2$$

$$MgO \cdot CaO + 2H_2O \longrightarrow Mg(OH)_2 + Ca(OH)_2$$

$$Mg(OH)_2 + Ca(OH)_2 + 3CO_2 \longrightarrow Mg(HCO_3)_2 + CaCO_3 + H_2O$$

$$aMg(HCO_3)_2 + bH_2O \longrightarrow xMgCO_3 \cdot yMg(OH)_2 \cdot zH_2O + eCO_2$$

**3. 工艺流程**

这里介绍纯碱法。

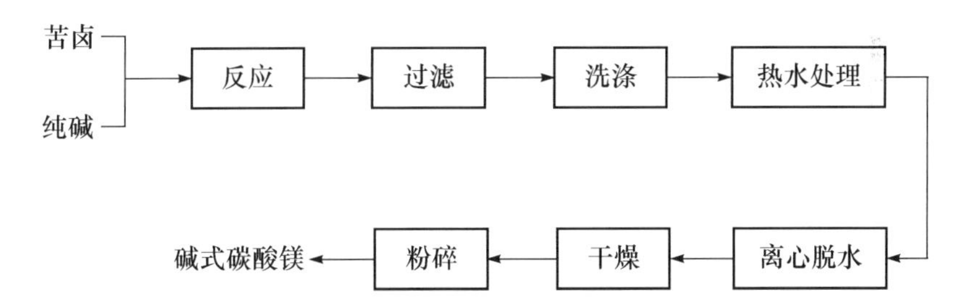


**4. 技术配方**

1）白云石法

| | |
|---|---|
| 白云石（MgO≥17%） | 5500 |
| 煤 | 4000 |

2）纯碱法

| | |
|---|---|
| 苦卤（$MgCl_2$，450g/L） | 4500 |
| 纯碱（98%） | 1500 |

**5. 生产原料规格**

1）苦卤

苦卤（$MgCl_2 \cdot 6H_2O$）化学名称为六水氯化镁，为单斜结晶，无色。工业品常带黄褐色。含氯化镁45%～50%，并含有少量的硫酸镁、氯化钠等杂质。有苦味。密度为1.56g/cm³，易溶于水与乙醇。在100℃时开始失去结晶水，在116～118℃时失去全部结晶水，同时释放氯化氢。易潮解。其质量指标如下：

| 指标名称 | 指标 |
| --- | --- |
| 六水氯化镁含量/% | 85～98 |

2）纯碱

纯碱（$Na_2CO_3$）化学名称为碳酸钠，为白色粉末或细粒状晶体。密度为2.532g/cm$^3$，相对分子质量为105.99，熔点851℃。味涩。能溶于水，尤其能溶于热水中，水溶液呈碱性。微溶于无水乙醇，不溶于丙酮。与酸类发生中和作用生成盐类，也能与许多盐类起复分解作用。在空气中能渐渐吸收水分及二氧化碳，生成碳酸氢钠而结成硬块。其质量指标如下：

| 指标名称 | 二级品 |
| --- | --- |
| 总碱度（换算为 $Na_2CO_3$ 含量）/% | ≥98.0 |
| 氯化钠含量/% | ≤1.2 |
| 铁含量（换算为 $Fe_2O_3$ 含量）/% | ≤0.020 |
| 水不溶物含量/% | ≤0.20 |
| 灼烧失量/% | ≤0.7 |

**6. 生产工艺**

将纯碱在温水中溶化澄清后，加水稀释至10%。将苦卤（不含有 $CaCl_2$，Fe含量在15mg/kg以下）加水稀释成16%～19%，温度控制在40～50℃。将配好的两种溶液立即等量地加入反应锅中，同时缓慢搅拌反应液，使反应液由流动性较好，变成豆腐般黏滞，再恢复流动性时，即停止搅拌。将反应液经两次真空过滤后，将沉淀加冷的软水，充分搅拌进行洗涤，水洗数次，直至滤液中氯化物含量与洗涤水的氯化物的含量相似为止。将洗好的沉淀放入热水处理缸中，加水，用蒸汽加热至80～90℃，并保持15～20min。热水处理时沉淀膨胀，体积增加。热水处理后，用离心机脱水，送烘房干燥，干燥温度为80℃左右，不宜太高。干燥后进行粉碎，细度须99%以上通过200目筛孔，即得成品。

**7. 产品标准**

| 质量指标 | 优级品 | 一等品 | 合格品 |
| --- | --- | --- | --- |
| 外观 | | 白色粉末 | |
| 水分/% | ≤2.0 | ≤3.0 | ≤4.0 |
| 盐酸不溶物含量/% | ≤0.10 | ≤0.15 | ≤0.20 |
| 氧化钙(CaO)含量/% | ≤0.43 | ≤0.70 | ≤1.0 |
| 氧化镁(MgO)含量/% | ≥41.0 | ≥40.0 | ≥38.0 |

| 灼烧失量/% | 54～58 | 54～58 | ≥52.0 |
|---|---|---|---|
| 氯化物含量(以 $Cl^-$ 计)/% | ≤0.10 | ≤0.15 | ≤0.30 |
| 铁(Fe)含量/% | ≤0.02 | ≤0.05 | ≤0.08 |
| 锰(Mn)含量/% | ≤0.004 | ≤0.004 | — |
| 硫酸盐含量(以 $SO_4^{2-}$ 计)/% | ≤0.10 | ≤0.15 | ≤0.30 |
| 筛余量(筛孔尺寸 150μm)/% | ≤0.025 | ≤0.03 | ≤0.05 |
| 筛余量(筛孔尺寸 75μm)/% | ≤1.0 | — | — |
| 表观密度/(g/mL) | ≤0.12 | ≤0.14 | — |

**8. 产品用途**

用作橡胶制品的填充剂和增强剂，防火保温材料；也用于制造镁盐、氧化镁、化妆品、牙膏、医药及颜料等。

**9. 参考文献**

[1] 张向京，赵飒，张志昆，等. 加压碳化法制备碱式碳酸镁新工艺研究[J]. 无机盐工业，2011，10：39-41.

[2] 祁洪波，杨维强. 轻质透明碱式碳酸镁生产工艺研究[J]. 无机盐工业，2008，10：36-38.

[3]涂杰，徐旺生. 白云石加压碳化法制备碱式碳酸镁新工艺[J]. 非金属矿，2010，01：45-46.

[4]毛小浩，李军旗，赵平源. 氯化镁制备碱式碳酸镁研究[J]. 山西冶金，2009，06：1-3.

## 5.8 改性偏硼酸钡

在偏硼酸盐中，有钙盐、钡盐、锌盐等，作为防锈颜料的只有偏硼酸钡。改性偏硼酸钡的理论分子式为 $Ba(BO_2)_2 \cdot H_2O$，相对分子质量 241.0。

**1. 产品性能**

改性偏硼酸钡是用无定形水合二氧化硅将偏硼酸钡包覆后而制得的白色粉末。改性偏硼酸钡含有一定量的二氧化硅和结晶水。平均粒度约为 8μm，有效粒度为 3μm。改性偏硼酸钡微溶于水，易溶于盐酸。受热时易脱去结晶水。

**2. 生产原理**

制备偏硼酸钠常用的钡盐有硫化钡、氢氧化钡、氯化钡、碳酸钡和硝酸钡。常用的硼化合物有硼酸、硼砂等。一般工艺有固相混合熔融法和液相沉淀法。

改性偏硼酸钠主要原料是重晶石、硫化钡和硼砂。

通常将硫化钡和硼砂溶液，在有硅酸钠存在的条件下，进行沉淀反应。即用聚合、无定形水合二氧化硅(同时含有 Si—O—Si 及 Si—OH 键)，加入水合偏硼酸钡

中而生成改性偏硼酸钡。其中主要化学方程式为

$$2BaS + Na_2B_4O_7 + H_2O \longrightarrow 2BaB_2O_4 + 2NaHS$$

**3. 工艺流程**

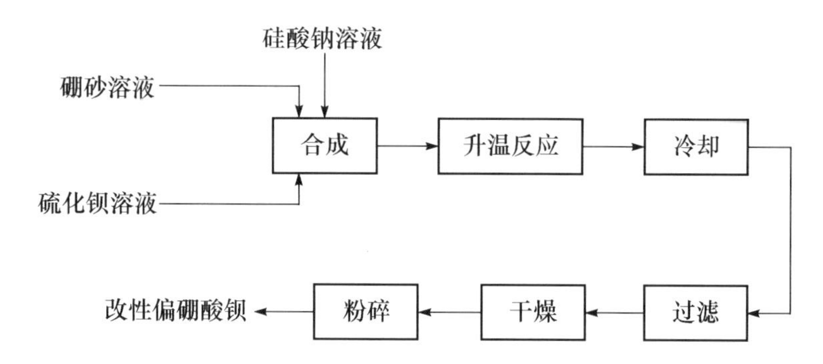


**4. 生产原料规格**

1）硼砂

硼砂($Na_2B_4O_7 \cdot 10H_2O$)化学名称为十水四硼酸钠，相对分子质量为381.37。硼砂为无色半透明晶体或白色晶体粉末。无臭、味咸。密度为1.73g/cm$^3$。320℃时失去全部结晶水。易溶于水、甘油中，微溶于乙醇。水溶液呈弱碱性。硼砂在空气中可缓慢风化。熔融时成无色玻璃状物质。硼砂有杀菌作用，口服对人有害。其质量指标如下：

| 指标名称 | 指标 |
|---|---|
| 十水四硼酸钠($Na_2B_4O_7 \cdot H_2O$)含量/% | ≥95.0 |
| 水不溶物含量/% | ≤0.04 |
| 碳酸钠($Na_2CO_3$)含量/% | ≤0.40 |
| 硫酸钠($Na_2SO_4$)含量/% | ≤0.20 |
| 氯化钠(NaCl)含量/% | ≤0.10 |
| 铁(Fe)含量/% | ≤0.002 |

2）硫化钡

硫化钡(BaS)的相对分子质量为169.40。硫化钡为白色等轴晶系立方晶体。灰白色粉末，工业品是浅棕黑色粉末，亦有块状。密度为4.25g/cm$^3$(15℃)。熔点为1200℃。溶于水而分解成氢氧化钡及硫氢化钡。水溶液呈强碱性，具有腐蚀性。遇酸类放出硫化氢，与浓酸一起加热分解出硫化氢和硫磺。在潮湿空气中氧化。有毒！其质量指标如下：

| 指标名称 | 指标 |
|---|---|
| 熔体硫化钡(BaS)含量/% | >65 |
| 澄清硫化钡液(BaS)浓度/(g/L) | 200(自用) |

3）硅酸钠

硅酸钠($Na_2SiO_3$)俗称水玻璃、泡花碱，相对分子质量为122.06。硅酸钠为透明的无色或淡黄色、青灰色的黏稠液体。密度为2.4g/$cm^3$，熔点为1088℃。能溶于水，遇酸则分解而析出硅酸的胶质沉淀，其无水物为无定形的玻璃状物质。适合于本产品用的硅酸钠质量指标如下：

| 指标名称 | 1 | 2 |
|---|---|---|
| 氧化钠($Na_2O$)含量/% | 6.8～7.7 | 8.5～9.3 |
| 二氧化硅($SiO_2$)含量/% | 23.7～26.7 | 27.0～29.1 |
| 模数($SiO_2$ ：NaO，物质的量比值) | 3.5～3.7 | 3.7～3.4 |
| 铁(Fe)含量/% | ≤0.04 | ≤0.04 |

**5. 生产工艺**

将硫化钡配制成浓度14～16g/L、温度55～70℃的溶液；硼砂配制成浓度0.22～0.28g/L、温度70～85℃的溶液。将物料硼砂、硫化钡并流加到预先加到装有硅酸钠的合成锅中，使物料间分布得尽量均匀。投料后升温，使物料在110～140℃温度下反应1～6h，反应后冷却至70～80℃。将反应液打入加压过滤器中，滤液及洗水通向氧化塔进行空气氧化，抽样符合国家排放标准即可。滤饼送到旋转干燥炉进行干燥，经过适当粉碎后即制得成品。

**6. 产品标准**

| 指标名称 | 指标 |
|---|---|
| 氧化钡含量/% | 54～61 |
| 三氧化二硼含量/% | 21～28 |
| 二氧化硅含量/% | 4～9 |
| 水不溶物含量/(g/100mL) | ≤0.3 |
| 水悬浮液pH | 9～10.5 |
| 细度(过320目筛余量) | ≤0.50 |
| 吸油量(g/100g) | ≤30 |
| 挥发物含量/% | ≤1.0 |

**7. 产品用途**

改性偏硼酸钡主要用于涂料工业，在涂料中具有防锈、防霉、防菌、防污染、抗粉化、防止变色、阻燃等作用，是多功能的防锈颜料。

**8. 参考文献**

[1] 袁丽荣，张惠珍. 偏硼酸钡生产中 $B_2O_2$ 含量的控制[J]. 天津化工，2001，06：29.
[2] 张亨，张汉宇. 无机晶体光学材料偏硼酸钡合成研究进展[J]. 上海化工，2012，04：12-15.

## 5.9 硼 酸 锌

硼酸锌化合物的组成有多种，它们的分子通式为 $x\mathrm{ZnO}\cdot y\mathrm{B_2O_3}\cdot z\mathrm{H_2O}$。目前开发的主要品种的分子式为 $2ZnO\cdot 3B_2O_3\cdot 3.5H_2O$，其中含 ZnO 37.45%、$B_2O_3$ 48.05%。

**1. 产品性能**

硼酸锌为白色细微粉末，平均粒经 2～10μm，密度为 2.8g/$cm^3$，熔点为 980℃。吸油量是 45g/100g。不易吸潮，易分散。

硼酸锌为膨胀型阻燃颜料，具有无毒防锈、防霉、防污特性。当今已发展成具有多种性能的化工材料。

**2. 生产原理**

硫酸锌或碳酸锌(氧化锌)与硼砂反应生成硼酸锌。

$$2ZnSO_4+2Na_2B_4O_7+6.5H_2O \longrightarrow 2ZnO\cdot 3B_2O_3\cdot 3.5H_2O+2Na_2SO_4+2H_3BO_3$$

$$1.5ZnSO_4+1.5Na_2B_4O_7+0.5H_2O+3.5H_2O \longrightarrow 2ZnO\cdot 3B_2O_3\cdot 3.5H_2O+1.5Na_2SO_4$$

$$2ZnSO_4+1.5Na_2B_4O_7+NaOH+3H_2O \longrightarrow 2ZnO\cdot 3B_2O_3\cdot 3.5H_2O+2Na_2SO_4$$

$$2ZnCl_2+2Na_2B_4O_7+6.5H_2O \longrightarrow 2ZnO\cdot 3B_2O_3\cdot 3.5H_2O+4NaCl+2H_3BO_3$$

碱式碳酸锌与硼酸的饱和溶液作用得到结构为 $ZnO\cdot 2B_2O_3\cdot 4H_2O$ 的硼酸锌。

这里主要介绍硫酸锌、氧化锌、硼砂工艺。

**3. 生产原料规格**

1）硫酸锌

硫酸锌($ZnSO_4\cdot 7H_2O$)为无色针状晶体或粉状晶体。相对分子质量为 287.54。密度是 1.957g/$cm^3$。熔点 100℃。易溶于水，微溶于乙醇和甘油。干燥空气中逐渐风化。39℃时，失去 1 个结晶水。在 280℃时，则脱水为无水物。加热至 767℃时，则分解为 ZnO 和 $SO_3$。其质量指标如下：

| 指标名称 | 二级 |
| --- | --- |
| 硫酸锌($ZnSO_4 \cdot 7H_2O$)含量/% | ≥98 |
| 游离酸($H_2SO_4$)含量/% | ≤0.1 |
| 水不溶物含量/% | ≤0.05 |
| 氯化物($Cl^-$)含量/% | ≤0.2 |
| 铁(Fe)含量/% | ≤0.01 |
| 重金属(Pb)含量/% | ≤0.05 |
| 锰(Mn)含量/% | — |

2) 氧化锌

氧化锌分子式 ZnO。白色粉末。无臭、无味、无砂性。受热变成黄色,冷却后又恢复白色。相对密度 5.606。熔点 1975℃。遮盖力比铅白小。不溶于水和乙醇,溶于酸、碱、氯化铵和氨水中。一级品质量指标如下:

| 指标名称 | 一级 |
| --- | --- |
| 氧化锌含量/% | ≥99.5 |
| 锌含量/% | — |
| 氧化铅含量/% | ≤0.06 |
| 盐酸不溶物含量/% | ≤0.08 |
| 灼烧减量/% | ≤0.2 |
| 细度(过 200 目筛余量)/% | ≤0.1 |
| 遮盖力/($g/m^2$) | ≤100 |
| 吸油量/% | ≤20 |

**4. 工艺流程**

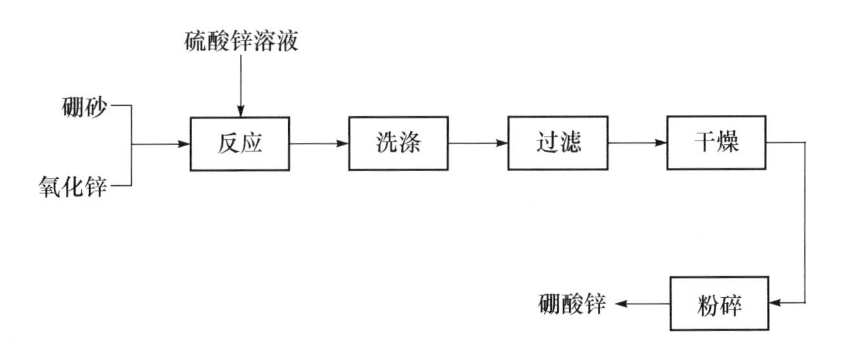


**5. 生产工艺**

将硫酸锌配制成规定的浓度,按所需的量由计量高位槽加入反应锅中,然后投入规定的硼砂及氧化锌的需要量进行升温加热反应，随时记录反应温度、控制一定的固液比，直到中途抽样检验控制分析合格才终止反应。固体物料经压滤、漂洗、干燥、粉碎，即得成品。在生产过程中产生的含锌废水采用碱中和、结晶浓缩等方法进行治理。

### 6. 产品标准(参考指标)

| | |
|---|---|
| 外观 | 白色细微粉末 |
| 相对密度/(g/cm³) | 2.8 |
| 折光率 | 1.58 |
| 吸油量/(g/100g) | 45 |
| 细度(平均粒度)/μm | 2～10 |
| 熔点/℃ | 980 |

### 7. 产品用途

硼酸锌广泛应用到高分子材料中。在化工、钢铁、煤炭等行业中主要用于制作各种耐燃胶带(管)、耐燃电缆等。同时硼酸锌又是一种良好的无毒防锈颜料。

### 8. 参考文献

[1] 张亨. 硼酸锌的合成研究进展[J]. 上海塑料，2012，04：6-9.

[2] 朱丽. 硼酸锌的合成及表面改性研究[D]. 无锡：江南大学，2009.

[3] 陈志玲，孙雪峰，李耀庭，等. 亚微米硼酸锌(Firebrake 415)的制备及表征[J]. 北京石油化工学院学报，2011，02：1-4.

## 5.10 磷　酸　锌

磷酸锌(Zinc Phosphate)又称磷锌白。分子式为 $Zn_3(PO_4)_2 \cdot 2H_2O$，相对分子质量 422.08。磷酸锌通常含有 4 个分子结晶水，磷酸锌通常含有 4 个分子结晶水，有 α、γ 和 β 三种晶态。属斜方晶系的针状和板状晶体，加热大于 100℃时保留两分子结晶水，约在 250℃时失去结晶水。

### 1. 产品性能

磷酸锌为白色粉末或斜方晶体。密度为 3.0～3.9g/cm³，水溶液的 pH 为 6.5～8.0。溶于无机酸、氨水和铵盐溶液。不溶于水和醇。在 100℃时失去结晶水而成无水物。有潮解性、腐蚀性。无毒。吸油量为 15～50g/100g。具有较好的稳定性、耐水性和防蚀性。

### 2. 生产原理

(1) 磷酸、硫酸锌法：在强碱存在下，用磷酸与硫酸锌作用，生成磷酸锌。该工艺的缺点是收率低。

(2) 硫酸锌与磷酸氢二钠法：硫酸锌与磷酸氢二钠反应，同时加入氢氧化钠，借以中和磷酸氢二钠，可制得磷酸锌。如果加入适量的氢氧化钠，收率可接近 100%。

(3) 氧化锌法：氧化锌与磷酸反应生成磷酸锌。

$$3ZnO + 2H_3PO_4 \longrightarrow Zn_3(PO_4)_2 + 3H_2O$$

### 3. 工艺流程

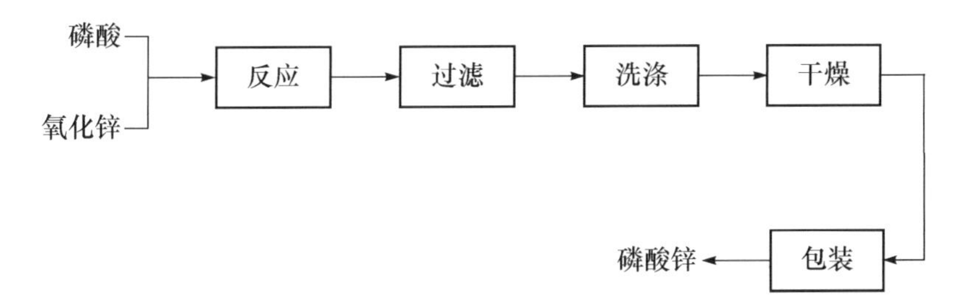


### 4. 技术配方

| | |
|---|---|
| 磷酸($H_3PO_4$,85%) | 560 |
| 氧化锌(ZnO,98%) | 615 |

### 5. 生产原料规格

磷酸($H_3PO_4$)：市售的 85%磷酸是无色透明糖浆状稠厚液体。密度为 1.70g/cm³。纯品磷酸为无色斜方晶体。密度为 1.834g/cm³(18℃)。熔点 42.35℃。沸点 213℃(失去 1/2$H_2O$)。富潮解性。溶于水和乙醇。其酸性较硫酸、盐酸和硝酸等强酸为弱。但较乙酸、硼酸为强。能刺激皮肤引起发炎及破坏肌体组织。其质量指标如下：

| 指标名称 | 二级 |
|---|---|
| 磷酸($H_3PO_4$)含量/% | ≥85 |
| 氯化物($Cl^-$)含量/% | ≤0.005 |
| 硝酸盐($NO_3^-$)含量/% | ≤0.005 |
| 硫酸盐($SO_4^{2-}$)含量/% | ≤0.02 |
| 色度/# | ≤30 |

### 6. 生产工艺

将工业磷酸打入母液储槽中，与母液配制成15％～20％浓度的磷酸溶液。再打入磷酸高位槽中。将工业氧化锌打入预先装有水的带有夹套的不锈钢合成锅中。夹套通入蒸汽，开动搅拌打浆，使温度升至50～80℃。磷酸溶液由高位槽缓慢加入合成锅中，可用pH试纸控制投料终点使之呈微酸性（pH＝4），夹套通入蒸汽可升温30～60℃。反应1.5～2h（在搅拌情况下），将料浆放入真空抽滤机中。料浆经分离，水洗终点用pH试纸控制为中性。分离出的母液打入母液储槽中，滤饼经干燥，即得成品。

### 7. 产品标准

| | |
|---|---|
| 外观 | 白色粉末 |
| 锌(Zn)含量/％ | ≥44 |
| 水分含量/％ | ≤1 |
| 吸油量/％ | ≤40 |

### 8. 产品用途

新型防锈颜料，用于涂料工业。

### 9. 参考文献

[1] 郭仁庭，覃忠富，傅长明，等. 磷酸锌生产技术现状及发展趋势[J]. 大众科技，2011，06：89-91.

[2] 丁玲，王永为，许绚丽，等. 不同晶貌磷酸锌化合物的制备与表征[J]. 大连工业大学学报，2012，04：288-291.

[3] 谢飞. 超细磷酸锌的合成与性能[D]. 广州：广东工业大学，2011.

## 5.11 氧化铁黄

氧化铁黄（Yellow Iron Oxide）又称铁黄G301、铁黄羟基铁、含水三氧化二铁、氧化氢氧化铁。分子式为$Fe_2O_3 \cdot H_2O$或$Fe_2O_3 \cdot nH_2O$，相对分子质量为177.71。

### 1. 产品性能

氧化铁黄呈黄色粉末状。色泽带有鲜明而纯洁的赭黄色，并有从柠檬色到橙色一系列色光。当氧化铁黄被加热至150℃以上时开始脱水变色，逐渐形成氧化铁红。氧化铁黄的遮盖力及着色力都很强，具有优良的耐光性、耐候性、耐碱性及耐污浊气体的性能。但不耐高温、不耐酸，易被热的浓强酸溶解。

## 2. 生产原理

以废铁与硫酸作用生成硫酸亚铁，再与氢氧化钠作用制成晶核，在晶核悬浮液中加入硫酸亚铁溶液与铁屑，经加热氧化而生成氧化铁黄。

操作采用装有多孔板的木桶，加入废铁屑、氢氧化铁和硫酸亚铁溶液，从木桶底部通入压缩空气，通过分布板小孔均匀冒出进行氧化反应。氧化反应温度控制在40℃（通过水蒸气调节），反应时间41h，氢氧化亚铁浓度为8%。氧化反应结束得到淡黄色氧化铁黄，调节酸度使氧化铁黄沉淀，经分离除去杂质，最后经干燥得成品。

$$4H_2SO_4+4Fe+28H_2O \longrightarrow 4H_2\uparrow+4FeSO_4\cdot 7H_2O$$

$$4FeSO_4\cdot 7H_2O+O_2 \longrightarrow 2Fe_2O_3\cdot H_2O\downarrow+4H_2SO_4+22H_2O$$

## 3. 工艺流程

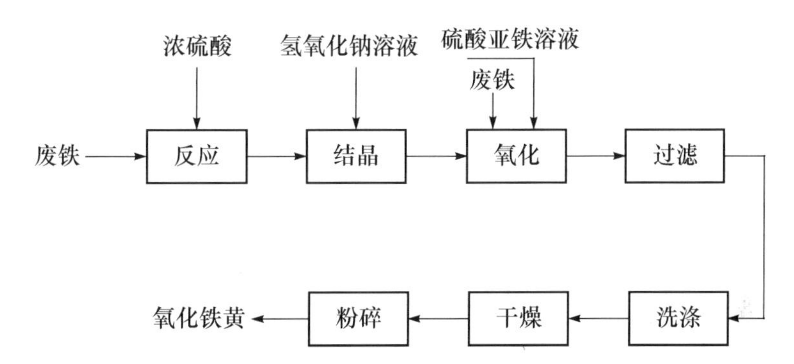


## 4. 技术配方

| | |
|---|---|
| 废铁（不含其他金属杂质） | 1100 |
| 硫酸（100%） | 250 |
| 氢氧化钠（98%） | 35 |

## 5. 生产原料规格

废铁：废铁即钢铁的边角废料，如铁屑、废铁片、废铁丝等。废铁上的油污应清洗掉，中间夹有的锌、铅等其他金属及非金属杂物应选出弃去。

铁的元素符号为Fe，为银白色金属，密度为7.86g/cm$^3$。纯铁熔点1535℃，沸点3000℃。含有杂质的铁在潮湿空气中逐渐生锈。铁溶于硫酸、盐酸、稀硝酸中。

## 6. 生产工艺

1）工艺一

将废铁和水放入硫酸亚铁反应锅中，然后渐渐注入浓硫酸，使废铁溶解成硫酸亚铁。

将反应好的硫酸亚铁注入计量槽内，然后用泵打入晶核反应锅中，与加入的氢氧化钠溶液作用生成绿色的氢氧化亚铁。然后在常温下通入空气进行氧化，溶液逐渐转变为淡土黄色时，反应结束，停止通入空气，制成晶核悬浮液。将晶体核悬浮液注入成品反应锅（氧化锅），同时加入废铁和硫酸亚铁，通入蒸汽加热，在70～75℃范围内通入空气进行氧化，此时空气中的氧将亚铁离子氧化，生成三氧化二铁的一水物，并以晶核为核心，包裹在外层，颜料粒子逐渐增大，色泽由浅到深，直到其颜色和标准样品相同时，即可停止氧化。反应中生成的硫酸又与铁屑作用生成硫酸亚铁。硫酸亚铁又继续被氧化为氧化铁黄。

将氧化结束的成品过滤，去掉反应的铁屑，成品液料进入储槽，然后用回转式真空抽滤机将含有硫酸亚铁的母液滤去。再用水洗，直到洗涤水中的可溶性盐下降到规定的指标。将漂洗干净的氧化铁黄送入喷雾干燥器干燥，即得氧化铁黄。然后经粉碎，过筛即得成品。

2）工艺二

将铁屑放置在反应器的花板上，随即加入硫酸亚铁溶液，溶液浓度以含6%～10%硫酸亚铁为合适。加入氢氧化铁晶体核。把溶液加热到60～80℃。然后通过空气管输入空气。金属铁的氧化立刻开始。经过48h左右，然后观察产品的色光及沉降速度而确定氧化是否已经完成。氧化完成的产品呈淡黄色或所需要的颜色。酸度控制在氧化铁黄可以沉淀，而其他杂质如锌、锰及低价铁盐等不能沉淀，这样可以将氧化铁黄与杂质分开。用压滤机把沉淀物分开。然后进行洗涤，直至洗液中不再有铁盐存在为止，再经干燥，研磨，过筛。硫酸亚铁溶液在过程中循环使用。

## 7. 产品标准(GB 1862)

1）产品规格

| 指标名称 | 一级品 | 二级品 |
|---|---|---|
| 外观 | 黄色粉末 | 黄色粉末 |
| 色光(与标准品相比) | 近似至微似 | 稍似 |
| 吸油量/% | 25～35 | 25～35 |

| | | |
|---|---|---|
| 水分含量/% | ≤1 | ≤15 |
| 细度(过320目筛余量)/% | ≤0.5 | ≤1 |
| 水萃取液pH | 3.5～7 | 3～7 |
| 水溶物含量/% | ≤0.5 | ≤1 |
| 三氧化二铁(干品)含量/% | ≥86.0 | ≥80.0 |

2) 氧化铁黄含量测定

(1) 应用试剂。6mol/L盐酸溶液;0.5%二苯胺磺酸钠溶液;$\frac{1}{6}\times0.1$mol/L重铬酸钾标准溶液:用4.903 5g(准确至0.000 1g)在120℃烘至恒重,将重铬酸钾(基准试剂)溶于500mL蒸馏水中,稀释至1000mL,暗处保存;氧化亚锡溶液:10g氯化亚锡溶于33.3mL盐酸中,加水稀释至100mL,需要新鲜配制;氯化高汞饱和溶液:用氯化高汞溶于水成饱和状态;硫磷混合液:取150mL浓硫酸及150mL浓磷酸溶于500mL水中,并稀释至1000mL(配制过程,酸稀释时放热,必须冷却)。

(2) 测定。在500mL锥形瓶中,加入0.3g样品,加入6mol/L盐酸,锥形瓶口上盖一小漏斗,以防止瓶内溶液溅出。加热使其全部溶解后加100mL水冲洗漏斗及锥形瓶口,加热至微沸,然后将氯化亚锡溶液逐滴加入微沸液中至溶液黄色刚好褪尽,再多加一滴。加入100mL水,将溶液冷却至室温,加6mL氯化高汞饱和溶液,用力摇荡3min,加20mL硫磷混合液及5～7滴二苯胺磺酸钠指示剂,用(1/6)×0.1mol/L重铬酸钾标准溶液滴定至紫色,保持30s不褪色即为终点。则三氧化二铁的含量($W$)按下式计算:

$$W=\frac{0.079\ 85\times6\times M\cdot V}{G}\times100\%$$

式中,$G$——样品质量,g;$M$——重铬酸钾标准溶液物质的量浓度,mol/L;$V$——耗用重铬酸钾标准溶液的体积,mL。

### 8. 产品用途

为廉价的黄色颜料,广泛使用于建筑、油漆、橡胶、塑料和文教用品的着色,以及作为氧化铁系颜料的中间体(制造氧化铁红和氧化铁黑等)。

### 9. 参考文献

[1] 陈玉杰,魏琦峰.透明氧化铁黄制备工艺现状[J].上海涂料,2009,07:16-19.

[2] 黄坚,唐吉旺,陈胜福.黄钠铁矾渣制备透明氧化铁黄的研究[J].环境工程学报,2007,01:134-138.

[3] 何云清,钟若梅,黄小梅,等.用硫酸亚铁制纳米氧化铁黄[J].四川文理学院学报,2007,05:40-42.

# 5.12 中 铬 黄

## 1. 产品性能

中铬黄主要成分为铬酸铅,并含有其他铅盐或氢氧化铝等。呈鲜明中黄色,具有一定的遮盖力和着色力。不溶于水和醇、溶于强酸或强碱。经日光暴晒,色泽变暗。遇硫化氢转为黑色。

## 2. 生产原理

中铬黄为铬酸铅与其他铅盐等的混合物。由水溶性铅盐(采用乙酸铅或硝酸铅均可)与红矾钠反应而成。同时加入明矾和碳酸钠,生成少量硫酸铅、碳酸铅和氢氧化铝等,对产品进行改性。根据产品用途需要而添加不同的量。

$$Pb(CH_3COO)_2 \cdot Pb(OH)_2 + Na_2Cr_2O_7 \longrightarrow 2PbCrO_4 + 2CH_3COONa + H_2O$$

(碱式乙酸铅) (红矾钠)

$$KAl(SO_4)_2 + 2Pb(CH_3COO)_2 + 3H_2O \longrightarrow Al(OH)_3 + 2PbSO_4 + CH_3COOK + 3CH_3COOH$$

## 3. 工艺流程

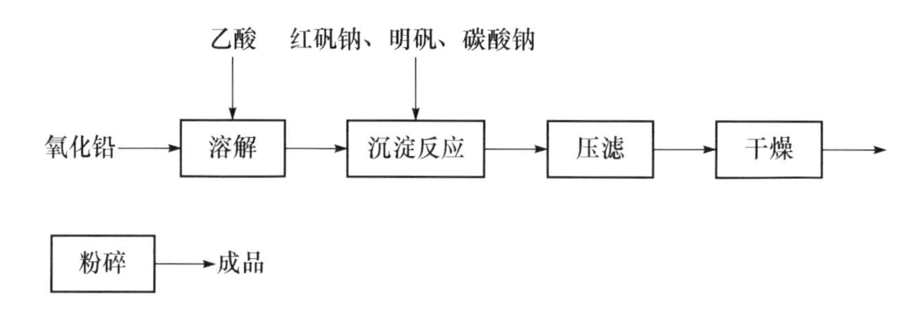


## 4. 技术配方

| | |
|---|---|
| 氧化铅(99.45%) | 700 |
| 红矾钠(98%) | 455 |
| 冰醋酸(98%) | 216 |
| 明矾(98%) | 65 |
| 碳酸钠 98%) | 66 |

### 5. 生产工艺

(1) 配制铅液。将定量的水置于铅液桶中,开动搅拌机,加入乙酸,搅拌均匀。然后分次少量地加入氧化铅,使其反应生成碱式乙酸铅溶液,经澄清或过滤后备用。

(2) 中铬黄的合成。将上述铅液置于反应锅中。加水稀释,在搅拌下,加入红矾钠液,加毕,再加明矾溶液和碳酸钠溶液,制得中黄色颜料浆,用泵打入储槽,然后送往水漂压滤机,经水洗涤后,将滤饼进行干燥,粉碎即得成品。

### 6. 产品标准

| | |
|---|---|
| 色光 | 与标准品近似 |
| 铬酸铅含量/% | ≥90 |
| 水溶性盐含量/% | ≤1 |
| 水浸反应 pH | 6～8 |
| 水分含量/% | ≤1 |
| 遮盖力(以干颜料计)/($g/m^2$) | ≤55 |
| 着色力/% | ≥95 |

### 7. 产品用途

主要用于油漆、油墨、塑料及橡胶制品的着色。

### 8. 参考文献

[1] 赵京询,张忠. 中铬黄生产过程中硝酸钠的回收及水的循环使用[J]. 中国涂料,2012,10:69-72.

[2] 崔宝秋,王彦. 含铬废料制备铬酸铅的研究[J]. 辽宁师专学报(自然科学版),2002,03:102-103.

## 5.13 铬 酸 铅

铬酸铅(Lead Chromate)又称铬黄(Chrome Yellow)。分子式 $PbCrO_4$,相对分子质量 323.32。

### 1. 产品性能

本品为亮黄色单斜晶系结晶体。密度 6.12g/cm$^3$,熔点 844℃。折射率 2.42。不溶于水和油,溶于强碱类和无机强酸类。受热时分解放出氧气。着色力强,遮盖力高,耐水性和耐溶剂性优良,但耐碱性差、耐光性和耐热性中等。在大气中不会粉化、遇硫化氢变成黑色，长期受日光作用颜色变暗。其色光随原料配比和制造条件不同而异，通常有柠檬黄、浅铬黄、中铬黄、深铬黄和橘铬黄五种。

### 2. 生产原理

将硝酸与一氧化铅反应生成硝酸铅，将硝酸铅与重铬酸钠、明矾和碳酸钠等反应生成铬酸铅沉淀，经压滤、干燥、粉碎而得成品。

$$PbO + 2HNO_3 \longrightarrow Pb(NO_3)_2 + H_2O$$

$$2Pb(NO_3)_2 + Na_2Cr_2O_7 + H_2O \longrightarrow 2PbCrO_4 + 2NaNO_3 + 2HNO_3$$

### 3. 工艺流程

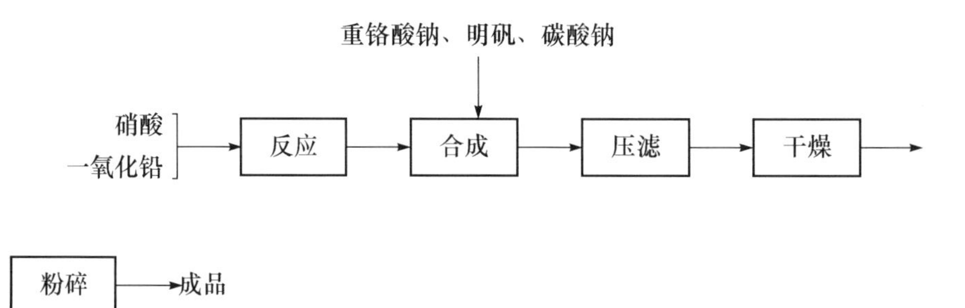


### 4. 技术配方

1）氧化铅法

| | |
|---|---|
| 一氧化铅(99%) | 690 |
| 重铬酸钠($Na_2Cr_2O_7 \cdot 2H_2O$,98%) | 450 |
| 硝酸(98%) | 450 |

2）硝酸铅法

| | |
|---|---|
| 硝酸铬(93%) | ≥1100 |
| 碳酸钠(98.5%) | ≥340 |
| 重铬酸钠(98%) | ≥1000 |

### 5. 生产工艺

在溶解锅中加入水，再加入重铬酸钠并添加碳酸钠，制得铬酸钠溶液。另将硝酸铅溶于水中，过滤、硝酸铅溶液转入反应器中。反应器用碳钢制造，用不锈钢衬里(或衬以瓷砖)，反应器装有搅拌器，搅拌下将重铬酸钠溶液加入反应器中的硝酸铅溶液中，发生复分解反应生成铬酸铅沉淀。静置8～10h，倾去上清液。铬酸铅浆料离心分离,用水洗涤除尽可溶硝酸盐。沉淀物于100℃下干燥,研磨过筛得铬酸铅。

### 6. 产品标准

1) GB 3184 质量规格

| 指标名称 | 柠檬铅黄 | 浅铬黄 | 中铬黄 | 深铬黄 | 橘铬黄 |
| --- | --- | --- | --- | --- | --- |
| 外观 | 柠檬色粉末 | 浅黄色粉末 | 中黄色粉末 | 深黄色粉末 | 橘黄色粉末 |
| 色光(与标准品相比) | 近似至微 | 近似至微 | 近似至微 | 近似至微 | 近似至微 |
| 铬酸铅含量/% | ≥50 | ≥60 | ≥90 | ≥85 | ≥55 |
| 水溶物含量/% | ≤1.00 | ≤1.00 | ≤1.00 | ≤1.00 | ≤1.00 |
| 水萃取液 pH | 4.0~7.0 | 4.0~7.0 | 5.0~8.0 | 5.0~8.0 | 5.0~8.0 |
| 水分含量/% | ≤3.00 | ≤2.00 | ≤1.00 | ≤1.00 | ≤1.00 |
| 遮盖力($g/m^2$) | ≤95 | ≤75 | ≤55 | ≤45 | ≤40 |
| 着色力/% | ≥95 | ≥95 | ≥95 | ≥95 | ≥95 |
| 吸油量/% | ≤30 | ≤30 | ≤22 | ≤20 | ≤15 |

2) 铬酸铅测定

(1) 应用试剂。0.1mol/L硫代硫酸钠标准溶液;0.5%可溶性淀粉水溶液;碘化钾;盐酸-氯化钠混合液:在100mL氯化钠饱和溶液中,加150mL水、100mL盐酸混合。

(2) 测定。在碘量瓶中加入0.3~0.5g试样(准确至0.000 2g),加75mL盐酸-氯化钠混合液,加热溶解,然后稀释至150~200mL,冷却后加碘化钾2g,加10mL浓盐酸放置暗处5~10min,用0.1mol/L硫代硫酸钠滴定至溶液呈黄绿色,加淀粉指示剂3mL,继续滴定至溶液呈绿色即为终点。铬酸铅含量($W$)按下式计算:

$$W=\frac{0.1077\times M\cdot V}{G}\times 100\%$$

式中:$G$——样品质量,g;$V$——耗用硫代硫酸钠标准溶液的体积,mL;$M$——硫代硫酸钠标准溶液的物质的量浓度。

### 7. 产品用途

用作黄色颜料,广泛用于油漆、油墨、塑料、橡胶及文教用品着色,也用作氧化剂和制造火柴的原料。

### 8. 参考文献

[1] 张忠诚,王信东. 利用铬渣制备铬酸铅的研究[J]. 山东工业大学学报,2001,06:554-557.

[2] 谢凯成. 单斜晶系铬酸铅颜料[J]. 涂料工业，1995，01:40.
[3] 王岳. 铬酸铅耐高温颜料的制备[J]. 有色冶炼，1989，04:54-55.

# 5.14 钙 铬 黄

钙铬黄又称钙黄。主要成分为铬酸钙。分子式为 $CaCrO_4$，相对分子质量 156.07。

## 1. 产品性能

本品为柠檬黄色粉末。理论上三氧化铬含量为 64.1%。产品中三氧化铬含量接近 60%。有较好的防锈能力，毒性较大。水中溶解度 17g/L。

## 2. 生产原理

碳酸钙与铬酸酐在高温下反应得到钙铬黄：

$$CaCO_3 + CrO_3 \longrightarrow CaCrO_4 + CO_2 \uparrow$$

也可由熟石灰与铬酸酐反应制得：

$$Ca(OH)_2 + CrO_3 \longrightarrow CaCrO_4 + H_2O$$

## 3. 工艺流程

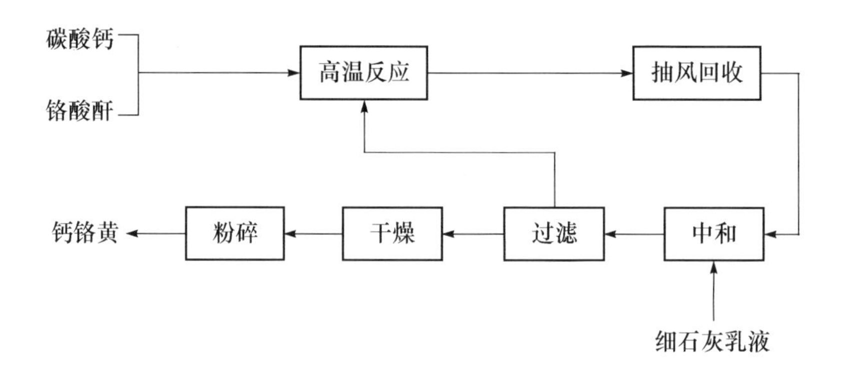


## 4. 技术配方

| | |
|---|---|
| 铬酸酐 | 31 |
| 碳酸钙 | 30 |
| 石灰乳 | 适量 |

### 5. 生产原料规格

铬酸酐($CrO_3$)为暗红色斜方晶体。相对分子质量为99.99。晶体密度为2.7g/$cm^3$,熔融物密度为2.8g/$cm^3$。熔点196℃。凝固点170～172℃。遇臭氧生成过氧化物。遇过氧化氢生成过氧化铬酸。易溶于水、醇、硫酸及乙醚。易潮解,应密封储存。是强氧化剂,与有机物接触摩擦能引起燃烧。遇乙醇、苯即能发生燃烧或爆炸。

### 6. 生产工艺

将碳酸钙及铬酸酐投入反应锅中,在高温蒸汽作用下,使之混合反应达2h以上,反应温度控制在反应液沸腾时为宜。用有抽风的回收装置回收产生的二氧化碳气体中夹带的铬酸雾粒。待二氧化碳基本上放尽后即为反应终点,此时用细石灰乳液中和反应液至pH为8。再将反应液过滤,母液可在配料时循环使用,滤饼洗净后,经干燥、粉碎,即得成品。

### 7. 产品标准

1) 质量指标

| 外观 | 柠檬黄色粉末 |
| --- | --- |
| 水分含量/% | ≤1 |
| 吸油量/% | ≤55 |
| 三氧化铬含量/% | ≥57 |

2) 吸油量测定

(1) 试剂。6号调墨油:用纯亚麻仁油制,黏度在25℃时为0.14～0.16Pa·s或涂-4杯38～42s,色泽铁钴比色不大于7,酸值不大于7mgKOH/g。

(2) 测定。称取1～2g样品(准确至0.0002g)放于玻璃板上,另用小滴瓶1只,内装调墨油准确称量,在加油过程中用调墨刀充分仔细研压,应使油与全部颜料颗料接触,开始时加3～5滴,近终点时应逐滴加入。当一滴油加后试样与油黏成团,用调墨刀铲起不散,即为终点,再将滴瓶称量,标出耗用调墨油质量数,全部操作应在15～20min内完成。吸油量按下式计算:

$$吸油量=[G_1/G]\times 100\%$$

式中,$G_1$——耗用调墨油的质量,g;$G$——样品质量,g。

注:平行测定相对误差不大于5%,取其平均值。

**8. 产品用途**

用于防锈底漆着色。由于水溶解度较大,易引起漆膜抗水性下降,所以应选用抗水性良好的树脂作为基料,如过氯乙烯底漆、氯化橡胶底漆、环氧酯底漆。也可与锌铬黄、锶铬黄、钡铬黄等配合使用,产生互补效果。

**9. 参考文献**

[1] 王天贵,李佐虎. 重铬酸钠溶液分解碳酸钙制取铬酸钙[J]. 过程工程学报,2005,02:167-169.

[2]佚名. 防锈颜料铬酸钙[J]. 涂料工业,1976,02:19.

## 5.15 钡 铬 黄

钡铬黄有两种,一种主要成分是铬酸钡($BaCrO_4$),另一种主要成分是铬酸钡钾,是铬酸钡同铬酸钾的复盐,化学式是 $BaK_2(CrO_4)_2$ 或 $BaCrO_4 \cdot K_2CrO_4$。

**1. 产品性能**

钡铬黄中铬酸钡是一种奶黄色的粉末,着色力极低。其中 BaO 含量不低于 56%,$CrO_3$ 含量不低于 36.5%。铬酸钡钾是柠檬黄色粉末,密度为 3.65g/cm$^3$,折光率是 1.9,吸油量 11.6%,有一定的水溶性。钡铬黄是有毒的颜料。

**2. 生产原理**

氯化钡与铬酸钠发生复分解反应,得到铬酸钡。

$$BaCl_2 + Na_2CrO_4 \longrightarrow BaCrO_4 \downarrow + 2NaCl$$

铬酸钡钾一般采用干法。碳酸钡粉末与重铬酸钾粉末混匀后煅烧,于 650~700℃下生成铬酸钡钾。

$$BaCO_3 + K_2Cr_2O_7 \longrightarrow BaCrO_4 + K_2CrO_4 + CO_2 \uparrow$$

$$BaCrO_4 + K_2CrO_4 \longrightarrow Ba\begin{cases} O-\overset{\overset{O}{\|}}{\underset{\underset{O}{\|}}{Cr}}-O-K \\ O-\overset{\overset{O}{\|}}{\underset{\underset{O}{\|}}{Cr}}-O-K \end{cases}$$

### 3. 工艺流程

1）铬酸钡制法

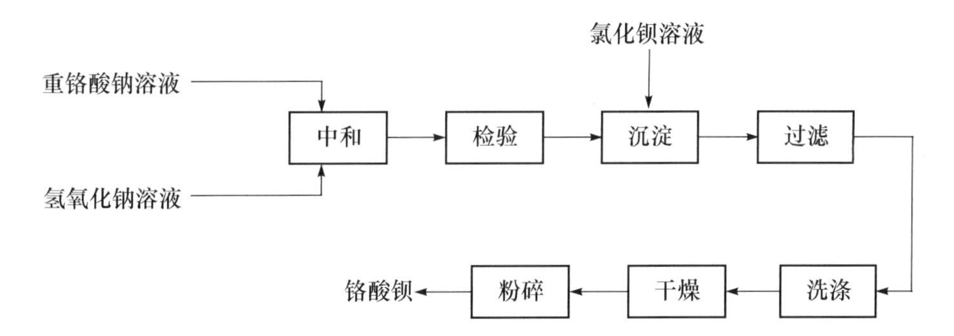


2）铬酸钡钾制法

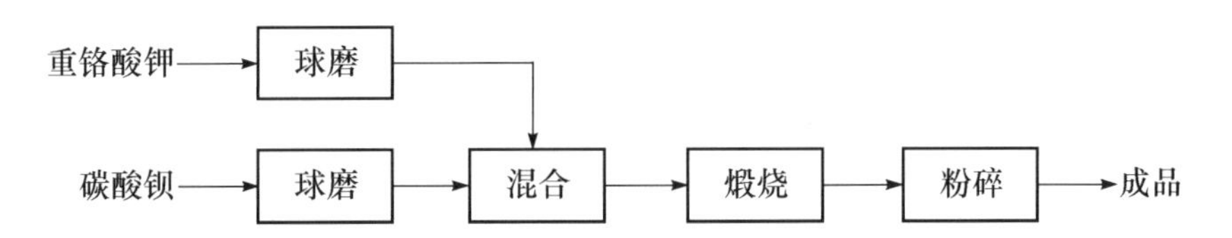


### 4. 技术配方

1）铬酸钡制法

| | |
|---|---|
| 二水合氯化钡 | 122 |
| 二水合重铬酸钠 | 124.5 |
| 氢氧化钠 | 20 |

2）铬酸钡钾制法

| | |
|---|---|
| 重铬酸钾 | 120 |
| 碳酸钡 | 172 |

### 5. 生产原料规格

氯化钡（$BaCl_2 \cdot 2H_2O$）是白色单斜晶体。相对分子质量为224.28，密度为3.097g/$cm^3$。在113℃时失去结晶水成白色粉末。氯化钡易溶于水，微溶于盐酸和硝酸，几乎不溶于醇也不溶于丙酮，其水溶液有苦味。氯化钡对人畜均有害。其质量指标如下：

| 指标名称 | 二级 |
|---|---|
| 氯化钡($BaCl_2 \cdot 2H_2O$)含量/% | ≥95.0 |
| 铁(Fe)含量/% | ≤0.06 |
| 水不溶物含量/% | ≤0.50 |

**6. 生产工艺**

将配制好的重铬酸钠溶液加入反应锅中，再加入恰好能中和重铬酸钠酸度的适量氢氧化钠溶液，搅拌后，将铬酸钠溶液稀释到相对密度为 1.11。取少量反应液，检验其中是否有硫酸根存在，若有硫酸根存在，则在反应液中加入少剂量的氯化钡溶液，使之生成硫酸钡沉淀，再将沉淀过滤去除。在澄清的反应液中加入反应量的氯化钡溶液，迅速不断搅拌，生成铬酸钡沉淀。一直到沉淀的滤液呈清水色，加入氯化钡溶液不产生沉淀为止，这时将沉淀洗净。所得颜料浆用压滤机过滤，并用水洗涤至洗水中仅含微量氯根为止。将滤饼干燥、粉碎，即得成品。

**7. 产品标准**

1）质量指标

| | |
|---|---|
| 外观 | 黄色粉末 |
| 色光 | 与标准品近似至微 |
| 着色力/% | 为标准品的 100±5 |
| 吸油量/% | 15～25 |
| 遮盖力/($g/m^2$) | ≤145 |
| 水分及挥发物含量/% | ≤1 |
| 细度(过 320 目筛余量)/% | ≤3 |
| 钡含量(以 BaO 计)/% | ≥52 |
| 铬含量(以 $CrO_3$ 计)/% | ≥32 |
| 水溶性氯根($Cl^-$)含量/% | ≤0.5 |
| 水溶性硝酸根($NO_3^-$)含量/% | ≤0.5 |
| 水溶性铬化合物含量/(g/100mL) | ≤0.1 |

2）遮盖力测定

(1) 试剂及仪器。6 号调墨油由纯亚麻仁油制，黏度在 25℃时为 0.14～0.16Pa·s 或涂-4 杯 38～42s，酸值不大于 7mg KOH/g，色泽铁钴比色不大于 7；黑白格玻璃板，包括磨砂玻璃、挡光板、灯源开关及 15W 日光灯。

(2) 颜料与油配料。颜料吸油量为 10%～20%，则颜料∶油＝1∶1.2；颜料吸油量为 20%～30%，则颜料∶油＝1∶2.5；颜料吸油量为 30%～40%，则颜料∶油＝1∶4；颜料吸油量为 45%，则颜料∶油＝1∶5(以 g 为单位)。

(3) 测定。根据钡铬黄品种称取颜料与油的配比量。柠檬铬黄:颜料 2g,调墨油 5g;淡铬黄:颜料 2g,调墨油 5g;中铬黄:颜料 2g,调墨油 5g;深铬黄:颜料 5g,调墨油 6g;橘铬黄:颜料 5g,调墨油 6g。将上述配料置于平磨机磨砂玻璃板上,加入调墨油 1/2～1/3 置于同一块玻璃板上,用调墨刀调匀,加 4.5kg 砝码(德国研磨机加 2.5kg 砝码)进行研磨,每研磨 25 转调和一次,共计 100 转。将颜料色浆放入容器,加入剩余的油,用调墨刀调匀,备用。然后在天平上称取黑白格质量,用漆刷蘸取颜料色浆均匀纵横交错地涂于黑白格上,涂刷时不允许颜料色浆在板的边缘黏附,在暗箱内距离磨砂玻璃 150～200mm,视线与板面倾斜成 30°角,在两支 15W 日光灯照射下观察,黑白格恰好被颜料色浆遮盖即为终点。将涂有颜料色浆的黑白格板称量。遮盖力($g/m^2$)按下式计算:

$$遮盖力=\frac{50G(G_1-G_2)}{G+G_3}$$

式中:$G$——样品质量,g;$G_1$——涂刷颜料色浆后黑白格的质量,g;$G_2$——涂刷前黑白格的质量,g;$G_3$——调墨油的质量,g。

注:平行测定相对误差不大于 10%,取其平均值为侧定结果。

**8. 产品用途**

用作防锈颜料。

**9. 参考文献**

[1] 苏力宏. 铬酸钡生产中酸不溶物的去除[J]. 广州化工,1995,04:29-31.
[2] 田广茹. 微乳液法合成铬酸钡微晶[J]. 济宁学院学报,2010,03:29-32.

## 5.16 锌 铬 黄

锌铬黄分子式为 $4ZnO \cdot xCrO_3 \cdot x/aK_2O \cdot 3H_2O$。其主要成分是铬酸锌($ZnCrO_4$),习惯上常以三氧化铬的含量(%)作为主要指标。一般锌铬黄含量为 35%～45%。另一种碱式锌铬黄,不含铬酸钾,三氧化铬的含量在 17%左右,分子式为 $5ZnO \cdot CrO_3 \cdot 4H_2O$,又称四盐基锌铬黄。

由于原料配比的制法的差异,可以制得不同化学成分的锌铬黄。锌铬黄可以有一系列不同的化学组成,成分变动于 $4ZnO \cdot CrO_3 \cdot 3H_2O$ 与 $4ZnO \cdot 4CrO_3 \cdot K_2O \cdot 3H_2O$ 之间。

| 近似化学式 | $ZnO$/% | $CrO_3$/% | $K_2O$/% | $H_2O$/% |
|---|---|---|---|---|
| $4ZnO \cdot 4CrO_3 \cdot K_2O \cdot 3H_2O$ | 37.5 | 45.2 | 11.2 | 5.8 |
| $4ZnO \cdot 1.12CrO_3 \cdot 0.115K_2O \cdot 3H_2O$ | 64.2 | 22.1 | 2.1 | 11.0 |
| $5ZnO \cdot CrO_3 \cdot 4H_2O$ | 70.28 | 17.27 | — | 12.43 |
| $4ZnO \cdot CrO_3 \cdot 3H_2O$ | 65.2 | 19.7 | — | 12.0 |

**1. 产品性能**

锌铬黄为黄色粉末。其相对密度为3.36～3.97。微溶于水,吸油量为28%～46%,耐酸性一般,耐碱性较差,遮盖力、着色力很弱。毒性为$LD_{50}$=0.6～1.8g/kg。

**2. 生产原理**

氢氧化锌与重铬酸钾反应制得锌铬黄。

$$4Zn(OH)_2 + 4K_2Cr_2O_7 + 4H_2O \longrightarrow 4ZnO \cdot 4CrO_3 \cdot K_2O \cdot 3H_2O + 3K_2CrO_4 + H_2CrO_4 + 4H_2O$$

工业上一般用氧化锌与重铬酸钾、硫酸作用,得到锌铬黄。

$$4ZnO + H_2SO_4 + 2K_2Cr_2O_7 + 2H_2O \longrightarrow 4ZnO \cdot 4CrO_3 \cdot K_2O \cdot 3H_2O + K_2SO_4$$

**3. 工艺流程**

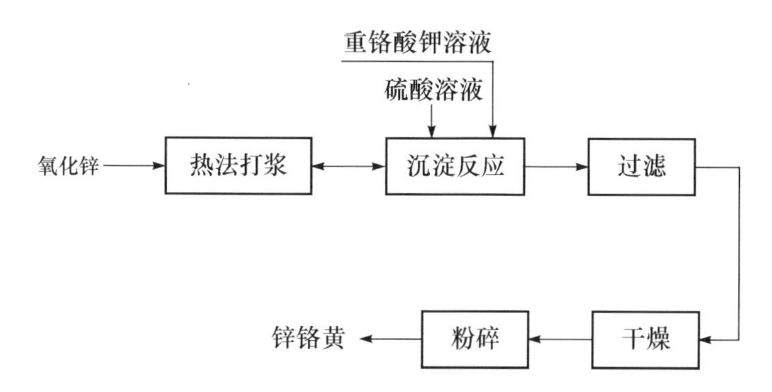


**4. 技术配方**

1) 配方一

| | |
|---|---|
| 氧化锌 | 100 |
| 重铬酸钾 | 125 |

2）配方二

| 氧化锌 | 100 |
|---|---|
| 重铬酸钾 | 45 |

3）配方三

| 氧化锌 | 100 |
|---|---|
| 重铬酸钾 | 150 |

4）配方四

| 氧化锌 | 100 |
|---|---|
| 重铬酸钾 | 175 |

5）配方五

| 铬酸酐 | 32 |
|---|---|
| 氧化锌 | 100 |

6）配方六

| 铬酸酐 | 25 |
|---|---|
| 氧化锌 | 100 |

7）配方七

| 氧化锌 | 100 |
|---|---|
| 铬酸酐 | 38 |
| 硫酸 | 8.5 |

**5. 生产原料规格**

1）氧化锌

氧化锌(ZnO)为白色粉末。相对分子质量为 81.37，密度是 5.606g/$cm^3$。无臭、无味、无砂性。受热变成黄色，冷却后又恢复白色。溶于酸、碱、氯化铵和氨水中，不溶于水和醇。不与硫化氢反应，吸收空气中的二氧化碳性质发生变化。其质量指标如下：

| 指标名称 | 二级 | 三级 |
| --- | --- | --- |
| 氧化锌含量(以干品计)/% | ≥99.4 | ≥98 |
| 锌含量/% | ≤无 | — |
| 氧化铅含量/% | ≤0.15 | — |
| 锰含量/% | ≤0.0003 | — |
| 氧化铜含量/% | ≤0.0005 | — |
| 盐酸不溶物含量/% | ≤0.05 | — |
| 灼烧减量/% | ≤0.2 | — |
| 细度(过 325 目筛余量)/% | — | 全通 |
| 细度(过 200 目筛余量)/% | ≤0.12 | — |
| 水溶物含量/% | ≤0.15 | — |
| 遮盖力(以干颜料计)(g/m²) | ≤100 | — |
| 吸油量/% | ≤20 | — |
| 着色力/% | ≤ 95 | — |

2) 重铬酸钾

重铬酸钾($K_2Cr_2O_7$)为橙红色三斜晶系晶体。相对分子质量为 294.19,密度为 2.676g/cm³,熔点为 398℃。在 500℃分解。溶于水,不溶于乙醇,其水溶液呈酸性。重铬酸钾为强氧化剂,与有机物接触摩擦、撞击能引起燃烧。有毒。其质量指标如下:

| 指标名称 | 二级 |
| --- | --- |
| 外观 | 橙红色三斜晶系晶体 |
| 重铬酸钾($K_2Cr_2O_7$)含量/% | ≥99.0 |
| 氯化物($Cl^-$)含量/% | ≤0.08 |
| 水不溶物含量/% | ≤0.05 |

**6. 生产工艺**

将氧化锌颗粒均匀地分散到已装有一定量 80～90℃热水的反应锅中,不断搅拌,使浆液逐渐变稠。此时应严格控制反应锅中的加水量,水量太少,会因发稠而无法搅拌,水量太多则影响反应正常进行,母液中的铬酸盐溶解量也将会增多。待浆液冷却后,在 1h 内慢慢加入已配制好的浓度为 150～250g/L 的重铬酸钾溶液和硫酸溶液。加料完毕后,控制反应温度不超过 40℃,继续搅拌 2～3h,使反应完全。反应结束后,将反应液经压滤机过滤,用少量水漂洗滤饼,然后将滤饼送至干燥箱中干燥,再经适当粉碎后即得成品。生产过程中的含铬废水必须经处理达

$Cr^{6+}$浓度≤0.5mg/L 才能排放。

### 7. 产品标准

1）质量指标

| 指标名称 | 1 号 | 2 号 | 3 号 | 4 号 |
|---|---|---|---|---|
| 外观 | 柠檬黄色至淡黄色粉末 | | | |
| 色光(与标准品相比) | — | — | — | 相似 |
| 着色力(与标准品相比)/% | — | — | — | 100±5 |
| 水分含量/% | ≤1.0 | ≤1.0 | ≤1.0 | ≤1.5 |
| 吸油量/% | ≤40 | ≤40 | ≤40 | ≤30 |
| 遮盖力(以干颜料计)/($g/m^2$) | — | — | — | ≤110 |
| 三氧化铬含量/% | ≥17 | ≥35～45 | ≥19～22 | ≥40 |
| 氧化锌含量/% | 68.5～72 | 35～45 | 61～65 | 39～43 |
| 氯化物含量/% | ≤0.1 | ≤0.1 | ≤0.1 | — |

注：1 号、2 号、3 号为防锈锌铬黄，4 号为普通锌铬黄。

2）着色力测定

(1) 试剂。4 号调墨油(纯亚麻仁油制)：25℃时黏度为 2.6～2.8Pa・s，色泽不大于 8 号铁钴比色，酸值不大于 8mgKOH/g；颜料 0.1g；锌钡白 2.0g；调墨油 0.8mL；冲淡倍数 20 倍。

(2) 测定。称取试样和标准样各 0.1g(准确至 0.0002g)，锌钡白各 2g(准确至 0.0002g)，分别置于描图纸折成的槽内。将标准样品放在平磨机磨砂玻璃上，再将 2g 锌钡白放在同一磨砂玻璃上，用注射器抽取 0.8mL 调墨油，放入上述标准品中，然后用调墨刀将颜料、锌钡白、调墨油调匀。分四点放在离玻璃中心边缘 1/4 处，加 4.5kg 砝码(德国研磨机加 2.5kg 砝码)进行研磨，每研磨 50 转调和一次，共四次，计 200 转，研磨完毕，将色浆刮入描图纸内。试样色浆的制备方法与标准品相同。然后将研磨的色浆，用调墨刀挑取少许于画板印刷纸上，标准品放在右边。试样放在右边，两个色浆顶端的平行间距约为 15mm，用刮片均匀地刮下，在散射光线下，立即观察墨色的深浅，以比较着色力的强弱，当试样着色力大于或小于标准品的着色力时，应增减标准品的用量(调墨油和锌钡白的用量不变)再研磨后比较。则着色力($x_1$)按下式计算：

$$x_1 = (G_1/G) \times 100\%$$

式中：$G_1$——标准品的质量，g；$G$——试样的质量，g。

注：按国家标准抽取调墨油温度为(25±2)℃，恒温条件操作。

**8. 产品用途**

主要用于配制各类防锈漆。锌铬黄是重要的军用涂料的防锈颜料。

**9. 参考文献**

[1] 黄鉴明. 铬酸锌的工业生产[J]. 化学世界，1960，07：338-339.
[2] 佚名. TY系列铬酸锌防锈底漆及涂装工艺[J]. 机电产品开发与创新，1999，03：18-20.

## 5.17 铅 铬 黄

铅铬黄(Lead Chrome Yellow)颜料的化学成分是铬酸铅($PbCrO_4$)、硫酸铅($PbSO_4$)及碱式铬酸铅($PbCrO_4 \cdot PbO$)。铅铬黄的分子式：柠檬铬黄以 $3.2PbCrO_4 \cdot PbSO_4$ 表示，浅铬黄以 $2.5PbCrO_4 \cdot PbSO_4$ 表示，中铬黄以 $PbCrO_4$ 表示，橘铅黄以 $PbO \cdot PbCrO_4$ 表示。

**1. 产品性能**

铅铬黄颜料的色泽可自柠檬黄色起至橘黄色为止，形成连续的一段黄色色谱。它是含铅的化合物，通常含铅在53%～64%，含铬在10%～16%，具有铬酸铅和硫酸铅的物理化学性质。铅铬黄溶于强碱液和无机强酸类，不溶于水和油，有毒。着色力高，遮盖力强，在大气中不会粉化。受日光作用时颜色变暗。对硫化氢气体敏感，遇到硫化氢容易变黑。色光随原料配比和制造条件的不同而异。

**2. 生产原理**

由硝酸铅与重铬酸钠及硫酸反应；或氧化铅与乙酸反应生成乙酸铅，再与重铬酸钠和硫酸反应。

$$12PbO + 8CH_3COOH \longrightarrow 4[Pb(CH_3COO)_2 \cdot 2PbO \cdot H_2O]$$

$$4[Pb(CH_3COO)_2 \cdot 2PbO \cdot H_2O] + 3Na_2Cr_2O_7 + 6H_2SO_4 \longrightarrow 6(PbCrO_4 \cdot PbSO_4) + 6CH_3COONa + 2CH_3COOH + 9H_2O$$

### 3. 工艺流程

1）硝酸铅法

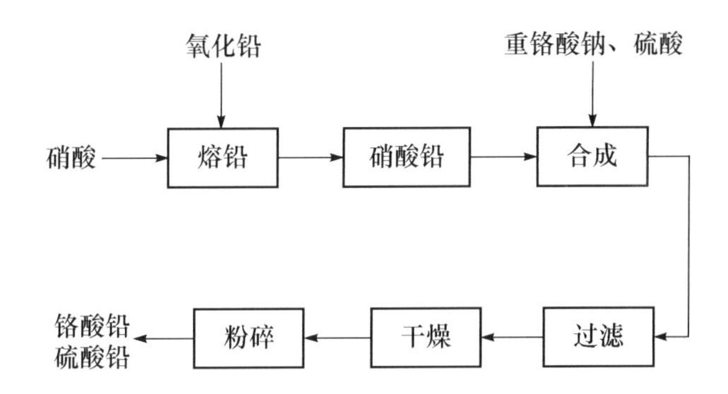


2）乙酸铅法

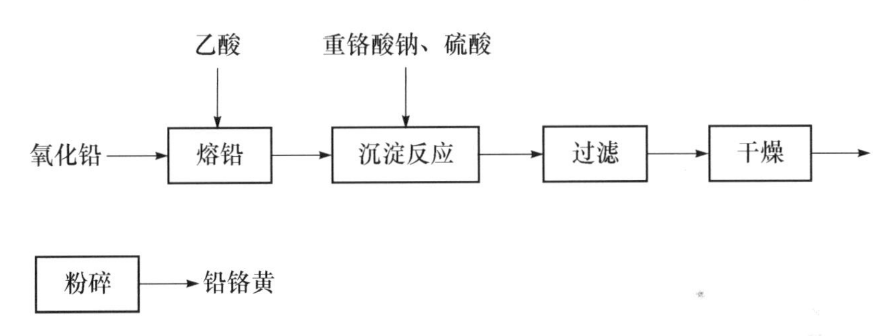


### 4. 技术配方

| | |
|---|---|
| 氧化铅(100%) | 100 |
| 乙酸 | 18 |
| 重铬酸钠($Na_2Cr_2O_7 \cdot 2H_2O$,100%) | 30 |
| 硫酸(98%) | 22 |

### 5. 生产原料规格

1）重铬酸钠

重铬酸钠($Na_2Cr_2O_7 \cdot 2H_2O$)为橙红色单斜核状或细状晶体。相对分子质量为298.00,密度为2.52g/cm$^3$(13℃)。熔点为356.7℃(无水物)。于84.6℃时失去结晶水形成铜褐色无水物,400℃时分解放出氧。在水中的溶解度,20℃时为73.18%,100℃时为91.48%,不溶于醇,其水溶液呈酸性,吸湿性大,易潮解。为强氧化剂,与有机物接触摩擦撞击能引起燃烧,有毒性及腐蚀性。其质量指标如下：

| 指标名称 | 二级 |
| --- | --- |
| 重铬酸钠($Na_2Cr_2O_7 \cdot 2H_2O$)含量/% | ≥98 |
| 硫酸盐($SO_4^{2-}$)含量/% | ≤0.40 |
| 氯化物($Cl^-$)含量/% | ≤0.20 |
| 水不溶物含量/% | ≤0.20 |

2) 一氧化铅

一氧化铅(PbO)为浅黄色或土黄色粉末。密度为 9.53g/cm³,熔点为 888℃。沸点 1470℃,加热至 300～500℃时变为四氧化三铅,温度再升高时又变为一氧化铅,不溶于水和乙醇,溶于硝酸和氢氧化钠溶液。有毒,其质量指标如下:

| 指标名称 | 二级 | 三级 |
| --- | --- | --- |
| 一氧化铅含量/% | ≥97 | ≥95 |
| 金属铅含量/% | ≤0.3 | ≤0.5 |
| 过氧化铅含量/% | ≤0.5 | — |
| 硝酸不溶物/% | ≤0.5 | — |
| 筛余量(通过 4900 孔/cm²)/% | ≤0.5 | — |

**6. 生产工艺**

1) 硝酸铅法

用氧化铅为原料,与硝酸在配料锅中反应制得铅盐,再在 15～17min 内快速加入规定量的重铬酸钠,使其与铅盐进行沉淀反应。

在生产柠檬黄及浅铬黄时,沉淀反应的温度应略高于室温,同时为了防止沉淀晶体迅速转型、颗粒长大、色泽转深等现象,沉淀反应中应保持一定数量的过量铅。pH 应严格控制在 4～7,当沉淀反应完毕后,常加入含有硫酸根的铝盐,过量铅可以转化为硫酸铅,使沉淀母液中不再含有可溶性铅盐。

在生产中铬黄及深铬黄时,沉淀反应过程中,总是要求在终点铬酸盐过量而不是铅盐过量,有时为使此过程一直能保持铬酸盐过量而采用逆式加料,即将铅盐液加入铬酸盐溶液中。终点的 pH 应控制在 7～8。同时为了使反应完全,颗粒适当地长大一些,使着色力提高,在沉淀反应完成后,将反应液温度提高至 80℃或者更高一些,再将反应物料冷却,进行过滤、洗涤。

在生产橘铬黄时,要求终点时铬酸盐过量较多,反应温度控制在 80～90℃,反应液的 pH 可高达 12。在沉淀反应完毕后,再将反应液的 pH 下降至 8 左右。

在上述三种工艺中,为了更好地控制颜料的晶型变化,常在配方中加入少量沉淀稳定剂,如锌皂、磷酸铝、氢氧化铝,可以使颗粒控制在需要的尺寸范围。

铬黄颜料的后处理工序包括洗涤、过滤、干燥、粉碎、拼色、包装等。铬黄在沉淀反应结束后，将反应液投入可漂洗的压滤机，在滤除母液后，以清水洗涤滤饼，至可溶性盐在颜料中含量小于1%时为止。再将滤饼干燥，不加稳定剂的柠檬铬黄只能在60～80℃通风条件下干燥；其余铬黄可在100℃下干燥，干燥后的铬黄在粉碎机中研磨至细度达325目，再通过拼色即可得成品。

对生产过程中得到的铬黄母液要采取一定的净化处理，使溶液中$Cr^{6+}$浓度≤0.5mg/L，Pb浓度≤1.0mg/L后才能排放。

2）乙酸铅法（制柠檬铬黄）

将水和乙酸倾入桶中，使乙酸浓度为5%～7%，然后在不断搅拌下加入一氧化铅，温度控制在70～80℃，反应时间为2～3h，产物为碱式乙酸铅。

将重铬酸盐溶在热水（50～60℃）中，然后慢慢倒入硫酸。重铬酸盐浓度应该在150～250g/L的范围内。

将碱式乙酸铅溶液移到反应器中，然后在搅拌下慢慢地加入重铬酸盐和硫酸的混合溶液，便可生成柠檬铬黄沉淀，反应很迅速，约在20min内完成，待沉淀完毕后抽去母液，漂洗数次，洗清水溶盐，在60～70℃下干燥，经球磨机磨细，过筛、包装，即成产品。

在沉淀反应过程中加入明矾，明矾中的硫酸根可起硫酸同样的作用，铝离子则转变成氢氧化铝，成为颜料的成分之一，可以改变颜料的品质。此时，柠檬铬黄的分子式则为

$$6PbCrO_4 \cdot 5PbSO_4 \cdot Al(OH)_3$$

使用硝酸铅溶液与重铬酸钠和硫酸钠溶液反应，同样可以制得柠檬铬黄。

柠檬铬黄在大气中不会粉化，但在光的作用下颜色会变暗，遇酸溶解，遇硫化氢会变成黑色的硫化铅，有毒性，在生产与使用时要加强劳动保护。

### 7. 产品标准(HG 14-706)

| 指标名称 | 柠檬铬黄 | 浅铬黄 | 中铬黄 | 深铬黄 | 橘铬黄 |
|---|---|---|---|---|---|
| 色光（与标准品相比） | | | 近似～微 | | |
| 铬酸铅含量/% | ≥50 | ≥64 | ≥90 | ≥90 | ≥65 |
| 水溶性盐含量/% | ≤1 | ≤1 | ≤1 | ≤1 | ≤1 |
| 水浸反应 pH | 5～7 | 5～7 | 6～8 | 6～8 | 7～8 |
| 水分含量/% | ≤3 | ≤2 | ≤1 | ≤1 | ≤1 |
| 遮盖力（干颜料计）($g/cm^2$) | ≤95 | ≤75 | ≤55 | ≤45 | ≤40 |
| 着色力/% | ≥95 | ≥95 | ≥95 | ≥95 | ≥95 |

**8. 产品用途**

用于制造油漆、油墨、水彩、油彩、颜料，还用于色纸、橡胶、塑料制品的着色。

**9. 参考文献**

[1] 韦薇，高天荣，张振杰. 用方铅矿的硝酸酸解液合成铅铬黄的工艺探索[J]. 云南化工，2004，06：46-47.

[2] 刘光华，刘厚凡，彭绍琴，等. 用废铅泥渣生产铅铬黄颜料[J]. 涂料工业，1994，01：25-26.

## 5.18 锶 铬 黄

锶铬黄(Strontium Chrome Yellow 801)又称801永固柠檬黄、柠檬锶铬黄、锶黄。锶铬黄的化学组成是铬酸锶($SrCrO_4$)。铬酸锶相对分子质量是203.61。

**1. 产品性能**

本品为黄色晶体或粉末，溶于盐酸、硝酸、乙酸和氨水，微溶于水，有氧化性，有毒，耐温可达400℃，具有较好的耐光性，质地松软，制漆易于研磨，但着色力弱，遮盖力在70～100g/m$^2$的范围之间。

**2. 生产原理**

铬酸钠溶液加热到沸腾，在搅拌下慢慢加入硝酸锶的热溶液，生成铬酸锶的絮状沉淀物。

$$Sr(NO_3)_2 + Na_2CrO_4 \longrightarrow SrCrO_4 + 2NaNO_3$$

**3. 工艺流程**

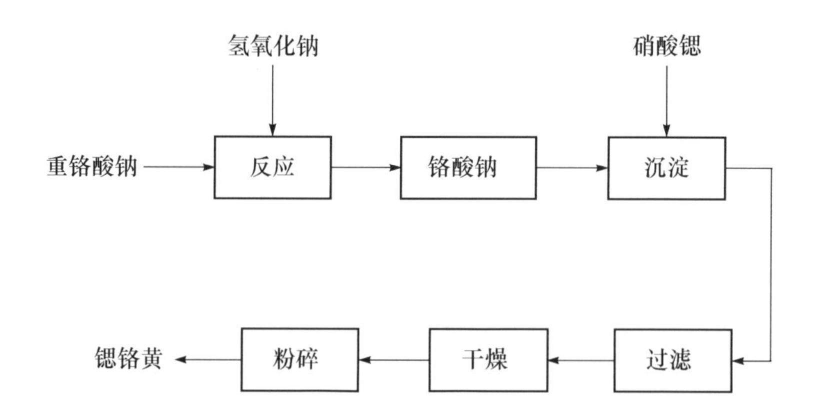

### 4. 技术配方

| | |
|---|---|
| 硝酸锶 | 83 |
| 重铬酸钠 | 92 |
| 氢氧化钠 | 33 |

### 5. 生产原料规格

硝酸锶[$Sr(NO_3)_2$]为白色或淡黄色立方晶体，密度为2.986g/cm$^3$。熔点为570℃。易溶于水或液氨，微溶于乙醇和丙酮，不溶于硝酸和稀乙醇中。在空气中不潮解。硝酸锶为氧化剂，与有机物接触、摩擦、碰撞或遇光时能引起燃烧和爆炸，发出深红色火焰，其质量指标为：

| | |
|---|---|
| 硝酸锶[$Sr(NO_3)_2$]含量/% | ≥99 |
| 硝酸钙[$Ca(NO_3)_2$]含量/% | ≤0.2 |
| 氯化物($Cl^-$)含量/% | ≤0.01 |
| 重金属(Pb)含量/% | ≤0.01 |
| 铁(Fe)含量/% | ≤0.02 |
| 水分含量/% | ≤0.5 |
| 水不溶物含量/% | ≤0.2 |
| 外观 | 白色或淡黄色晶体 |

### 6. 生产工艺

在盛有重铬酸钠溶液的配制桶中加入适量氢氧化钠溶液，使之生成铬酸钠溶液，将铬酸钠溶液调整至浓度为150～200g/L时，将其加入硝酸锶溶液中，不断搅拌，保持反应温度在80～90℃。加完料液后继续搅拌2～3h，得到柠檬黄色沉淀。反应液经过滤后，滤饼用少量清水冲洗，送至干燥箱中在高于100℃时干燥，干燥后的滤饼经粉碎后即得成品。

### 7. 产品标准

| | |
|---|---|
| 外观 | 黄色粉末 |
| 锶含量(以SrO计)/% | ≥43 |
| 铬含量(以$CrO_3$计)/% | ≤41 |
| 氯根含量(以$Cl^-$计)/% | ≤0.1 |
| 硫酸盐含量(以$SO_4^{2-}$计)/% | ≤0.2 |
| 水分及挥发物含量/% | ≤1.0 |

| | |
|---|---|
| 吸油量/% | 20～35 |
| 萃取液中铬含量($CrO_3$/100mL)/% | ≤0.1 |
| 细度(过325目筛余量)/% | ≤3 |
| 耐热性/℃ | 400 |
| 耐酸性/级 | 3 |
| 耐碱性/级 | 3 |
| 耐油渗透性/级 | 1 |

**8. 产品用途**

用于制造耐高温涂料、防锈底漆及塑料、橡胶制品的着色,也用作氧化剂及玻璃、陶瓷工业等。

**9. 参考文献**

[1] 李华. 铬酸盐系列纳米结构的制备及表征[D]. 青岛:青岛科技大学,2007.

## 5.19 黄　丹

黄丹又称黄铅丹、漳丹、铅黄、氧化铅。化学名称是一氧化铅(Lead Monoxide),分子式为 PbO,相对分子质量为 223.19。

**1. 产品性能**

本品为浅黄色或土黄色四角或斜方晶系晶体,或无定形粉末。四角晶系晶体密度 9.53g/$cm^3$,斜方晶系晶体密度 8.0g/$cm^3$,无定形粉末密度 9.2～9.5g/$cm^3$。熔点 888℃,沸点 1 470℃。不溶于水和乙醇,溶于硝酸、乙酸或温热的氢氧化钠溶液。空气中逐渐吸收二氧化碳。加热 300～500℃时变为四氯化三铅,温度再升高又变为一氧化铅,有毒。

**2. 生产原理**

金属铅加热升温使其熔化,然后经冷却造粒、磨细后,将物料送入转炉内,在595～605℃高温下进行氧化焙烧,使金属铅转化成一氧化铅而得成品。

$$2Pb + O_2 \longrightarrow 2PbO$$

### 3. 工艺流程

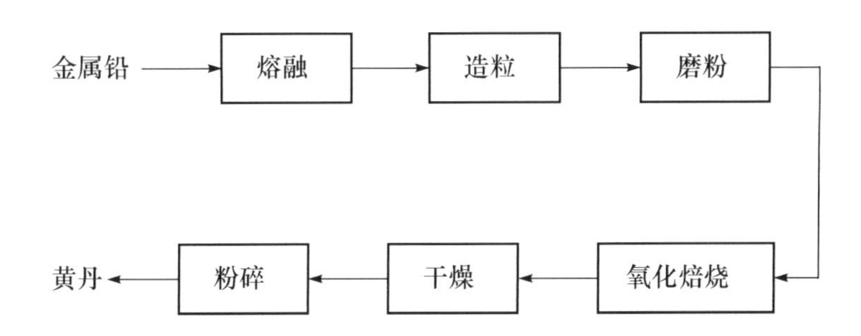


### 4. 技术配方

青铅(99.5%) 935

### 5. 生产原料规格

铅的元素符号为 Pb。它是银灰色的软金属，密度为 1.35g/cm³，熔点 327.4℃。它在空气中能迅速氧化。它溶于硝酸、有机酸、碱液中，不溶于硫酸、稀盐酸中。铅沸腾时产生的铅蒸气有毒。

### 6. 生产工艺

(1) 造粒、粉碎、分离。将铅锭放入熔铅锅中，加热至 400℃左右，待铅锭呈熔融状态后，取出至条形冷却盘内，用水冷却。铅被结成条形。将铅条用切铅机切成 30mm×30mm 的小颗粒。用输送机将铅粒送入铅粉机内，预先送入空气，并使铅粉机内外同时加热升温，将铅粒磨成粉末的同时铅被氧化成黑色的氧化亚铅。氧化亚铅粉末被空气带出铅粉机，先后经过旋风分离器及脉冲布袋过滤器分离出粉末，落至螺旋输送机而被送至储槽。净化后的空气排空。

(2) 低温氧化、粉碎。将氧化亚铅粉从储槽中放出至室内地面上，铺开约 40cm 厚的一层，然后用火点燃氧化亚铅粉，让其在低温下燃烧氧化。为避免燃烧不均匀，造成局部过热，应每隔 0.5h 左右轻轻翻动一次，每隔数小时(夏季约 4h，冬季约 8h)用铲子上下、左右大翻动一次，使物料氧化均匀，直至物料自行熄火而变成棕色的半成品为止。然后将其堆成一大堆，尽量减少沙土灰尘的混入。将半成品用粉碎机粉碎后，经分离器、捕集器分离得到粉末而装入储槽内。

(3) 焙烧。将半成品粉末送入焙烧炉中以直接火进行焙烧。当炉内温度升到 300℃左右时，投入氧化亚铅粉末，约 0.5h 搅拌 1 次。焙烧 3h 以后，则每隔 1h 左右搅拌 1 次。8h 以后，将炉温升至 600℃左右，并在不断搅拌下焙烧 6～10h，使其全部氧化成黄色的物料，即为黄丹。

(4) 粉碎。待炉料冷却后，送入粉碎机粉碎，经分离器、储槽、捕集器后，分离出的粉末即为黄丹成品。

## 7. 产品标准

1) 质量指标(GB 3677)

| 指标名称 | 一级品 | 二级品 | 三级品 |
| --- | --- | --- | --- |
| 氧化铅含量/% | ≥99.3 | ≥99.0 | ≥99.0 |
| 金属铅含量/% | ≤0.1 | ≤0.2 | ≤0.2 |
| 过氧化铅含量/% | ≤0.05 | ≤0.1 | ≤0.1 |
| 硝酸不溶物含量/% | ≤0.1 | ≤0.2 | ≤0.2 |
| 水分含量/% | ≤0.2 | ≤0.2 | ≤0.2 |
| 三氧化二铁含量/% | — | — | ≤0.005 |
| 氧化铜含量/% | — | — | ≤0.002 |
| 细度(过 180 目筛余量)/% | ≤0.2 | ≤0.5 | ≤0.5 |

2) 氧化铅含量测定

(1) 应用试剂。1∶3 冰醋酸溶液；20%乙酸铵溶液；20%六次甲基四胺溶液；0.02mol/L 乙二胺四乙酸标准溶液；0.5%二甲酚橙溶液。

(2) 测定。在 300mL 烧杯中，加入 10g(准确到 0.0002g)试样，用少量水湿润，在不断搅拌下，加入 50mL 乙酸溶液，加热溶解，过滤，将滤液收集于 1000mL 容量瓶中，用热蒸馏水冲洗烧杯及漏斗数次，直至无铅离子为止(以 10%重铬酸钾溶液试验)，冷却后加蒸馏水稀释至刻度，摇匀。准确吸取 25mL 移入 250mL 锥形瓶中，加蒸馏水至 150mL 左右，加 10mL 20%乙酸铵溶液、10mL 20%六次甲基四胺溶液和 3～4 滴 0.5%二甲酚橙溶液，然后用 0.02mol/L 乙二胺四乙酸标准溶液滴定，由紫红色变为亮黄色透明即为终点，氧化铅的含量按下式计算：

$$W_{PbO}=\frac{V \cdot M\times 0.2232}{G\times 25/1000}\times 100\%$$

式中：$G$——样品质量，g；$V$——乙二胺四乙酸标准溶液的体积，mL；$M$——乙二胺四乙酸标准溶液的浓度，mol/L；0.2232——每毫摩尔氧化铅的质量，g。

## 8. 产品用途

用于制造铅白粉，与油成为铅皂。本品在油漆中作催干剂，并可作制造光学玻璃、陶瓷的原料。还用于作塑料增塑剂，用于制造防辐射橡胶制品。

## 9. 参考文献

[1] 宋剑飞，李立清，李丹，等. 用废铅蓄电池制备黄丹和红丹[J]. 化工环保，2004，01：52-55.

[2] 朱柒金,陈庆帮.利用含铅烟道灰制备一氧化铅的工艺研究[J].环境工程,2000,05:44-46.

## 5.20 镉　黄

镉黄(Cadmium Yellow)在化学组成上基本上为硫化镉(CdS),或硫化镉与硫化锌(ZnS)的固溶物,或这两种镉黄与硫酸钡($BaSO_4$)组成的填充型颜料(CdS/$BaSO_4$或 CdS/ZnS/$BaSO_4$)。

### 1. 产品性能

镉黄的颜色鲜艳而饱和,其色谱范围可以淡黄、经正黄直至红光黄。镉黄不溶于水、碱、有机溶剂和油类,微溶于 5%稀盐酸,溶于浓盐酸、稀硝酸及沸腾硫酸(1∶5)。不受 $H_2S$ 的影响。镉黄相对密度为 4.5～5.9。镉黄的研磨性好,易与胶黏剂研磨分散,但耐磨性差。着色力较强,但其着色力和遮盖力不如铬黄。耐光性、耐候性优良,不迁移,不渗色。有毒,它在潮湿空气中可氧化为硫酸镉。

### 2. 生产原理

镉黄的生产方法有如下三种。

1) 碳酸镉和硫化钠反应法

把硫酸镉溶液加入反应锅,然后在搅拌下将碳酸钠溶液慢慢地加入。

$$CdSO_4 + Na_2CO_3 \longrightarrow CdCO_3 \downarrow + Na_2SO_4$$

碳酸镉呈沉淀物析出。随后,把硫化钠溶液加入碳酸镉中。在制备镉暗黄时,反应温度控制在 75～80℃。

$$3CdCO_3 + Na_2S \longrightarrow CdS + 2CdCO_3 + Na_2CO_3$$

制得的不是纯粹的 CdS,而是它和相当大量未发生反应的碳酸镉所构成的混合物。镉暗黄的成分大致为 $CdS + 2CdCO_3$。继续向镉暗黄中加入硫化钠则生成镉橙。镉橙的成分大致为 $CdS + CdCO_3$。进一步向镉橙中加入硫化钠则生成镉黄。

$$CdCO_3 + Na_2S \longrightarrow CdS + Na_2CO_3$$

过程中需取样以鉴定颜色,直到得到所需要的颜色为止。然后,用热水洗涤沉淀物,以除去其中的水溶性盐,直到洗液呈中性为止。然后过滤,经干燥和高温焙烧而得到产品。

2) 硫酸镉和硫酸钡反应法

将硫酸镉溶液和硫酸钡溶液同时加入反应锅中,并不断搅拌,硫化钡稍微过量，以维持 pH 在 7.5～8.5 的范围内。

$$CdSO_4 + BaS \longrightarrow CdS + BaSO_4 \downarrow$$

把沉淀物用水漂洗 1～2 次，然后过滤、干燥，在 500～600℃下进行煅烧，像锌钡白那样，所得到的颜料称为镉钡黄。

3）硫酸镉与硫代硫酸钠反应法

生产中为防止生成复盐（如 $CdS \cdot nCdSO_4$），须加入适量的中和剂（如碳酸钠），严格控制 pH。

$$CdSO_4 + Na_2S_2O_3 + Na_2CO_3 \longrightarrow CdS \downarrow + 2Na_2SO_4 + CO_2 \uparrow$$

若要制得浅色镉黄，则在硫代硫酸钠与硫酸镉的混合物中加入氧化锌。在此情况下，反应中产生的硫酸与锌作用生成盐。这里介绍第三种方法。

### 3. 工艺流程

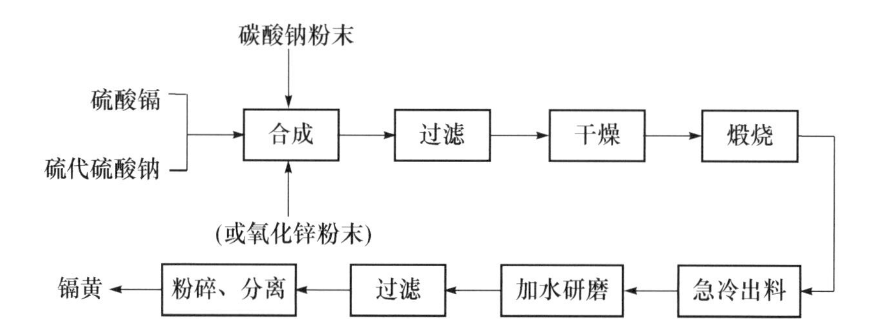


### 4. 技术配方

| 原料组成 | 柠檬黄 | 浅黄 | 正黄 |
|---|---|---|---|
| 硫代硫酸钠（$Na_2S_2O_3 \cdot 5H_2O$）/份 | 150 | 150 | 150 |
| 硫酸镉（$CdSO_4 \cdot 8/3H_2O$）/份 | 100 | 100 | 100 |
| 氧化锌（ZnO）/份 | 18 | 12 | — |
| 碳酸钠（$Na_2CO_3$）/份 | — | — | 21 |

### 5. 生产原料规格

1）硫代硫酸钠

硫代硫酸钠（$Na_2S_2O_3 \cdot 5H_2O$）为无色透明单斜晶系晶体。无臭、味咸。相对分子质量为 248.18，密度是 1.729，加热至 100℃，失去 5 个结晶水。易溶于水，不溶于醇，在酸性溶液中分解，具有强烈的还原性，在 33℃以上的干燥空气中易风化，在潮湿空气中有潮解性。其质量指标如下：

| 指标名称 | 二级 |
| --- | --- |
| 硫代硫酸钠($Na_2S_2O_3 \cdot 5H_2O$)含量/% | ≥98.0 |
| 水不溶物含量/% | ≤0.03 |
| 硫化物含量(以S计)/% | ≤0.003 |
| 铁(Fe)含量/% | ≤0.003 |

水溶液反应符合检验。

2) 硫酸镉

硫酸镉($CdSO_4 \cdot 8H_2O$)为无色、无臭的单斜晶系柱状晶体。相对分子质量为769.50,密度为3.09g/cm$^3$,转化点温度为41.5℃,易风化,溶于水,不溶于乙醇、乙酸和乙醚中,有毒,其质量指标如下:

| 指标名称 | 指标 |
| --- | --- |
| 镉含量/% | ≥18 |
| 镉与锌之比 | 6.5∶1~7∶1 |
| 酸碱度 | 用刚果红试纸测定不变色 |
| 外观 | 无明显析出物 |

**6. 生产工艺**

将硫酸镉溶液(浓度为200g/L)送至合成锅内,加热至70~80℃,再加入碳酸钠或锌白(ZnO)。然后在搅拌下加入晶体硫代硫酸钠,生成的沉淀物经过滤、干燥后,送至高温转炉中煅烧1~2h。柠檬黄和浅黄的煅烧温度为550~600℃,正黄为400~500℃,煅烧通常是在还原或惰性气氛中。取样与标样色比较合格后,即出料,急冷。然后将煅烧产物送至球磨机中加水研磨6~10h后,放出料浆,用泵将料浆打入漂洗桶内经清水洗去可溶性盐类。取样检查合格后,送入过滤器过滤。滤饼在电热式干燥箱内干燥后,经粉碎机粉碎,再进入旋风分离器。镉黄产品从分离器下部进入包装桶。粉尘经顶部除尘系统处理。含镉废水必须经净化处理,达国家排放标准后才可排放。

**7. 产品用途**

广泛用于搪瓷、玻璃和陶瓷的着色,还用于塑料及电子荧光材料中。因其在室外稳定性较差,多用于室内塑料制品,也用于油漆、耐高温涂料的着色。

**8. 参考文献**

[1] 武红,王海洪,秦世忠,等. 镉渣制取镉黄的应用研究[J]. 山东化工,2005,01:27-28.

[2] 董淑莲. 超细耐热性镉黄的制备[J]. 北京化工学院学报(自然科学版),1994,02:91-96.

## 5.21 铜 金 粉

铜金粉(Cupric Gold Powder)又称金粉、铜粉、黄铜粉。主要成分是铜及少量锌、锡、铝等金属。铜的元素符号 Cu,相对原子质量为 63.546。

### 1. 产品性能

铜金粉是铜锌合金制成的金黄色或带红色或微绿色的鳞片状微细粉末。它有很多色调不同的品种。主要有红光、青红光及青光三种。铜金粉的遮盖力很强,漂浮能力也大,但不耐酸、碱、热、光及水汽,易在空气中被氧化而颜色发暗。

### 2. 生产原理

1) 合金熔融雾化法

将铜、锌、锡、铝制成合金,通常锌∶铜为 15∶85 呈淡金色,锌∶铜为 27∶75 呈金色,锌∶铜为 30∶70 呈绿金色。将合金熔融雾化成粗粉末,置于湿球磨机中磨成片状结构的中粗粉末,经 4 次消除应力后,在干球磨机中强力粉碎,最后经风选分级,抛光,上膜表面处理而得成品,一般组成中铜的比例越大,色光越红;铜的比例越小,色光越绿。

2) 置换粉碎法

以铁屑(或锌片)置换出硫酸铜溶液中的铜,再经洗涤,干燥及粉碎制得。

$$CuSO_4 + Fe \longrightarrow FeSO_4 + Cu$$

### 3. 工艺流程

1) 合金熔融雾化法

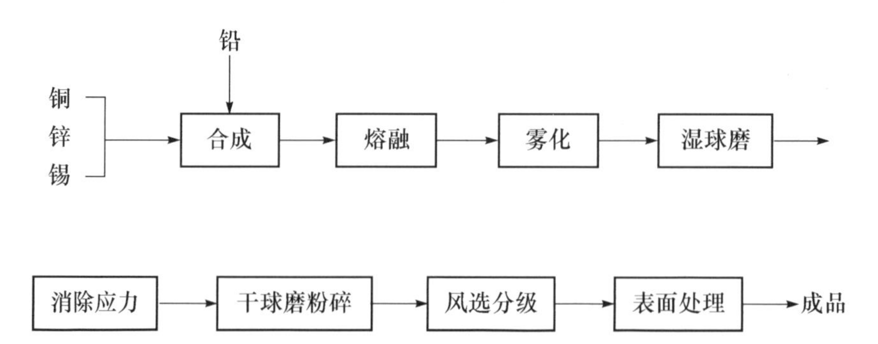

2）置换粉碎法

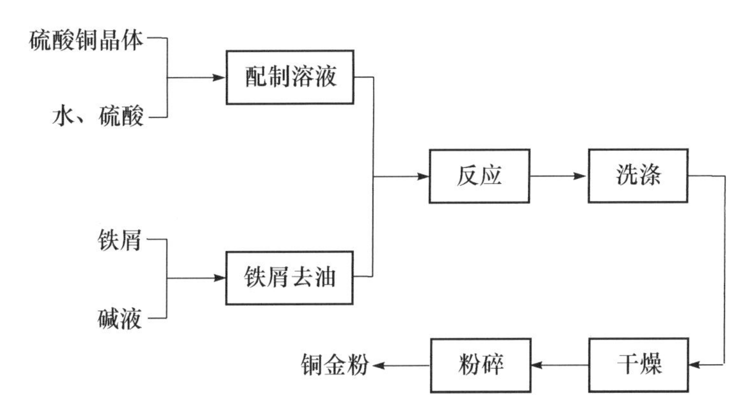


**4. 生产原料规格**

硫酸铜($CuSO_4 \cdot 5H_2O$)为蓝色晶体，无臭。相对分子质量为249.68。密度为2.284g/cm³。溶于水及稀的乙醇中，而不溶于无水乙醇中，水溶液具有弱酸性，加热至110℃时，先失去4个结晶水；高于105℃时，形成白色易吸水的无水硫酸铜。在干燥空气中慢慢风化，表面变为白色粉末状物。其质量指标如下：

| 质量指标 | 二级 |
| --- | --- |
| 硫酸铜($CuSO_4 \cdot 5H_2O$)含量/% | ≥93 |
| 水不溶物含量/% | ≤0.45 |
| 游离硫酸含量/% | ≤0.25 |
| 铁(Fe)含量/% | ≤1 |
| 外观 | 蓝色晶体 |

**5. 生产工艺**

将工业级硫酸铜投入溶解锅中，加大约硫酸铜4倍的水量，加热至50℃左右，使其溶解，再加少量硫酸使其酸化，即制得相对密度约为1.11的硫酸铜溶液。将废铁屑放入清洗锅内，加入浓度约10%的纯碱(或烧碱)溶液，加热至沸腾，并不断搅动废铁屑，当其表面废油脱离后取出，冲洗干净。将硫酸铜溶液投入反应锅内，加热升温至55～60℃时，将废铁屑陆续加入，使硫酸铜中的铜全部被铁屑置换出来。废铁屑的加入量以蓬松堆积至露出液面为宜(其量为硫酸铜量的25%左右；如用锌片置换，其量为35%～40%)。同时用铜钩钩起铁屑，上下摇动，使析出的极细微的铜粉落至锅底，而溶液的颜色也以蓝色逐渐转变成淡绿色。置换时间为40～60min(如置换反应时不加热则需2～4h)。然后静置沉降。待反应液澄清后，用虹吸管吸出上层澄清液，送去“三废”处理以回收硫酸亚铁。在锅底剩余的铜粉及残渣先用清水洗涤 1～3 次，静置，抽吸去洗涤水后，再用浓度 2%～8%的稀硫酸（每 10kg 水中放入0.2～0.8kg浓硫酸）洗涤 2～3 次，然后用水洗涤 1～3 次，最后在加热并缓慢搅动下用浓度 2%～3%的稀盐酸洗涤 2～3 次后，送去过滤器，分离出铜粉，再加清水洗涤干净（至洗涤水无色透明，用 pH 试纸测试其值为 7，或往洗涤水中加少许硝酸银而不出现浑浊），即得精制铜粉。将铜粉置于阳光下晒干，或者置于干燥箱内在低温（50～70℃）下干燥。将干燥铜粉用粉碎机粉碎后，通过筛分得到不同细度的成品。

### 6. 产品标准

1）质量指标

| 指标名称 | 220 目 | 400 目 | 800 目* |
|---|---|---|---|
| 外观 | | 金黄色鳞片状粉末 | |
| 细度（过 325 目筛余量）/% | ≤0.3 | ≤0.3 | 平均 6.67～8.89 |
| 光亮度（印金光亮度） | ≥57 | | |
| 叶展性 | | 合格 | |
| 色光 | | 与标准品近似 | |

* 800 目铜金粉分为青光、红光、青红光三种规格。

2）色光测定

（1）试剂和仪器。描图纸；4 号调墨油；刮片；调墨刀。

（2）测定。用调墨刀挑取少许调墨油，分为两点，涂于描图纸上，两点平行间隔距离为 15mm，用刮片均匀刮下，将样品轻轻洒在左边调墨油上，用毛笔轻轻刷下并掸去多余的样品，再将样品轻轻洒在右边的调墨油上，用毛笔轻轻刷下并掸去多余的标准品（注意两种样品不能混在一起）。在室内朝北散射光线下或在标准光源下观察其色泽差异。色光评级分为近似级、微字级、稍字级、较字级等 4 级。

当样品与标准品的色泽近似时，评为近似级；

当样品与标准品的色泽微有差异时，评为微字级；

当样品与标准品的色泽有差异时，评为稍字级；

当样品与标准品的色泽有明显差异时，评为较字级。

其中微、稍、较之后需列入色相及明暗度的评语。

3）叶展性的测定

称取 2.5g 400 目金粉，置于烧杯中，加入 200# 溶剂油 1.5g，用玻璃棒调匀，再加入 F01-2 酚醛清漆 6g，经混合后静置 2min，液面能形成连续而光亮的金属膜面者为合格。将上述金漆用底纹漆刷于玻璃片上，待其自干后与标准品比色光，若不低于标准品为合格。

**7. 产品用途**

主要用作装饰金漆和金色油墨，用于建筑物、装饰品的涂刷，用于书籍、包装品的装潢印刷。

**8. 参考文献**

[1] 蒋昱东. 高能球磨制备铜金粉及其表面改性工艺的研究[D]. 昆明：昆明理工大学，2012.
[2] 裴志明，蔡晓兰，王开军. 高能球磨制备铜金粉[J]. 矿冶，2011，04：77-81.
[3] 裴志明. 高能球磨法制备铜金粉[D]. 昆明：昆明理工大学，2011.

## 5.22 碱式硅铬酸铅

碱式硅铬酸铅是在微细的二氧化硅微粒表面包覆一层碱式铅盐，铅盐的包覆层包括$\gamma$-三碱式硅酸铅和一元碱式铬酸铅。它的化学式可近似表示为：核心$SiO_2$，包膜$PbSiO_3 \cdot 3PbO/PbCrO_4 \cdot PbO$。

**1. 产品性能**

碱式硅铬酸铅是一种松软的橙色粉末，具有优异的防锈性能，对二氧化硫作用有极高稳定性、良好的耐光性以及较差的遮盖力和较弱的着色力。该颜料不溶于水和醇等各种有机介质，和其他铅颜料比较具有较小的密度，其值为3.95～4.1g/$cm^3$。化学性质稳定，对各种漆料的适应性好，制作的涂料防锈性、耐水性和耐候性都十分优良。含铅量少，毒性低。

碱式硅铬酸铅主要物化指标：

| 指标名称 | Ⅰ型 | Ⅱ型 |
|---|---|---|
| 相对密度/($g/cm^3$) | 4.1 | 3.95 |
| 吸油量/% | 10～18 | 13～19 |
| 水萃取液 pH | 8.3～8.6 | 8.3～8.6 |
| 水溶物含量/% | 0.08 | 0.21 |
| 比表面积/($m^2/cm^3$) | 1.3 | 3.3 |
| 平均粒度/$\mu m$ | 7 | 4 |
| 饱和溶液比电阻/($k\Omega/cm^2$) | 120 | 61 |
| 细度(过325目筛余量)/% | ≤0.3 | ≤0.1 |

**2. 生产原理**

在黄丹与二氧化硅的浆料中加入催化剂乙酸，乙酸使浆料中形成部分可溶性的碱式乙酸铅盐，再加入铬酸酐溶液后，浆料中形成复合物 $PbCrO_4 \cdot PbO$，此复合物在高温煅烧下与过剩黄丹反应生成四元碱式铬酸铅，继续升高温度，二氧化硅与四元碱式铬酸铅反应生成一元碱式铬酸铅和 $\gamma$-三碱式硅酸铅的复合物，即碱式硅铬酸铅。

$$2PbO + CrO_3 \longrightarrow PbCrO_4 \cdot PbO$$

$$PbCrO_4 \cdot PbO + 3PbO \longrightarrow PbCrO_4 \cdot 4PbO$$

$$4(PbCrO_4 \cdot 4PbO) + 3SiO_2 \longrightarrow 4(PbCrO_4 \cdot PbO) + 3(SiO_2 \cdot 4PbO)$$

**3. 工艺流程**

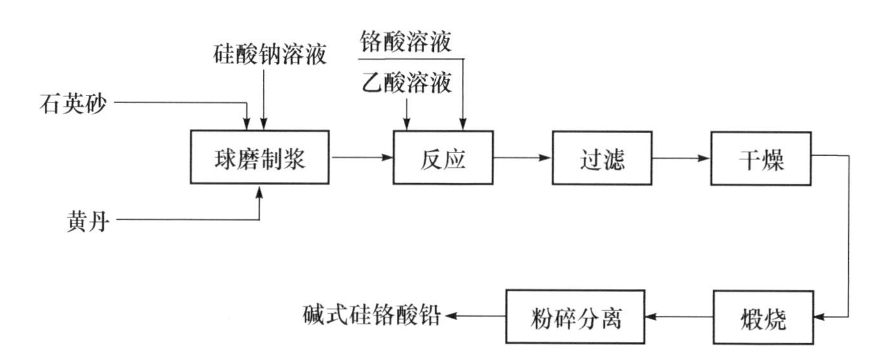


**4. 技术配方**

| | |
|---|---|
| 石英砂($SiO_2$) | 49.0 |
| 黄丹(PbO) | 49.0 |
| 铬酸酐($CrO_3$) | 5.4 |
| 冰醋酸($CH_3COOH$) | 0.7 |

**5. 生产工艺**

将二氧化硅含量高达99%以上的天然石英砂在球磨机中研磨精细，使之与黄丹在水的作用下形成浆料。在浆料中先加入乙酸溶液，再缓慢加入铬酸溶液。不断搅拌，用蒸汽直接加热浆料。待浆料变稠后，进行过滤，分离，干燥。干燥的块状物在煅烧炉中煅烧2～3h，温度控制在500～650℃。煅烧结束后，从炉中取出块状物送至粉碎机中进行粉碎，即得成品。

### 6. 产品标准

| 外观 | 松软的橙色粉末 |
|---|---|
| 氧化铅(PbO)含量/% | 46.0～49.0 |
| 三氧化铬($CrO_3$)含量/% | 5.1～5.7 |
| 二氧化硅($SiO_2$)含量/% | 45.5～48.5 |
| 水分及其他挥发物含量/% | ≤0.5 |
| 水萃取液 pH | 6.5～8.5 |
| 吸油量/% | 10～18 |

### 7. 产品用途

主要用于涂料工业，用于制备各种类型的钢铁防锈涂料，可与各种颜料配合使用，几乎能与所有漆料结合，包括溶剂型油漆和水性漆。

### 8. 参考文献

[1] 邱炜国，张炜，徐荣显. 橙红色碱式硅铬酸铅的制备及应用[J]. 涂料工业，1993，05：19-22.
[2] 陈以春. 包核防锈颜料碱式硅铬酸铅的研制[J]. 涂料工业，1982，06：13-16.
[3] 陈以春. 无机包核防锈颜料碱式硅铬酸铅[J]. 无机盐工业，1984，05：10-13.

## 5.23 氢氧化钴

氢氧化钴(Cobalt Hydroxide)化学式为 $Co(OH)_2$，相对分子质量 93.95。

### 1. 产品性能

浅青色或浅红色粉末，其颜色与粒度大小有关，微细粉末为浅青色，变态为六方晶系时为砖红色。不溶于水、乙醇，溶于浓酸。相对密度(15℃)为 3.597。

### 2. 生产原理

(1) 硝酸钴与氢氧化钠反应，生成氢氧化钴。

$$Co(NO_3)_2 + 2NaOH \longrightarrow Co(OH)_2 \downarrow + 2NaNO_3$$

(2) 硫酸钴与氢氧化钠发生沉淀反应，生成氢氧化钴。

$$CoSO_4 + 2NaOH \longrightarrow Co(OH)_2 \downarrow + Na_2SO_4$$

### 3. 工艺流程

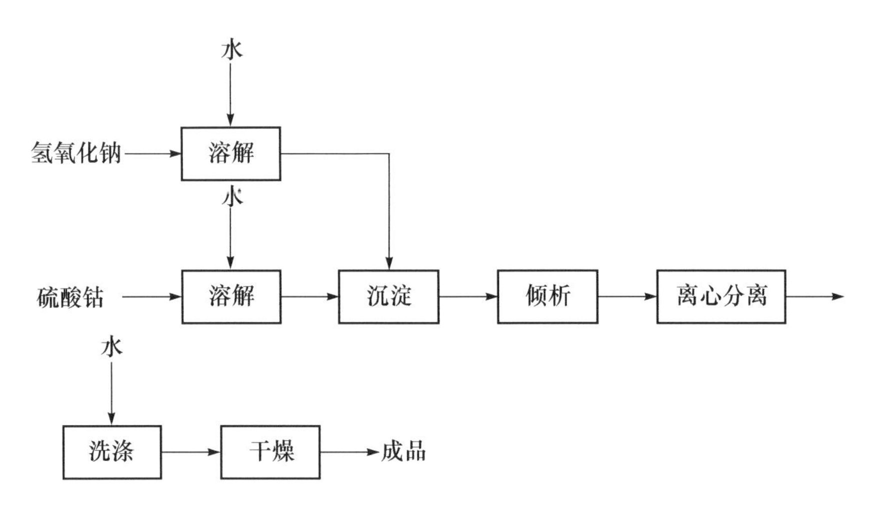


### 4. 技术配方

| | |
|---|---|
| 硫酸钴(96%) | ≥302.5 |
| 氢氧化钠(98%) | ≥86 |

### 5. 生产工艺

将固体氢氧化钠溶于水制成溶液并进行过滤。另将硫酸钴晶体溶解在水中，经过滤后送至反应器。该反应器由碳钢制造，用不锈钢衬里(或以瓷砖衬里)，并备有搅拌器。在连续搅拌下将纯净的氢氧化钠溶液加入反应器中与硫酸钴反应。反应完成后，将溶液送至沉降器中静置一段时间。然后将其中的上层清液倾除，氢氧化钴浆料再经离心分离，并用热水洗涤至无硫酸盐。最后将氢氧化钴沉淀经 90～95℃干燥即成品。

### 6. 产品标准

| | |
|---|---|
| 外观 | 浅青色至浅红色粉末 |
| 氢氧化钴含量/% | ≥90 |
| 铁含量/% | ≤0.35 |
| 盐酸不溶物含量/% | ≤0.1 |

### 7. 产品用途

用作颜料、涂料着色及清漆的催干剂，还用作钴盐原料。

### 8. 参考文献


[1] 佚名. 一种具有花状形貌的纳米氢氧化钴材料及制备方法[J]. 无机盐工业，2013，01:46.

[2] 戚洪亮，韩建民，沈恒冠，等. 化学络合沉淀法制备球形氢氧化钴[J]. 广州化工，2013，11:143-145.

[3] 龙长江，于金刚. 一种氢氧化钴合成新工艺[J]. 硅谷，2011，18:28-29.

[4] 林海彬，汪庆祥，柳林增，等. 两种不同粒径氢氧化钴的合成及表征[J]. 漳州师范学院学报(自然科学版)，2011，03:42-44.


## 5.24 氧化铁红

氧化铁红(Iron Oxide Red)又称铁红、铁氧红、氧化铁、铁红粉、氧化高铁、铁丹、巴黎红、三氧化铁、赤色氧化铁。化学名称是三氧化二铁，分子式为 $Fe_2O_3$，相对分子质量为 159.69。

### 1. 产品性能

氧化铁红为红色或深红色无定形粉末，密度为 5.24g/cm$^3$。熔点为 1565℃，同时分解。不溶于水，溶于盐酸、硫酸，微溶于硝酸。灼烧时放出氧，能被氢和一氧化碳还原为铁。着色力强，无油渗性和水渗性，在大气和日光中较稳定，耐高温、耐酸、耐碱，在浓酸中加热才能溶解。

氧化铁红是一种最经济而耐光性耐热性好的红色颜料。遮盖力达 8～10g/m$^2$，在所有颜料中，它的遮盖力仅次于炭黑。缺点是不能耐强酸，颜色红中带黑，不够鲜艳。

### 2. 生产原理

(1) 用硫酸亚铁(绿矾)煅烧以制造氧化铁红。将 $FeSO_4 \cdot 7H_2O$ 加热，以脱去全部或部分结晶水，经过脱水的硫酸亚铁在球磨机中研细，然后在马弗炉或返焰炉中于 700～800℃进行煅烧。经后处理得氧化铁红。

$$2FeSO_4 \longrightarrow Fe_2O_3 + SO_2 + SO_3$$

(2) 用氧化铁黄煅烧以制造氧化铁红。在 700～800℃温度下进行煅烧：

$$Fe_2O_3 \cdot H_2O \longrightarrow Fe_3O_3 + H_2O$$

经煅烧后，将颜料通过破碎机和球磨机，然后过筛。该法所制得的氧化铁红颜色鲜明。

(3) 用氧化铁黑的煅烧以制造氧化铁红。在 600～700℃温度下进行煅烧：

$$2(FeO \cdot Fe_2O_3)+1/2O_2 \longrightarrow 3Fe_2O_3$$

(4) 废铁与稀硝酸制成晶核，将废铁、硝酸亚铁、硫酸亚铁和晶核一起加热，并通空气氧化制得氧化铁红。

这里介绍第四种方法。

### 3. 工艺流程

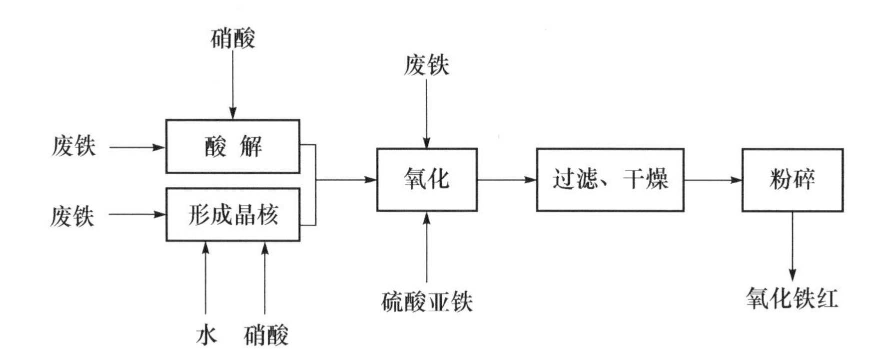


### 4. 技术配方

| | |
|---|---|
| 硝酸(100%) | 35 |
| 硫酸(98%) | 8 |
| 废铁 | 90 |

### 5. 生产工艺

将废铁和水放入硝酸亚铁反应锅中，然后渐渐注入已经稀释的硝酸，使废铁溶解成硝酸亚铁。

将水和废铁加入晶核反应锅，并加入蒸汽进行加热，然后将稀释好的硝酸渐渐注入晶核反应锅中进行反应，直到析出橘红色胶体时为止。

将晶核注入氧化锅，同时加入废铁和硝酸亚铁，并通入蒸汽加热到 80℃左右，通入空气进行氧化。在氧化过程中要测定硝酸亚铁的含量保持在 1%～1.5%，不足时要随时补足。适当时补加硫酸亚铁液，直至产品的色泽与标准品色泽相同时，停止氧化。

将氧化结束的产品用筛布过滤，除去未反应的铁屑，成品液料进入储槽，然后用回转式真空抽滤机过滤和淋洗，所得的滤饼经过干燥，即得氧化铁红。然后经粉碎、过筛而得成品。

### 6. 产品标准(GB 1863)

| 项目 | H101 | | H102 | | H103 | |
|---|---|---|---|---|---|---|
| | 一级品 | 二级品 | 一级品 | 二级品 | 一级品 | 二级品 |
| 色光(与标准品相比) | 近似至微 | 稍 | 近似至微 | 稍 | 近似至微 | 稍 |
| 吸油量/% | 15～25 | 15～30 | 15～25 | 15～30 | 15～20 | 13～20 |
| 水分含量/% | ≤1.0 | ≤1.5 | ≤1.0 | ≤1.5 | ≤1.0 | ≤1.5 |
| 细度(过 320 目筛余量)/% | ≤0.2 | ≤0.5 | ≤0.2 | ≤0.5 | ≤0.2 | ≤0.5 |
| 水萃取液 pH | 5～7 | 5～7 | 5～7 | 5～7 | 5～7 | 5～7 |
| 遮盖力/$(g/m^2)$ | ≤10 | ≤10 | ≤10 | ≤10 | ≤10 | ≤10 |
| 水溶物含量/% | ≤0.3 | ≤0.5 | ≤0.3 | ≤0.5 | ≤1.0 | ≤2.0 |
| 三氧化二铁含量/% | ≥95.0 | ≥90.0 | ≥94.0 | ≥88.0 | ≥75.0 | ≥65.0 |

### 7. 产品用途

广泛用作建筑、橡胶、塑料、油漆等的着色剂。也是高级精磨材料,使用于精密的五金器材的抛光和光学玻璃、玉石等的磨光。高纯度铁红是粉末冶金的主要基料,另外,可用来冶炼各种磁性合金和其他高级合金钢。还用作人造革、皮革揩光浆着色剂。

### 8. 参考文献

[1] 张雅晴,李军,罗建洪,等.硫酸亚铁制备高品质氧化铁红的新工艺研究[J].无机盐工业,2013,01:44-46.

[2] 王晨雪.废钢渣制备氧化铁红颜料[J].新疆有色金属,2012,S1:110-112.

[3] 梁绪树,程帅,孙体昌,等.用硫酸化焙烧渣制备氧化铁红的中试研究[J].矿冶工程,2011,04:104-108.

[4] 林东升.全绿矾湿法制备氧化铁红工艺研究[J].广东化工,2011,08:43-45.

## 5.25 镉　　红

镉红(Cadmium Red)又称大红色素。硫硒化镉红是由硫化镉和硒化镉所组成的,其化学组成可用通式 $n$CdS · CdSe 或 $Cd(S_xSe_{1-x})$来表示。

**1. 产品性能**

镉红是最牢固的红颜料，颜色非常饱和而鲜明，色谱范围可从黄光红，经红色直至紫酱色。镉红中 CdSe 含量越高，红光越强，颜色越深。镉红颗粒形态基本上为球形，其晶体结构主要为六方晶型，也有立方晶型。镉红耐热性在 600℃左右。镉红在热分解时，固溶体变为 CdS 与 CdSe 的混合物，在高温下与氧作用，CdSe 可氧化成 CdO 和 $SeO_2$。镉红的耐候性和耐蚀性优良，遮盖力强，不溶于水、有机溶剂、油类和碱性溶剂，微溶于弱酸，溶解于强酸并放出有毒气体 $H_2Se$ 和 $H_2S$。

**2. 生产原理**

(1) 湿法。金属镉与盐酸或硝酸反应制成镉盐，用碳酸钠中和成碳酸镉。硒和硫化钠制成硒硫化钠溶液。碳酸镉和硒硫化钠反应，即生成镉红。

$$CdCl_2 + Na_2CO_3 \longrightarrow CdCO_3 \downarrow + 2NaCl$$

$$2CdCO_3 + Na_2S \cdot Na_2Se \longrightarrow CdS \cdot CdSe + 2Na_2CO_3$$

(2) 干法。利用煅烧碳酸镉或乙二酸镉和硫与硒的混合物制造镉红。

**3. 工艺流程**

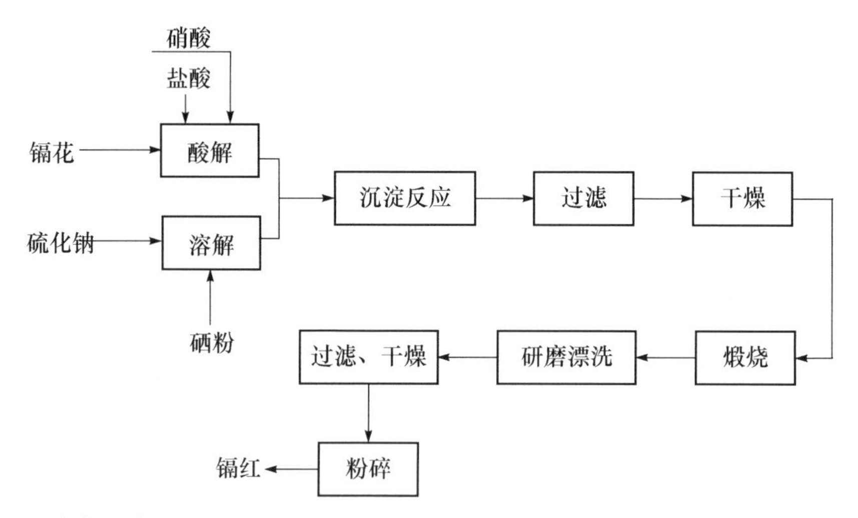


**4. 技术配方**

| | |
|---|---|
| 碳酸镉 | 100 |
| 硒 | 15 |
| 硫 | 25 |

### 5. 生产工艺

用泵分别将计量好的盐酸和硝酸从储槽打入酸解锅中，同时投入金属镉花，控制加料速率并保持反应温度在80～90℃。生成的氯化镉溶液经泵抽至储槽备用。调氯化镉浓度为25%，用泵送至合成锅。将碳酸钠溶于水，用泵从溶解锅送至高位槽，再往配制锅中加水调浓度为12%左右。开动搅拌，缓慢地加入碳酸钠溶液，与氯化镉反应立即生成白色碳酸镉沉淀。当pH＝8～9时，停止加料，约0.5h反应结束，排水得碳酸镉料浆。经提纯的硫化钠浓度调节至25%，用泵从储槽吸入高位计量槽，再加至硒粉溶解锅内。加入计量的硒粉，搅拌并升温至70～80℃，反应至硒全部溶解为止。用泵将溶液抽至合成锅，升温至70～80℃，使之与碳酸镉反应，生成硫硒化镉共沉淀，沉淀物经漂洗送至压滤机过滤，进入干燥箱干燥后，再送至高温转炉煅烧1h左右。煅烧温度控制在550～600℃。取样与标准色比较合格后，即出料，急冷。然后将煅烧产物送至球磨机加水研磨。6～10h后，放出料浆，用泵将料浆打入漂洗锅内经清水洗去可溶性盐类。取样检查合格后，送入过滤器中过滤。滤饼在电热式干燥箱内干燥后，经粉碎机粉碎，再进入旋风分离器，镉红产品从分离器下部进入包装锅。粉尘经顶部除尘系统处理。含镉废水与含碱废水可用沉淀法及离子交换处理等，必须使工业废水达到国家排放标准。

### 6. 产品标准

1）质量指标

| 指标名称 | 优级品 | 一级品 | 合格品 |
|---|---|---|---|
| 总量[镉(Cd)＋锌(Zn)＋硒(Se)＋硫(S)]/% | ≥98 | ≥95 | ≥90 |
| 易分散程度/(Mm/30mm) | ≤20 | ≤20 | ≤20 |
| 吸油量/(g/100g) | 15～20 | 15～20 | 15～20 |
| 热稳定性(与标准颜料相比较) | 颜色不应有较大的变化 | | |
| 在105℃挥发物含量/% | ≤0.5 | ≤0.5 | ≤0.5 |
| 水溶物(冷萃取法)含量/% | ≤0.3 | ≤0.3 | ≤0.3 |
| 在0.07mol/L盐酸中可溶物锑(Sb)含量/% | ≤0.05 | ≤0.1 | ≤0.1 |
| 砷(As)含量/% | ≤0.01 | ≤0.01 | ≤0.01 |
| 钡(Ba)含量/% | ≤0.01 | ≤0.05 | ≤0.1 |
| 镉(Cd)含量/% | ≤0.1 | ≤0.3 | ≤0.8 |
| 铬(Cr)含量/% | ≤0.1 | ≤0.1 | ≤0.1 |
| 铅(Pb)含量/% | ≤0.01 | ≤0.02 | ≤0.02 |
| 硒(Se)含量/% | ≤0.01 | ≤0.01 | ≤0.01 |

| 水悬浮液 pH | 5～8 | 5～8 | 5～8 |
|---|---|---|---|
| 细度(过 350 目筛余量)/% | ≤0.1 | ≤0.3 | ≤0.5 |
| 颜色(与标准颜料相比) | | 近似微稍 | |
| 着色力(与标准颜料相比)/% | ≥100 | ≥95 | ≥90 |

2) 吸油量测定

(1) 应用试剂。调墨油(纯亚麻仁油制):黏度 0.14～0.16Pa·s(25℃);酸值不大于 7mg KOH/g。

(2) 测定。称取 1～2g 样品放于玻璃板上,滴加调墨油,在加油过程中用调墨刀充分研压,应使油与全部样品颗料接触,开始时可加 3～5 滴,近终点时应逐滴加入。当加最后一滴时,样品与油黏结成团,用调墨刀铲起不散,即为终点,全部操作应在 15～20min 内完成。

$$吸油量=(G_1/G)\times 100\%$$

式中:$G_1$——耗用调墨油的质量,g;$G$——样品质量,g。

**7. 产品用途**

镉红广泛用于搪瓷、陶瓷、玻璃、涂料、塑料、美术颜料、印刷油墨、造纸、皮革、彩色沙石建筑材料和电子材料等行业。

**8. 参考文献**

[1] 邓建成,罗先平,夏殊.间接沉淀煅烧法制备镉红的研究[J].无机盐工业,2000,03:5-6.
[2] 汪绍裘.硅溶胶法制备包核镉红颜料[J].涂料工业,1990,05:23-24.

## 5.26 钼 铬 红

钼铬红(Molybdenium chromium Red)又称 3710 钼酸红、107 钼铬红、3710 钼铬红。钼铬红分子式为 $6PbCrO_4 \cdot 2.5PbSO_4 \cdot PbMoO_4 \cdot AlPO_4 \cdot Al(OH)_3$

**1. 产品性能**

207 钼铬红主要成分是铬酸铅、硫酸铅、钼酸铅;107 钼铬红除与 207 钼铬红相同的主要成分外还有少量氢氧化铝、磷酸铝。钼铬红的颜色可以有橘红色至红色。它具有较高的着色力及很好的耐光性和耐热性,能耐溶剂,无水渗性和油渗性,但耐酸性、耐碱性差,遇硫化氢气体变黑,可与有机颜料混合应用。

**2. 生产原理**

钼铬红是由硝酸铅、重铬酸钠、钼酸钠、硫酸钠根据配比以水溶液相互反应沉淀，再经过酸化，使晶型转型而制得。

**3. 技术配方**

| | |
|---|---|
| 硝酸铅[$Pb(NO_3)_2$] | 347 |
| 重铬酸钠[$Na_2Cr_2O_7 \cdot 2H_2O$] | 115 |
| 钼酸钠[$Na_2MoO_4 \cdot 2H_2O$] | 28 |
| 硫酸钠[$Na_2SO_4$] | 17 |
| 氢氧化钠(NaOH) | 32 |
| 硫酸铝[$Al_2(SO_4)_3 \cdot 18H_2O$] | 44 |
| 硝酸($HNO_3$) | 调节 pH |

**4. 生产原料规格**

1) 硝酸铅

硝酸铅[$Pb(NO_3)_2$]为白色立方或单斜晶体。相对分子质量为 331.20，密度是 4.53g/cm$^3$。407℃分解。易溶于水、液氨、联氨，微溶于乙醇，不溶于浓硝酸。在空气中稳定。往水溶液中加浓硝酸，产生硝酸铅沉淀。干燥的硝酸铅于 205～223℃分解为氧化铅、$NO_2$和 $O_2$，潮湿的硝酸铅于 100℃开始分解，先形成碱式硝酸铅，继续加热则转化为氧化铅。硝酸铅易与碱金属硝酸盐及硝酸银形成络合物。有毒。

硝酸铅有毒，为强氧化剂，与有机物接触能促其燃烧。浸透了碱性硝酸铅的纸，干燥后能自燃。其质量指标如下：

| 指标名称 | 指标 |
|---|---|
| 硝酸铅[$Pb(NO_3)_2$]含量/% | ≥98 |
| 铁(Fe)含量/% | ≤0.005 |
| 铜(Cu)含量/% | ≤0.005 |
| 游离酸($HNO_3$)含量/% | ≤0.1 |
| 水不溶物含量/% | ≤0.05 |

2) 钼酸钠

钼酸钠($Na_2MoO_4 \cdot 2H_2O$)为白色或略有色泽的晶体粉末。相对分子质量为 241.95，密度为 3.28g/cm$^3$。熔点为 687℃。微溶于水，不溶于丙酮。100℃时失去结晶水而成无水物。有毒！其质量指标如下：

| 指标名称 | 指标 |
|---|---|
| 钼酸钠($Na_2MoO_4 \cdot 2H_2O$)含量/% | ≥98 |

3）十水硫酸钠

十水硫酸钠($Na_2SO_4 \cdot 10H_2O$)为无色单斜晶体。相对分子质量为 322.19，密度为 1.464g/cm$^3$。熔点为 32.38℃。有苦咸味。在 32.4℃时溶于其结晶水中，在 100℃时失去结晶水，在空气中迅速风化而成无水白色粉末。溶于甘油而不溶于乙醇。其质量指标如下：

| 指标名称 | 指标 |
|---|---|
| 硫酸钠($Na_2SO_4$)含量/% | ≥40 |
| 硫酸镁($MgSO_4$)含量/% | ≤3 |

**5. 工艺流程**

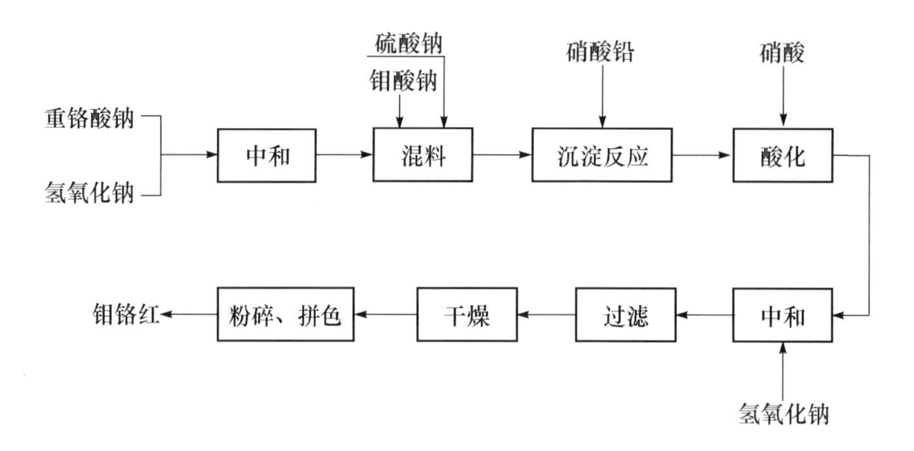


**6. 生产工艺**

在重铬酸钠溶液中加入氢氧化钠溶液中和，再加入硫酸钠和钼酸钠，不断搅拌，此混合溶液加入硝酸铅溶液中，控制反应温度为 15～20℃，得到浅黄色沉淀。此时溶液的 pH 应为 4.0～5.0，反应液的浓度应在 0.1mol/L 左右，同时其中应有过剩少量铅离子存在。再加入硝酸溶液进行酸化，酸化 pH 控制在 2.5～3，继续搅拌 15～30min，待晶体变成四方晶系，颜色转到最红时加入硫酸铝，用氢氧化钠调节 pH，生成氢氧化铝的沉淀物，阻止晶型继续转变，合适的终点 pH 应是 6.5～7.5。溶液的 pH 调整好后，将反应液过滤，用清水洗涤滤饼数次，将洗净的滤饼在干燥箱中100℃左右干燥，经过适当粉碎，拼色后，即得成品。

**7. 产品标准**

| 指标名称 | 107 | 207 |
|---|---|---|
| 外观 | 红色粉末 | 红色粉末 |
| 色光(与标准品相比) | 近似至微 | 近似至稍 |
| 着色力(与标准品相比)/% | 100±5 | 100±5 |
| 水分含量/% | ≤2 | ≤2 |
| 水溶物含量/% | ≤1 | ≤1 |
| 水萃取液 pH | 4～7 | 4～8 |
| 吸油量/% | ≤ 22 | ≤22 |
| 铬酸铅含量/% | ≤ 50 | ≤70 |
| 耐光性(与标准品相比) | 近似至稍 | |
| 细度(过80目筛余量)/% | ≤ 5 | ≤5 |
| 耐晒性/级 | 3 | 3 |
| 耐热性/℃ | 140 | 140 |
| 耐酸性/级 | 1 | 1 |
| 耐碱性/级 | 1 | 1 |
| 耐水渗透性/级 | 5 | 5 |
| 耐油渗透性/级 | 5 | 5 |
| 耐石蜡渗透性/级 | 5 | 5 |
| 耐乙醇渗透性/级 | 5 | 5 |

**8. 产品用途**

主要用于涂料、油墨、橡胶等着色。

**9. 参考文献**

[1] 曾术兵. 利用铅锌废渣生产活性氧化锌和钼铬红[J]. 无机盐工业，1995，06：29-32.
[2] 钱耀敏，蒋定凤，傅敏. 耐光钼铬红颜料的研制[J]. 涂料工业，1996，06：5-8.
[3] 李德方，王永华. 耐晒钼铬红 S-5766 的研制[J]. 涂料工业，1998，03：13-15.

## 5.27 红　　丹

红丹(Red Lead)又称红铅、高铅酸亚铅、铅丹、光明丹、冬丹、铅红、红色氧化铅、樟丹。化学名称是四氧化三铅，分子式为 $Pb_3O_4$ 或 $2PbO \cdot PbO_2$。相对分子质量685.57。

**1. 产品性能**

红丹为鲜红至橘红色重质四方晶系晶体或粉末，有毒。密度为9.1g/cm$^3$。溶于热碱溶液、盐酸、硫酸、硝酸、浓磷酸、浓硝酸、过量的冰醋酸中，而不溶于水或醇中。红丹被加热时颜色首先变得更鲜艳，当温度至 500℃以上时则分解为一氧化铅和氧气。红丹有良好的抗腐蚀性、耐候性、耐光性、耐高温性、耐污浊气体性，遮盖力和附着力很好，但耐酸性能差。

**2. 生产原理**

1）液铅氧化法

先将铅熔化成液体，液体铅表面很快和空气中的氧结合，生成一氧化铅。

$$Pb + 1/2O_2 \longrightarrow PbO$$

反应温度为 500～550℃。一氧化铅又称密陀僧或黄丹。然后，将一氧化铅在450℃左右的高温下和氧反应，生成四氧化三铅。当温度超过 500℃时，红丹会发生分解。其生成和分解反应式如下

$$3Pb + 2O_2 \underset{>500℃}{\overset{450℃}{\rightleftharpoons}} Pb_3O_4$$

2）高压氧化法

在低于 3.03MPa 压力下，将一氧化铅氧化成红丹。

3）铅粉法

把铅粉氧化成棕色的一氧化铅，然后进一步氧化成红丹。

**3. 工艺流程**

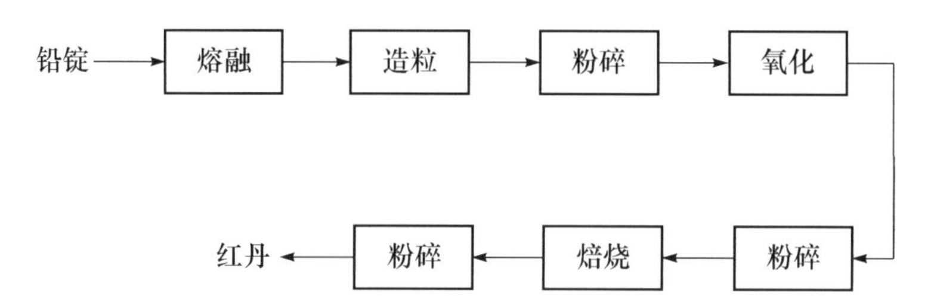


**4. 生产工艺**

1）熔融、造粒

将铅锭放入化铅锅中，直接加热至 400℃左右，待铅锭呈熔融状态后，取出至条形冷却盘内，用水冷却成条形。将铅条切成 30nm×30nm 的小铅粒。将铅粒送入铅粉机内。预先送入空气，并使铅粉机内外同时加热升温，在将铅粒磨成粉末同时被氧

化成黑色的氧化亚铅。氧化亚铅粉末被空气带出铅粉机，先后经过旋风分离器及脉冲布袋过滤器分离出粉末，落入螺旋输送机送入储槽。净化后的空气排空。

2）低温氧化、粉碎

将氧化亚铅粉置于氧化室内，铺成40cm厚一层。用火点燃氧化亚铅粉末，让其在低温下氧化燃烧。每隔0.5h轻轻翻动一次，每隔4～8h大翻一次。直至物料自动熄火而变成棕色半成品为止。用粉碎机粉碎，经分离器、捕集器得到半成品粉末。

3）焙烧

将半成品送入焙烧炉中，以直接火进行焙烧。当炉内温度升到300℃左右，投入氧化亚铅粉碎，0.5h搅拌1次。焙烧3h以后，则每隔1h搅拌1次。8h以后，将炉温度升至450℃，维持该温度焙烧15～25h，待完全氧化至物料变成红色的红丹为止，即可出料。再经粉碎，分离即得成品。

**5. 产品标准**

1）质量指标

| 质量指标 | 涂料工业用 | | 其他工业用 | |
|---|---|---|---|---|
| 指标名称 | 一级 | 二级 | 一级 | 二级 |
| 二氧化铅含量/% | ≥3.9 | ≥33.9 | ≥33.9 | ≥33.2 |
| 四氧化三铅含量/% | ≥97 | ≥97 | ≥97 | ≥95 |
| 原高铅酸及游离含量/% | ≥99 | ≥99 | — | — |
| 一氧化铅的总量(105℃) | ≤0.2 | ≤0.2 | ≤0.2 | ≤0.2 |
| 挥发物含量/% | | | | |
| 水溶物含量/% | ≤0.1 | ≤0.1 | — | — |
| 细度(过200目筛余量)/% | ≤0.75 | ≤0.30 | ≤0.75 | ≤0.75 |
| 吸油量/(g/100g) | ≤6 | ≤6 | ≤6 | ≤6 |
| 沉降容积/mL | — | ≥30 | — | — |
| 不凝结性 | 制漆后在空气中露置14h，能搅匀，易涂刷 | | — | — |
| 硝酸不溶物含量/% | ≤0.1 | ≤0.1 | ≤0.1 | ≤0.1 |
| 三氧化二铁含量/% | — | — | ≤0.005 | ≤0.005 |
| 氧化铜含量/% | — | — | ≤0.002 | ≤0.002 |

2）四氧化三铅含量测定

(1) 试剂。乙酸和乙酸钠饱和溶液：取5mL冰醋酸，加入95mL饱和乙酸钠溶液中制得；碘化钾；0.1mol/L硫代硫酸钠标准溶液；淀粉指示剂。

(2) 测定。在 500mL 磨口锥形瓶中加入 1g 样品(准确至 0.0002g),加数十粒玻璃球,用少许水湿润,然后加入 60mL 乙酸和饱和乙酸钠溶液,充分摇匀,使其溶解,再加入 1.5g 碘化钾,盖好瓶盖,摇匀。当溶液呈深棕色透明后,用水冲洗瓶塞及瓶壁,立刻用硫化硫酸钠快速滴定(每秒滴 1mL)至淡黄色,加 2mL 淀粉指示剂,再缓慢滴至无色透明为终点(反应在 20℃进行),四氧化铅的含量按下式计算:

$$W_{Pb_3O_4}=\frac{C \cdot V\times 0.3428}{G}\times 100\%$$

式中:$G$——样品质量,g;$C$——硫代硫酸钠的浓度,mol/L;$V$——耗用硫代硫酸钠标准溶液的体积,mL。

### 6. 产品用途

主要用于防锈漆及光学玻璃、陶釉、搪瓷和电子工业的压电元件;可作铁器的保护面层,对钢铁表面防锈能力很好。

### 7. 参考文献

[1] 刘振法. 利用含铅粉尘生产黄丹及红丹的研究[J]. 环境工程,1991,04:54-55.

[2] 王丽琴,樊晓蕾,王展. 铅丹颜料变色因素及机理之探讨[J]. 西部考古,2008:285-290.

## 5.28 钨 酸 钴

钨酸钴(Cobalt Tungstate)化学式为 $CoWO_4$,相对分子质量 306.78。

### 1. 产品性能

无水盐为暗绿色晶体,粉末状呈紫色,单斜晶体。相对密度 7.76~8.42。二水盐为紫色晶体,不溶于水及冷硝酸,稍溶于乙二酸,可溶于磷酸、乙酸。

### 2. 生产原理

1) 干法

氧化钨与三氧化钨或钨酸钠、氯化钴、氯化钠的混合物在高温下反应制得。

2) 湿法

钨酸钠溶液与硫酸钴反应,生成钨酸钴沉淀。

$$Na_2WO_4+CoSO_4 \longrightarrow CoWO_4\downarrow+Na_2SO_4$$

### 3. 工艺流程

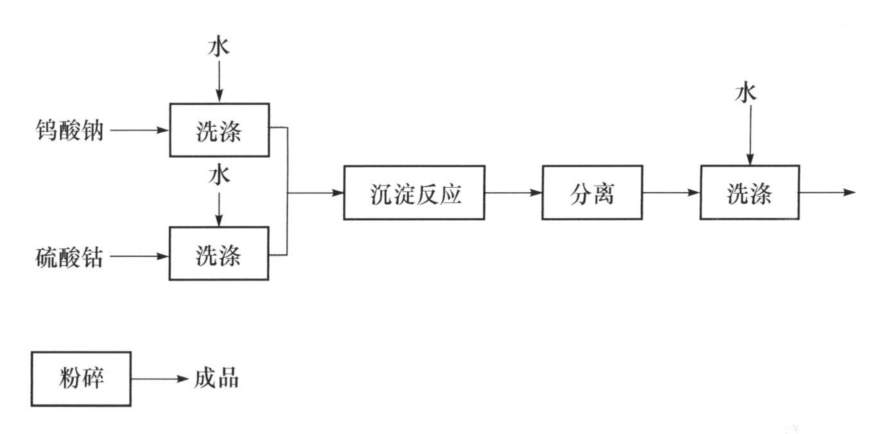




### 4. 技术配方

| | |
|---|---|
| 钨酸钠(99%) | 1080 |
| 硫酸钴(95.5%) | 960 |

### 5. 生产工艺

将钨酸钠溶解在水中并过滤;另将硫酸钴加入水中溶解,然后过滤并送至反应器。该反应器用碳钢制造,并用不锈钢或瓷砖衬里。将纯净的钨酸钠溶液在连续搅拌下加入盛有钨酸钴溶液的反应器中,反应完成后钨酸钴生成物应是一种柑橙色沉淀。反应混合物静置8～10h,以促其沉降。将溶液上层清液倾析,钨酸钴浆料经离心分离,并用热水洗涤至无硫酸盐。钨酸钴沉淀再于90～95℃下干燥为成品。

### 6. 产品标准

| | |
|---|---|
| 钨酸钠含量/% | ≥98 |
| 重金属含量(以Pb计)/% | ≤0.02 |
| 硫酸盐($SO_4^{2-}$)/含量% | ≤0.02 |
| 铁(Fe)含量/% | ≤0.02 |
| 水溶物含量/% | ≤0.01 |

### 7. 产品用途

用作颜料,用于搪瓷、油墨、涂料着色,也用作催干剂及抗震剂。

### 8. 参考文献

[1] 宋祖伟,孙虎元,李旭云,等.低温熔盐法制备纳米钨酸钴[J].无机盐工业,2010,03:23-25.

## 5.29 钴　　蓝

钴蓝(Cobaltous Blue)的主要成分是铝酸钴。分子式为 $Co(AlO_2)_2$,相对分子质量 176.89。

### 1. 产品性能

钴蓝的主要组成是 CoO、$Al_2O_3$,其实际组成 $Al_2O_3$ 含量为 65%～70%,CoO 含量为 30%～35%。钴蓝是带有尖晶石结晶的立方晶体。相对密度为 3.8～4.54,遮盖力很弱,仅 75～80g/$m^2$,吸油量 31%～37%。钴蓝是一种带有绿光的蓝色颜料,有鲜明的色泽,有极优良的耐候性、耐酸碱性,能耐受各种溶剂,耐热可达 1200℃,着色力较弱。属无毒颜料。

### 2. 生产原理

1) 碳酸盐法

硫酸钴和钾明矾一起加水溶解,然后加入碳酸钠溶液,生成碳酸钴和氢氧化铝沉淀,经洗涤、过滤、干燥,于 1100～1200℃下进行煅烧,得到钴蓝。

$$CoSO_4 + Na_2CO_3 \longrightarrow CoCO_3 \downarrow + Na_2SO_4$$

$$2KAl(SO_4)_2 + 3Na_2CO_3 + 2H_2O \longrightarrow K_2SO_4 + 3Na_2SO_4 + 3CO_2 + 2Al(OH)_3$$

$$CoCO_3 + 2Al(OH)_3 \xrightarrow[\triangle]{} CoO \cdot Al_2O_3 + CO_2 \uparrow + 3H_2O \uparrow$$

2) 硫酸盐法

钴的硫酸盐和铝的硫酸盐在少量硫酸锌和磷酸存在下,充分混合,在 300～350℃进行脱水,然后在 1100～1200℃高温进行煅烧生成钴蓝。

3) 氧化钴法

直接用氧化钴和 $Al(OH)_3$ 加入少量氧化锌,于 1100～1200℃下煅烧,生成钴蓝。

$$CoO + 3Al(OH)_3 \xrightarrow[\triangle]{ZnO} CoO \cdot Al_2O_3 + 3H_2O \uparrow$$

### 3. 工艺流程

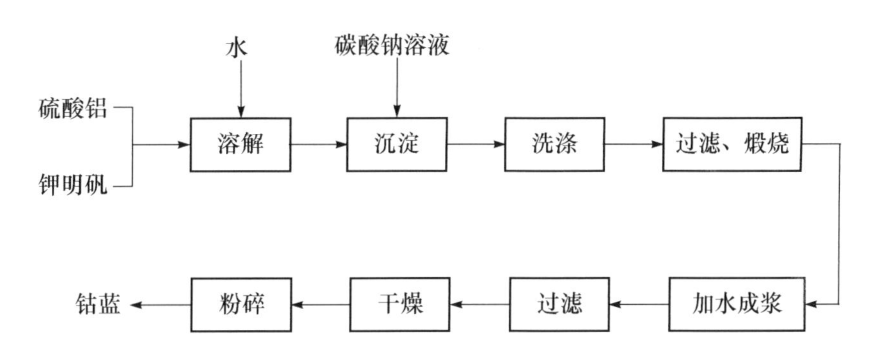


### 4. 技术配方

1）配方一

| | |
|---|---|
| 硫酸钴($CoSO_4 \cdot 7H_2O$) | 18.6 |
| 钾明矾[$KAl(SO_4)_2 \cdot 12H_2O$] | 100 |
| 碳酸钠($Na_2CO_3$) | 85 |
| 硫酸锌($ZnSO_4 \cdot 7H_2O$) | 1.2 |
| 磷酸氢二钠($Na_2HPO_4 \cdot 12H_2O$) | 4.2 |

2）配方二

| | |
|---|---|
| 硫酸钴($CoSO_4 \cdot 7H_2O$) | 12.2 |
| 钾明矾[$KAl(SO_4)_2 \cdot 12H_2O$] | 64.3 |
| 碳酸钠($Na_2CO_3$) | 35.1 |

3）配方三

| | |
|---|---|
| 硫酸铝[$Al_2(SO_4)_3 \cdot 18H_2O$] | 61.0 |
| 硫酸钴($CoSO_4 \cdot 7H_2O$) | 18.0 |

4）配方四

| | |
|---|---|
| 硫酸铝[$Al_2(SO_4)_3 \cdot 18H_2O$] | 134.0 |
| 硫酸钴($CoSO_4 \cdot 7H_2O$) | 37.2 |
| 硫酸锌($ZnSO_4 \cdot 7H_2O$) | 2.4 |
| 磷酸($H_3PO_4$) | 2.0 |

5）配方五

| | |
|---|---|
| 氢氧化铝[$Al(OH)_3$] | 144 |
| 四氧化三钴（$Co_3O_4$） | 44 |
| 氧化锌（ZnO） | 12 |

**5. 生产原料规格**

1）硫酸钴

硫酸钴（$CoSO_4 \cdot 7H_2O$）为带棕色的红色晶体，溶于水和甲醇，微溶于乙醇。其质量指标如下：

| 指标名称 | 指标 |
|---|---|
| 外观 | 带棕色的红色晶体 |
| 硫酸钴含量（以 Co 计）/% | ≥20 |
| 水不溶物含量/% | ≤0.5 |

2）钾明矾

钾明矾[$KAl(SO_4)_2 \cdot 12H_2O$]为无色透明呈立方八面体或单斜立方晶系块状、粒状晶体。密度为 1.757g/cm³。无臭、味涩，有收敛性。在干燥空气中易风化失去结晶水。在潮湿空气中溶化淌水。92.5℃失去 9 个结晶水，在 200℃时失去 12 个结晶水。溶于水、甘油和稀酸，不溶于醇和丙酮。水溶液呈酸性反应，水解后有氢氧化铝胶状物沉淀。受热时失去结晶水而成为白色粉末。其质量指标如下：

| 指标名称 | 二级品 |
|---|---|
| 硫酸铝钾含量/% | ≥94.88 |
| 三氧化二铝（$Al_2O_3$）含量/% | ≥10.2 |
| 三氧化二铁（$Fe_2O_3$）含量/% | ≤0.15 |
| 水不溶物含量/% | ≤0.2 |

**6. 生产工艺**

将硫酸钴和钾明矾一起加水溶解成溶液，然后加入碳酸钠溶液，产生沉淀物。其中含有碳酸钴和氢氧化铝。沉淀物经过洗涤、过滤和干燥，在 1100～1200℃高温进行煅烧。煅烧 2～2.5h 后，有蓝色块状物生成即为终点。煅烧完毕后，降温，加水成浆，在磁性球磨机中研磨，至细度达到要求，再用真空抽滤，干燥、粉碎，即得成品。

### 7. 产品标准

| | |
|---|---|
| 外观 | 天蓝色粉末 |
| 颜色 | 煅烧后与标准色接近 |
| 细度(过200目筛余量)/% | ≤0.5 |
| 105℃挥发物含量/% | ≤1 |
| 水溶物含量/% | ≤0.5 |

### 8. 产品用途

主要用于耐高温涂料、陶瓷、搪瓷、玻璃和塑料着色及耐高温的工程塑料着色，还作为美术颜料。

### 9. 参考文献

[1] 赵彦钊，程爱菊，王莉. 熔盐法合成钴蓝颜料及其性能研究[J]. 中国陶瓷，2010，09：8-10.

[2] 孙立肖，阎文静，张艳峰，等. 钴蓝颜料的制备方法和应用研究进展[J]. 河北师范大学学报(自然科学版)，2012，02：181-184.

[3] 程爱菊，赵彦钊，郭文姬. 改性钴蓝颜料及其研究进展[J]. 化工进展，2011，05：1078-1081.

## 5.30 铁　　蓝

铁蓝(Iron Blue)又称普鲁士蓝、华蓝。可用通式 $Fe(Mol)Fe(CN)_6 \cdot H_2O$ 表示，式中的(Mol)表示钾或铵：

| | |
|---|---|
| A101 | $K_xFe_y[Fe(CN)_6]_2 \cdot nH_2O$ |
| A102 | $(NH_4)_xFe_y[Fe(CN)_6]_2 \cdot nH_2O$ |

### 1. 产品性能

铁蓝是一种外观为深蓝色、细而分散度大的粉末，不溶于水及醇中。遇弱酸不发生化学变化，遇浓硫酸煮沸或遇碱分解。铁蓝在乙二酸和酒石酸、酒石酸铵和亚铁氰酸盐的水溶液中都能生成胶体溶液。铁蓝具有很高的着色力，而且着色力越强，颜色越亮。铁蓝有相当高的耐光性，在铁蓝中含碱金属越多，它的耐光性越强。铁蓝是可燃的，在空气中于140℃以上时，即可燃烧。

铁蓝分为钾铁蓝 A101 和铵铁蓝 A102 两类。

## 2. 生产原理

稀硫酸和铁屑在80℃下反应得到17%硫酸亚铁溶液,经过滤除去杂质,再加热到90℃,加入硫酸、硫酸铵溶液和亚铁氰化钠溶液,继续反应1h,得到沉淀物,用水漂洗3～4次,除去水溶液性盐类,再用硫酸酸化,加入氯酸钠溶液在85℃左右进行氧化反应,得到深蓝色的铁蓝。最后将铁蓝用水洗涤4次,使pH呈弱酸性,进行过滤,得到含水量为50%的湿料,在75℃干燥得到含水量为3%～4%的铁蓝成品。

$$Na_4Fe(CN)_6 + (NH_4)_2SO_4 + FeSO_4 \longrightarrow Fe(NH_4)_2 + Fe(CN)_6 \downarrow + 2Na_2SO_4$$

$$6Fe(NH_4)_2Fe(CN)_6 + NaClO_3 + 3H_2SO_4 \longrightarrow$$
$$6Fe(NH_4)Fe(CN)_6 + NaCl + 3H_2O + 3(NH_4)_2SO_4$$

## 3. 工艺流程

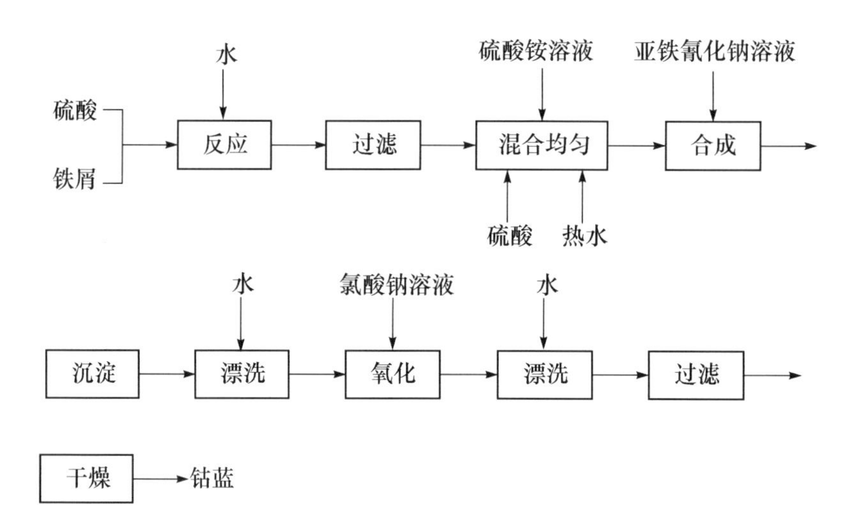


## 4. 技术配方

| | |
|---|---|
| 黄血盐钾(98%) | 1.28 |
| 硫酸(98%) | 0.50 |
| 氯酸钾(98%) | 0.07 |
| 硫酸亚铁 | 1.00 |
| 环烷酸锌(含锌3%) | 0.074 |
| 溶剂汽油(工业品) | 0.074 |
| 碳酸镁(98%) | 0.107 |

**5. 生产原料规格**

1) 黄血盐钾

黄血盐钾[$K_4F_6(CN)_6 \cdot 3H_2O$]又称亚铁氰化钾，相对分子质量为422.41，是柠檬黄色单斜晶系柱状晶体粉末，有时有立方晶系的异晶态。密度为1.85g/cm$^3$。溶于水，不溶于乙醇、醚、乙酸甲酯和液氨中。加热至70℃失去结晶水。强烈灼烧时，黄血盐钾分解而放出氮气，并生成氰化钾和碳化铁。其水溶液遇光则分解为氢氧化铁。遇卤素、过氧化物则形成赤血盐钾。遇硝酸先形成赤血钾，继而形成$K_2[Fe(CN)_5(NO)]$。其质量指标如下：

| 指标名称 | 二级 |
|---|---|
| 外观 | 柠檬黄色粉末 |
| 黄血盐钾[$K_4Fe(CN)_6 \cdot 3H_2O$]含量/% | ≥96 |
| 氯化物(KCl)含量/% | ≤2.0 |
| 氰化物($CN^-$)含量/% | ≤0.03 |
| 水不溶物含量/% | ≤0.20 |

2) 氯酸钾

氯酸钾($KClO_3$)为无色透明单斜晶体。相对分子质量为122.55。难溶于乙醇和甘油，在水中的溶解度随温度升高而上升。不易潮解。约于400℃开始分解，加热约至610℃时放出所有的氧。有催化剂存在时，在较低温度下即分解并放出氧。密度为2.32g/cm$^3$。熔点是356℃。氯酸钾在酸性介质中是一种强氯化剂，与酸、硫、磷及有机物或可燃物混合受撞击时，易发生燃烧和爆炸。氯酸钾有毒性，内服2～3g可致命。其质量指标如下：

| 指标名称 | 二级 |
|---|---|
| 氯酸钾($KClO_3$)含量/% | ≥99.5 |
| 水分含量/% | ≤0.10 |
| 水不溶物含量/% | ≤0.10 |
| 氯化物($Cl^-$)含量/% | ≤0.025 |
| 硫酸盐($SO_4^{2-}$)含量/% | ≤0.03 |
| 溴酸盐($BrO_3^-$)含量/% | ≤0.07 |
| 铁含量/% | ≤0.007 |
| 细度(过120目筛余量)/% | ≤1.0 |

3）环烷酸锌

环烷酸锌由环烷酸皂液与无机酸锌盐复合而成，是涂料制造中的辅助催干剂。其一般化学通式为

$$\left[\begin{array}{l} \quad CH_2—CH—(CH_2)_n—COO \\ H_2C \quad\quad | \\ \quad CH_2—CH_2 \end{array}\right]_2 Zn$$

| 指标名称 | 指标 |
|---|---|
| 外观 | 棕黄色液体 |
| 锌含量/% | 3.90～4.20 |
| 油溶性试验 | 无明显不溶物析出 |

**6. 生产工艺**

1）配制原料

将铁与硫酸在硫酸亚铁制备锅内反应几天，当 pH=5 时，即成 20%～30%的硫酸亚铁溶液。过滤除去杂质及除去高铁盐后，在硫酸亚铁储料桶内稀释成 10%左右的溶液。加硫酸调整 pH 为 1～2，在黄血盐溶解锅中，先将水升温至 70～75℃，在不断搅拌下，逐步加入黄血盐钾，制成溶液。

在氯酸钾溶解锅中加水和氯酸钾，并用蒸气加热至 40℃，制成 10%的氯酸钾溶液。

2）铁蓝的合成

将黄血盐钾溶液用泵打入合成锅，充分搅拌，保持温度在 70～75℃，加入硫酸亚铁，并要求在 20min 内将规定量的溶液加完。然后加热至 95～98℃，热煮 50min，成为白浆。

在白浆中加硫酸，并保持在 95～98℃约 2.5h，然后用冷水降温至 80～85℃，再加氯酸钾并搅拌 2h，使亚铁氧化为高价铁，制成蓝浆。蓝浆反应完后，温度降至 60℃左右，慢慢滴加环烷酸锌溶液，搅拌 2.5h。环烷酸锌可防止铁蓝在干燥时粉粒凝聚变硬，不易研磨。

蓝浆生成后，送入铁蓝储料桶中，然后泵入板框式压滤机中过滤，并用水洗，洗去其中硫酸盐等水溶性盐，即可放出滤饼。滤饼在干燥箱中。在 85℃以下进行干燥。干燥后的蓝块经检查无机械杂质后，即可粉碎得成品。

### 7. 产品标准

| 指标名称 | LA09-0-1 $K_xFe_y[Fe(CN)_6]_2 \cdot nH_2O$ |
|---|---|
| 颜色(与标准品相比) | 近似至微 |
| 冲淡后颜色(与标准品相比) | 近似至微 |
| 着色力(与标准品相比)/% | ≥95 |
| 60℃挥发物含量/% | ≤4.0 |
| 水溶物含量/% | ≤1 |
| 吸油量/(mL/100g) | ≤50 |
| 水萃取液酸度/(mL/100g) | ≤20 |
| 易分散程度/(cm/0.5h) | ≤20 |

### 8. 产品用途

主要用于磁漆、油性厚漆、硝基漆、号码漆、商标漆以及油墨、文教用品等着色。

### 9. 参考文献

[1] 陈吉春,汤义兰.硫铁矿烧渣制备铁蓝工艺的研究[J].矿业工程,2007,05:65-68.
[2] 汤义兰.硫铁矿烧渣制铁蓝的研究[D].武汉:武汉理工大学,2007.

## 5.31 群 青

群青(Uitramarine Blue)又称云青、石头青、洋蓝、佛青、群青蓝。分子式为$Na_6Al_4Si_6S_4O_{20}$,相对分子质量为862.558。

实际上,群青是含有多硫化钠的具有特殊结晶构造的铝硅酸盐。随着配方和操作的不同,有一系列化学成分和颜色不同的化合物。

### 1. 产品性能

本品为蓝色粉末。折射率1.50～1.54,相对密度2.35～2.74g/cm³。不溶于水和有机溶剂。具有消除或减低白色涂料或其他白色材料中含有黄色色光的效能。耐碱、耐高温,在大气中对日晒和风雨极其稳定,但不耐酸,易受酸或空气作用而分解变色。遮盖力和着色力弱。

### 2. 生产原理

将高岭土、碳酸钠、硫磺、硫酸钠、木炭和石英进行混料后装入坩埚置入密闭窑内进行高温煅烧,出料后进行挑选、浸渍、研磨、压滤,滤饼进行干燥、粉碎、拼混而得成品。

## 3. 工艺流程

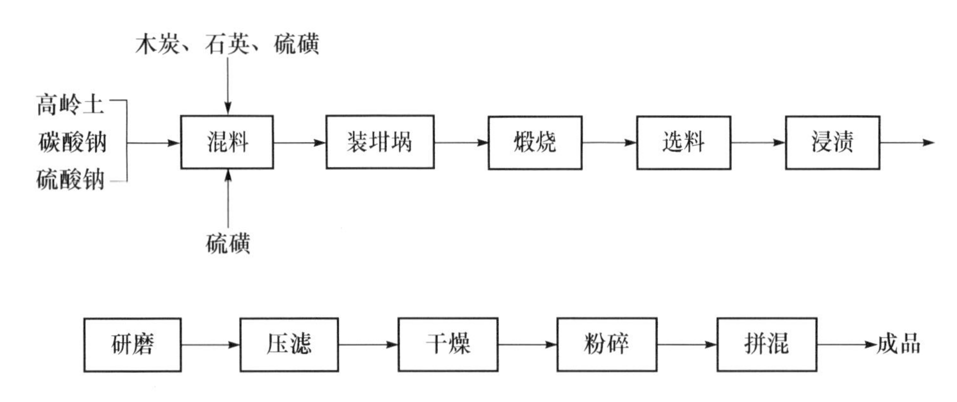


## 4. 技术配方

| 原料名称 | 配方一 | 配方二 |
|---|---|---|
| 高岭土 | 100 | 34 |
| 硫磺 | 100 | 32 |
| 碳酸钠 | 80 | 28 |
| 石英砂 | 12～18 | 2 |
| 木炭 | 16 | 4 |

配方一生产偏绿光的群青。

## 5. 生产原料规格

高岭土又称陶土，是分子式为 $Al_2O_3 \cdot 2SiO_2 \cdot 2H_2O$ 的硅铝酸盐，大约含有 $Al_2O_3$ 39.5%，$SiO_2$ 46.5%，$H_2O$ 14%。纯的高岭土中 $SiO_2$ ∶ $Al_2O_3$（分子比）为 2；不含显著的杂质，如 $Fe_2O_3$、CaO 和 MgO 等；含铁的氧化物不大于 1%。其质量指标如下：

| 指标名称 | |
|---|---|
| 外观 | 白色或略带其他浅色（淡黄或淡灰），无可见杂质 |
| 水分含量/% | 88 |
| 细度（过 250 目筛余量）/% | ≤0.5 |
| 白度/% | ≥80.0 |
| 烧失量/% | ≤18.00 |
| $Al_2O_3$含量/% | ≥37.00 |
| $SiO_2$含量/% | ≤48.00 |

### 6. 生产工艺

1）工艺一

将经研磨后的五种原料按配方混配均匀后，装入坩埚内压实；将装料坩埚加盖，最好用泥封口，放置于在坩埚炉内，封闭炉内，进行煅烧，即可烧制成群青粗制品。将烧制的粗制品经挑选分成等级，打成碎块，投入水洗设备中，用60℃左右热水洗去群青反应中的副产物——硫酸钠、少量的硫代硫酸钠、硫化钠等。经过几次反复水洗，洗到水溶性盐达3%以下为止。粗品中，洗涤时若发现有游离硫磺出现，则在该溶液中加入亚硫酸钠的沸腾溶液进行处理，水洗后可除去硫磺。

经过水洗后的粗品群青，通过机械研磨使其粒径40μm以下，高质量群青应在10μm以下。当群青作为油相颜料使用时，为保持一定透明度，就必须使群青粒径小于5μm，其中2μm以下的占50%以上。

研细后的群青需二次水洗，洗至水溶性盐含量在1.5%以下。将洗净的群青经干燥、粉碎后拼色，即得成品。

2）工艺二

在炉料中，硫磺远远过量，留在群青中的至多不超过17%～20%，碳酸钠也较大过量。将硫磺以外的各种原料混合、磨细，加入硫磺后再磨细。放入坩埚中煅烧。坩埚盖必须密闭，以防硫磺穿过缝隙而被气化逸出。煅烧在返焰炉中进行。煅烧过程分为三个阶段：

第一阶段，生成硫化钠和硅酸铝。当煅烧多硫多硅炉料时，炉温要升高到大约750℃，时间为20～30h。要求炉内呈还原气氛。

第二阶段，硫化钠和硅酸铝反应，生成群青。炉温控制在730～780℃，时间为2～6h。此时炉内维持微氧化气氛，这种气氛可以加速群青的生成反应进行。当取出呈蓝绿色的样品以后，即可停止向炉内添加燃料，此阶段即可结束。

第三阶段，将蓝绿色群青氧化成蓝色，将过量的多硫化钠和硫代硫酸钠氧化成硫酸钠。炉温控制在500℃，炉内气体应保持2%～3%的氧。

将煅烧好的群青浸渍除去水溶性盐和过剩的硫化物，然后经磨细、干燥和过筛，得成品群青。

### 7. 产品标准

1）质量指标

| 指标名称 | 一级 | 二级 | 三级 |
|---|---|---|---|
| 色光(与标准样品比) | | 符合标准色差 | |

| 项目 | | | |
|---|---|---|---|
| 着色力/% | 符合标准品的100±5 | | |
| 水分含量/% | 1 | 1 | 1 |
| 细度(过320目筛余量)/% | ≤0.1 | ≤0.5 | ≤0.5 |
| 水溶性盐含量/% | ≤0.7 | ≤1.3 | ≤1.6 |
| 游离硫含量/% | ≤0.15 | ≤0.3 | ≤0.45 |
| 变色范围(160℃) | 染色牢度褪色样卡<br>三级色差 | | |

2）着色力测定

（1）试剂。4号亚麻仁油聚合油：黏度2.55～2.85Pa·s/35℃或195s(涂-4杯，25℃)；酸值小于或等于8；颜色小于或等于9号铁钴比色。

（2）测定。称取0.500g样品和5.00g锌钡白，置于研磨机下层磨砂玻璃上，加入2mL 4号亚麻仁聚合油(天热时改用1.8mL)，用调墨刀调成浆状，将色浆放在离中心1/4半径处，把上层磨砂玻璃面盖上，在杠杆支架上放2.5kg砝码，开动研磨机，每研磨50转，翻开上层磨砂玻璃面，将上下层磨砂玻璃面上的色浆用调墨刀调匀后，集中于下层磨砂玻璃面上中心1/4半径处，盖好上层磨砂玻璃面，如此继续研磨共六次，计300转。将标准样品也按同样方法制成色浆，用油量与样品一致。

将上述制备的色浆，分别用调墨刀挑取少许置于书写纸上，标准样品的色浆在右，样品色浆在左。两者平行间距约15mm，用刮片垂直用力均匀刮下，刮至约全长的2/3处。把刮片轻轻放平，缓缓刮下，立即观察其色浆颜色的深浅，比较其着色力的强弱，样品的着色力应以标准样品的着色力为100%进行鉴定。当样品的着色力大于或等于标准样品的着色力时，应增减标准样品的用量(油与锌钡白的用量不变)。着色力按下式计算：

$$着色力=(G_1/G)\times 100\%$$

式中，$G_1$——标准样品质量，g；$G$——样品质量，g。

**8. 产品用途**

在着色方面，用于蓝色油漆、橡胶、塑料、油墨、油布、彩画和建筑等方面。在提白方面，用于造纸、肥皂、淀粉、浆纱、白色制品及民用刷墙等方面。

**9. 参考文献**

[1] 李长洁，孙国瑞，闵洁，等. 群青颜料的球磨及改性研究[J]. 染料与染色，2011，01：7-11.
[2] 黄赋云. 耐酸的群青颜料[J]. 现代塑料加工应用，2008，04：47.

[3] 易发成,杨剑,宋绵新,等. 利用埃洛石黏土制备群青蓝的研究[J]. 矿产综合利用,2000,04:8-12.

# 5.32 氢氧化铬

氢氧化铬(Chromiam Hydroxide)又称三价氢氧化铬。分子式 $Cr(OH)_3$。

## 1. 产品性能

本品为灰蓝或灰绿色粉末,在水溶液中沉淀时呈胶态状。不溶于水,初沉淀时溶于酸,但放置时间久了则不溶。能溶于氢氧化钠,成亚铬酸盐,因此与氢氧化铝一样具有两种性质。

## 2. 生产原理

氢氧化钠与硫酸铬发生复分解反应制得。

$$Cr_2(SO_4)_3 + 6NaOH \longrightarrow 2Cr(OH)_3 + 3Na_2SO_4$$

## 3. 工艺流程

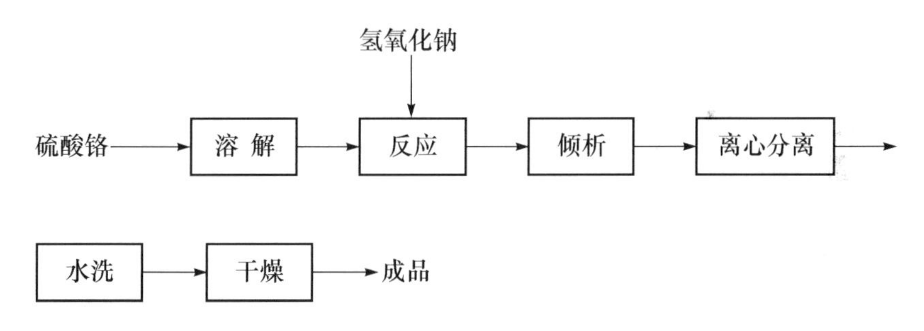


## 4. 技术配方

| | |
|---|---|
| 氢氧化钠(99%) | 860 |
| 硫酸铬(98%) | 1740 |

## 5. 生产工艺

在溶解锅中加入水和氢氧化钠,溶解制得氢氧化钠溶液,然后进行过滤。将硫酸铬晶体溶解在水中,然后过滤并送至反应器,反应器由碳钢制造,用不锈钢或耐酸瓷砖衬里,并装有搅拌器。氢氧化钠溶液在连续搅拌下缓慢加入盛有硫酸铬溶液的反应器中,反应完全后,沉淀物即氢氧化铬,是绿色凝胶状沉淀,将反应混合物静置 8～10h,然后除去其中的上层清液,将所得氢氧化铬浆料离心分离并用热水洗涤，直至将游离的硫酸洗净。最后干燥得氢氧化铬。

**6. 产品标准**

| | |
|---|---|
| 外观 | 灰蓝或灰绿色粉末 |
| 氢氧化铬含量/% | ≥38 |
| 水溶盐含量/% | ≤2 |
| 硫酸根($SO_4^{2-}$)含量/% | ≤1 |
| 铁(Fe)含量/% | ≤0.5 |

**7. 产品用途**

用作颜料，主要用于涂料及清漆的着色；还用于制作其他铬盐颜料及亚铬盐酸。

**8. 参考文献**

[1] 胡国荣，王亲猛，彭忠东，等. 高碳铬铁制备氢氧化铬的研究[J]. 无机盐工业，2010，11：30-32.

[2] 史建新. 增设沉清池提高氢氧化铬回收率[J]. 铁合金，1999，05：7-9.

## 5.33 铅 铬 绿

铅铬绿(Lead Chrome Green)的化学成分是铬黄与铁蓝的混合物。分子式为 $PbCrO_4 \cdot PbSO_4 \cdot Fe(NH_4)Fe(CN)_6$

**1. 产品性能**

铅铬绿的颜色与组分的比例有关，而且变化很大。它的遮盖力、着色力、耐光和耐大气性均很好。但在长时间暴晒后，其色光也会改变。铁蓝遇碱分解，铬黄遇酸分解，因而当受到酸或碱的作用时，铅铬绿均被破坏。因铁蓝的密度比铬黄小，混成的铅铬绿容易浮色。铅铬绿是一种极易自燃的物品，所以生产和使用均须注意，以防自燃事故发生。

**2. 生产原理**

1）湿浆混合法

在轮辗机中加入铬黄、铁蓝和填料的水浆，加以研磨混合，便可制得铅铬绿。该法所制得的颜料具有较好的遮盖力和颜色。

2）干粉混合法

将铁蓝装入球磨机研磨，然后加入需要量的铬黄与填料继续研磨，经过长时间的研磨直至获得稳定不变的色光为止。一般的铅铬绿中，铁蓝的质量为铬黄质量的 8%～28%，在此范围内即呈现深浅程度不同的绿色，用于制造油漆时，通常加入重晶石（$BaSO_4$）作填料，使其具有更好的经济性和使用性。

3）共同沉淀法

按生产铁蓝的方法制造铁蓝浆，而铁蓝浆酸度强，所以需经漂洗三次，至 pH 为弱酸性为止。再把铅盐溶液加入铁蓝浆中，此后可按制取铬黄的方法制造。为了确保产品质量，最后加入适当数量的 5%酒石酸溶液。酒石酸的作用是将过量的碱式乙酸铅结合成酒石酸铅的白色沉淀。这种沉淀可增加铅铬绿的光泽和稳定性。制成的铅铬绿须漂洗三次，至将过量的铅盐洗清为止。经压滤，在温度低于 70℃的烘房内烘干，然后粉碎，过筛得铅铬绿。

### 3. 产品用途

用于油墨、油漆和搪瓷的着色。

### 4. 参考文献

[1] 林之文. 铅铬绿颜料规格和试验方法[J]. 标准化报道，1995，05：56-57.

## 5.34　氧 化 铬 绿

氧化铬绿（Chromic Oxide）又称搪瓷铬绿。氧化铬绿化学组成是三氧化二铬。分子式 $Cr_2O_3$，相对分子质量 151.99。

### 1. 产品性能

氧化铬绿为六方晶系或无定形深绿色粉末，有金属光泽。密度为 5.21g/cm$^3$，熔点（2266±25）℃。沸点 4000℃。不溶于水和酸，可溶于热的碱金属溴酸盐溶液中。对光、大气、高温及腐蚀性气体（$SO_2$、$H_2S$ 等）极稳定。耐酸、耐碱。具有磁性，但色泽不光亮。

### 2. 生产原理

1）还原法

将重铬酸盐与还原剂共同煅烧。还原剂是硫、木炭、淀粉或氯化铵等。

$$K_2Cr_2O_7 + S \longrightarrow K_2SO_4 + Cr_2O_3$$

然后，用热水洗涤、过滤、干燥、研磨和过筛。另外，也可以把铬酸酐还原，制取氧化铬绿，其化学反应式如下：

$$4CrO_3 + 3C \longrightarrow 2Cr_2O_3 + 3CO_2$$

2）热分解法

把氢氧化铬在650～700℃下进行煅烧，或是把硫酸铬在750～800℃下进行煅烧，均可制得三氧化二铬。

$$2Cr(OH)_3 \longrightarrow Cr_2O_3 + 3H_2O$$

$$Cr_2(SO_4)_3 \longrightarrow Cr_2O_3 + 3SO_3$$

煅烧温度过高，氧化铬绿便结成块状，并且颜色变暗。另外，要注意与空气隔绝，以免被空气中的氧所氧化而生成铬酸盐。

**3. 工艺流程**

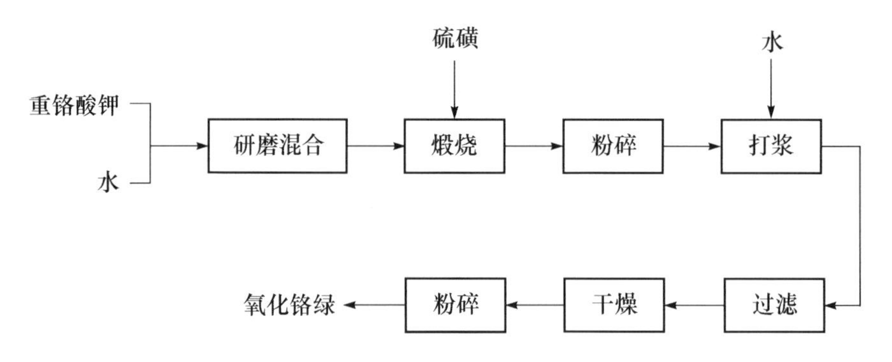


**4. 技术配方**

| | |
|---|---|
| 重铬酸钾($K_2Cr_2O_7$ 99%) | 1.94 |
| 硫磺(S 98%) | 0.28 |

**5. 生产工艺**

1）硫磺还原法

硫磺及重铬酸钾经研磨很细后混合在温度为600～700℃的煅烧炉中煅烧3～5h。煅烧物料先经球磨，再加水打浆，以倾析法在容器中洗涤，直至可溶性硫酸盐洗净为止。所得到的沉淀物可以用压滤法得到滤饼，再进行干燥，粉碎而得成品。

2）分解法

将等质量并经粉碎的氯化铵和重铬酸钾混匀，加热到 260℃以上，使之反应完全。反应后的混合物用水充分洗涤，得到黑绿色氧化铬。

将干燥的重铬酸铵加热，分解反应剧烈进行，得到绿色松散棉絮状的三氧化二铬。

**6. 产品标准**

| 指标名称 | 天津 | 上海 |
| --- | --- | --- |
| 三氧化二铬含量/% | ≥98 | ≥97 |
| 色光（与标准品相比） | — | 符合标准 |
| 细度（过 200 目筛余量）/% | ≤0.5 | ≤0.5 |
| 水溶物含量/% | ≤0.5 | ≤0.5 |
| 水分含量/% | ≤0.5 | ≤0.5 |
| 水溶性铬酸盐含量（以 $Cr_2O_3$ 计）/% | — | ≤0.12 |
| 吸油量/% | 15～25 | — |

**7. 产品用途**

主要用于冶炼金属铬和碳化铬。也用于搪瓷和瓷器的彩绘、人造革、建筑材料等作着色剂。还用于制造耐晒涂料和研磨材料、绿色抛光膏及印刷钞票的专用油墨。用作有机合成的铬催化剂。

**8. 参考文献**

[1] 李平，徐红彬，张懿，等. 铬酸钠氢还原烧结法制备氧化铬绿颜料[J]. 化工学报，2010，03：648-654.

[2] 刘茜. 氧化铬绿的生产工艺及研究进展[J]. 化工文摘，2006，02：57-58.

[3] 吴育全. 氧化铬绿性状特征及生产工艺改进研究[D]. 重庆：重庆大学，2002.

## 5.35　氧 化 铁 黑

氧化铁黑（Black Iron Oxide）简称铁黑，分子式为 $Fe_3O_4$ 或 $Fe_2O_3 \cdot FeO$，化学名称为四氧化三铁。也可称为铁酸亚铁，用如下结构式表示：

```
   O—Fe═O
  /
Fe
  \
   O—Fe═O
```

### 1. 产品性能

氧化铁黑具有饱和的蓝墨光黑色，相对密度为4.73，遮盖力、着色力均很强，对光和大气的作用十分稳定，不溶于碱，微溶于稀酸，在浓酸中则完全溶解，耐热性能差，在较高温度下易氧化，生成红色的氧化铁。带有很强的磁性。

### 2. 生产原理

(1) 由氧化亚铁和三氧化二铁混合复合得到。

$$FeO + Fe_2O_3 \longrightarrow Fe_3O_4$$

(2) 用亚铁盐类与氢氧化钠作用生成氢氧化亚铁，再与氧化铁黄作用，可制得四氧化三铁，即为氧化铁黑。

这里介绍第二种方法。

### 3. 工艺流程

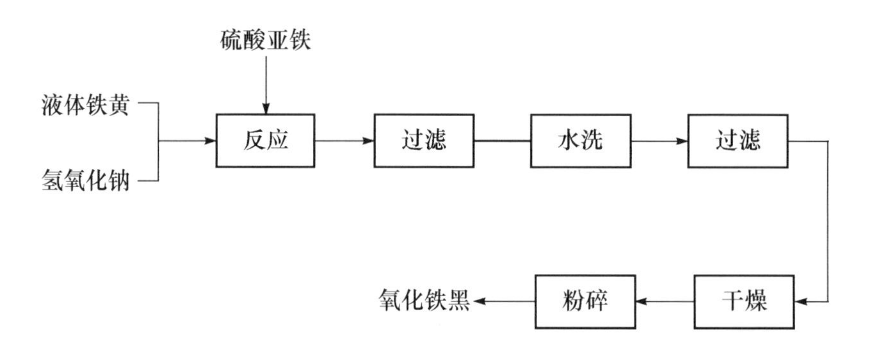


### 4. 技术配方

| | |
|---|---|
| 硫酸(100%) | 85 |
| 废铁(不含其他金属的钢材边角废料) | 90 |
| 氢氧化钠(100%) | 60 |
| 硝酸铵(工业品) | 4 |

### 5. 生产工艺

硫酸亚铁的制备和液体铁黄的生产过程可参见《氧化铁黄——工艺流程、操作工艺》。

在制备氧化铁黑时，先把液体铁黄和硫酸亚铁投入反应锅中进行搅拌，同时通入蒸汽加热升温，随后加入30%氢氧化钠使之与硫酸亚铁反应，并调pH至7，继续升温至95～100℃，使其进行加成反应，经初步反应后放出澄清的母液后，再第二次、第三次投入硫酸亚铁和氢氧化钠，按照第一次条件继续进行反应，直到反应接近终点时，立即加入硝酸铵。当颜料色光接近标准样品时，可停止反应，准备出料。出料时必须进行过筛以除去杂质。然后经压滤、洗涤、干燥、粉碎后即得成品。

**6. 产品标准(GB 1861)**

1）质量指标

| 指标名称 | 一级品 | 二级品 |
|---|---|---|
| 外观 | 黑色粉末 | 黑色粉末 |
| 色光(与标准品相比) | 近似至微 | 稍 |
| 吸油量/% | ≤15～25 | ≤15～25 |
| 细度(过320目筛余量)/% | ≤0.3 | ≤1 |
| 水分含量(90℃干燥)/% | ≤1.5 | ≤2.0 |
| 水萃取液pH | 5～7 | 5～7 |
| 水溶物含量/% | ≤0.5 | ≤1 |
| 四氧化三铁含量(以干品计)% | ≥96 | ≥90 |

2）四氧化三铁含量测定

(1) 试剂。6mol/L盐酸溶液；0.5%二苯胺磺酸钠溶液；$(\frac{1}{6})\times 0.1$mol/L重铬酸钾标准溶液：将4.9035g(准确至0.0001g)在120℃烘至恒重的重铬酸钾(基准试剂)溶于500mL水中，并稀释至10 000mL，暗处保存；氯化亚锡溶液：将10g氯化亚锡($SnCl_2 \cdot 2H_2O$)溶于33.3mL盐酸中，溶解后加水稀释至100mL，需要新鲜配制；氯化高汞饱和溶液：用氯化高汞溶于水中成饱和状态；硫磷混合液：取150mL浓硫酸及150mL浓磷酸注于500mL水中，并稀释至10 000mL(注意在配酸过程中放热，必须冷却)。

(2) 测定。称取样品0.3g(准确至0.0002g)置于500mL锥形瓶中，加30mL 6mol/L盐酸，锥形瓶口上盖一小漏斗，防止瓶内溶液溅出，加热使其全部溶解，加100mL水冲洗漏斗及锥形瓶瓶口，加热至沸，然后将氯化亚锡溶液逐滴加入微沸液中至溶液黄色刚好褪尽，再多加一滴，加100mL水将溶液冷却至室温，加入6mL氯化高汞饱和溶液，用力振荡3min，加20mL硫磷混合液及5～7滴二苯胺磺酸钠指示剂，用$(\frac{1}{6})\times 0.1$mol/L重铬酸钾标准溶液滴定至紫色保持30s不褪，即为终点。四氧化三铁百分含量按下式计算：

$$W_{Fe_3O_4}=\frac{0.4631\times V\cdot C}{G}\times 100\%$$

式中，$G$——样品质量，g；$V$——耗用重铬酸钾标准溶液的体积，mL；$C$——重铬酸钾标准溶液的浓度，mol/L。

**7. 产品用途**

用于油漆、油墨、橡胶、塑料的着色及电子、电讯等工业，并在机器制造工业中用于探伤，还可用于生产氧化铁红。

**8. 参考文献**

[1] 朱井安. 氧化铁黑生产工艺的优化[J]. 广东化工，2012，13：55-57.

[2] 何卓，郑夏琼，李雁，等. 硫铁矿废水资源化制备纳米铁黑颜料[J]. 环境科学与技术，2011，10：160-163.

[3] 李雁. 硫铁矿废水制备铁黑颜料的研究[D]. 杭州：浙江工业大学，2010.

[4] 李雁，徐明仙，林春绵. 硫铁矿废水制备铁黑颜料的工艺[J]. 化工进展，2010，01：168-172.

## 5.36 碳　黑

碳黑(Carbon black)又称炭黑乌烟、烟黑。化学式 C。相对分子质量 12.01。

**1. 产品性能**

本品为黑色粉末。比表面积 130～160$m^2$/g。吸油量 0.95～1.95mL/g。炭黑是一种粒子最细、遮盖力和着色力最好的颜料。相对密度 1.8～2.1。耐热，耐碱，耐酸，对化学药品稳定。

**2. 生产原理**

炭黑的生产一般采用固体、液体或气体的碳氢化合物为原料。供以适量空气，在约 1200℃下，进行不完全燃烧、裂解而制得。目前工业上一般以萘、乙炔、石油、动物油、植物油和天然气等作为原料。

1）天然气槽法

以天然气为原料，用铁管送入燃烧室，燃烧室的形状长而矮，用铁板制成，室内有若干个燃烧嘴。天然气用适当压力，由燃嘴喷出，在空气不足的情况下燃烧，即生成光亮而有黑烟的火焰，使之冲至槽铁的下方，此时燃烧的温度自 1000℃以上降至 500℃左右，炭黑堆积于此，槽铁可向前后移动，生成的炭黑用固定的刮刀刮入漏斗，送至中央包装室处理。此种炭黑质地松软，加以筛选，除去粒子和垢片后，送入磨粉机研磨，使粗细更为均匀，但体质仍极轻而松胀，应震动使其稍结实，然后向炭黑加入少量水分，使其成浆状，并用小的旋转针头，在其中旋转，使其成极微小的丸粒，经干燥后即为成品。

2）喷雾法

以纪页岩原油为原料，经预热喷入反应炉，与空气在炉内不完全燃烧，热分解为炭黑烟气。经冷却、分离、收集、风选、压缩而制得产品。空气与原料的配比为 3.1～3.3$m^3$/kg，反应炉温为 1000℃左右，炭黑在高温区的停留时间为 4～5s。

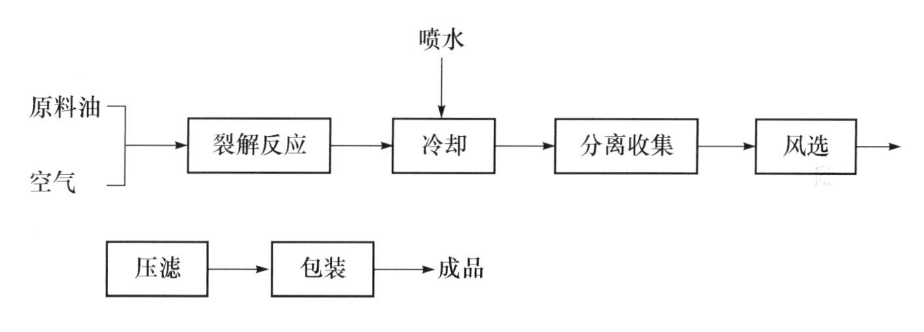


3）油炉法

以重油、渣油为原料，配比一定量空气（3.0～3.3$m^3$/kg 重油）送入反应炉内，在 1100℃左右进行不完全燃烧、裂解即产生炭黑。经急冷、收集、造粒等工序加工为成品。

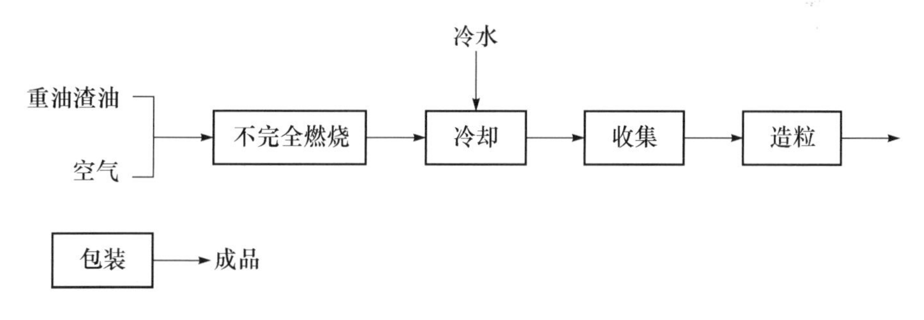


4）燃烧裂解法

以防腐油、蒽油或二蒽油配入一定量的乙烯焦油为原料，经脱水、预热、雾水喷射到反应炉内，同时通入一定比例的煤气和空气，在 1600℃左右进行不完全燃烧，再经裂解、冷却、分离收集、造粒、筛选、磁选后而得。

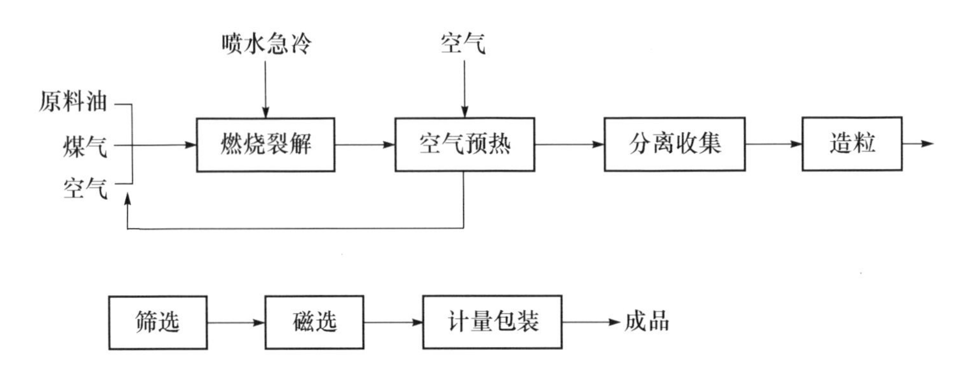


5）滚筒法

以蒽油或防腐油为原料，气化后同预热过的煤气混合，经小孔喷出，在火房内同空气接触进行不完全燃烧，裂解。部分炭黑在滚筒表面上收集，另一部分炭黑在燃余气中，经冷却、收集、输送、造粒等工序加工为成品。

预热

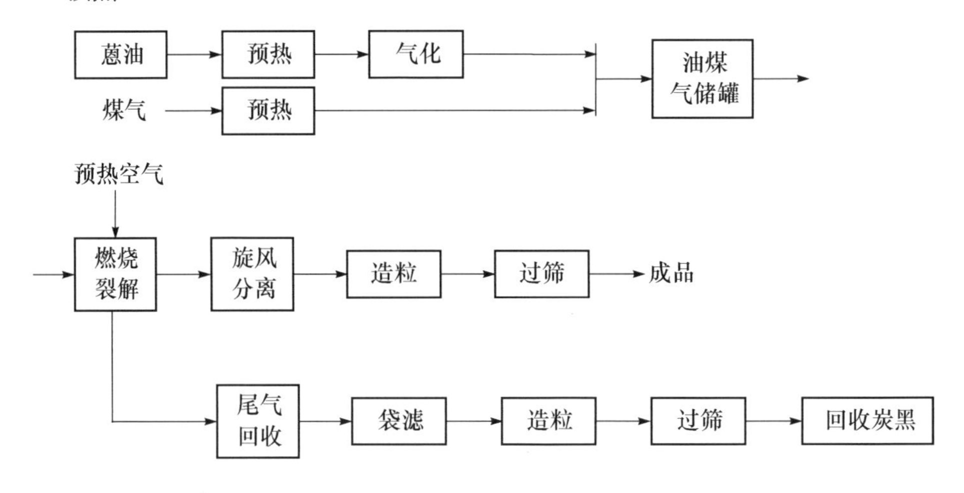


6）炉法

炉法是目前炭黑生产的主要方法。其基本制造过程是将原料油（或气）和一定量的空气混合，通入密闭炉中进行燃烧裂解，生成的炭黑浮在燃余气中，经冷却后收集。以煤焦油系统或石油重油系统的油类为原料的称为油炉法；以天然气、油田气为原料的称为气炉法；原料以油为主，混以部分天然气或焦炉煤气的称为油气炉法。用不同的原料、不同的空气与原料的配比、不同的炉体结构及不同的操作条件则生产不同品种的炭黑。

一般以重油为主要原料、配入一定量的页岩油，经预热喷入反射炉，并与预热后的空气在炉内进行不完全燃烧，热分解为炭黑烟气，经冷却、分离、收集、造粒、筛选、磁选而得。

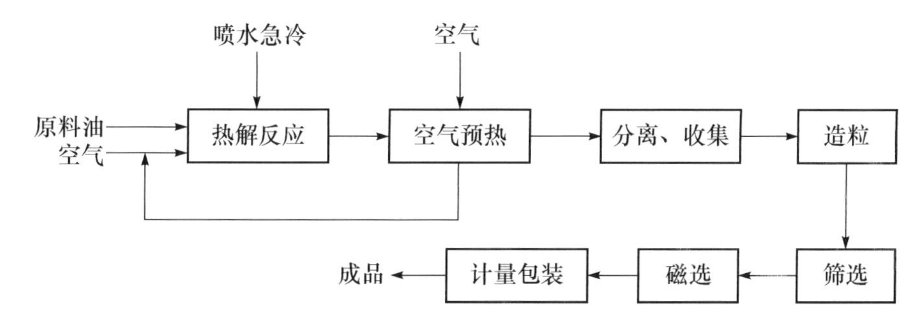


### 3. 产品标准

1）质量指标

| 项目 | 高色素 | | 中色素 | | |
|---|---|---|---|---|---|
| | 1号 GS-13 | 2号 GS-0-13 | 3号 ZS-22 | 4号 ZS-0-22 | 5号 ZSL-0-22 |
| 平均粒径/nm | 9～17 | 9～17 | 18～27 | 18～27 | 18～27 |
| 比表面积/($m^2$/g) | ≥200 | ≥400 | ≥150 | ≥250 | ≥250 |
| 水分含量/% | ≤6.0 | ≤8.0 | ≤5.0 | ≤8.0 | ≤8.0 |
| 灰分含量/% | ≤0.2 | ≤0.2 | ≤0.2 | ≤0.2 | ≤0.2 |
| 吸油值(粒状)/(mL/g) | ≤1.8 | ≤1.8 | ≤1.3 | ≤1.3 | ≤1.3 |
| 挥发分含量/% | — | 10.0 | — | 10.0 | 7.0 |
| pH | 2～6 | 2～6 | 2～6 | 2～6 | 2～6 |
| 着色力/% | ≥95 | ≥95 | ≥95 | ≥95 | ≥95 |
| 流动度(35℃)/mm | ≥18 | ≥8 | ≥17 | ≥22 | ≥30 |

2）比表面积测定

(1) 原理。炭黑在CTAB水溶液中的吸附等温线具一个较长的单分子覆盖层的平段，通过机械振荡的方法使吸附很快达到平衡，用超滤法(微孔滤膜过滤)滤除胶溶炭黑，然后用十二烷基硫酸钠滴定二氯荧光黄终点，测定未被吸附的CTAB量。

(2) 试剂。十二烷基三甲烷溴化铵(CTAB)；十二烷基硫酸钠(SDS)；二氯荧光黄指示剂。

(3) 测定。取适量的炭黑试样放在(105±2)℃恒温干燥箱中，干燥 1h 后将其取出后，放入干燥器中冷却至室温。称取干燥后的适量炭黑试样放入洁净、干燥的 150mL 三角瓶中，同时加入 30mL CTAB 溶液，盖好瓶塞后，将其放在振荡机上振荡 40min，倒入砂芯过滤器(微孔滤膜)中，真空抽滤，重复两次，收集滤液摇匀，用吸管吸取 10mL CTAB 滤液放入 150mL 三角烧瓶中，加入 6 滴二氯荧光黄指示剂后，用 SDS 滴定，使溶液由开始阶段的微黄色转为粉红色，随着滴定的进行，粉红色逐渐消失而趋于橙红变到橙黄，最后变为黄色。这时要一滴一滴地加入滴定液进行滴定，并要激烈地摇动，直到混合物中出现明显的絮状聚沉物即为终点，饱和滴定所消耗的十二烷基硫酸钠。

| 估算比表面积/($m^2$/g) | 称取量(准确至 0.0001)/g |
|---|---|
| >150 | 0.2 |
| 120～150 | 0.3 |
| 90～120 | 0.4 |
| 70～90 | 0.5 |
| 50～70 | 0.8 |
| 30～50 | 1.0 |
| <30 | 1.2 |

(4) 计算。

$$炭黑比表面积=\frac{\alpha(V_0-V)}{M}$$

式中，$V$——滴定 10mL CTAB 滤液消耗的滴定液体积，mL；$V_0$——实验校正系数，为 47.77；$M$——试样质量，g；$\alpha$——实验校正系数，为 2.0268。

### 4. 产品用途

涂料工业用于制造黑色油漆，橡胶工业用作补强剂和着色剂，文教和轻工业等行业用于生产中国墨、油墨、皮革涂饰剂等。

### 5. 参考文献

[1] 王晓斌. 碳黑的研磨[J]. 山西化工，2006，04：74-75.

[2] 马君贤. 油炉法碳黑生产线清洁生产探讨[J]. 辽宁城乡环境科技，2007，02：25-27.

[3] 刘春元，段佳，张睿智，等. 生物质气化焦油生成碳黑的实验研究[J]. 工业加热，2009，04：1-4.

# 主要参考书目


陈松茂，王一青. 1997. 化工产品实用手册(五). 上海：上海科学技术文献出版社.

陈松茂，翁世伟. 1988. 化工产品实用手册(一). 上海：上海交通大学出版社.

冯才旺. 1994. 新编实用化工小商品配方与生产. 长沙：中南工业大学出版社.

冯胜. 1993. 精细化工手册. 广州：广东科技出版社.

韩长日 宋小平. 2001. 颜料制造与色料应用技术. 北京：科学技术文献出版社.

韩长日，宋小平. 1996. 新编化工产品配方工艺手册. 长春：吉林科技出版社.

化工百科全书编辑委员会. 1990～1998. 化工百科全书. 第1卷～第18卷. 北京：化学工业出版社.

化工部科学技术情报研究所. 1986. 世界精细化工手册.

化工部科学技术情报研究所. 1988. 世界精细化工产品技术经济手册.

廖明隆. 1987. 颜料化学. 台北：台湾文源书局有限公司.

吕仕铭. 2012. 涂料用颜料与填料. 北京：化学工业出版社.

罗文斌. 1993. 油墨制造工艺. 北京：中国轻工业出版社.

莫述诚，陈洪，施印华. 1988. 有机颜料. 北京：化学工业出版社.

沈晓辉. 2002. 实用印刷配方大全. 北京：印刷工业出版社.

沈永嘉. 2007. 有机颜料——品种与应用. 2版. 北京：化学工业出版社.

宋小平. 1993. 化工小商品生产法 第十五集. 长沙：湖南科技出版社.

孙再清，刘属兴. 2007. 陶瓷色料生产及应用. 北京：化学工业出版社.

王大全. 2000. 精细化工生产流程图解（一部). 北京：化学工业出版社.

王擢，吴立峰，乔辉. 2009. 着色剂选用手册. 北京：化学工业出版社.

项斌，高建荣. 2008. 化工产品手册 颜料. 北京：化学工业出版社.

徐扬群. 2005. 珠光颜料的制造加工与应用. 北京：化学工业出版社.

杨军浩. 2006. 染料颜料后处理加工技术及其相关设备. 上海：华东理工大学出版社.

张益都. 2010. 硫酸法钛白粉生产技术创新. 北京：化学工业出版社.

章思规. 1991. 精细有机化学品技术手册（上、下册). 北京：科学出版社.

周春隆，穆振义. 2002. 有机颜料化学及工艺学. 北京：中国石化出版社.

周春隆，穆振义. 2011. 有机颜料品种及应用手册（修订版). 北京：中国石化出版社.

朱骥良，吴申年. 2002. 颜料工艺学，北京：化学工业出版社.

左林格. 2005. 色素化学-有机染料和颜料的合成性能和应用. 吴祖望，等，译. 北京：化学工业出版社.

[瑞士]海因利希·左林格(Heinrich Zollinger). 2005. 色素化学(有机染料和颜料的合成、性能和应用)(原著第三版). 北京：化学工业出版社.

Perry R H. et al. 2008. Chemical Engineer's Handbook. 8th ed. New York：McGraw-Hill.

Patton T. 1988. Pigment Handbook. 2nd ed. New York：John Wiley of Sons Inc.